はしがき（第3版）

本書は1985年の初版，その後の新訂版に続く第3版である．故 山村泰道先生のご指導の下，共著として出発した「昭和」の初版以来，「平成」の時が過ぎ，今年から「令和」の時代が始まった．この間約35年弱の月日が流れた．また，電気用図記号がJIS C 0301からJIS C 0617へ改訂された．歳月の長さに感無量である．

第3版の執筆に際しては次の点に留意した．まず，既存の章立てを念頭に置いて新たに加える内容の検討を行い，経路積分（第2章），非正弦波交流（第8章），偏光（第9章）に関する項目を追加した．これに伴い，付録の数学公式にはフーリエ級数を加えた．次に，昨今の流れでもある「行き届いた教科・参考書」の作成を心がけた．新訂版の例題や問題を再び解いて解答と照らし合わせ，よってテキストの内容を再検討した．これには時間を要したが，この作業を通して訂正や改訂などの諸整備を進めた．具体的には，文案を練ること，より適切な解答の定式化や見やすい図を提示することなどの諸工夫を行なったつもりである．なお，図に関しては，電気回路図を上述の JIS C 0617 によって書き改めた．

さて，電磁気学の学習について一言．一般的に理系の科目では，問題をいわゆる「数学語」で定式化して解を導くという基礎学力が重要になる．電磁気学で学習する法則の微積分表示やベクトル解析などはいわゆる難度の高い数学である．また，電場や磁場にはじまる諸用語には非日常的なものが多く，たとえば力学と比較すると，その現象を日常的な感性からでは捉えにくい．こうしたことから，電磁気学は初学者にとっては，数学的にも物理学的にも内容の理解へのハードルが高い科目であることがしばしばである．

以上のことから，次のことに留意して頂ければ幸いである．まず，学習した微積分やベクトル解析の基本的な手法については，「公式を使いこなせる基礎学力」の育成を目標とし，その習得に努めて頂きたい．また，この種の体験に裏打ちされた学習の集積を通して，将来直面するであろう諸問題を解決できる応用力を養って頂きたい．本書がその一助にでもなれば幸いである．

最後に，電気回路図の書き改めを含め，本書が出来上がるまでの間，種々のご尽力を頂いたサイエンス社の田島伸彦氏，足立豊氏に深謝の意を表します．

2019年10月　　　　北 川 盈 雄

はしがき（新訂版）

本書は1985年に刊行された初版の新訂版である．時の流れは迅速なもので，初版刊行後はや約20年の歳月が経過した．光陰矢のごとしである．

この演習書は，電磁気学の初学者が電磁気学に興味をもって学習できるよう，学習のしやすさを念頭において，要項，例題，問題をページ単位で構成した学習書である．新訂版の執筆にあたっては，次の点に留意した．

例題や問題はできるだけ広範な内容をカバーするように努め，必要に応じて整備や追加を行なった．例題や問題の解答は，理解を容易にするため平易かつ詳しい解説になるように工夫した．問題解法の支援のため，図を見やすくし，また付録には数学諸公式やいくつかの表を追加した．

電磁気学は物理学の中でもむずかしい分野である．むずかしい理由には，電場や磁場など人の五感を越えた物理量を扱うこと．電場に比べ磁場の現象は3次元的であり，その理解には立体的な思考形態が必要であること．多くの法則が登場し，その相互関係が複雑であること．ベクトル場の微分や積分など高度な数学を使用することなどがあげられる．しかしながら，電磁気学は現代の技術革新の基礎となるものである．スポーツでの基礎体力と同様，電磁気学を基礎学力としてマスターすることは非常に重要なことである．電磁気学の学力向上のため，本書を有効に活用していただければ幸いである．

なお，新訂版の執筆に際しては，初版と同様，第1章～第4章を山村，第5章～第9章と付録を北川が担当して執筆し，その後に全体の調整を行なった．

おわりに，編集上で多くのお世話を賜ったサイエンス社編集部の田島伸彦氏，鈴木綾子さんに深く感謝の意を表する次第です．

2003年10月

山村 泰道
北川 盈雄

はしがき

本書は，理工系大学の教養課程や工科短大の学生が，電磁気学をできるだけ理解しやすく，興味を持って学習することができるよう，要項，例題，問題をページ単位にまとめて書かれた演習書である．

電磁気学はすでに完成された学問であるが，体系の全体像，諸法則と現象の相互関係，単位系，ベクトル解析などの数学的手法が，力学など他の科目に比べて複雑であるため，多くの初学者にとっては手ごわい科目であることがしばしばである．また，高等学校の物理で習う電磁気学と大学で習う電磁気学には，一般的に教科書の構成にかなりのギャップがあることが目につく．本演習書は，できるだけそのようなギャップを埋めて，手ごわい科目である電磁気学を抵抗なく学ぶことができるよう，工夫したつもりである．

各章，各節のはじめの要項に基本的な重要項目をあげ，それに関連した例題，問題をその後にあげてある．まず，要項を十分に理解し，例題は必ず解くように心がけて欲しい．本演習書は，電磁気学の理解を助けるために書かれたものであるから，例題が解けなければ躊躇することなく解答を参考にして頂きたい．例題の解答はスマートに解くより，電磁気学の初学者にも理解しやすいように解説してあるので，どのように要項に書かれている基本事項が使われているか，十分に納得，理解できるまで吟味して欲しい．問題は例題を解いた後に取り組んで頂きたい．

本演習書の執筆に際しては，第1章～第4章を山村，第5章～第9章と付録を北川が担当して執筆し，その後に全体の調整を行なった．また，モノポール（磁気単極）の探索記事が紙上を賑わしている昨今であるが，多くの電磁気学の書に習って磁場の原因は電流とする立場から，$\boldsymbol{E}-\boldsymbol{B}$ 対応の方式を採用した．単位系は，最近広く使われはじめたSI（国際単位系）を採用した．本書は本シリーズの理工基礎「電磁気学」の姉妹編であるので，当該書とあわせて勉強して頂ければ幸いである．また，電磁気学は力学と共に物理学の基礎重要科目である．本演習書を学習するとき，このシリーズの力学演習と並行して学習されるならば，電磁気学と力学の二つの分野において，比較対照から，問題解法上の取り扱いの類似点，相違点を理解することができるであろう．

おわりに，本演習書をまとめることをお薦め頂いた編者の大槻義彦教授，校正その他出版の労を頂いたサイエンス社の藤村行俊氏，および印刷所の方々に心からお礼を申し上げる次第です．

1985年3月

山村泰道
北川盈雄

目　　次

7　磁　性　体

8　電磁誘導

9　電　磁　波

問題の解答

付　　録

1 クーロンの法則

1.1 クーロンの法則

正の電荷・負の電荷

毛皮でコハク，ガラスなどを擦ると電気を帯びる．これを**帯電**するという．こうした電気を**静電気**（あるいは**摩擦電気**）といい，溜まった電気を**電荷**という．歴史的には静電気の研究から，電気には正と負の電荷があること，通常物質は電気的に中性であるが，帯電は摩擦による電気分布の変化によって起こること，その際電荷の生成や消滅は起こらず，したがって，全体の電荷の総量は変わらないこと（**電荷保存の法則**）などが明らかになった．

クーロンの法則

1785 年にクーロンによって発見された**クーロン**（Coulomb）**の法則**とは，二つの小さな帯電球（電荷 Q_1，Q_2）間に働く力の大きさ F は電荷の積 Q_1Q_2 に比例し，電荷間の距離 r の 2 乗に反比例するというものである．力の方向は両電荷を結ぶ作用線上にある（図示した $\boldsymbol{F}$ は Q_2 に働く力を表わす）．この力を**クーロン力**という．電荷が同符号の場合は斥力，異符号の場合は引力となる．**SI 単位系**[†]（電荷をクーロン（C），長さをメートル（m），力をニュートン（N）で表わす）を採用すれば，$\boldsymbol{r}/r$ は $\boldsymbol{r}$ 方向の単位ベクトルを表わすから

$$\boldsymbol{F} = \frac{Q_1Q_2}{4\pi\varepsilon_0 r^2}\frac{\boldsymbol{r}}{r}, \qquad F = \frac{Q_1Q_2}{4\pi\varepsilon_0 r^2} \tag{1.1}$$

となる．ε_0 は**真空の誘電率**を表わす次の定数である．

$$\varepsilon_0 = 8.8542 \times 10^{-12} \cong \frac{1}{36\pi} \times 10^{-9}\ \mathrm{C^2/N \cdot m^2}\ ^{\dagger\dagger} \tag{1.2}$$

重ね合わせの原理

多くの点電荷が存在する場合，ある特定の点電荷 Q_0 がその他の点電荷から受けるクーロン力 $\boldsymbol{F}$ は，点電荷 Q_0 と他の点電荷 Q_i との間だけのクーロン力 $\boldsymbol{F}_i$ の重ね合わせで与えられる．すなわち

$$\boldsymbol{F} = \sum_{i \neq 0} \boldsymbol{F}_i \tag{1.3}$$

であり，これを**重ね合わせの原理**という．

---

† 国際単位系（Système International d'Unités）の略

†† ε_0 の単位として F/m もよく使われる．F は電気容量の単位である（3.1 節）．

例題１ ―――― クーロンの法則

真空中で $2\,\mathrm{m}$ の距離離れて A 点に $5.0\times10^{-3}\,\mathrm{C}$，B 点に $-5.0\times10^{-3}\,\mathrm{C}$ の電荷をもつ点電荷がある．さらに，AB を底辺にして，A，B から共に $1.5\,\mathrm{m}$ 離れた二等辺三角形の頂点 C に点電荷があり，この電荷は，A 点，B 点の電荷により力を受けて，AB に平行で A から B の方向に $8.0\times10^{5}\,\mathrm{N}$ の力を受けている．

(a)　A 点，B 点の電荷の間に働く力はいくらか．　　(b)　C 点の電荷はいくらか．

【解答】　(a)　クーロンの法則より AB 間に働く力を F とすれば (1.1) より

$$F=\frac{1}{4\pi\varepsilon_0}\frac{Q_1Q_2}{r^2}=-9\times10^{9}\times\frac{(5.0\times10^{-3})^2}{2^2}$$

$$=-5.6\times10^{4}\,\mathrm{N}$$

(b)　力の方向が AB 方向だから C 点には正の電荷が置かれている．AC 間に働く力の大きさを F_1 とすれば

$$\frac{1}{1.5}\times F_1=\frac{1}{2}\times8.0\times10^{5}$$

$$\therefore\quad F_1=6.0\times10^{5}\,\mathrm{N}$$

C 点の点電荷の電荷を Q とすればクーロンの法則より

$$\frac{1}{4\pi\varepsilon_0}\frac{5\times10^{-3}Q}{(1.5)^2}=6.0\times10^{5}\qquad\therefore\quad Q=3.0\times10^{-2}\,\mathrm{C}$$

問　　題

1.1　クーロンの法則とニュートンの万有引力の法則で似ている点と違っている点は何か．二つの電子および二つの陽子の間に働くクーロン力と万有引力を比較せよ．

1.2　大きさの等しい二つの小さな金属球が正負に帯電している．それぞれの電気量を $2\times10^{-5}\,\mathrm{C}$，$-1\times10^{-5}\,\mathrm{C}$ とするとき

(a)　二つの小球を真空中で $50\,\mathrm{cm}$ 離して置くと，どんな力をおぼよし合うか．

(b)　小球を一度接触させた後，再び $50\,\mathrm{cm}$ 離すとどんな力をおよぼし合うか．

1.3　絶縁物質で長さ $20\,\mathrm{cm}$ のばねをつくった．その一端に $20\,\mathrm{g}$ の小物体を付けてつるすと $4\,\mathrm{cm}$ 伸びた．真空中で等量の正電荷を帯びた二つの小球をこのばねの両端に付けて水平な絶縁体上に置いたところ，ばねの長さは $22\,\mathrm{cm}$ になった．球の大きさやばねの質量は無視し得るとして，小球のもつ電気量を求めよ．

1.4　一直線上互いに距離 a を隔てて Q_1, Q_2, Q_3 の三つの点電荷がある．それぞれの電荷に働く力を求めよ．三電荷が平衡にあるためには，Q_1, Q_2, Q_3 をどのように選べばいいか．

例題 2　点電荷のつり合い

等量の電荷 $-Q$ の二つの点電荷が，$2a$ 離れて固定されている．その中心に電荷 Q，質量 m の点電荷 A を置いた．A を二つの点電荷を結ぶ直線に対して，水平面内で垂直にわずかにずらして離すとき，A の振動の周期を求めよ．また二つの点電荷に沿った方向にずれた場合の安定性について調べよ．

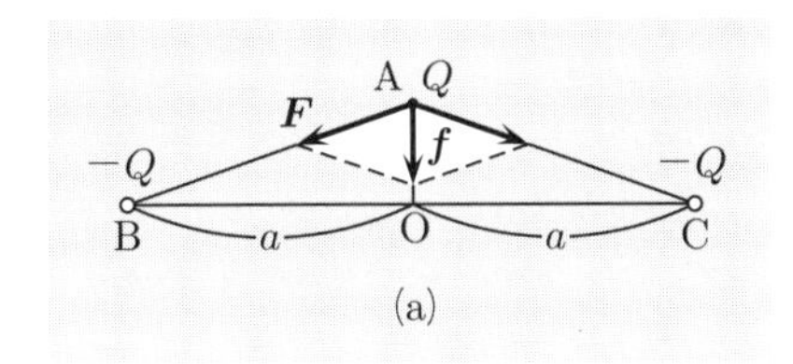

(a)

【解答】　いま，垂直方向に x だけずれているとすると，点電荷 A に働く AB 方向の力 F は

$$F = \frac{1}{4\pi\varepsilon_0}\frac{Q^2}{a^2+x^2}$$

である．A に働く垂直方向の合力を f とすれば，x は a に比べて十分小さく $a^2+x^2 \cong a^2$ より

$$f = -\frac{Q^2}{2\pi\varepsilon_0}\frac{x}{(a^2+x^2)^{3/2}} \cong -\frac{Q^2}{2\pi\varepsilon_0 a^3}x$$

と近似できる．f は引力であり A は垂直方向に単振動する．その周期 T は公式より

$$T = (2\pi\varepsilon_0 am)^{1/2}\frac{2\pi a}{Q}$$

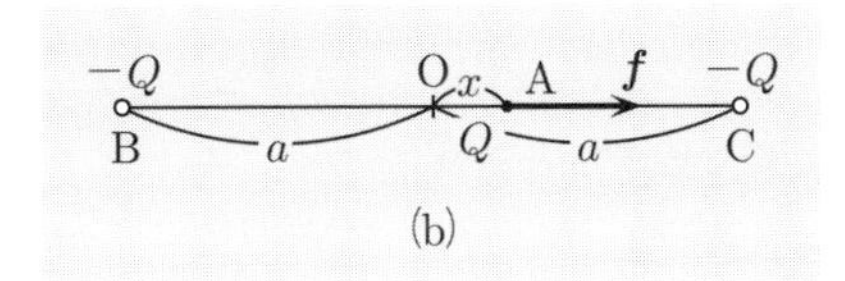

(b)

次に，図 (b) のように BC に沿った方向に x だけずれた場合，A に働く合力 f は，$(1+y)^\alpha \cong 1+\alpha y\,(y \ll 1)$ を用いると

$$f = \frac{Q^2}{4\pi\varepsilon_0}\left\{\frac{1}{(a-x)^2} - \frac{1}{(a+x)^2}\right\} \cong \frac{Q^2}{\pi\varepsilon_0 a^3}x$$

となり斥力の解を得る．この結果はずれ x が生じると力 f は更にずれを大きくする方向に作用することを意味し，よって不安定である．

問　題

2.1　長さ 1 m の 2 本の細い絶縁糸の先に質量 100 g の小球を付けて 1 点から吊り下げた．小球に等量の電気量を与えたところ，二つの小球は 20 cm だけ離れてつり合った．小球に与えられた電気量を求めよ．

2.2　二つの点電荷 $4Q$，$-Q$ が a だけ離れて固定してある．いま，第三の点電荷 Q を二つの点電荷を結ぶ線上に置いた．つり合いの位置を求めよ．また，その点は安定か．

2.3　四つの点電荷 $Q, -Q, Q, -Q$ がこの順序で正方形の四頂点に置かれている．正方形の中心を通り，面に垂直な直線上にどんな点電荷をもってきてもつり合いの位置にあることを示せ．

例題 3 直線状に分布した電荷

一様な線密度 λ で帯電した長さ $2l$ の細い棒がある．いま，この棒の垂直二等分線上，棒から a だけ離れた P 点に点電荷 Q を置く．点電荷の受ける力を求めよ．

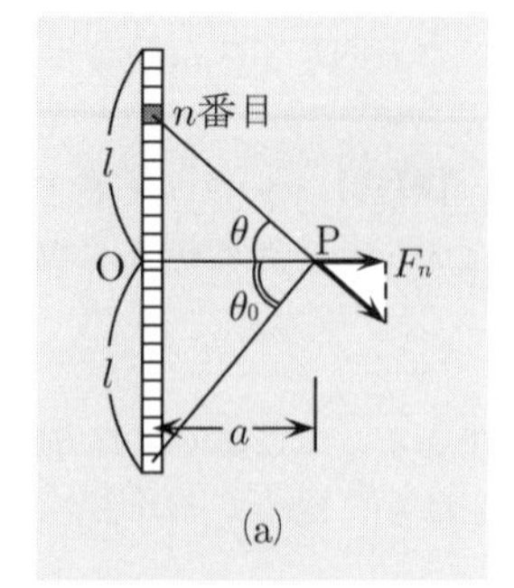

(a)

【解答】 棒を奇数 $(= 2N + 1)$ 等分する場合を考える．各素片が $\lambda \times 2l/(2N+1)$ という電荷をもった $(2N+1)$ 個の電荷の集まりとみなすことができる．対称性より n 番目の素片の P 点への力の寄与は OP 方向のみである．したがって，その力を F_n とすると

$$F_n = \frac{Q\lambda \varDelta x}{4\pi\varepsilon_0}\frac{1}{x_n^2 + a^2}\frac{a}{(x_n^2 + a^2)^{1/2}}$$

ここで

$$\varDelta x = 2l/(2N+1), \quad x_n = n\varDelta x$$

である．したがって，棒全体の点電荷 Q に働く力は

$$F = \frac{Q\lambda}{4\pi\varepsilon_0}\sum_{n=-N}^{N}\frac{a\varDelta x}{(x_n^2 + a^2)^{3/2}}$$

となる．$N \to \infty$ の極限では $x_N = l$, $x_{-N} = -l$ となり上式は積分で置き換えられて

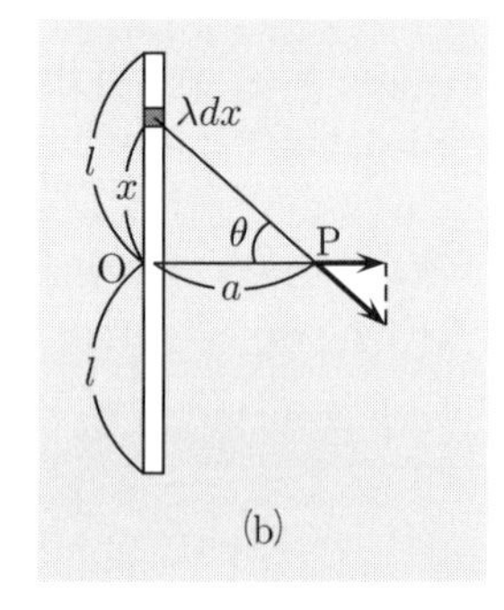

(b)

$$F = \frac{Q\lambda}{4\pi\varepsilon_0}\int_{-l}^{l}\frac{adx}{(x^2 + a^2)^{3/2}}$$

となる．$x = a\tan\theta$, $l = a\tan\theta_0$ とすれば $dx = ad\theta/\cos^2\theta$ となり

$$F = \frac{Q\lambda}{4\pi\varepsilon_0 a}\int_{-\theta_0}^{\theta_0}\cos\theta d\theta = \frac{Q\lambda l}{2\pi\varepsilon_0 a}\frac{1}{(a^2 + l^2)^{1/2}}$$

〚注意〛 電荷が連続的に分布している場合，図 (b) のように無限小の考え方を用いれば簡単である．直線の微小部分 dx 上の電荷 λdx により生ずる力のうち OP 方向の成分を集めれば，棒全体から受ける力は直ちに上記の積分形で表わされる．なお，偶数 $(= 2N)$ 等分の場合も同一の結論が得られるので，各自試みてみよ．

問　題

3.1 例題 3 において $l \to 0$ の極限では (1.1) のクーロンの法則を満足していることを確かめよ．ただし，棒全体の電荷はかわらないとせよ．

3.2 無限に長い直線状針金が一様な線密度 λ で帯電しているとき，針金から a の距離に，点電荷 Q を置いた場合に受ける力を求めよ．

3.3 距離 a だけ離れた，無限に長い平行直線状針金が，それぞれが一様な線密度 λ_1, λ_2 で帯電している．二つの針金の間に働く単位長さあたりの力を求めよ．

1.2 電　　場

電場

クーロンの法則は電荷どうしが直接力をおよぼし合うという形になっている．一方，電荷が一個でも空間に存在するとまわりの空間がひずみ，その領域内にもち込まれた電荷はそのひずみと相互作用し，力を受けると考えることもできる．電荷によって引きおこされたこの空間のひずみを**電場**または**電界**とよぶ．空間の一つの点に単位の点電荷を置いたとき，それが受ける力の大きさに相当する量と方向をもって**電場の強さ**（または単に**電場**）といい，ベクトル $\boldsymbol{E}$ で表わす．電場の強さ $\boldsymbol{E}$ の場所に Q の電荷を置くときに，これに作用する力 $\boldsymbol{F}$ は

$$\boldsymbol{F} = Q\boldsymbol{E} \tag{1.4}$$

となる．電場の強さの単位は当然 N/C であるが，第 2 章で定義されるボルト（volt, V）を用いて，V/m とも表わされる．

種々の電荷分布のつくる電場

電気量 Q の点電荷が距離 r の点につくる電場の強さ $\boldsymbol{E}$ は，(1.1) より（$\boldsymbol{r}/r$ は $\boldsymbol{r}$ 方向の単位ベクトル）

$$\boldsymbol{E} = \frac{Q}{4\pi\varepsilon_0 r^2}\frac{\boldsymbol{r}}{r} \tag{1.5}$$

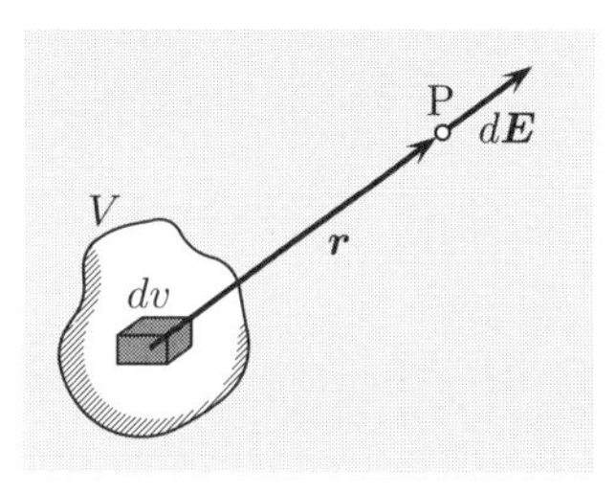

多くの点電荷 Q_i のつくる電場の強さ $\boldsymbol{E}$ は，各電荷のつくる電場の強さ $\boldsymbol{E}_i$ を重ねたものであり，重ね合わせの原理より（$\boldsymbol{r}_i/r_i$ は $\boldsymbol{r}_i$ 方向の単位ベクトル）

$$\boldsymbol{E} = \sum_i \boldsymbol{E}_i = \frac{1}{4\pi\varepsilon_0}\sum_i \frac{Q_i}{r_i^2}\frac{\boldsymbol{r}_i}{r_i} \tag{1.6}$$

となる．ここに，$\boldsymbol{r}_i$ は Q_i から考えている P 点にいたる位置ベクトルである．

電荷密度 ρ で連続的に分布している電荷が P 点につくる電場の強さ $\boldsymbol{E}$ は (1.6) を積分で表わして

$$\boldsymbol{E} = \frac{1}{4\pi\varepsilon_0}\int_V \frac{\rho(\boldsymbol{r})}{r^2}\frac{\boldsymbol{r}}{r}dv \tag{1.7}$$

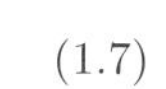

電気力線

電場の記述のより便利な表わし方に**電気力線**がある．電気力線はその上の各点における接線の方向が，その点における電場の強さ $\boldsymbol{E}$ と一致するように引かれた曲線である．電気力線は正電荷から負電荷で終わる向きをもつ曲線である．電気力線が互いに離れているところは場が弱い．図は 2C（右）と −1C の電荷による電気力線を示しており，2C の内半分だけ −1C の電荷で終わるがその他は無限大に流れている．

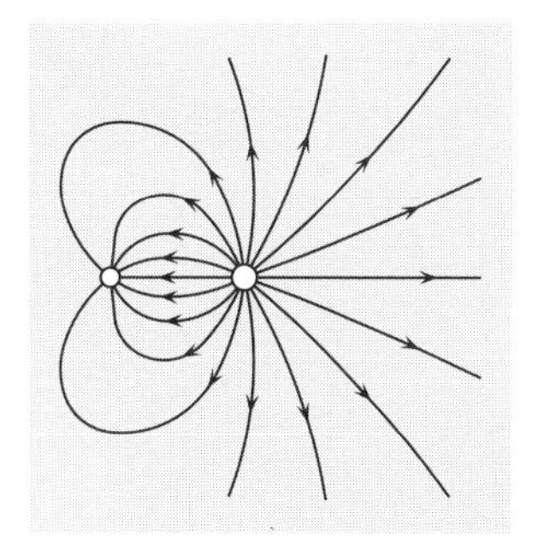

例題 4　点電荷のつくる電場

二つの点電荷 $+Q$, $-Q$ が距離 $2l$ だけ離れて置かれている．その中点を O とする．O 点より距離 r だけ離れた P 点における電場の強さを次の場合について求めよ．

(a)　P 点が二つの点電荷を結ぶ延長上にあるとき，ただし，$r > l$

(b)　P 点が二つの点電荷の垂直二等分線上にあるとき

(c)　$r \gg l$ の場合に (a), (b) の電場の強さは共に Ql/r^3 に比例することを示せ．

【解答】 (a)　P 点が $-Q$ の右方にあるとき，$+Q$ から $-Q$ の方向を正の方向とすると，(1.6) より

$$E_1 = \frac{Q}{4\pi\varepsilon_0}\left[\frac{1}{(r+l)^2} - \frac{1}{(r-l)^2}\right]$$

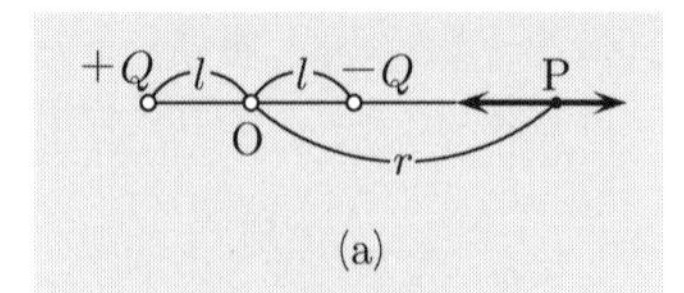

(a)

P 点が $+Q$ の左方にあるときも，電場の正の向きを $+Q$ から $-Q$ にとれば上式と同じになる．

(b)　図 (b) のように $+Q$ と $-Q$ による電場の向きは，二つの点電荷を結ぶ線分と平行である．よって

$$E_2 = 2\frac{Q}{4\pi\varepsilon_0}\frac{1}{r^2+l^2}\cos\theta = \frac{Q}{2\pi\varepsilon_0}\frac{l}{(r^2+l^2)^{3/2}}$$

(c)　$x \ll 1$ のとき $(1+x)^a \cong 1 + ax$ だから

$$E_1 \cong \frac{Q}{4\pi\varepsilon_0}\left[\frac{1}{r^2}\left(1-2\frac{l}{r}\right) - \frac{1}{r^2}\left(1+2\frac{l}{r}\right)\right] = -\frac{1}{\pi\varepsilon_0}\frac{Ql}{r^3}$$

$$E_2 \cong \frac{Ql}{2\pi\varepsilon_0}\frac{1}{r^3}\left(1-\frac{3}{2}\frac{l^2}{r^2}\right) \cong \frac{Ql}{2\pi\varepsilon_0}\frac{1}{r^3}$$

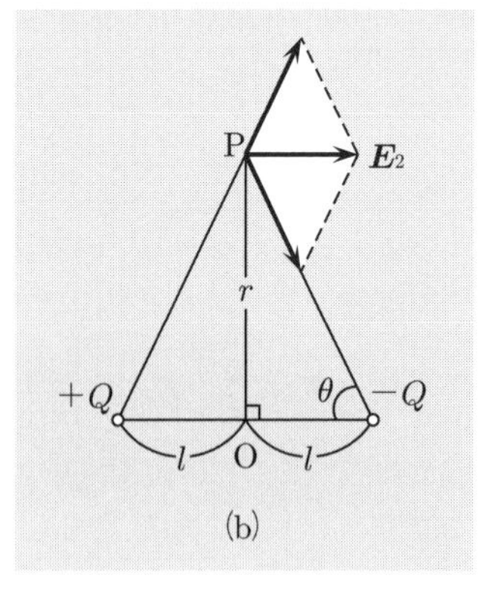

(b)

となり，共に Ql/r^3 に比例する．

〚注意〛　$-Q$ と $+Q$ の距離 $2l$ が充分小さい場合，これを**電気双極子**という．$2lQ$ の大きさをもち，$-Q$ から $+Q$ の方向をもつベクトル $\boldsymbol{p}$ を**電気双極子モーメント**とよぶ．

問　題

4.1　一辺 1 m の正三角形 ABC の各頂点 A, B, C に，それぞれ -3 C, 5 C, 5 C の点電荷を置くとき，三角形の中心における電場の強さはいくらか．

4.2　二つの点電荷 2 C と -1 C が 2 m の距離離れて置かれているとき，これらを結ぶ線の延長線上において，電場の強さが 0 になる位置を求めよ．

4.3　一辺 a の正方形の頂点 A, B, C にそれぞれ等量の電荷 Q があるとき，頂点 D での電場の強さを求めよ．

例題5 ――― 連続分布した電荷のつくる電場

半径 b の円板上に電荷が一様な面密度 σ で分布しているとき，円板の中心 O より垂直に a だけ離れた P 点における電場の強さを求めよ．

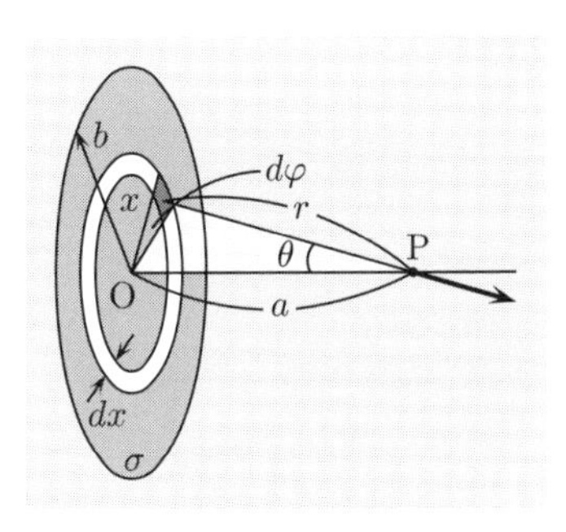

【解答】 O を中心とした同心円と O を通る直線により平面を微小区域に分ける．図において半径 x と $x+dx$ の円と角 $d\varphi$ に囲まれた微小区域にある電荷は，$dQ=\sigma x d\varphi dx$ である．この微小区域の電荷による P 点での電場の強さは（$r=\sqrt{x^2+a^2}$ とおくと）

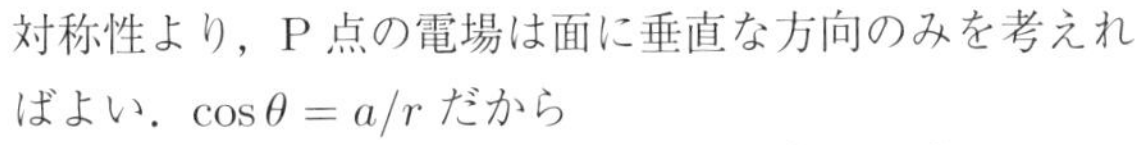

$$dE=\frac{\sigma x d\varphi dx}{4\pi\varepsilon_0 r^2}\quad\text{（太い矢印の方向）}$$

対称性より，P 点の電場は面に垂直な方向のみを考えればよい．$\cos\theta=a/r$ だから

$$E=\int_0^b dx\int_0^{2\pi}d\varphi\frac{\sigma a}{4\pi\varepsilon_0}\frac{x}{r^3}$$

$$=\frac{\sigma a}{2\varepsilon_0}\int_0^b\frac{xdx}{(x^2+a^2)^{3/2}}$$

を得る．ここで $x'=\sqrt{x^2+a^2}$ の変数変換を行う．$xdx=x'dx'$，ならびに，$x=0$ のとき $x'=a$，$x=b$ のとき $x'=\sqrt{a^2+b^2}$ より

$$E=\frac{\sigma a}{2\varepsilon_0}\int_a^{\sqrt{a^2+b^2}}\frac{dx'}{x'^2}=\frac{\sigma a}{2\varepsilon_0}\left[\frac{1}{a}-\frac{1}{(a^2+b^2)^{1/2}}\right]$$

問　　題

5.1 一様な面密度 σ で帯電している無限平面板から距離 a にある P 点における電場の強さを求めよ．

5.2 電荷 Q が中心 O，半径 a の細い針金でできた円輪上に一様な線密度 λ で分布している．中心軸上，中心 O から x だけ離れた P 点での電場の強さを求めよ．

5.3 一様な面密度 σ で帯電している無限平面板から，距離 a にある P 点に生じる電場の強さのうちその $1/k\,(k>1)$ は，P 点から $ka/(k-1)$ 以内の距離にある平板上の電荷によって生ずることを示せ．

5.4 ある金属の薄い球殻に電荷を与えたとき，球殻内部の任意の場所における電場はゼロであることを示せ．ただし，球殻の内部の空洞内には電荷はない．

例題6 **電気力線**

2次元直角座標 xy–平面における電気力線は，微分方程式

$$\frac{dy}{dx} = \frac{E_y}{E_x}$$

の解として与えられることを示せ．ただし，E_x, E_y は，それぞれ $\boldsymbol{E}$ の x, y 成分である．極座標 $r\theta$–平面におけるそれは，微分方程式

$$\frac{dr}{d\theta} = \frac{rE_r}{E_\theta}$$

の解として得られることを示せ．ただし，E_r, E_θ は，それぞれ $\boldsymbol{E}$ の r, θ 方向の成分である．

【解答】 電気力線上の任意の点における接線は，その点における電場の方向と一致する．2次元直角座標系における任意の点での電場の方向は，それが x 軸となす角を θ とすれば $\tan\theta = E_y/E_x$ で特徴付けられる．一方，x の関数として表わされた電気力線 $y(x)$ の接線の傾きは dy/dx である．したがって

$$\frac{dy}{dx} = \frac{E_y}{E_x}$$

すなわち，電気力線に沿う x, y 方向の微小増分 dx，dy は，それぞれ，電場の x 成分 E_x，y 成分 E_y に比例する．

極座標 $r\theta$–平面における電気力線上の任意の P 点における r 方向の微小増分は，図より dr であり，θ 方向のそれは $rd\theta$ である．ゆえに，$r\theta$–平面における電気力線の微分方程式は

$$\frac{dr}{rd\theta} = \frac{E_r}{E_\theta} \quad もしくは \quad \frac{dr}{d\theta} = \frac{rE_r}{E_\theta}$$

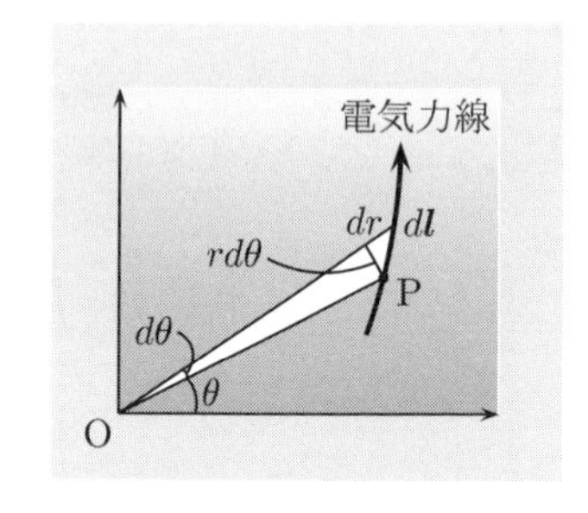

問　題

6.1 点電荷が原点にある場合の電気力線の方程式を xy–平面，$r\theta$–平面において求め，その図を示せ．

6.2 二つの点電荷 $m^2Q, -Q$ が距離 a だけ離れてある．電場の強さが0になる点を求め，かつ，電気力線の略図を描け．ただし，$m\,(>1)$ は正の整数．

6.3 等量の電荷 Q が $2a$ の距離離れて置かれているとき，これらの垂直二等分線上における電場の強さの最大になる位置を求め，この結果を参考にして，電気力線の概略を描け．

1.3 ガウスの法則

電気力束　電場内に微小面積 dS をとり，その面に対する**外向き法線の単位ベクトル**を $\boldsymbol{n}$ とする．このとき，$dN = \boldsymbol{E} \cdot \boldsymbol{n} dS$ を dS を $\boldsymbol{n}$ 方向を貫く**電気力束**という．また，閉曲面全体についての電気力束を**全電気力束**といい

$$N = \oint_S \boldsymbol{E} \cdot \boldsymbol{n} dS \tag{1.8}$$

で表わされる．簡単のため $\boldsymbol{n}dS = d\boldsymbol{S}$ と書くこともある．ここに $d\boldsymbol{S}$ は面積素ベクトルである．

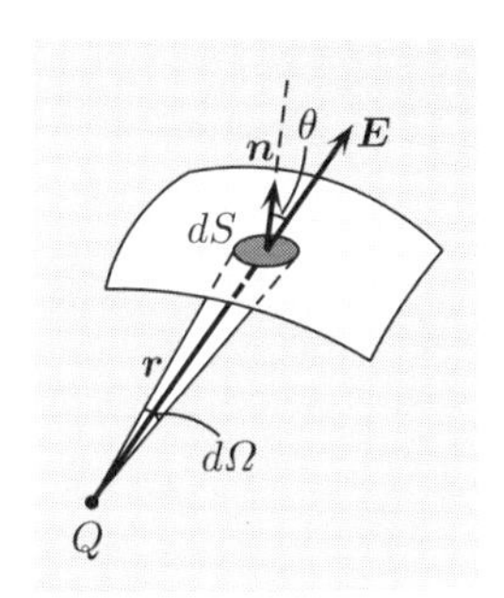

ガウスの法則の積分形　一つの点電荷 Q を囲む任意の閉曲面 S 上の全電気力束は，(1.5) と (1.8) より

$$N = \oint_S \boldsymbol{E} \cdot d\boldsymbol{S} = \frac{Q}{4\pi\varepsilon_0} \oint_S \frac{\boldsymbol{r} \cdot d\boldsymbol{S}}{r^3} = \frac{Q}{4\pi\varepsilon_0} \oint_S \frac{\cos\theta}{r^2} dS \tag{1.9}$$

ここに θ は電場の方向と $\boldsymbol{n}$ とのなす角である．被積分項 $\cos\theta dS/r^2$ は Q が dS に対して張る微分立体角 $d\Omega$ そのものである．全立体角は 4π だから

$$\oint_S \boldsymbol{E} \cdot d\boldsymbol{S} = \frac{Q}{4\pi\varepsilon_0} \oint d\Omega = \frac{Q}{\varepsilon_0} \tag{1.10}$$

閉曲面内に n 個の点電荷があれば，重ね合わせの原理より

$$\oint_S \boldsymbol{E} \cdot d\boldsymbol{S} = \frac{1}{\varepsilon_0} \sum_{i=1}^{n} Q_i \tag{1.11}$$

電荷が密度 ρ で分布している場合，ρ を S で囲まれた体積 V で積分すれば

$$\oint_S \boldsymbol{E} \cdot d\boldsymbol{S} = \frac{1}{\varepsilon_0} \int_V \rho dv \tag{1.12}$$

を得る．これらの式は，クーロンの法則を積分形で一般化したものであり，**ガウスの法則の積分形**とよばれる．

ガウスの法則の微分形　ガウスの法則 (1.12) を各辺 dx, dy, dz の微小六面体に適用すると，**ガウスの法則の微分形**を得る（当章例題 10 を参照）．

$$\frac{\partial E_x}{\partial x} + \frac{\partial E_y}{\partial y} + \frac{\partial E_z}{\partial z} = \frac{\rho}{\varepsilon_0} \tag{1.13}$$

左辺を div$\boldsymbol{E}$ と書く次の表記もよく使用される．

$$\text{div} E = \frac{\rho}{\varepsilon_0} \tag{1.14}$$

記号 div（divergence）を**発散**という．

例題7 ――― 体積分布した電荷とガウスの法則

半径 a の球がある．この球が次の球対称な空間電荷密度 ρ をもつとき，内外に生ずる電場を求めよ．

(a)　$\rho = \rho_0$　　(b)　$\rho = \rho_0(1 - r^2/a^2)$

ここに ρ_0 は定数である．

【解答】 (a)　球内に半径 $r\,(r < a)$ の同心球を考える．出てゆく電気力線は対称性より同心球に垂直である．体積素は $dv = 4\pi r^2 dr$ だからガウスの法則より

$$\oint_S \boldsymbol{E}\cdot\boldsymbol{n}dS = 4\pi r^2 E, \qquad \frac{1}{\varepsilon_0}\int_V \rho_0 dv = \frac{\rho_0}{\varepsilon_0}\frac{4\pi r^3}{3}$$

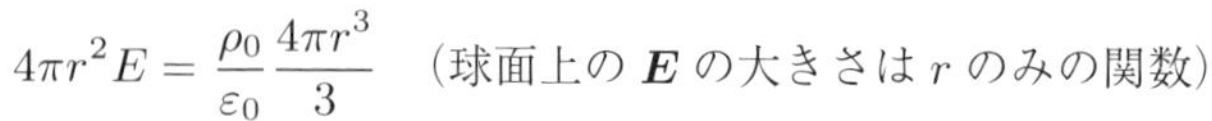

$$4\pi r^2 E = \frac{\rho_0}{\varepsilon_0}\frac{4\pi r^3}{3}$$ （球面上の $\boldsymbol{E}$ の大きさは r のみの関数）

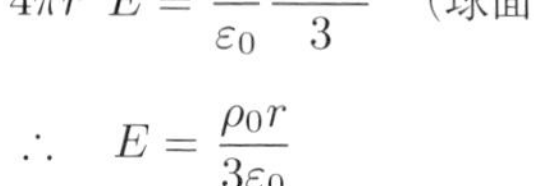

$$\therefore \quad E = \frac{\rho_0 r}{3\varepsilon_0}$$

球外に半径 $r\,(r > a)$ の同心球を考えると全電荷は $4\pi a^3\rho_0/3$ だから

$$4\pi r^2 E = \frac{\rho_0}{\varepsilon_0}\frac{4\pi a^3}{3} \qquad \therefore \quad E = \frac{\rho_0 a^3}{3\varepsilon_0 r^2}$$

(b)　(a) の場合と同様に，球内に半径 $r\,(r < a)$ の同心球を考える．ガウスの法則より

$$4\pi r^2 E = \frac{\rho_0}{\varepsilon_0}\int_0^r \left(1 - \frac{r'^2}{a^2}\right)4\pi r'^2 dr' = \frac{4\pi\rho_0}{\varepsilon_0}\left(\frac{r^3}{3} - \frac{r^5}{5a^2}\right)$$

$$\therefore \quad E = \frac{\rho_0 r}{\varepsilon_0}\left(\frac{1}{3} - \frac{r^2}{5a^2}\right)$$

球外に半径 $r\,(r > a)$ の同心球を考え，ガウスの法則を適用すれば

$$4\pi r^2 E = \frac{\rho_0}{\varepsilon_0}\int_0^a \left(1 - \frac{r'^2}{a^2}\right)4\pi r'^2 dr' = \frac{8\pi\rho_0 a^3}{15\varepsilon_0}$$

$$\therefore \quad E = \frac{2\rho_0 a^3}{15\varepsilon_0 r^2}$$

問　　題

7.1　点電荷 Q が立方体の中心に置かれている場合の各面を貫く電気力束を求めよ．また，この点電荷が立方体の一つの角に置かれた場合はどうか．

7.2　半径 a の球の表面に電荷 Q が一様に分布している場合，球外の任意の P 点における電場の強さを求めよ．

7.3　正電荷が半径 a の球内に空間密度 ρ_0 で一様に分布しているとき，質量 m，電荷 $-e$ の点電荷をその球内に置いたらどうなるか．

例題 8 ——— 線状に分布した電荷とガウスの法則

電子ビームを半径 a の均一に分布した無限長の円柱とみなして，軸からの距離が r のところの電場の強さを求めよ．ただし，線密度を $-\lambda$ とせよ．

【解答】 ビームの外部で半径 $r\,(r > a)$ の円柱と中心軸を共有する単位長さの同軸円筒を考える．電気力線は，電子の電荷は負だから側面から放射状に中心軸方向を向いている．側面積は $2\pi r$ で，含まれる電荷は $r > a$ では $-\lambda$ である．ガウスの法則を適用すると，円筒の側面では E は一定，上下の面の部分では，E の方向と面の法線ベクトルは直交しているので積分に寄与しない．ゆえに

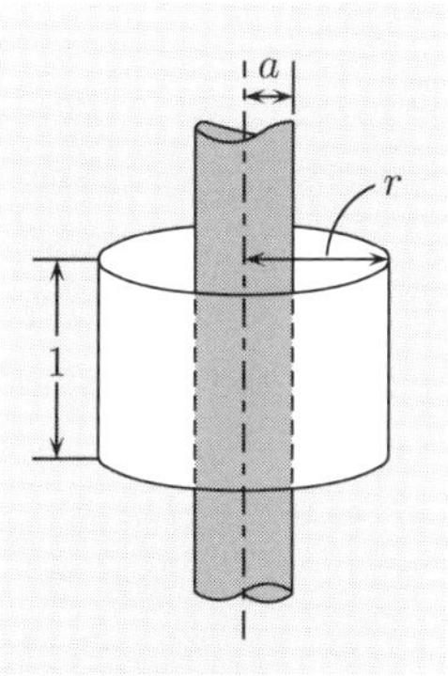

$$2\pi r E = -\frac{\lambda}{\varepsilon_0}$$

$$\therefore \quad E = -\frac{\lambda}{2\pi\varepsilon_0 r} \quad (r > a)$$

次にビームの内部に，同様の半径 $r\,(r < a)$ の単位長さの同軸円筒を考えると，電子は均一に分布しているので，当該円筒の体積比から電荷は $-\lambda r^2/a^2$ である．上述の場合と同様にガウスの法則を適用すると

$$2\pi r E = \frac{1}{\varepsilon_0}\left(\frac{-\lambda r^2}{a^2}\right)$$

$$\therefore \quad E = -\frac{\lambda r}{2\pi\varepsilon_0 a^2} \quad (r < a)$$

問　題

8.1 半径 a の無限に長い円筒の表面に単位長さあたり λ の電荷が一様に分布している場合，内外に生ずる電場の強さを求めよ．

8.2 それぞれに λ の一様な線密度で分布している無限に長い二直線を間隔 d だけ隔てて平行に置いた．両直線を含む平面内で両直線の間にある任意の点における電場の強さを求めよ．

8.3 例題 8 において，この電子ビームの中に単位体積あたり n 個の電子（電荷 $-e$）があるとすると，ビーム内で中心からの距離 r のところにある 1 個の電子は $ne^2r/2\varepsilon_0$ の力を受けていることを示せ．

例題 9　平面状に分布した電荷とガウスの法則

無限に広い平行な二つの平面が，面密度 $+\sigma$ および $-\sigma$ で帯電している．平行な平板によって分けられた各領域の電場の強さを求めよ．

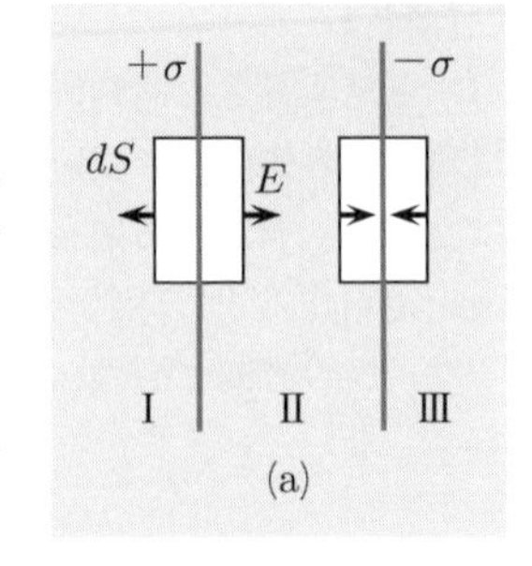

(a)

【解答】 二つの平行な平面により三つの領域に分けられる．まず，$+\sigma, -\sigma$ により生ずる電場を独立に求め，その重ね合わせとして各領域の電場を求めよう．面密度 σ による電場は問題 5.1 で求められているが，ガウスの法則を用いるとより簡単である．すなわち，対称性より電場は平面に垂直な方向である．平面の両側に対称的にまたがる底面積 dS の円筒を考える．その側面では $\boldsymbol{E}\cdot\boldsymbol{n}=0$ で，底面 dS で電場の強さを E_+ とすれば，電気力線は底面に垂直だから $\boldsymbol{E}\cdot\boldsymbol{n}=E_+$ となる．円筒内の電荷は σdS だから，その円筒面にガウスの法則を用いると

$$2E_+dS=\frac{\sigma dS}{\varepsilon_0}\qquad\therefore\quad E_+=\frac{\sigma}{2\varepsilon_0}$$

$-\sigma$ による電場の強さを E_- とすれば，同様にして $E_-=\sigma/2\varepsilon_0$．電場の方向に注意して重ね合わせると

$$\text{領域　II}\qquad E=E_++E_-=\frac{\sigma}{\varepsilon_0}$$

$$\text{領域　I, III}\quad E=\mp E_+\pm E_-=0$$

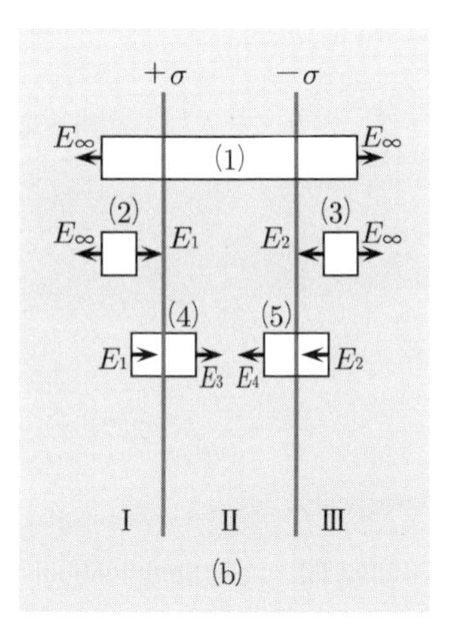

(b)

【別解】 図 (b) のような五つの円筒を考え，ガウスの法則を適用する．簡単のため，円筒の底面積は，$dS=1$ とする．(1) は無限遠にわたる円筒で，無限遠では二つの平面の区別はなく，$2E_\infty=\sigma-\sigma=0\quad\therefore\ E_\infty=0$．

(2) の筒より $E_\infty+E_1=0\quad\therefore\ E_1=0$

(3) の筒より $E_\infty+E_2=0\quad\therefore\ E_2=0$

(4) の筒より $-E_1+E_3=\sigma/\varepsilon_0\quad\therefore\ E_3=\sigma/\varepsilon_0$

(5) の筒より $E_4-E_2=-\sigma/\varepsilon_0\quad\therefore\ E_4=-\sigma/\varepsilon_0$

ゆえに　(I) の領域では　$E=-E_\infty=E_1=0$

　　　　(II) の領域では　$E=E_3=-E_4=\sigma/\varepsilon_0$

　　　　(III) の領域では　$E=E_\infty=-E_2=0$

問　　題

9.1 無限に広い平行な二つの平面が，面密度 σ_1, σ_2 で帯電している．平行な平板によって分けられた三つの領域における電場の強さを求めよ．

例題 10 ──── **ガウスの法則の微分形**

各辺が dx, dy, dz である微小六面体を考えることにより，ガウスの法則の積分形を利用して，ガウスの法則の微分形

$$\frac{\partial E_x}{\partial x}+\frac{\partial E_y}{\partial y}+\frac{\partial E_z}{\partial z}=\frac{\rho}{\varepsilon_0}$$

を導け．ただし，E_x, E_y, E_z は $\boldsymbol{E}$ の x, y, z 成分を意味する．

【解答】　まず，右図の六面体の x 軸に垂直な 2 面についての電気力束は次式で表わされる．

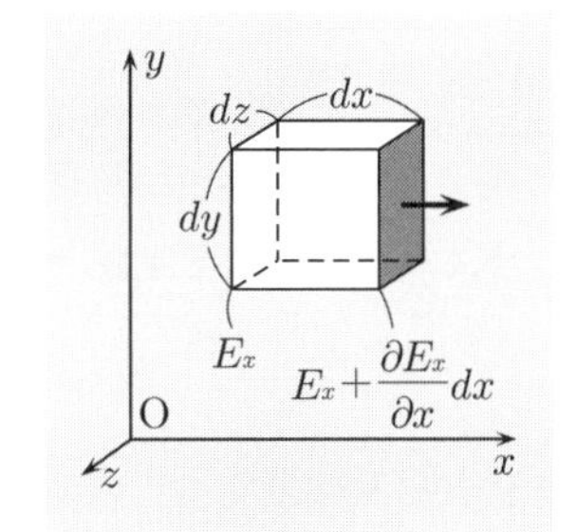

$$\left(E_x+\frac{\partial E_x}{\partial x}dx\right)dydz-E_xdydz=\frac{\partial E_x}{\partial x}dv$$

ここに $dv=dxdydz$，他の面についても同様にすれば

$$\frac{\partial E_y}{\partial y}dv, \qquad \frac{\partial E_z}{\partial z}dv$$

を得る．この微小六面体についての全電気力束は

$$\oint_{\text{微小六面体}}\boldsymbol{E}\cdot\boldsymbol{n}dS=\left(\frac{\partial E_x}{\partial x}+\frac{\partial E_y}{\partial y}+\frac{\partial E_z}{\partial z}\right)dv$$

である．他方この微小六面体内では，無限小の意味から ρ は定数とみなせる．よってその電気量は ρdv．ゆえにこの微小空間でのガウスの法則は次の微分形で書かれる．

$$\frac{\partial E_x}{\partial x}+\frac{\partial E_y}{\partial y}+\frac{\partial E_z}{\partial z}=\mathrm{div}\boldsymbol{E}=\frac{\rho}{\varepsilon_0}$$

上記の微小六面体を重ね合わせて体積 V，表面積 S の閉曲面を構成すれば (1.12) を得る．

〖**注意**〗 直角座標における単位ベクトルを $\boldsymbol{e}_x, \boldsymbol{e}_y, \boldsymbol{e}_z$ とする．次のベクトル微分演算子

$$\nabla\equiv\boldsymbol{e}_x\frac{\partial}{\partial x}+\boldsymbol{e}_y\frac{\partial}{\partial y}+\boldsymbol{e}_z\frac{\partial}{\partial z}$$

を**ナブラ演算子**といい，これによりガウスの法則の微分形は次のようにも書かれる．

$$\nabla\cdot\boldsymbol{E}=\frac{\rho}{\varepsilon_0}$$

問　題

10.1　ある空間電荷密度をもつ半径 a の球による電場の方向は r 方向で，$E=\rho_0 r/3\varepsilon_0\,(r<a)$, $E=\rho_0 a^3/3\varepsilon_0 r^2\,(r>a)$ の大きさであった．各領域における電荷密度を求めよ．なお，ρ_0 は定数である．

10.2　半径 a の無限円柱が，ある電荷分布をしている．その結果，電場は円柱の表面に垂直な動径 r 方向で，内側では $E=\rho_0 r/2\varepsilon_0$，外側では $E=\rho_0 a^2/2\varepsilon_0 r$ であった．内外の電荷分布を求めよ．なお，ρ_0 は定数である．

2 電　　位

2.1 電　　位

電位と電位差

電場内の 2 点 P と Q の**電位差**（**電圧**）は，単位電荷を P から Q まで移す間に電場のする仕事（または，Q から P まで単位電荷を運ぶのに要する仕事）として定義される．すなわち

$$V_{\mathrm{PQ}} = -\int_{\mathrm{Q}}^{\mathrm{P}} \boldsymbol{E} \cdot d\boldsymbol{l} = -\int_{\mathrm{Q}}^{\mathrm{P}} E \cos\theta dl \qquad (2.1)$$

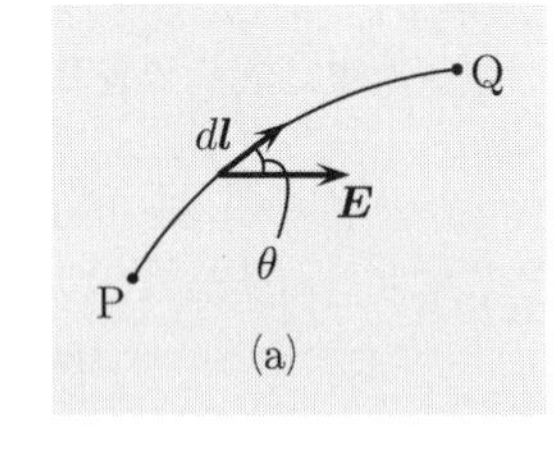

(a)

ここに，$d\boldsymbol{l}$ は曲線の線素，θ は $\boldsymbol{E}$ と $d\boldsymbol{l}$ とのなす角で，静電場においては，この積分の結果は P, Q を結ぶ道筋によらない．

基準点 Q を無限遠点に選んだときの V_{PQ} を P 点の**電位**といい，V_{P} で表わすと

$$V_{\mathrm{P}} = -\int_{\infty}^{\mathrm{P}} \boldsymbol{E} \cdot d\boldsymbol{l} \qquad (2.2)$$

(2.2) の定義より (2.1) の電位差は $V_{\mathrm{PQ}} = V_{\mathrm{P}} - V_{\mathrm{Q}}$ と書ける．電位（電位差，電圧）の単位は，1 C の電荷を運ぶのに要する仕事が 1 J となる電位差を 1 ボルト (V) と定義する．

種々の電荷分布のつくる電位

点電荷 Q が距離 r の点につくる電位 V は

$$V = -\int_{\infty}^{r} \frac{Q}{4\pi\varepsilon_0} \frac{dr'}{r'^2} = \frac{Q}{4\pi\varepsilon_0 r} \qquad (2.3)$$

である．2 次元 xy–平面においては

$$V = \frac{Q}{4\pi\varepsilon_0 (x^2 + y^2)^{1/2}}$$

となり，図 (b) は電位の値を z 座標にして上式を計算機により描いたものである．

Q

(b)

多くの点電荷 $Q_1, Q_2, Q_3, \cdots, Q_n$ のつくる電位は，重ね合せの原理より Q_i からの距離を r_i とすると

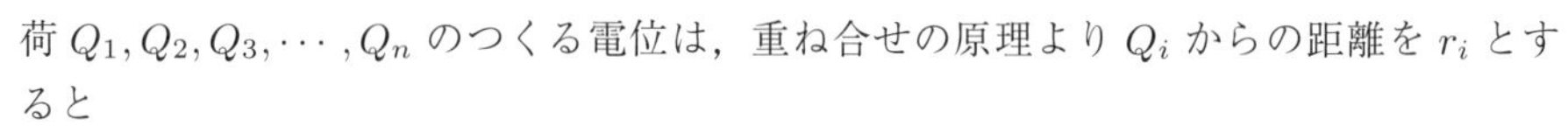

$$V = \frac{1}{4\pi\varepsilon_0} \sum_{i=1}^{n} \frac{Q_i}{r_i} \qquad (2.4)$$

下図は図 (b) と同様，電位の値を z 座標にして計算機により描いたものである．

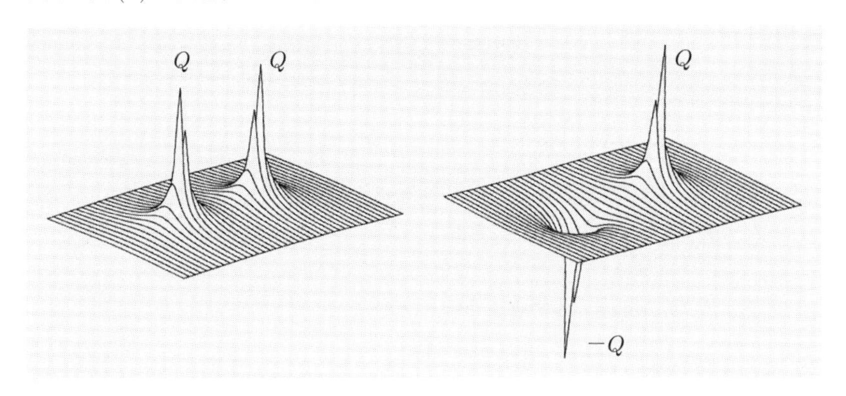

電荷密度 ρ で電荷が連続的に分布している場合の電位は (1.7) に対応して

$$V = \frac{1}{4\pi\varepsilon_0}\int_V \frac{\rho(\boldsymbol{r})}{r}dv \tag{2.5}$$

で与えられる．ここに，V は電荷の分布している領域全体についての積分を意味する．

電位と電場の強さ　電場内の 2 点 P, Q が E が一定とみなされる程度接近している場合 P 点における電位を $V+dV$，Q 点における電位を V とすると

$$V + dV - V = -\int_{\mathrm{Q}}^{\mathrm{P}} \boldsymbol{E}\cdot d\boldsymbol{l} = -E_l dl \qquad \therefore\quad E_l = -\frac{\partial V}{\partial l}$$

ここに E_l は $\boldsymbol{E}$ の l 方向成分である．l 方向としてそれぞれ x, y, z 方向をとれば

$$E_x = -\frac{\partial V}{\partial x},\qquad E_y = -\frac{\partial V}{\partial y},\qquad E_z = -\frac{\partial V}{\partial z} \tag{2.6}$$

となる．また，ベクトル $\boldsymbol{E}$ を表わすのに次の表記がよく使用される．

$$\boldsymbol{E} = -\mathrm{grad}V = -\nabla V \quad \left(\nabla = \left(\frac{\partial}{\partial x},\ \frac{\partial}{\partial y},\ \frac{\partial}{\partial z}\right)\right) \tag{2.6$'$}$$

記号 grad（gradient）を**勾配**という．(2.6′) より等電位面に xy–平面をとれば，電場は z 成分のみとなり，電場と等電位面が**直交**することが分かる．なお，(2.1) と (2.6′) より

$$V_{\mathrm{PQ}} = \int_{\mathrm{Q}}^{\mathrm{P}} dV = \int_{\mathrm{Q}}^{\mathrm{P}} \left(\frac{\partial V}{\partial x}dx + \frac{\partial V}{\partial y}dy + \frac{\partial V}{\partial z}dz\right) \tag{2.7}$$

を得る．電場が既知のとき，QP 間の積分路を定めれば，(2.7) より V_{PQ} が求めることができる（付録 (A.45) ならびに当章例題 11 を参照）．

電位 V を与える微分方程式

(2.6′) も (1.14) に代入すれば

$$\mathrm{div}\,(\mathrm{grad}\,V) = -\frac{\rho}{\varepsilon_0} \tag{2.8}$$

これより

$$\frac{\partial^2 V}{\partial x^2} + \frac{\partial^2 V}{\partial y^2} + \frac{\partial^2 V}{\partial z^2} = -\frac{\rho}{\varepsilon_0} \quad \text{または} \quad \nabla^2 V = -\frac{\rho}{\varepsilon_0} \tag{2.9}$$

これは，静電場において電位の満たす基本方程式で，**ポアッソン**（Poisson）**の式**とよばれている．$\rho = 0$ の場合の

$$\nabla^2 V = 0 \tag{2.10}$$

を特に**ラプラス**（Laplace）**の式**とよぶ．

導体

完全導体の静電場には，次のような性質がある．

(1) 導体内部では，至るところ電場は 0 で，電荷は存在しない．

(2) 導体内部および表面では，電位は至るところ同一である．

(3) 帯電は表面だけに生じる．

(4) 導体表面は同電位だから，電場 E は表面に垂直で，表面電荷密度を σ とすれば，そのすぐ外側の電場の強さは

$$E = \frac{\sigma}{\varepsilon_0} \tag{2.11}$$

(5) 導体表面の電荷密度を σ とすると，単位面積あたり

$$P = \frac{\sigma^2}{2\varepsilon_0} = \frac{1}{2}\varepsilon_0 E^2 \tag{2.12}$$

の静電張力が外向きに働く．

電気鏡像法

点電荷が導体に相対して存在するときの導体外の電場は，導体が同電位であることを考慮すれば，導体を取り除くかわりに適当な点電荷を仮想することによって再現できる．この仮想的な電荷を実際の電荷の**電気鏡像**とよぶ．たとえば，電位 0 の無限に広い平面状導体の前方の P 点に Q の点電荷があるときの導体外の電場は，導体を取り除き，導体表面に対して P 点と対称な P′ 点に $-Q$ の電荷を想定した場合の電場と同じである．すなわち，Q の電気鏡像は導体表面に対して対称な点にある $-Q$ の電荷である．

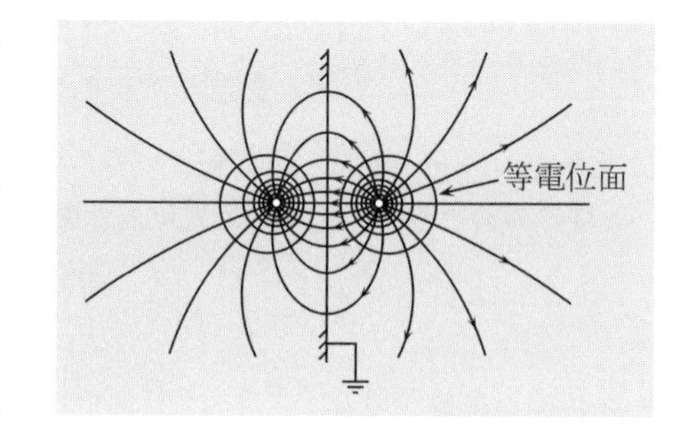

例題1 ― 電場の中の荷電粒子の運動

真空中に電位差 V に帯電した辺の長さ l の正方形の極板がある．極板間の距離を d とする．いま，初速度 v，電荷 $-e$，質量 m の電子ビームが電場に垂直に入射した．ビームが極板を出るときの角度を求めよ．また，十分離れた場所でのビームのずれは V に比例することを示せ．なお，下図のように y の正方向は下向きとせよ．

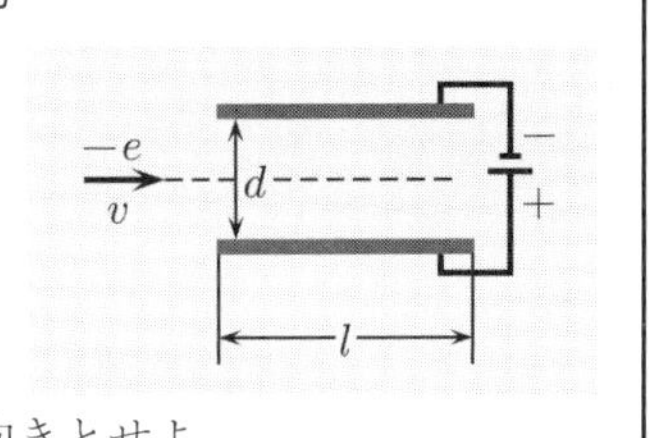

【解答】 極板間の電場の強さは $E = V/d$ であり，x 方向の力の成分は 0，y 方向の成分は eV/d である．ゆえに，t 秒後の速度の成分 v_x，v_y および y は，$t = 0$ の初期状態で $v_y = 0$，$y = 0$ とすれば

$$v_x = v, \quad v_y = \frac{eV}{dm}t, \quad y = \frac{1}{2}\frac{eV}{dm}t^2$$

電子が極板を通過する時間は l/v であるので，極板を出たときの v_y は，$v_y = eVl/dmv$ であり，そのときの角度 θ は

$$\theta = \tan^{-1}\left(\frac{v_y}{v_x}\right) = \tan^{-1}\left(\frac{eVl}{dmv^2}\right)$$

極板から十分離れた場所 $L\,(L \geqq l,\ d)$ における y 座標 Y は

$$Y = \frac{1}{2}\frac{eV}{dm}\left(\frac{l}{v}\right)^2 + L\tan\theta = \cdots \cong \frac{eVlL}{dmv^2} \propto V$$

となり V に比例する．

問　　題

1.1 例題1において，$l = 1\,\mathrm{cm}$, $d = 5\,\mathrm{mm}$, $V = 1000\,\mathrm{V}$ とし，$10\,\mathrm{keV}$ の電子を左方から電場に垂直に走らせた場合，電子が極板から出るときの角度を求めよ．電子の質量は $9.11 \times 10^{-31}\,\mathrm{kg}$，電気素量は $1.60 \times 10^{-19}\,\mathrm{C}$ とせよ．

1.2 電子と陽子について速度と加速電圧の関係を古典論の枠内で議論せよ．また，光速の 1/10 になる加速電圧を求めよ．陽子の質量は $1.67 \times 10^{-27}\,\mathrm{kg}$ とせよ．

1.3 運動エネルギーが $5\,\mathrm{MeV}$ のアルファ粒子が金の原子と正面衝突をした．もっとも接近した距離を求めよ．アルファ粒子の電荷は $2e$，金の原子核の電荷を $79e$ として計算せよ．ただし，e は電気素量で，また $1\,\mathrm{eV}{=}1.60 \times 10^{-19}\,\mathrm{J}$ である．

1.4 $10^4\,\mathrm{V/m}$ の一様な電場に電子がある．初速度 0 の電子が光速の 1/10 になるまでの時間は何秒か．

例題2 ―― 種々の電荷分布のつくる電場と電位

次にあげる三つの場合について，中心から r の距離にある点の電場の強さ E と電位 V を求め，図に書いて比較せよ．

(a) 点電荷 Q が $r=0$ にある場合

(b) 総量 Q の電荷が半径 a の球面上に一様に分布している場合

(c) 総量 Q の電荷が半径 a の球面内に空間的に一様に分布している場合

【解答】 球対称性より，E と V は r のみに依存する．

(a) (1.5) と (2.3) より

$$E = \frac{Q}{4\pi\varepsilon_0 r^2},\quad V = \frac{Q}{4\pi\varepsilon_0 r}\ \ (r \to \infty \text{ で } V = 0)$$

(b) 球内外に対しガウスの法則を適用する．球内には電荷がないので $E=0$．球外は (a) と同じ解になる．積分区間を考慮して V を求めれば

$$E \times 4\pi r^2 = \frac{Q}{\varepsilon_0} \qquad \therefore\ \ E = \frac{Q}{4\pi\varepsilon_0 r^2}\ \ (r > a)$$

$$V = -\int_\infty^r E dr' = -\int_\infty^r \frac{Q dr'}{4\pi\varepsilon_0 r'^2} = \frac{Q}{4\pi\varepsilon_0 r}\ \ (r > a)$$

$$V = -\int_\infty^a E dr' - \int_a^r 0 dr' = \frac{Q}{4\pi\varepsilon_0 a}\ \ (r < a)$$

(c) 第1章例題7の (a) の E に $\rho_0 = 3Q/4\pi a^3$ を代入する．以下 (b) と同じ手法で計算すれば

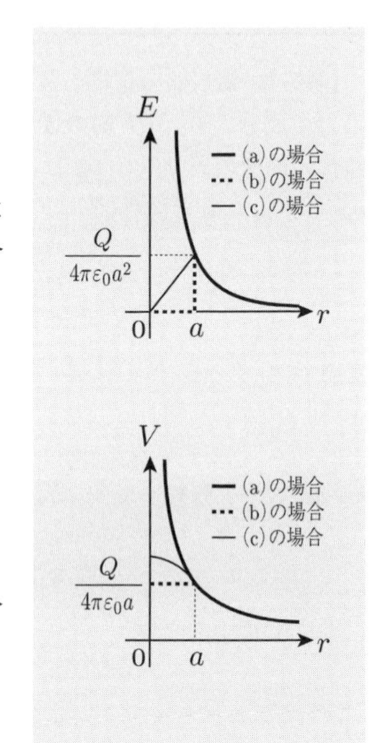

$$E = \frac{Qr}{4\pi\varepsilon_0 a^3}\ \ (r < a),\quad E = \frac{Q}{4\pi\varepsilon_0 r^2}\ \ (r > a)$$

$$V = -\int_\infty^r E dr' = \frac{Q}{4\pi\varepsilon_0 r}\ \ (r > a)$$

$$V = -\int_\infty^a E dr' - \int_a^r E dr' = \frac{Q}{8\pi\varepsilon_0 a}\left(3 - \frac{r^2}{a^2}\right)\ \ (r < a)$$

結果を図に示す．$r < a$ では電荷分布の差異の効果が現れるが，$r > a$ では現れない．

問　題

2.1 空気の絶縁耐力は 30 kV/m である．半径 18 cm の球の保持し得る最大の電荷はいくらか．

2.2 快晴の地表の大気の電場の強さは約 100 V/m である．地球上の全電荷を求めよ．ただし，地球の半径は約 6400 km である．

例題 3 ―― 平板導体

無限に広い平板状導体の表面に一様な面密度 σ で電荷が分布している．この平板状導体から距離 x にあるＰ点における電場の強さと電位を求めよ．ただし，導体面上の電位を V_0 とする．

【解答】 導体表面に面積 dS の部分を考え，それを底として内部と外部に，図のような二つの円筒を考える．この二つの円筒を合わせた全体にガウスの法則を適用する．導体内部では

$$E = 0$$

外部では円筒の対称性より $\boldsymbol{E}$ は面に垂直である．円筒の側面では $\boldsymbol{E}$ の法線成分は 0 である．垂直外向きの電場の強さを E として，この円筒についてガウスの法則を適用すれば

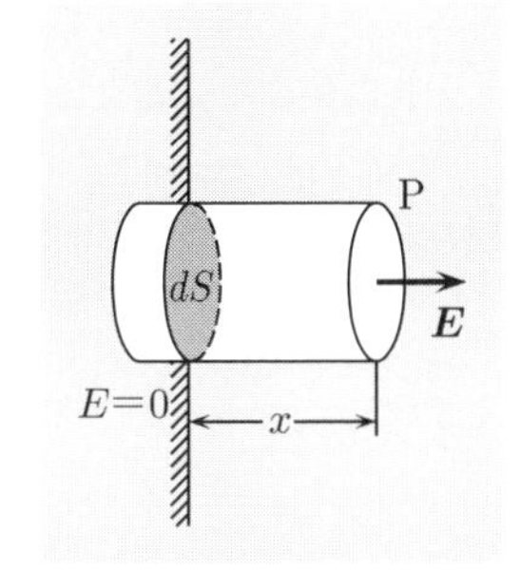

$$EdS = \frac{\sigma dS}{\varepsilon_0}$$

$$\therefore \quad E = \frac{\sigma}{\varepsilon_0}$$

すなわち，電場の強さは x に無関係である．したがって，導体表面からの距離 x のＰ点の電位は

$$V = -\int_0^x \frac{\sigma}{\varepsilon_0} dx + V_0$$
$$= V_0 - \frac{\sigma}{\varepsilon_0} x$$

問　　題

3.1 導体の近くの電場の強さが，8×10^4 V/m であるとき，この導体における電荷の面密度はいくらか．

3.2 接地された無限に広い導体から，2 m だけ離れたＰ点における電場の強さが 4×10^4 V/m であるとき，この導体の表面電荷密度を求めよ．また，Ｐ点における電位はいくらか．

3.3 半径 a の薄い円板状導体に電荷 Q を与えた場合，電荷は一様に分布せず，円板の縁の辺に集中する．理由を簡単に述べよ．もし，帯電した円板状導体のすべての電荷が周辺の縁に局在していると仮定した場合，円板の中心から距離 r だけ離れた点における電場の強さと電位を求めよ．また r が十分大きいときには電場の強さ，電位とも円板の大きさにはあまり依存しないことを示せ．

例題 4 **球状導体**

内半径 a，外半径 b の同心の絶縁された導体球殻がある．いまその中心に電荷 Q の点電荷を置いたとき，導体表面に現われる電荷密度と電位の分布を求めよ．

【解答】 対称性より電場の向きは半径方向で，その強さは同心球の上で等しい．球殻の内部の P 点を通る同心球を考え，ガウスの法則を適用すると

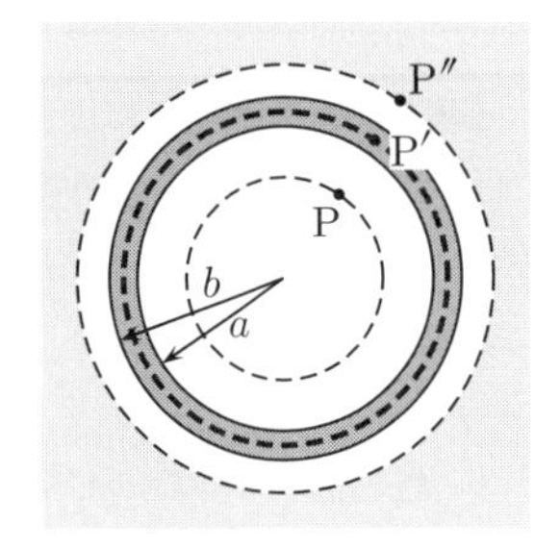

$$E \times 4\pi r^2 = \frac{Q}{\varepsilon_0} \qquad \therefore \quad E = \frac{Q}{4\pi\varepsilon_0 r^2} \quad (r < a)$$

球殻の内面に誘導される電荷を Q' とすると，導体内の一点 P' を通る同心球について，ガウスの法則を適用すれば導体内では $E = 0$ より

$$0 \times 4\pi r^2 = (Q + Q')/\varepsilon_0 \qquad \therefore \quad Q' = -Q$$

これより，球殻の外面には Q が誘導される．

導体球殻の内面および外面の表面電荷密度をそれぞれ σ, σ' とすれば

$$\sigma = -\frac{Q}{4\pi a^2}, \quad \sigma' = \frac{Q}{4\pi b^2}$$

となり，球殻の外側の P'' 点を通る同心球についてガウスの法則を適用すると

$$E \times 4\pi r^2 = \frac{Q - Q + Q}{\varepsilon_0} \qquad \therefore \quad E = \frac{Q}{4\pi\varepsilon_0 r^2} \quad (r > b)$$

電位 V は無限遠より，それぞれの領域までの線積分をすればよい．すなわち

$$V = -\int_{\infty}^{r} E dr' = -\frac{1}{4\pi\varepsilon_0}\int_{\infty}^{r} \frac{Q dr'}{r'^2} = \frac{Q}{4\pi\varepsilon_0 r} \quad (r > b)$$

$$V = -\int_{\infty}^{b} E dr' - \int_{b}^{r} 0 \cdot dr' = \frac{Q}{4\pi\varepsilon_0 b} \quad (a < r < b)$$

$$V = -\int_{\infty}^{b} E dr' - \int_{b}^{a} 0 \cdot dr' - \int_{a}^{r} E dr' = \frac{Q}{4\pi\varepsilon_0}\left(\frac{1}{r} - \frac{1}{a} + \frac{1}{b}\right) \quad (r < a)$$

問 題

4.1 半径 a，$b\,(a < b)$ の二つの金属球を遠く離して針金で接続している．いま，Q の電荷を一方の金属球に与えた．それぞれの球の表面電荷と表面電場を求めよ．

4.2 例題 4 で点電荷のかわりに半径 $c\ (c < a)$ の金属球を置き，電荷 Q を与えた．

(a) 各領域の電位を求めよ．

(b) 外側の導体球殻に電荷 Q' を付け加えるとどうなるか．また，各領域の電位を求めよ．

例題 5 ―――― 電場と電位の関係

一辺が a の立方体がある．空間に $V = -kx^3$ で与えられている電位があった場合，この立方体の内部に含まれる全電荷を求めよ．ただし，原点は立方体の一つの角にあり，三辺は x, y, z の正の方向に沿っているものとする．また，k は定数である．

〚ヒント〛 ガウスの法則の積分形を応用する．

【解答】 この立方体の表面について，ガウスの法則の積分形を適用する．

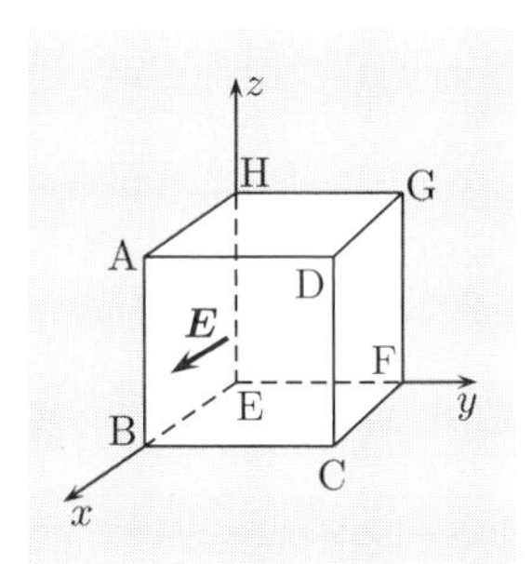

$$\boldsymbol{E} = -\mathrm{grad}\, V$$

だから

$$E_x = -\frac{\partial V}{\partial x} = 3kx^2, \quad E_y = E_z = 0$$

ガウスの法則の積分形より，この立方体に含まれる全電荷 Q は

$$Q = \varepsilon_0 \oint_{\text{立方体}} \boldsymbol{E} \cdot d\boldsymbol{S}$$

であるが，y 方向，z 方向の電場の強さは 0 だから，x 方向のみ考えればよい．x 方向に垂直な面 EFGH における電場の強さは $E_x = 0$，一方，面 ABCD 上における電場の強さは $E_x = 3ka^2$

$$\therefore \quad Q = \varepsilon_0 \times 3ka^2 \times a^2 = 3\varepsilon_0 ka^4$$

問　　題

5.1 $V = -kx^2$（k：定数）のつくる体積電荷密度を求めよ．

5.2 電場の成分が次のように与えられているときの電位を求めよ．

(a) $E_x = -ky, \quad E_y = -kx, \quad E_z = 0$

(b) $E_x = -kx, \quad E_y = -ky, \quad E_z = -kz$

5.3 静電場は保存力の場である．したがって，電場内の任意の閉曲線に沿っての電場の線積分は常に 0 である．いま閉曲線として xy–平面にある一辺 dx, dy の長さをもつ微小四辺形を選び，線積分を実行することにより，次の等式を証明せよ．

$$\frac{\partial E_y}{\partial x} - \frac{\partial E_x}{\partial y} = 0$$

5.4 電気力線が x 軸に平行な真空中の電場は，x 方向に変化しないことを示せ．

5.5 直角座標系における電場の成分が，それぞれ，$E_x = k(x^2 + y^2)$，$E_y = 2ky$，$E_z = 2kyz$ であるような電荷分布は存在するか．もしあればそのときの電位を求めよ．

例題 6 ―――――― 電気鏡像 I

接地された半無限の導体の表面の前方 a の距離に点電荷 Q がある．

(a) 点電荷と導体面との間に働く引力を求めよ．

(b) 導体の前方につくられる電位，電場の強さを求めよ．

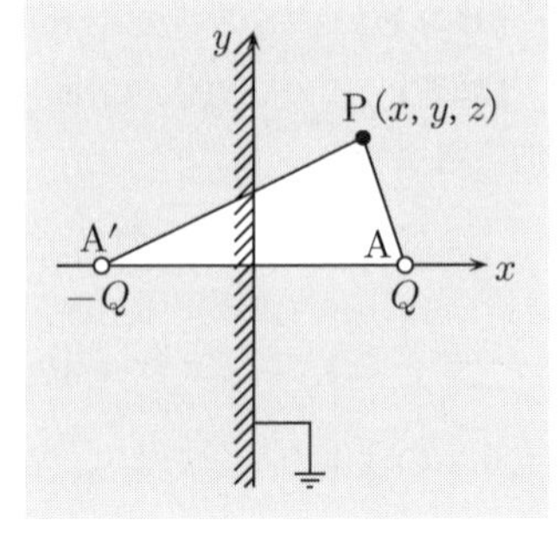

【解答】 点電荷 Q のある点を A とし，導体表面に対して対称な点を A′ とする．A′ 点に点電荷 $-Q$ を置いて導体を取り除くと導体表面の位置が電位ゼロの等電位面となり，点電荷と導体系の電場を再現する．

(a) 導体面と点電荷の間の引力は，$-Q$ と Q との間のクーロン力と等しいので

$$F = -\frac{Q^2}{4\pi\varepsilon_0}\frac{1}{(2a)^2} = -\frac{Q^2}{16\pi\varepsilon_0 a^2}$$

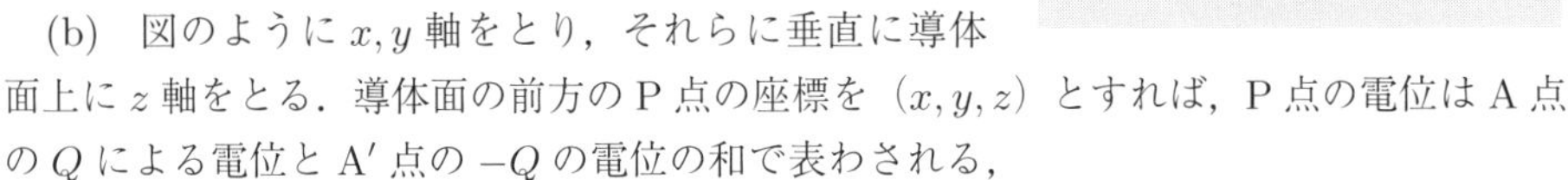

(b) 図のように x, y 軸をとり，それらに垂直に導体面上に z 軸をとる．導体面の前方の P 点の座標を (x, y, z) とすれば，P 点の電位は A 点の Q による電位と A′ 点の $-Q$ の電位の和で表わされる，

$$V = \frac{Q}{4\pi\varepsilon_0}\left\{\frac{1}{\sqrt{(x-a)^2+y^2+z^2}} - \frac{1}{\sqrt{(x+a)^2+y^2+z^2}}\right\}$$

電場の強さは $\boldsymbol{E} = -\mathrm{grad}\,V$ より次のように与えられる

$$E_x = -\frac{\partial V}{\partial x} = \frac{Q}{4\pi\varepsilon_0}\left[\frac{x-a}{\{(x-a)^2+y^2+z^2\}^{3/2}} - \frac{x+a}{\{(x+a)^2+y^2+z^2\}^{3/2}}\right]$$

$$E_y = -\frac{\partial V}{\partial y} = \frac{Qy}{4\pi\varepsilon_0}\left[\frac{1}{\{(x-a)^2+y^2+z^2\}^{3/2}} - \frac{1}{\{(x+a)^2+y^2+z^2\}^{3/2}}\right]$$

$$E_z = -\frac{\partial V}{\partial z} = \frac{Qz}{4\pi\varepsilon_0}\left[\frac{1}{\{(x-a)^2+y^2+z^2\}^{3/2}} - \frac{1}{\{(x+a)^2+y^2+z^2\}^{3/2}}\right]$$

問　題

6.1 例題 6 において導体の表面上に誘導される表面電荷密度を求め，その総和が $-Q$ に等しいことを確かめよ．

6.2 接地された L 字型の非常に広い導体壁がある．直交する導体壁面の各面からの距離が a の点に Q の点電荷を置いた．電気鏡像をどのように配置すればよいか．また，Q の受ける力を求めよ．

6.3 軽い絶縁糸の先に質量 m のおもりをつるした単振子の微小振動の周期が T であった．おもりを正に帯電させ，おもりの鉛直下方距離 a のところに無限に広い接地された導体平板を置くと周期が T' になった．おもりに与えた電気量はいくらか．

例題 7　　　電気鏡像 II

半径 a の接地した導体球の外部で中心 O から，距離 $b\,(b > a)$ のところに点電荷 Q がある．この場合の点電荷が導体から受ける引力を求めよ．

〖ヒント〗 アポロニウスの円についての知識があると理解しやすい．

【解答】 いま OP 上 O より d の距離の P′ 点に鏡像電荷 $-Q'$ を置き導体球を取り除いて考える．P, P′ からの距離が r_2, r_1 である点の電位は

$$V = \frac{1}{4\pi\varepsilon_0}\left(\frac{Q}{r_2} - \frac{Q'}{r_1}\right)$$

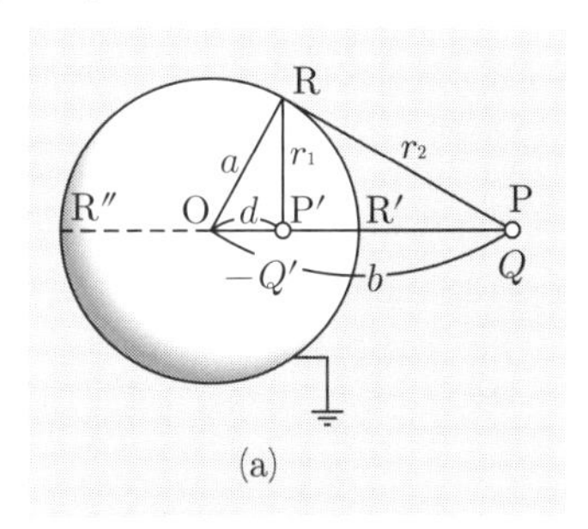

(a)

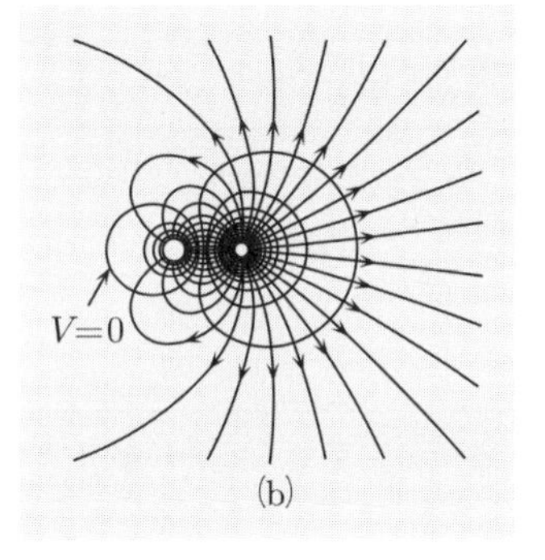

(b)

導体球の表面の任意の R 点における電位は 0 であるので $Q'r_2 = Qr_1$．r_1 と r_2 の比が一定の時の R が描く円の軌跡を**アポロニウスの円**という．したがって，Q' と d の解を求めることができれば，アポロニウスの円を定量的に定められる．未知数が 2 つであることより，2 点 R′ と R″ を選べば，

$$\text{R}'\text{点} : \frac{Q'}{Q} = \frac{r_1}{r_2} = \frac{a-d}{b-a}, \qquad \text{R}''\text{点} : \frac{Q'}{Q} = \frac{a+d}{b+a}$$

の 2 式が成立する．上式が等しいことより

$$d = \frac{a^2}{b}, \qquad Q' = \frac{aQ}{b}$$

が得られる．なお，$r_1 : r_2 = a : b$ である．

以上のことより，$d = a^2/b$ のところに $-aQ/b$ の電気鏡像をおけば，金属表面は $V = 0$ の等電位面になっている．図 (b) に電気力線と等電位面を示す．

求める力は P と P′ にある Q と $-Q'$ の間のクーロン引力だから，その大きさは

$$F = \frac{QQ'}{4\pi\varepsilon_0(\overline{\text{PP}'})^2} = \frac{(a/b)Q^2}{4\pi\varepsilon_0(b - a^2/b)^2} = \frac{abQ^2}{4\pi\varepsilon_0(b^2 - a^2)^2}$$

問　　題

7.1 例題 7 において (a) 球外の任意の点における電位はいくらか．(b) 球上の誘導電荷の面密度はいくらか．

7.2 電荷 $-Q$ をもつ半径 a の絶縁された導体球の中心 O からの距離 $b\,(b > a)$ のところに，点電荷 Q がある．(a) この場合の電気鏡像，(b) 球面上の誘導電荷の面密度を求めよ．

2.2 電気双極子

電気双極子の電位と電場　微小な距離dだけ離れた2点A, Bに$+Q, -Q$の二つの点電荷が接近してあるとき，これを**電気双極子**といい，双極子から十分遠く離れたP点の電位は次式で与えられる．

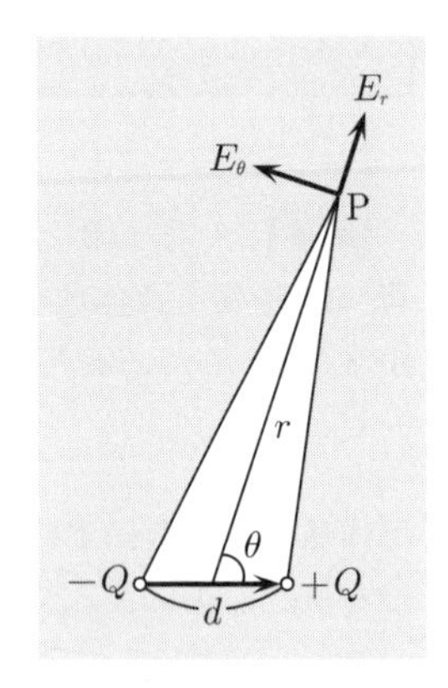

$$V = \frac{1}{4\pi\varepsilon_0}\frac{\boldsymbol{p}\cdot\boldsymbol{r}}{r^3} \tag{2.13}$$

$\boldsymbol{r}$ は双極子からP点への位置ベクトル，$\boldsymbol{p}$ は $-Q$ から $+Q$ に向かう位置ベクトルを $\boldsymbol{d}$ として，$\boldsymbol{p} = Q\boldsymbol{d}(p = Qd)$ で定義される**電気双極子モーメント**である．電場の動径方向の成分 E_r とそれと直角方向の成方 E_θ はそれぞれ

$$E_r = -\frac{\partial V}{\partial r} = \frac{p\cos\theta}{2\pi\varepsilon_0 r^3}, \quad E_\theta = -\frac{\partial V}{r\partial\theta} = \frac{p\sin\theta}{4\pi\varepsilon_0 r^3} \tag{2.14}$$

電気双極子の受ける力のモーメントおよび位置エネルギー　双極子が一様な外部電場 E_{ex} に置かれた場合，受ける力は偶力であり，力のモーメント $\boldsymbol{N}$ および位置エネルギー U は，それぞれ

$$\text{力のモーメント：}\boldsymbol{N} = \boldsymbol{p}\times\boldsymbol{E}_{ex} \qquad \text{位置エネルギー：}U = -\boldsymbol{p}\cdot\boldsymbol{E}_{ex}$$

2.3 静電エネルギー

電荷分布をつくるのに要する仕事　空間に，ある電荷分布をつくるのには仕事を要する．すなわち，系は**静電エネルギー**をもつ．

$$\text{2個の点電荷の配布に要する仕事：}U_2 = \frac{1}{4\pi\varepsilon_0}\frac{Q_1Q_2}{r_{12}} = \frac{1}{2}(Q_1V_1 + Q_2V_2) \tag{2.15}$$

$$n\text{個の点電荷の配布に要する仕事：}U_n = \frac{1}{2}\sum_{i=1}^{n}Q_iV_i \tag{2.16}$$

ここに，V_i は Q_i 以外の点電荷が Q_i のある点につくる電位である．連続分布の場合

$$U = \frac{1}{2}\int_V \rho V\,dv \tag{2.17}$$

電場のエネルギー密度　上のように電荷がエネルギーをもつという考え方をしないで，電荷がつくっている電場がエネルギーをもつと考えることもできる．電場のエネルギーは単位体積あたり，次のようになる．

$$u = \frac{1}{2}\varepsilon_0 E^2 \tag{2.18}$$

例題 8 ——— **電気双極子**

電気双極子（モーメントの大きさは p）が x 軸に沿って x の正の方向を向いて原点に置かれている．十分遠く離れた点 $\mathrm{P}(x,y)$ における電場の強さは次式で与えられることを証明せよ．

$$E_x = \frac{p(2x^2-y^2)}{4\pi\varepsilon_0 r^5}, \quad E_y = \frac{3pxy}{4\pi\varepsilon_0 r^5}$$

ただし，$r=(x^2+y^2)^{1/2}$

【解答】 図のように点電荷 $-Q, +Q$ を $(-a,0)$, $(a,0)$ にそれぞれ置いたとする．座標 (x,y) である P 点における電位 V は，$r=(x^2+y^2)^{1/2}$ とすると $r \gg a$ だから高次の項は無視できて

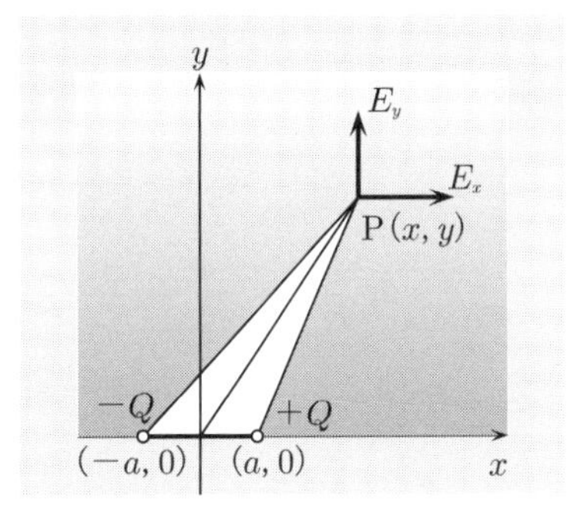

$$V = \frac{Q}{4\pi\varepsilon_0}\left[\frac{1}{\sqrt{(x-a)^2+y^2}} - \frac{1}{\sqrt{(x+a)^2+y^2}}\right]$$

$$\cong \frac{Q}{4\pi\varepsilon_0 r}\left[\frac{1}{\sqrt{1-2\dfrac{ax}{r^2}}} - \frac{1}{\sqrt{1+2\dfrac{ax}{r^2}}}\right]$$

$$\cong \frac{Q}{4\pi\varepsilon_0 r}\left[1+\frac{ax}{r^2}-\left(1-\frac{ax}{r^2}\right)\right] = \frac{Qa}{2\pi\varepsilon_0}\frac{x}{r^3}$$

$p=2Qa$ だから

$$\therefore \quad V = \frac{px}{4\pi\varepsilon_0 r^3}$$

電場の強さは $E_x = -\partial V/\partial x$, $E_y = -\partial V/\partial y$．また $\partial r/\partial x = x/r$, $\partial r/\partial y = y/r$ だから

$$E_x = \frac{p(2x^2-y^2)}{4\pi\varepsilon_0 r^5}, \quad E_y = \frac{3pxy}{4\pi\varepsilon_0 r^5}$$

問　題

8.1 一様な電場 $\boldsymbol{E}$ の中にあるモーメント $\boldsymbol{p}$ の電気双極子には，力のモーメント $\boldsymbol{N} = \boldsymbol{p}\times\boldsymbol{E}$ が働くことを示せ．

8.2 電気双極子の電気力線の方程式は，$\sin^2\theta/r =$ 定数 を満足し，また等ポテンシャル面は，$\cos\theta/r^2 =$ 定数 で表わされることを示せ．ただし，r, θ は要項 2.2 の図に定義されている．

8.3 モーメント p_1, p_2 をもつ二つの電気双極子が互いに x の距離離れて x 軸に並んでいる．双極子の向きが共に x 方向を向いて平行である場合の働く力を求めよ．

例題 9 ―― 電気四重極子

三つの点電荷 $+Q, -2Q, +Q$ が互いに a だけ離れて一直線上に並んでいるとき，十分遠方の P 点における電位を求めよ．

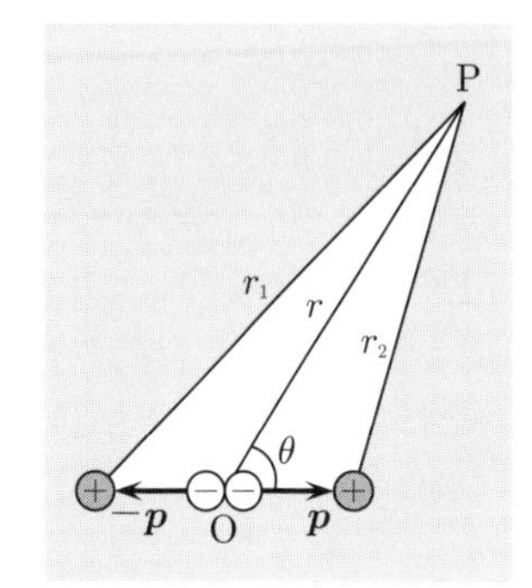

【解答】 図のように電荷から P までの距離を r_1, r, r_2 とする．角度 θ は x 軸と OP のなす角である．電位 V は

$$V = \frac{Q}{4\pi\varepsilon_0}\left\{\frac{1}{r_1} - \frac{2}{r} + \frac{1}{r_2}\right\}$$

であり，$(1+x)^d = 1 + dx + d(d-1)x^2/2 + \cdots\ (x < 1)$ の展開を用いると

$$\frac{1}{r_1} = \frac{1}{r}\left[1 + 2\frac{a}{r}\cos\theta + \frac{a^2}{r^2}\right]^{-1/2}$$

$$\cong \frac{1}{r}\left[1 - \frac{1}{2}\left(\frac{2a\cos\theta}{r} + \frac{a^2}{r^2}\right)\right.$$

$$\left. + \frac{1}{2}\cdot\frac{3}{4}\left(\frac{2a\cos\theta}{r} + \frac{a^2}{r^2}\right)^2 + \cdots\right]$$

ここで，$(a/r)^3$ 以上の項を無視すると

$$\frac{1}{r_1} \cong \frac{1}{r}\left[1 - \frac{a\cos\theta}{r} - \frac{a^2}{2r^2}(1 - 3\cos^2\theta)\right]$$

$1/r_2$ の項についても同様の展開をすると

$$\frac{1}{r_2} \cong \frac{1}{r}\left[1 + \frac{a\cos\theta}{r} - \frac{a^2}{2r^2}(1 - 3\cos^2\theta)\right]$$

以上の結果を元の式に代入し，$q = Qa^2$ とおくと

$$V = \frac{q}{4\pi\varepsilon_0 r^3}(3\cos^2\theta - 1)$$

ここに，$q = Qa^2$ は線形四重極子モーメントといわれている．双極子モーメントの大きさの等しい電気双極子を正反対にして接近させて置いたものを電気四重極子という．

問 題

9.1 xy–平面において Q の点電荷が $(\pm a, 0)$ に置かれている．十分遠方での電位は原点にある $2Q$ の電荷と正の四重極子モーメントをもつ四重極子がつくる電位と同じであることを示せ．

9.2 半径 a，厚さ t の円板の表裏に一様な面密度 $\pm\sigma$ で帯電しているとき，円板の中心軸上において円板の中心から x だけ離れた点における電位はいくらか．

例題 10　　　　**静電エネルギー**

電荷が半径 a の球内で $\rho = \rho_0 r/a$ という球対称分布をしているときの静電エネルギーを次の二つの方法で求めて比較せよ．

(a)　電荷がもっているという考え方　　(b)　電場がもつという考え方

【解答】　(2.17)，(2.18) をそれぞれ用いる訳だが，いずれの場合も球の内外の E, V が必要である．対称性から $\boldsymbol{E}$ は半径方向である．球の内外の点を通る同心球を考えてガウスの法則を適用すれば

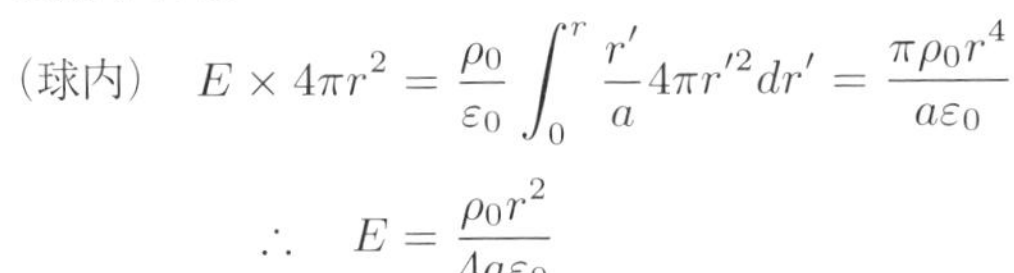

（球内）　$$E \times 4\pi r^2 = \frac{\rho_0}{\varepsilon_0}\int_0^r \frac{r'}{a} 4\pi r'^2 dr' = \frac{\pi\rho_0 r^4}{a\varepsilon_0}$$

$$\therefore \quad E = \frac{\rho_0 r^2}{4a\varepsilon_0}$$

（球外）　$$E \times 4\pi r^2 = \frac{\rho_0}{\varepsilon_0}\int_0^a \frac{r'}{a} 4\pi r'^2 dr' = \frac{\pi\rho_0 a^3}{\varepsilon_0}$$

$$\therefore \quad E = \frac{\rho_0 a^3}{4\varepsilon_0 r^2}$$

基準電位を無限遠 $(r \to \infty)$ にとれば，電位 V は

（球内）　$$V = -\int_\infty^a E dr' - \int_a^r E dr' = \frac{\rho_0 a^2}{4\varepsilon_0} - \frac{\rho_0}{4a\varepsilon_0}\left[\frac{r'^3}{3}\right]_a^r = \frac{\rho_0 a^2}{3\varepsilon_0}\left(1 - \frac{r^3}{4a^3}\right) \quad (r < a)$$

（球外）　$$V = -\int_\infty^r E dr' = -\frac{\rho_0 a^3}{4\varepsilon_0}\int_\infty^r \frac{dr'}{r'^2} = \frac{\rho_0 a^3}{4\varepsilon_0 r} \quad (r > a)$$

(a)　(2.17) より静電エネルギー U は

$$U = \frac{1}{2}\int_{球内} \rho V dV = \frac{1}{2}\int_0^a \frac{\rho_0 r}{a}\frac{\rho_0 a^2}{3\varepsilon_0}\left(1 - \frac{r^3}{4a^3}\right) 4\pi r^2 dr = \frac{\pi\rho_0^2 a^5}{7\varepsilon_0}$$

(b)　(2.18) より電場のもつ静電エネルギー U は

$$U = \frac{1}{2}\int \varepsilon_0 E^2 dv = \frac{\varepsilon_0}{2}\int_0^a \left(\frac{\rho_0 r^2}{4a\varepsilon_0}\right)^2 4\pi r^2 dr + \frac{\varepsilon_0}{2}\int_a^\infty \left(\frac{\rho_0 a^3}{4\varepsilon_0 r^2}\right)^2 4\pi r^2 dr = \frac{\pi\rho_0^2 a^5}{7\varepsilon_0}$$

問　　題

10.1　5×10^{-5} C と 2×10^{-5} C の二つの点電荷が 2 m 離れて置かれている．系の静電エネルギーを求めよ．

10.2　半径 1 cm の球内に電荷が一様に体積密度 1×10^{-2} C/m^3 で分布しているときの静電エネルギーを計算せよ．

10.3　半径 a の金属球に電荷 Q が与えられている場合の静電エネルギーを求め，これより表面が受ける単位面積あたりの力を計算せよ．

例題 11 ―― 保存力場（電場）と経路積分

図の xy–平面内で，$E_x = -k_x x$，$E_y = -k_y y$（k_x，k_y：共に正）の電場がある．原点 O から点 P に至る以下の 2 つの**経路積分**を (2.7) に適用することにより，電位差 V_{PO} を求めよ．

(a) 経路 $\overrightarrow{\mathrm{OP}}$

(b) 経路 O→P (放物線 $y = C_0 x^2$：$C_0 > 0$)

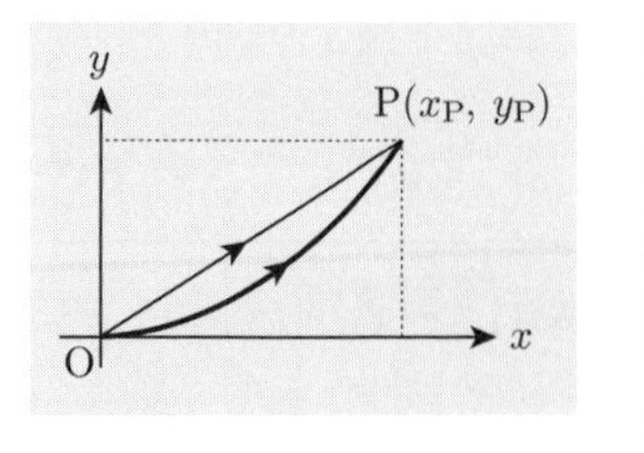

【解答】 (a) 経路 $\overrightarrow{\mathrm{OP}}$ を示す直線の方程式は $y = \dfrac{y_\mathrm{P}}{x_\mathrm{P}}x$．よって，$dy = \dfrac{y_\mathrm{P}}{x_\mathrm{P}}dx$．(2.6), (2.7) を xy–平面に適用すれば $dV = \left(k_x + k_y\left(\dfrac{y_\mathrm{P}}{x_\mathrm{P}}\right)^2\right)xdx$ を得る．

$$\therefore \quad V_{\mathrm{PO}} = \int_{\mathrm{O}}^{\mathrm{P}} dV = \left(k_x + k_y\left(\frac{y_\mathrm{P}}{x_\mathrm{P}}\right)^2\right)\int_0^{x_\mathrm{P}} xdx = \cdots = \frac{1}{2}k_x x_\mathrm{P}^2 + \frac{1}{2}k_y y_\mathrm{P}^2$$

(b) 経路 O→A の放物線は原点 O と P を通るから $y = \dfrac{y_\mathrm{P}}{x_\mathrm{P}^2}x^2$．よって，$dy = \dfrac{2y_\mathrm{P}}{x_\mathrm{P}^2}xdx$．

$$\therefore \quad V_{\mathrm{PO}} = \int_0^{x_\mathrm{P}} \left(k_x + 2k_y\left(\frac{y_\mathrm{P}}{x_\mathrm{P}^2}\right)^2 x^2\right)xdx = \cdots = \frac{1}{2}k_x x_\mathrm{P}^2 + \frac{1}{2}k_y y_\mathrm{P}^2$$

V_{PO} は積分経路によらず (a)，(b) 共に同じ結果になる．

問　題

11.1 例題 11 と同一の電場がある．原点 O から点 P に至る経路として，図に示す軌道（長軸ならびに短軸が x_P，y_P，中心が $(x_\mathrm{P}, 0)$ の楕円の 1/4 軌道部分）を選ぶ．この経路に沿った積分を実行することによって，V_{PO} を求めよ．

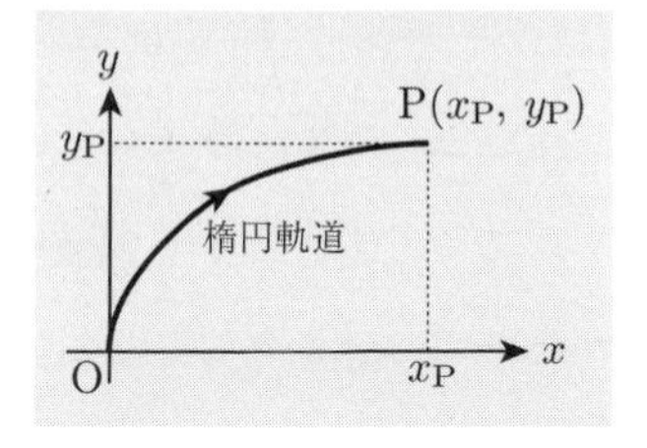

11.2 2 次元 $r\theta$–面内の電気双極子（電荷 $\pm Q$）の電場は，$E_r = \dfrac{p\cos\theta}{2\pi\varepsilon_0 r^3}$, $E_\theta = \dfrac{p\sin\theta}{4\pi\varepsilon_0 r^3}$ $(r \gg d)$ である．$\boldsymbol{p}$ と d は電気双極子のモーメントと長さで，$p = Qd$ である．次の問いに答えよ．

(a) 上の電場が**保存力場**であることを示せ．

(b) 無限遠に対する P 点の電位を，図の経路 1 と 2 を (2.7) に適用して求めよ．

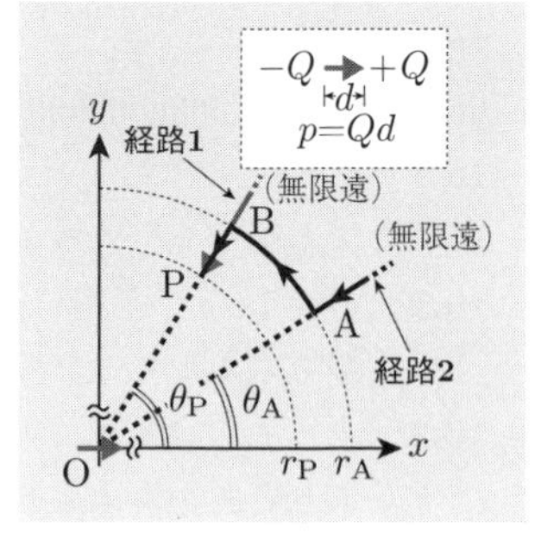

3 コンデンサー

3.1 コンデンサー

電気容量

電荷のない場合の電位が V_0 である導体Aに電荷 Q を与えたとき，電位が V になったとすれば，比 $Q/(V-V_0)$ は導体Aの幾何学的形状によってのみ決まる因子である．この比をAの無限遠に対する**電気容量**（または**キャパシタンス**，capacitance）といい，次式で定義される．

$$C=\frac{Q}{V-V_0} \tag{3.1}$$

一般に，電荷を蓄えることのできる物体を**キャパシター**（capacitor）という．

二つの導体A, Bがあって，はじめAとBは同電位とする．次にBからAに電荷 Q を移したとき生じる電位差を V_{AB} とするとき，この場合の比

$$C=\frac{Q}{V_{\mathrm{AB}}} \tag{3.2}$$

をAB間の電気容量という．1Cの電気量を蓄えたときの電位差が1Vになる電気容量を1ファラッド（farad, F）という．なお，$1\,\mathrm{F}=10^6\,\mu\mathrm{F}$（マイクロファラッド）である．また電気量を蓄えるように工夫された一組の導体を**コンデンサー**（condenser）という．

種々の形のコンデンサー

(1)　孤立導体球（半径 a，無限遠に対して）

$$C=4\pi\varepsilon_0 a \tag{3.3}$$

(2)　平行平板コンデンサー（面積 S，間隔 d，一方の極を絶縁，他方を接地）

$$C=\frac{\varepsilon_0 S}{d} \tag{3.4}$$

(3)　同心球コンデンサー（内半径 a，外半径 b，内極を絶縁，外極を接地）

$$C=4\pi\varepsilon_0\frac{ab}{b-a} \tag{3.5}$$

コンデンサーに蓄えられる静電エネルギー

コンデンサーを形成する導体A, Bの電位を $V_{\mathrm{A}}, V_{\mathrm{B}}$ とすると (2.15) より

$U=(V_{\mathrm{A}}Q-V_{\mathrm{B}}Q)/2$．$V=V_{\mathrm{A}}-V_{\mathrm{B}}$ だから

$$U=\frac{1}{2}Q(V_{\mathrm{A}}-V_{\mathrm{B}})=\frac{1}{2}QV=\frac{1}{2}CV^2=\frac{1}{2}\frac{Q^2}{C} \tag{3.6}$$

例題1 ― 孤立導体球の電気容量

孤立した半径 a の導体球の電気容量（無限遠点に対して）を求めよ．

【解答】 電荷 Q を与えたときの電位は第2章例題2で与えられている．無限遠に対する電位差は

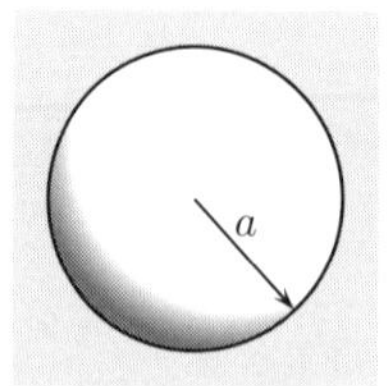

$$V = \frac{1}{4\pi\varepsilon_0}\frac{Q}{a} \qquad \therefore \quad Q = 4\pi\varepsilon_0 aV$$

ゆえに定義より $C = Q/V = 4\pi\varepsilon_0 a$

問　題

1.1 電気容量が $0.001\,\mu\mathrm{F}$ の孤立した球状導体の半径はいくらか．

1.2 地球の電気容量はいくらか．ただし，地球の半径は約 6400 km である．

1.3 半径 0.001 cm，電位 V の水滴が集まって半径 0.5 cm の球になった．電位はいくらか．

例題2 ― 平行平板コンデンサー

面積 S，間隔 d の平行平板コンデンサーがあり，電位差 V を与えたとき板の縁まで電場が一様として

(a) 両極板間の電場の強さ E　(b) 両極の引き合う力　(c) 電気容量 C

を求めよ．

【解答】 (a) 極板間では電場は一様で，方向は板に垂直だから，E は一定．

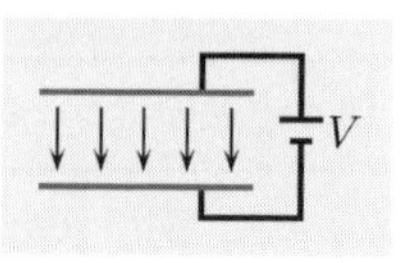

$$V = -\int_0^d E dx = -Ed \qquad \therefore \quad E = -\frac{V}{d}$$（−は下向きを意味する）

(b) (2.12) より，単位面積あたり $\varepsilon_0 E^2/2$ の静電張力が働くので $F = \varepsilon_0 SE^2/2$．または V で表わして $F = \varepsilon_0 SV^2/2d^2$

(c) 正の表面電荷密度 $\sigma = \varepsilon_0|E| = \varepsilon_0 V/d$ だから，極板の電気容量は $Q = \sigma S$ より

$$C = \frac{Q}{V} = \frac{\varepsilon_0 VS}{d}\frac{1}{V} = \frac{\varepsilon_0 S}{d}$$

問　題

2.1 面積 $10\,\mathrm{cm}^2$，間隔 1 mm の平行平板コンデンサーの間に厚さ 0.2 mm の等面積の金属板を平行に入れた．容量はどれだけ増加するか．

2.2 充電された間隔 x_1 の平行平板コンデンサーがある．一方の極板が角振動数 ω，振幅 $x_0\,(x_0 < x_1)$ で振動しているとき，電位差は $V_1 + V_0 \sin\omega t$ の形で表わされることを示せ．ただし，$V_0/V_1 = x_0/x_1$ の関係があるとする．

例題 3 ―― コンデンサーが蓄えるエネルギー

12 V に充電された 8 個の同じ半径をもつ水銀球が互いに十分離れてある．いま，これら 8 個の水銀球を合体させて 1 個の大きな水銀球にしたとき，電位はどうなるか．また，系の静電エネルギーはもとの何倍になるか．

【解答】 まず，合体する前の系について考える．水銀球の半径を a とすれば，電気容量は $C = 4\pi\varepsilon_0 a$ であり，ゆえに，水銀球 1 個のもつ電荷は $Q = CV$ より

$$Q = 48\pi\varepsilon_0 a$$

また，系全体の静電エネルギー U は，1 個の水銀球に蓄えられるエネルギー $QV/2$ の 8 倍であるので，Q を用いて書くと

$$U = 8 \times \frac{1}{2}QV = 48Q$$

合体した後の水銀球の半径を a' とすれば

$$8 \times \frac{4}{3}\pi a^3 = \frac{4}{3}\pi a'^3 \qquad \therefore \quad a' = 2a$$

となり，したがって，大きい水銀球の容量 C' は

$$C' = 8\pi\varepsilon_0 a = 2C$$

である．合体後の電位 V' は

$$V' = \frac{8Q}{C'} = \frac{8 \times 48\pi\varepsilon_0 a}{8\pi\varepsilon_0 a} = 48\,\mathrm{V}$$

合体後の静電エネルギー U' は

$$U' = \frac{1}{2} \times 8Q \times V' = 192\,Q = 4\,U$$

であり，一緒になる前の 4 倍の大きさになっている．なお，このエネルギーの増加は同符号の電荷で帯電している水銀球を合体させるのに必要なエネルギーに対応している．

問　題

3.1 半径 1 m の金属球が 10000 V に帯電しているとき，導線で接地すると，どれだけの熱量が発生するか．

3.2 面積 S，間隔 d の平行平板コンデンサーに，電圧 V の電池がつながれている．十分に充電した後電池とつながる回路のスイッチを切り，その後コンデンサーの間隔を 2 倍にする．このときに要する仕事を求めよ．

3.3 電気容量 0.3 μF と 0.2 μF の二つの導体を十分離して置き，無限遠点に対してそれぞれ 700 kV, 200 kV の電圧を与えた後，細い導線でつないだ．流れる電気量と接続後の電位を求めよ．また，接続によるエネルギー損失はいくらか．

例題4 ―― 同心球コンデンサー

内球の半径 a，外球の半径 b の二つの十分に薄い同心導体球殻よりなるコンデンサーがある．外球を接地した場合の電気容量を求めよ．

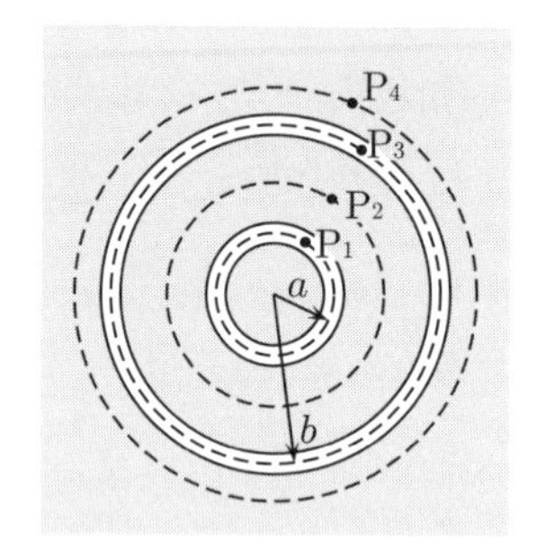

【解答】 内球と外球の電荷を Q, Q'，内球の内表面，外表面の電荷を Q_1, Q_2，外球の内表面，外表面の電荷を Q'_1, Q'_2 とする．$Q = Q_1 + Q_2$，$Q' = Q'_1 + Q'_2$ である．電場は対称性より動径方向に向き，同心球面上では等しい．内球の導体内の P_1 点を通る同心球においてガウスの法則を用いると，導体内では電場は0だから，$0 \times 4\pi r^2 = Q_1/\varepsilon_0$ より $Q_1 = 0 \ \therefore \ Q_2 = Q$．次に内球と外球の間の P_2 点を通る同心球について，ガウスの法則を用いると

$$E_2 \times 4\pi r^2 = \frac{Q}{\varepsilon_0} \qquad \therefore \quad E_2 = \frac{1}{4\pi\varepsilon_0}\frac{Q}{r^2} \quad (a \leqq r \leqq b)$$

外球の導体内の P_3 点を通る同心球についてガウスの法則を適用すると $0 \times 4\pi r^2 = (Q + Q'_1)/\varepsilon_0 \ \therefore \ Q'_1 = -Q$．外球より外側の P_4 点を通る同心球についても同様にガウスの法則を用いると

$$E_4 \times 4\pi r^2 = \frac{Q + Q'}{\varepsilon_0} \qquad \therefore \quad E_4 = \frac{1}{4\pi\varepsilon_0}\frac{Q + Q'}{r^2} \quad (r > b)$$

電位 V は

$$(\text{外球の電位}) \quad V_4 = -\int_\infty^b \frac{1}{4\pi\varepsilon_0}\frac{Q + Q'}{r^2}dr = \frac{1}{4\pi\varepsilon_0}\frac{Q + Q'}{b}$$

$$(\text{内球の電位}) \quad V_2 = -\int_\infty^b \frac{1}{4\pi\varepsilon_0}\frac{Q + Q'}{r^2}dr - \int_b^a \frac{1}{4\pi\varepsilon_0}\frac{Q}{r^2}dr = \frac{1}{4\pi\varepsilon_0}\left\{\frac{Q'}{b} + \frac{Q}{a}\right\}$$

外球が接地されているので，$Q + Q' = 0$．すなわち，$Q'_2 = 0$ より外球の内面にだけ $-Q$ が生じ，内球の外面に Q があるコンデンサーになっている．電位差 $V_{\mathrm{AB}} = V_2 - V_4$ は $Q' = -Q$ より

$$V_{\mathrm{AB}} = \frac{Q}{4\pi\varepsilon_0}\left(\frac{1}{a} - \frac{1}{b}\right) \qquad \therefore \quad C = \frac{Q}{V_{\mathrm{AB}}} = 4\pi\varepsilon_0\frac{ab}{b - a}$$

問　題

4.1 内球の半径 5 cm，外球の半径 9 cm の二つの十分に薄い同心導体球殻の外球を接地した場合の電気容量を求めよ．

4.2 例題4のような同心球殻コンデンサーの両極間の間隔を小さくすると，その電気容量は平行平板コンデンサーの電気容量と同じ式を満足することを示せ．

4.3 内球の半径が 16 cm，外球の半径が 18 cm の二つの十分に薄い同心導体球殻の内球が接地されている．電気容量を求めよ．

例題 5　同軸円筒コンデンサー

軸方向に十分長い，半径 $a, b\,(a < b)$ の同軸円筒コンデンサーの単位長さあたりの電気容量を求めよ．

【解答】 半径 a の内円筒の単位長さあたりの電荷を λ とすると，内外円筒の間の点を通る同軸円筒の単位長さの閉曲面について，ガウスの法則を用いると

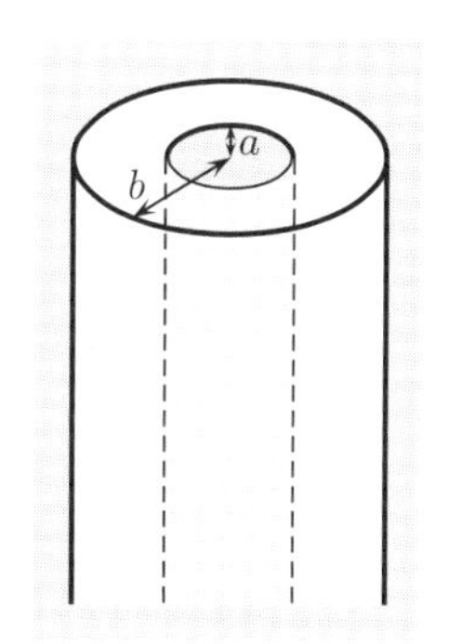

$$E \times 2\pi r = \frac{\lambda}{\varepsilon_0} \qquad \therefore \quad E = \frac{\lambda}{2\pi\varepsilon_0}\frac{1}{r}$$

したがって，両円筒間の電位差 V_{ab} は

$$V_{ab} = -\int_b^a E\,dr = \frac{\lambda}{2\pi\varepsilon_0}\log\frac{b}{a}$$

単位長さあたりの電気容量を C とすると

$$C = \frac{\lambda}{V_{ab}} = \frac{2\pi\varepsilon_0}{\log(b/a)}$$

問　題

5.1 軸方向に十分長い，半径 10 cm, 12 cm の同軸円筒コンデンサーの電位差を 20 kV とすると内半径の外面における電場の強さはいくらか．

例題 6　2 本の導線のもつ電気容量

半径 a の十分長い直線状導線が，互いに b 離れて平行に置かれているときの，単位長さあたりの電気容量を求めよ．

【解答】 単位長さあたりの電荷を $\pm\lambda$ とすると，第 1 章問題 8.2 が簡単に応用できる．2 本の導線間の電位差は

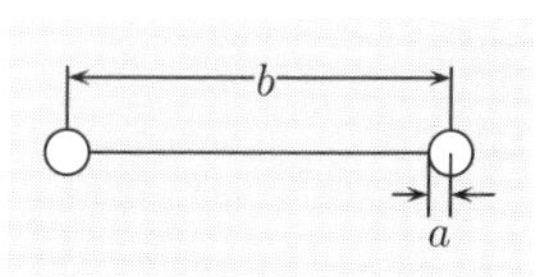

$$V = -\int_{b-a}^{a}\frac{\lambda}{2\pi\varepsilon_0}\left(\frac{1}{x}+\frac{1}{b-x}\right)dx = \frac{\lambda}{\pi\varepsilon_0}\log\frac{b-a}{a}$$

ゆえに単位長さあたりの電気容量は

$$C = \frac{\lambda}{V} = \frac{\pi\varepsilon_0}{\log((b-a)/a)}$$

問　題

6.1 十分長い直径 1 mm の銅線が，接地された十分広い平板状導体の上 1 m のところに導体面に平行にはってある．この銅線の単位長さあたりの電気容量はいくらか．

3.2 導体系のコンデンサー

コンデンサーの回路

容量 $C_1, C_2, \cdots, C_n$ のコンデンサーを接続した場合の合成容量 C は

$$並列接続：C = C_1 + C_2 + \cdots + C_n \tag{3.7}$$

$$直列接続：\frac{1}{C} = \frac{1}{C_1} + \frac{1}{C_2} + \cdots + \frac{1}{C_n} \tag{3.8}$$

電位係数，容量係数

n 個の導体があるとき，l 番目の導体に電荷 Q_l を与え，他の導体に与えないときの k 番目の導体の電位を $d_{kl}Q_l$ とする．いま，第一，第二，$\cdots$ の導体に $Q_1, Q_2, \cdots$ の電荷を与えたときの各導体の電位 $V_1, V_2, \cdots$ は重ね合わせの原理より

$$\left.\begin{aligned} V_1 &= d_{11}Q_1 + d_{12}Q_2 + \cdots + d_{1n}Q_n \\ V_2 &= d_{21}Q_1 + d_{22}Q_2 + \cdots + d_{2n}Q_n \\ &\ \ \vdots \qquad\quad \vdots \qquad\qquad\quad \vdots \\ V_n &= d_{n1}Q_1 + d_{n2}Q_2 + \cdots + d_{nn}Q_n \end{aligned}\right\} \tag{3.9}$$

となる．d_{kl} を**電位係数**とよぶ．$d_{kl} = d_{lk}$ が成立する．

(3.9) を逆に解いた式は一般的に次式で表わされる．

$$Q_k = \sum_{l=1}^{n} c_{kl}V_l \quad (k = 1, 2, \cdots, n) \tag{3.10}$$

c_{kk} を**容量係数**，$c_{kl}\,(k \neq l)$ を**誘導係数**という．両者をまとめて**電気容量係数**ということもある．$c_{kl} = c_{lk}$ である．

行列 (d_{kl}) と行列 (c_{kl}) は，(3.11) のように互いに逆行列の関係にある．

$$c_{kl} = \frac{\varDelta_{kl}}{\varDelta}, \quad \varDelta = \begin{vmatrix} d_{11} & d_{12} & \cdots & d_{1n} \\ d_{21} & d_{22} & \cdots & d_{2n} \\ \vdots & \vdots & & \vdots \\ d_{n1} & d_{n2} & \cdots & d_{nn} \end{vmatrix} \tag{3.11}$$

ここに $\varDelta_{kl}$ は行列 $\varDelta$ の k 行 l 列の余因数を表わす．

電気容量と電位係数の関係

一つの導体の電気容量は，その導体の電位を V，電荷を Q とし，他のすべての導体の電位を 0 に保てばよい．第 k 導体の電気容量を C_k とすれば $C_k = c_{kk}$．二つの導体の電気容量は，第 k 導体に Q，第 l 導体に $-Q$ を与え，他の導体の電荷を 0 に保つとよい．第 k，第 l 間の電気容量を C_{kl} とし，このときの第 k，第 l 導体の電位を V_k，V_l とすると次式が成立する．

$$C_{kl} = \frac{Q}{V_k - V_l} = \frac{1}{d_{kk} - 2d_{kl} + d_{ll}} \tag{3.12}$$

例題 7　コンデンサーの接続

コンデンサーの接続の公式を

(a)　並列の場合　　(b)　直列の場合

について導け．

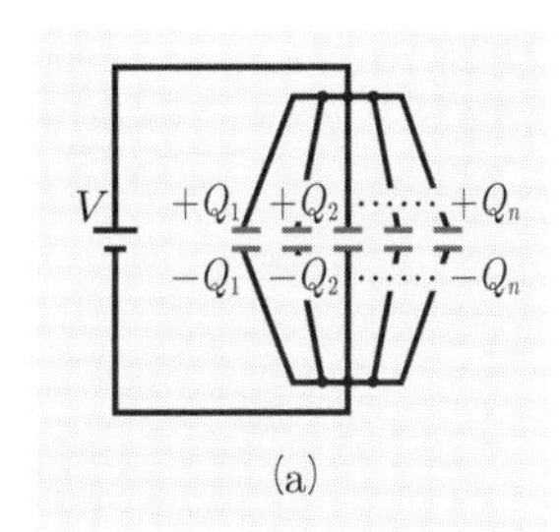

(a)

【解答】　(a)　図 (a) のように，容量 $C_1, C_2, \cdots, C_n$ のコンデンサーを並列に接続し，これを電位差 V の電源に接続する．このとき，各コンデンサーに蓄えられる電気量を $Q_1, Q_2, \cdots, Q_n$ とすると

$$Q_1 = C_1V, \quad Q_2 = C_2V, \quad \cdots, \quad Q_n = C_nV$$

であり，全電気量を Q，合成容量を C とすれば

$$Q = Q_1 + Q_2 + \cdots + Q_n = (C_1 + C_2 + \cdots + C_n)V$$

$$\therefore \quad C = \frac{Q}{V} = C_1 + C_2 + \cdots + C_n$$

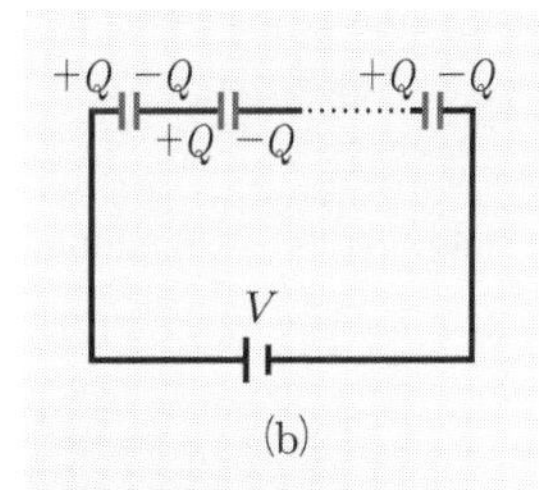

(b)

(b)　図 (b) のように，容量 $C_1, C_2, \cdots, C_n$ を直列に接続し，電位差 V の電源に接続するとき，C_1 の陽極に Q の電気量が与えると，その陰極には $-Q$ の電気量が生ずる．はじめに電荷をもっていないので，C_2 の陽極には Q の電気量が生ずる．このように各コンデンサーには等しい電気量が生じるので，各コンデンサーの電位差を $V_1, V_2, \cdots, V_n$ とすれば

$$Q = C_1V_1 = C_2V_2 = \cdots = C_nV_n$$

$$V = V_1 + V_2 + \cdots + V_n = \frac{Q}{C_1} + \frac{Q}{C_2} + \cdots + \frac{Q}{C_n}$$

となり，合成容量を C とすれば $V = Q/C$ より

$$\frac{1}{C} = \frac{1}{C_1} + \frac{1}{C_2} + \cdots + \frac{1}{C_n}$$

問　　題

7.1　電気容量 $0.5\,\mu$F，$0.2\,\mu$F の二つのコンデンサーを直列につないで，140 V の電源につないだ．生ずる電気量と各々のコンデンサーの電位差を求めよ．

7.2　電気容量 $0.1\,\mu$F のコンデンサーが 2 V の電位差になるように充電されている．これにいま，電荷のない $0.3\,\mu$F のコンデンサーを並列に接続すると，コンデンサーの電位差はいくらか．また，おのおのに蓄えられる電荷はいくらか．

7.3　無限遠点に対する電位が V_1 になるように充電した半径 a の導体球 A を，導体 B に接続したら電位が V になった．B の電気容量を求めよ．

例題8 コンデンサーの合成容量

面積 S の2枚の平板状導体が間隔 d だけ離れて平行に置かれ，共に接地されている．いま，同じ面積の平板状導体を最初の2枚の間に，一方の導体から x だけ離して平行に置き，電荷 Q を与えた．系の電気容量を求めよ．また，電気容量が最小になる位置はどこか．

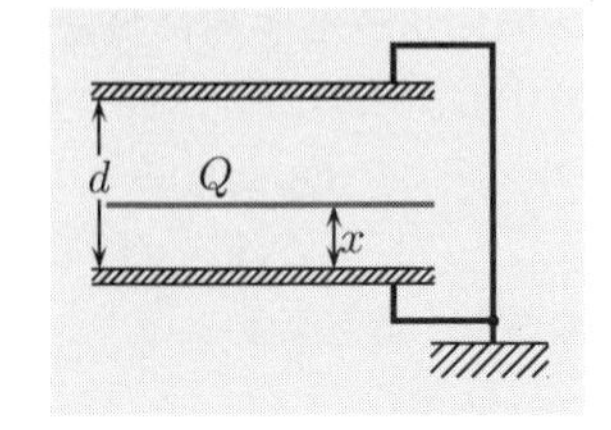

【解答】 外側の平板状導体は共に接地されているので，新しくできた二つの平行平板コンデンサーは，電位が等しく並列接続に相当する．ゆえに，合成容量は新しくできた二つの平行平板コンデンサーの和である．

$$C = \frac{\varepsilon_0 S}{x} + \frac{\varepsilon_0 S}{d-x} = \varepsilon_0 S \frac{d}{x(d-x)}$$

ここで $\dfrac{dC}{dx} = \varepsilon_0 S d \dfrac{2x-d}{x^2(d-x)^2}$ より $x = \dfrac{d}{2}$ のとき $\dfrac{dC}{dx} = 0$.

また，$0 < x < d/2$ のとき $dC/dx < 0$，$d/2 < x < d$ のとき $dC/dx > 0$．以上より，$x = d/2$ のとき最小になる．

問　題

8.1 下図の回路の合成容量を求めよ．

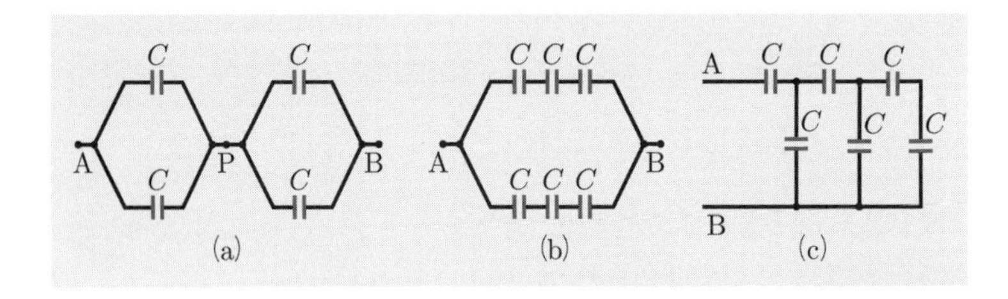

8.2 右図のような接続の合成容量，および AB 間に電圧 300 V を加えた場合の各部の電圧および電荷を求めよ．

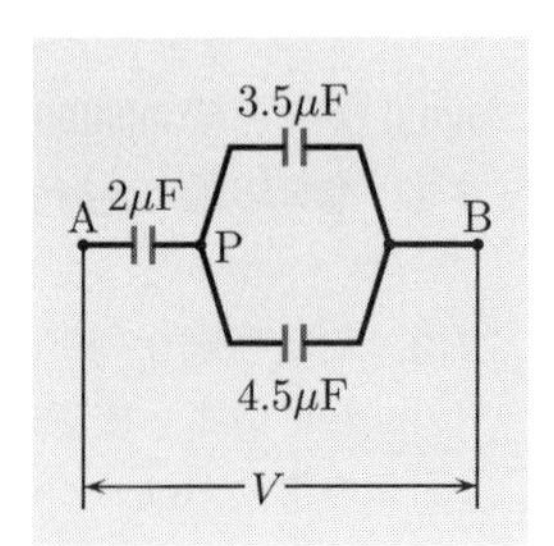

8.3 直流電源 100 V で帯電させられた 1 μF のコンデンサーと，同じく 50 V で帯電された 4 μF のコンデンサーがある．

(a) これらのコンデンサーの同極どうしをつなぐと，コンデンサーの電位差はいくらになるか．

(b) 一方の陽極を他方の陰極に，陰極を陽極につなぐとどうか．

例題 9 ―― コンデンサーの回路

正方形の各点を S, P, Q, R としたとき，SP, PQ, QR, RS 間を 1 μF のコンデンサーで結んだ．(a) SR 間の合成容量を求めよ．(b) 対角線 PR, SQ 間をも同じコンデンサーで結んだ場合は，SR 間の合成容量はいくらか．

【解答】 (a) 前半の問題は，図 (b) の回路と等価である．まず三つの容量が直列になっている部分の容量は

$$\frac{1}{\frac{1}{1}+\frac{1}{1}+\frac{1}{1}} = \frac{1}{3}\,\mu\mathrm{F}$$

これに SR 間の容量が並列につながるので合成容量 C は

$$C = 1 + \frac{1}{3} = \frac{4}{3}\,\mu\mathrm{F}$$

(b) SR 間に電位差 V を与えたとき，図 (c) のように電荷が蓄えられたとすると，次の等式がなりたつ．

経路 SR： $Q_1 = V \times 10^{-6}$ (1)

経路 SQR： $2Q_3 + Q_4 = V \times 10^{-6}$ (2)

経路 SPQR： $Q_2 + Q_3 + 2Q_4 = V \times 10^{-6}$ (3)

経路 SPR： $2Q_2 - Q_4 = V \times 10^{-6}$ (4)

(2) + (4) より

$$Q_2 + Q_3 = V \times 10^{-6}$$

合成容量を C とすると

$$C = \frac{Q_1 + Q_2 + Q_3}{V} = 2 \times 10^{-6}\,\mathrm{F} = 2\,\mu\mathrm{F}$$

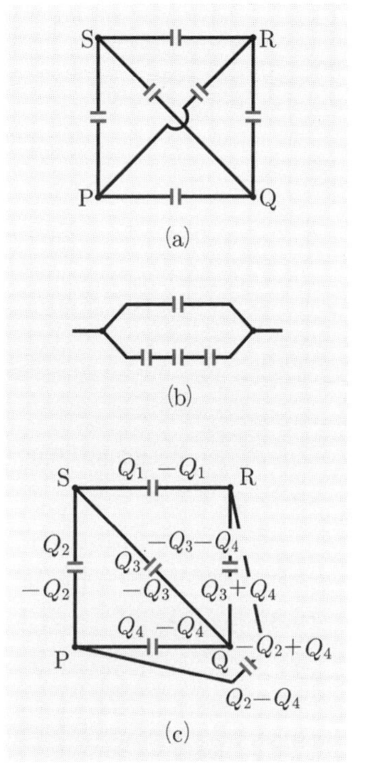

問　題

9.1 下図のように種々のコンデンサーを接続した場合の合成容量を求めよ．

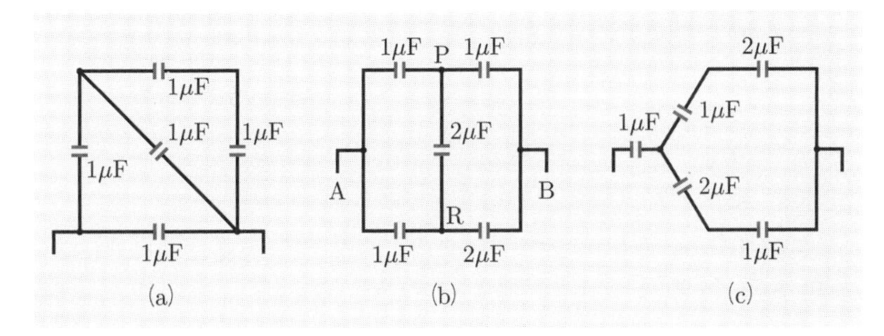

例題 10 ── コンデンサーの接続と静電エネルギー

電気容量 C_1, C_2 の二つのコンデンサーに電荷 Q_1, Q_2 が充電されている．これを並列に接続すればいくら静電エネルギーは失われるか．

【解答】 接続前の静電エネルギー U_b は

$$U_b = \frac{1}{2}\left(\frac{{Q_1}^2}{C_1} + \frac{{Q_2}^2}{C_2}\right)$$

接続後の電位を V，C_1, C_2 にある電荷をそれぞれ Q_1', Q_2' とすれば

$$Q_1 + Q_2 = Q_1' + Q_2', \quad V = \frac{Q_1'}{C_1} = \frac{Q_2'}{C_2}$$

より，$V = (Q_1 + Q_2)/(C_1 + C_2)$．ゆえに，接続後の静電エネルギー U_a は

$$U_a = \frac{1}{2}(C_1 + C_2)V^2 = \frac{1}{2}\frac{(Q_1 + Q_2)^2}{C_1 + C_2}$$

接続によって失われる静電エネルギーは

$$U_b - U_a = \frac{1}{2}\left\{\frac{{Q_1}^2}{C_1} + \frac{{Q_2}^2}{C_2} - \frac{(Q_1 + Q_2)^2}{C_1 + C_2}\right\} = \frac{(C_1Q_2 - C_2Q_1)^2}{2C_1C_2(C_1 + C_2)}$$

問　題

10.1 電気容量 $1\,\mu$F, $2\,\mu$F のコンデンサーがあり，$1\,\mu$F の方が電位 30 kV に充電されており，$2\,\mu$F の方は充電されていない．この二つのコンデンサーを並列に接続すれば，いくらの静電エネルギーが失われるか．

10.2 電気容量がそれぞれ $0.1\,\mu$F と $0.2\,\mu$F の二つのコンデンサーを直列に接続して 300 V の電位差を与えた．静電エネルギーは両コンデンサーにどのように配分されるか．また，並列に接続して充電した場合はどうか．

10.3 半径 a の導体球に電荷 Q が与えられている．いま，半径 b の帯電していない導体球に接続した．接続後の電位ならびに両球に配分される電荷はいくらか．また，接続により失われる静電エネルギーはいくらか．

10.4 半径 a の導体球 A, B, C があり，導体球 A にだけ電荷 Q を与えてある．A と B を接続させ，その後各球の電荷を保ったまま引き離した．次に A と C を接続させた後，同じように引き離した．

(a) 各導体球のもつ電荷を求めよ．

(b) 各々に蓄えられている静電エネルギーはいくらか．

(c) 接続により失われた静電エネルギーはいくらか．

10.5 電気容量がそれぞれ $0.2, 0.2, 0.5\,\mu$F の三つのコンデンサーを直列につなぎ，両端に電位差 1200 V をかけて充電した．次にこれらのコンデンサーを電荷を保ったまま切り離して並列につなぎかえた．失われる静電エネルギーはいくらか．

例題 11　電位係数と容量・誘導係数

半径 a, b の二つの導体球 A, B が，半径にくらべて十分大きい距離 d だけで離れて置かれている．この系の容量・誘導係数を求めよ．

〚ヒント〛 十分離れているので，一方の球は他方に対して点とみなせる．

【解答】 いま，導体 A, B に電荷 Q_1, Q_2 が与えられており，その電位は，それぞれ，V_1, V_2 であるとする．$d \gg a$, b だから導体球 A にとって，導体球 B は点電荷とみなせるから

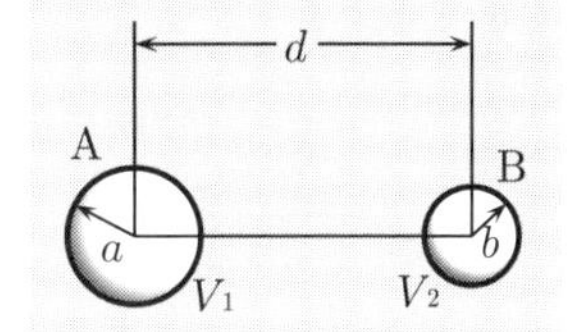

$$V_1 = \frac{1}{4\pi\varepsilon_0}\left(\frac{Q_1}{a} + \frac{Q_2}{d}\right)$$

同様に，導体球 B については

$$V_2 = \frac{1}{4\pi\varepsilon_0}\left(\frac{Q_1}{d} + \frac{Q_2}{b}\right)$$

これより，電位係数 d_{kl} を成分とする行列 D は

$$D = \frac{1}{4\pi\varepsilon_0}\begin{bmatrix} \dfrac{1}{a} & \dfrac{1}{d} \\ \dfrac{1}{d} & \dfrac{1}{b} \end{bmatrix}$$

容量・誘導係数 c_{kl} を成分とする行列 C は，行列 D の逆行列を求めればよい．

$$\varDelta = \det(D) = \left(\frac{1}{4\pi\varepsilon_0}\right)^2\left(\frac{1}{ab} - \frac{1}{d^2}\right) = \frac{1}{(4\pi\varepsilon_0)^2}\frac{d^2 - ab}{abd^2}$$

$$\therefore \quad C = \frac{1}{\varDelta}\frac{1}{4\pi\varepsilon_0}\begin{bmatrix} \dfrac{1}{b} & -\dfrac{1}{d} \\ -\dfrac{1}{d} & \dfrac{1}{a} \end{bmatrix} = \frac{4\pi\varepsilon_0}{d^2 - ab}\begin{bmatrix} ad^2 & -abd \\ -abd & bd^2 \end{bmatrix}$$

問　題

11.1 二つの導体がある．それぞれに電荷 $Q, -Q$ を与えたとき，両者の間の電気容量を電位係数で表わせ．また，容量・誘導係数で表わせ．

11.2 n 個の導体系において，各導体をすべて細い導線で結び同一電位にした．このときの合成容量を容量・誘導係数を用いて表わせ．

11.3 半径 a の導体球を同心球的に，内半径 b，外半径 c $(a < b < c)$ の導体球殻でつつんである．このときの電位係数を求めよ．

11.4 半径 a, b の二つの導体球 A, B が半径にくらべて十分大きい距離 d を隔てて置かれている．いま，導体球 B に電荷 Q を与えて，導体球 A を接地すると A に誘導される電荷はいくらか．

3.3 電場内の誘電体

誘電体と分極

誘電体は俗に電気の不導体または絶縁体ともよばれ，金属の特徴である自由電子をもたない．誘電体では電子は各原子に属し，電場に対してわずかに変位するにすぎない．電荷がわずかに変位する現象を**分極**とよぶ．誘電体は分極し得る分子の集合ともいえ，分極によりできた電荷を**分極電荷**という．

分極ベクトル

分極した分子は双極子モーメント $\boldsymbol{p}(=\boldsymbol{l}Q)$ をもつ．単位体積あたりの双極子モーメント $\boldsymbol{P}$ を**誘電分極**または単に**分極ベクトル**という．単位体積あたりの分子の数を n とすれば

$$\boldsymbol{P} = n\boldsymbol{p} = n\boldsymbol{l}Q \tag{3.13}$$

$\boldsymbol{P}$ の大きさ P は分極方向と直交する面上の分極電荷の表面密度 σ_P とも解釈できる．

特別な場合を除き $\boldsymbol{P}$ は電場 $\boldsymbol{E}$ に比例する．**電気感受率** χ_e により次式で表わされる．

$$\boldsymbol{P} = \chi_e \boldsymbol{E} \tag{3.13$'$}$$

電束密度とガウスの法則

分極が誘電体の各部分で異なるとき，分極電荷も体積密度 ρ' をもち，与えられた電荷（**真電荷**という）の体積密度を ρ とすれば，この場合もガウスの法則がなりたつ．

$$\oint_S \boldsymbol{E}\cdot d\boldsymbol{S} = \frac{1}{\varepsilon_0}\int_V (\rho+\rho')dv \tag{3.14}$$

一方，S から出ていく全分極電荷は $\displaystyle\oint_S \boldsymbol{P}\cdot d\boldsymbol{S}$．また S の内部の分極電荷は $\displaystyle\int_V \rho' dv$．分極は電気的に中性の現象であるので，次式がなりたつ．

$$\oint_S \boldsymbol{P}\cdot d\boldsymbol{S} = -\int_V \rho' dv \tag{3.15}$$

ここで，**電束密度** $\boldsymbol{D} = \varepsilon_0\boldsymbol{E} + \boldsymbol{P}$ を定義し，(3.14) に ε_0 をかけ (3.15) を加えると

$$\oint_S \boldsymbol{D}\cdot d\boldsymbol{S} = \int_V \rho dv \tag{3.16}$$

を得る．$\boldsymbol{D}$ は真電荷の分布によってのみ定まる．(3.15)，(3.16) を微分形で書くと

$$\mathrm{div}\,\boldsymbol{P} = -\rho', \qquad \mathrm{div}\,\boldsymbol{D} = \rho \tag{3.17}$$

(3.17) の式は，分極電荷と真電荷の符号は常に逆になることを示している．物理的なイメージを分かりやすくするため，$\boldsymbol{D} = \varepsilon_0\boldsymbol{E} + \boldsymbol{P}$ の関係を，たとえば電荷の面密度に該当する量で表わせば，$D = \sigma$，$P = \sigma_P(= -\sigma')$，$\varepsilon_0 E = \sigma_0$ より

$$\sigma = \sigma_0 + \sigma_P \tag{3.18}$$

が成立する．σ_0 は真空中など，分極を考慮しなくてよい場合の値を表わす．

誘電率と比誘電率

$(3.13')$ を電束密度の定義式に代入すれば

$$\boldsymbol{D} = (\varepsilon_0 + \chi_e)\boldsymbol{E} = \varepsilon\boldsymbol{E} \tag{3.19}$$

この ε を**誘電率**という．真空の誘電率 ε_0 との比

$$\varepsilon_r = \frac{\varepsilon}{\varepsilon_0} \tag{3.20}$$

を**比誘電率**という．ε_r は次元のない定数である．

誘電体中の公式

誘電体中では $\boldsymbol{D} = \varepsilon\boldsymbol{E}$ が真空中の $\varepsilon_0\boldsymbol{E}$ と同様の役割をするので，いろいろの公式が ε_0 を ε にかえた形でなりたつ．

(1)　**クーロンの法則**　誘電体中に r の距離にある二つの点電荷 Q_1, Q_2 間に働く力は

$$\boldsymbol{F} = \frac{1}{4\pi\varepsilon}\frac{Q_1Q_2}{r^2} \tag{3.21}$$

(2)　**導体表面付近の電場**　導体の周囲に誘電体があるとき，導体表面付近の電場は

$$E = \frac{\sigma}{\varepsilon} \quad (\sigma：表面電荷の面密度) \tag{3.22}$$

(3)　**コンデンサーの容量**　導体間を誘電体で満たすと真空中の容量を C_0 とすると

$$C = \varepsilon_r C_0 \tag{3.23}$$

(4)　**静電エネルギー**　誘電体中の電場 $\boldsymbol{E}$ に蓄えられる静電エネルギー密度 u は

$$u = \frac{1}{2}\varepsilon\boldsymbol{E}^2 = \frac{1}{2}\boldsymbol{D}\cdot\boldsymbol{E} \tag{3.24}$$

誘電体の境界面

異なった誘電率 $\varepsilon_1, \varepsilon_2$ をもつ誘電体の境界面において真電荷が存在しない場合，右図の微小閉曲面の ABCD を考えガウスの法則を用いると，電束密度の法線成分は等しいという条件を得る．

$$D_{1n} = D_{2n} \quad (D_1\cos\theta_1 = D_2\cos\theta_2) \tag{3.25}$$

静電場は保存力の場だから $\displaystyle\oint_C \boldsymbol{E}\cdot d\boldsymbol{l} = 0$．この線積分を右図の微小閉曲線 SPQR において実行することにより，電場 $\boldsymbol{E}$ の接線成分が等しいという条件が得られる．

$$E_{1t} = E_{2t} \quad (E_1\sin\theta_1 = E_2\sin\theta_2) \tag{3.26}$$

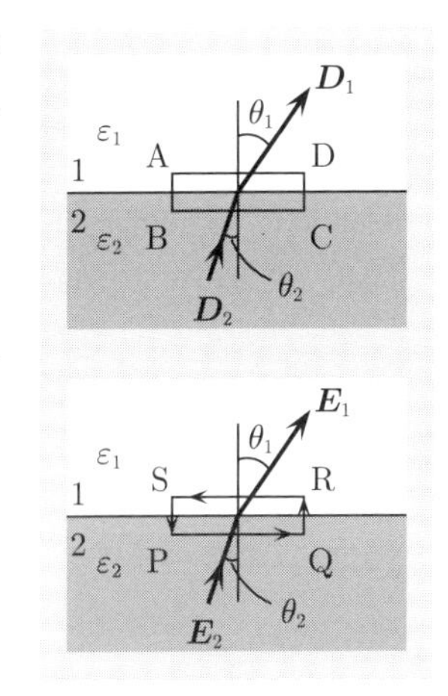

例題 12 誘電体中の導体

導体が誘電率 ε の誘電体に囲まれているとき，真電荷の面密度を σ とすると，
(a) 導体表面の前方の電場 (b) 分極電荷の面密度
はいくらか．

【解答】 (a) 導体の表面に面積 dS の筒形の微小閉曲面を考える．十分に微小な面積であれば，$\boldsymbol{E}$ は底に垂直でしかも微小面積 dS において一定であり，また導体の内部では $\boldsymbol{E}=0$．いま，考えている微小閉曲面に含まれる真電荷は σdS だから，この微小閉曲面に対し (3.16) のガウスの法則を適用する．側面については円筒の長さが十分小さく無視できるものとすると

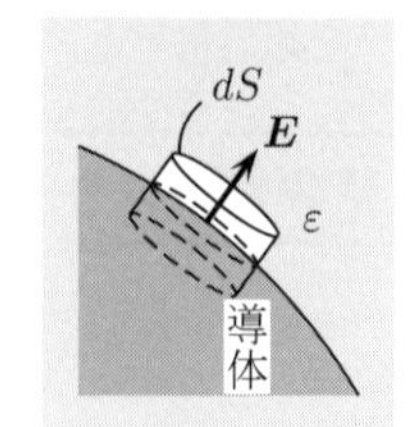

$$DdS+0dS=\sigma dS \quad より \quad D=\sigma \qquad \therefore \quad E=\frac{\sigma}{\varepsilon}$$

(b) 同じ微小閉曲面に対し (3.14) を適用すれば，結果として (3.18) を得る．すなわち，分極による表面密度を σ_P とすれば，内部に含まれる分極電荷は $\sigma_P dS$ だから

$$EdS=\frac{1}{\varepsilon_0}(\sigma dS-\sigma_P dS) \quad \rightarrow \quad \varepsilon_0 E=\sigma-\sigma_P$$

$$\therefore \quad \sigma_P=\sigma-\varepsilon_0 E=\sigma\left(1-\frac{\varepsilon_0}{\varepsilon}\right)$$

なお，(3.14) の関係式で定義される σ' について解くと，この解は $\sigma'=-\sigma_P$ の場合に該当するので

$$\sigma'=-\sigma\left(1-\frac{\varepsilon_0}{\varepsilon}\right)$$

を得る．$\varepsilon>\varepsilon_0$ より，σ と σ' の電荷の符号は常に反転することが分かる．

問 題

12.1 誘電率 ε の誘電体をつめた面積 S，間隔 d の平行平板コンデンサーの電気容量を求めよ．また，誘電体表面に現われる分極電荷の面密度はいくらか．

12.2 十分大きい容器を，比誘電率 2.2 のパラフィンで満たし，その中に半径 2 cm の金属球を入れ，5×10^{-5} C の電荷を与えた．金属球の電気容量と表面近傍における分極電荷を求めよ．

12.3 一様な外部電場 $\boldsymbol{E}_0$ の中に，これと垂直に無限に広い誘電率 ε の誘電体の平板を置く．このときの誘電体内部と外部の電場と誘電体表面に現われる分極電荷の表面密度を求めよ．

12.4 一様な電場 $\boldsymbol{E}_0$ の中に，誘電率 ε の無限に広い厚さ一定の誘電体平板を，面の法線が電場の方向と θ の角をなすように入れた．誘電体中の電場 $\boldsymbol{E}$ を求め，その様子を図示せよ．

例題 13　誘電体を含む平行平板コンデンサー

面積 S の平行平板コンデンサーの間を誘電率 $\varepsilon_1, \varepsilon_2$，厚さ d_1, d_2 の誘電体で満たしたとき，このコンデンサーの電気容量を求めよ．

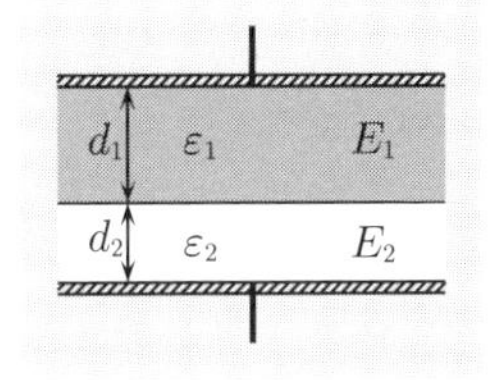

【解答】 両極板に $\pm Q$ の真電荷を与える．極板導体面での電束密度は $D = Q/S$ である．電荷のない境界面では電束密度の法線成分は連続であるから，電束密度はどこでも一定である．各誘電体内の電場を E_1, E_2 とすれば $D = \varepsilon_1 E_1 = \varepsilon_2 E_2$ より

$$\therefore \quad E_1 = \frac{Q}{\varepsilon_1 S}, \quad E_2 = \frac{Q}{\varepsilon_2 S}$$

ゆえに極板間の電位差 V は

$$V = E_1 d_1 + E_2 d_2 = \left(\frac{d_1}{\varepsilon_1} + \frac{d_2}{\varepsilon_2}\right)\frac{Q}{S}$$

電気容量 C は，$C = Q/V$ より

$$\therefore \quad C = \frac{S}{\dfrac{d_1}{\varepsilon_1} + \dfrac{d_2}{\varepsilon_2}}$$

問　題

13.1 厚さ 0.05 mm のパラフィン紙の裏と表に，半径 20 cm の円形のアルミニウム板をはり付けてコンデンサーをつくった．電気容量はいくらか．ただし，パラフィンの比誘電率は 2.5，真空の誘電率 (ε_0) は 8.9×10^{-12} F/m である．

13.2 平行平板コンデンサーに比誘電率 4.0 のガラス板をすきまなくはさんである．いま，極板に蓄えられた電荷を一定に保つようにしてガラスをとり出すと，極板間の電位差は何倍になるか．

13.3 極板間隔 3 mm の平行平板コンデンサーに，厚さ 1 mm，比誘電率 4.0，極板と等しい面積 90 cm^2 をもつガラス板を平行に入れたときの電気容量を求めよ．また，それはもとの電気容量の何倍になるか．

13.4 面積 S，極板間隔 d の平行平板コンデンサーの右半分に誘電率 ε の誘電体がつまっている．コンデンサーの電気容量を求めよ．

13.5 誘電率 ε_1 の誘電体をつめたコンデンサーを電圧 20 V で充電し，誘電率 ε_2 の誘電体をつめた同形，同大のコンデンサーを前のコンデンサーと並列につなぐと電圧が 5 V になった．両誘電体の誘電率の比はいくらか．

13.6 空気の絶縁耐力は 3 kV/mm である．いま電気容量 0.12 μF，耐圧 10 V の平行平板コンデンサーをつくるには，極板面積をいくらにすればよいか．

例題 14 ―― 誘電体を含む同心球コンデンサー

半径 a と $b(a < b)$ の同心球コンデンサーの両極の間に，誘電率 ε の誘電体が同心球殻状におさまっている．その内半径は c で外半径は $d(= c + t)$ であった．このコンデンサーの電気容量を求めよ．

【解答】 電位差を第2章例題4の手順に沿って求めればよい．まず，内極に電荷 Q を与えたとする．図のように $\mathrm{P}_1, \mathrm{P}_2, \mathrm{P}_3$ を通る同心球を考え各々にガウスの法則を用いると

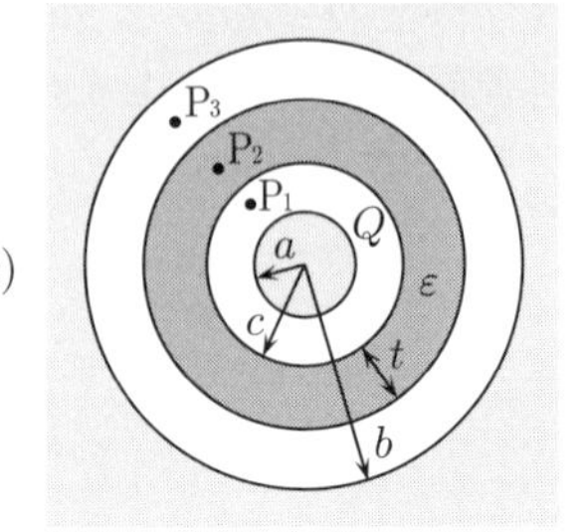

$$\mathrm{P}_1: \quad D \times 4\pi r^2 = Q \qquad \therefore \quad E_1 = \frac{Q}{4\pi\varepsilon_0 r^2} \quad (a < r < c)$$

$$\mathrm{P}_2: \quad D \times 4\pi r^2 = Q \qquad \therefore \quad E_2 = \frac{Q}{4\pi\varepsilon r^2} \quad (c < r < d)$$

$$\mathrm{P}_3: \quad D \times 4\pi r^2 = Q \qquad \therefore \quad E_3 = \frac{Q}{4\pi\varepsilon_0 r^2} \quad (d < r)$$

両極間の電位差を V_{ab} とすれば

$$V_{ab} = -\int_b^d E_3 dr - \int_d^c E_2 dr - \int_c^a E_1 dr = -\frac{Q}{4\pi\varepsilon_0}\left[\int_b^d \frac{dr}{r^2} + \frac{\varepsilon_0}{\varepsilon}\int_d^c \frac{dr}{r^2} + \int_c^a \frac{dr}{r^2}\right]$$

$$= \frac{Q}{4\pi\varepsilon_0}\left\{\left(\frac{1}{d} - \frac{1}{b}\right) + \frac{\varepsilon_0}{\varepsilon}\left(\frac{1}{c} - \frac{1}{d}\right) + \left(\frac{1}{a} - \frac{1}{c}\right)\right\}$$

$$= \frac{Q}{4\pi\varepsilon_0}\left\{\left(\frac{1}{a} - \frac{1}{b}\right) + \left(\frac{\varepsilon_0}{\varepsilon} - 1\right)\left(\frac{1}{c} - \frac{1}{d}\right)\right\}$$

$$\therefore \quad \text{電気容量} \quad C = \frac{Q}{V_{ab}} = 4\pi\varepsilon_0 \Big/ \left\{\frac{b-a}{ab} + \left(\frac{\varepsilon_0}{\varepsilon} - 1\right)\frac{d-c}{cd}\right\}$$

問　題

14.1 半径 5 cm の金属球の外側を，比誘電率 4 のガラスで厚さが 2 mm になるようにつつみ，金属球に電荷 1.8×10^{-5} C を与えた．中心から 5.1 cm および 10 cm だけ離れた点における電場の強さを求めよ．

14.2 半径 a, b $(a < b)$ の同心球コンデンサーの両極間をすべて誘電率 ε の誘電体でつめた場合の電気容量はいくらか．また，左半分だけ誘電体をつめた場合の電気容量は両極間に，誘電率 $(\varepsilon_0 + \varepsilon)/2$ の誘電体で満たした場合に等しいことを示せ．

14.3 半径 a, b $(a < b)$，長さ l $(l \gg a, b)$ の同軸金属円筒の間に誘電率 ε の誘電体をつめた．この円筒状コンデンサーの電気容量はいくらか．

14.4 直径 3 mm の銅線とその外側の内直径 10 mm の鉛管の間に，比誘電率 3.0 のゴムを満たしたケーブルの 1 km あたりの電気容量はいくらか．

4 電　　流

4.1 電流の定義

電流と単位　導体の2点間に電位差があるとき電荷は流れる．この電荷の流れを**電流**とよぶ．時間 dt の間の移動電荷量が dQ のとき

$$i=\frac{dQ}{dt} \tag{4.1}$$

を**電流の強さ**という．ある断面を1秒間に1Cの電荷が流れた場合1アンペア（A）の電流が流れたという．すなわち $1\,\mathrm{A}=1\,\mathrm{C}/1\,\mathrm{s}$．電流の強さが時間的にかわらないものを**定常電流**といい，本章では主として定常電流を扱う．電流は方向があるので，ベクトル量であり**電流ベクトル**ということもある．

電流密度　単位時間に，電流に垂直な単位面積を通過する電気量を**電流密度**という．電気素量を e，単位体積あたりの自由電子の数を n とする．いま，外部電場 $\boldsymbol{E}$ をかけると電子は加速されるが，原子との衝突に起因する速度に比例した抵抗 $-m\boldsymbol{v}/\tau$ を受け，一定速度に達する．ここに τ は自由電子の緩和時間，m は電子の質量である．その一定速度，すなわち，平均速度は $\overline{\boldsymbol{v}}=(e\tau/m)\boldsymbol{E}$ となり，$\boldsymbol{E}$ に比例する．ゆえに，流れの方向に垂直な断面（断面積 S）を通って dt の間に流れる電荷量 dQ は，$dQ=ne\,(\overline{v}dt)S$ となり，電流 i および電流密度 $j=i/S$ は

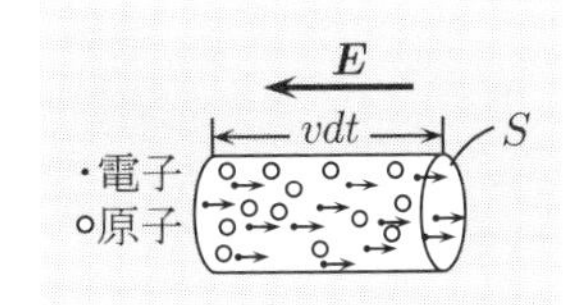

$$i=\frac{dQ}{dt}=ne\overline{v}S \tag{4.2}$$

$$j=\frac{i}{S}=ne\overline{v} \tag{4.3}$$

4.2 起 電 力

電池　電池は，化学反応や光などの作用により，二つの極板間に一定の電位差を与え，回路に電流を流す装置である．電流の流れない場合の電位差を**起電力**という．

接触電位差　2個の導体を接触させると導体によって自由電子を束縛する力が違うので，接触面に一定の電位差が生じる．接触により自由電子は瞬間的に一方から

他方に流れ，流出した方に正，流入した方に負の電荷の並んだ電気二重層ができ，一定の電位差が生じて電子の流れがとまる．この電位差を**接触電位差**という．

熱電対

熱エネルギーを電気エネルギーにかえるものに熱電対がある．二種の金属A, Bを輪状につなぎ，二つのつなぎめを違った温度に保つと，この回路に熱起電力が発生して電流が流れる．これを**熱電流**とよび，このように結んだ金属の輪を**熱電対**という．そしてこの現象を**ゼーベック**（Seebeck）**効果**とよんでいる．

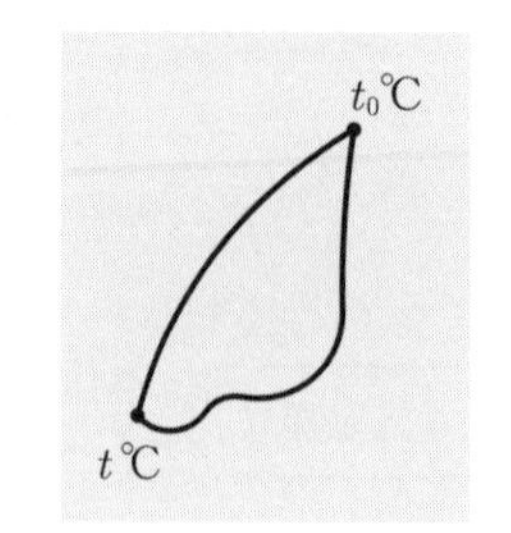

熱起電力 V_{AB} は接合点の温度を t_0 と t とすれば

$$V_{\mathrm{AB}} = \alpha(t - t_0) + \frac{1}{2}\beta(t^2 - {t_0}^2) \tag{4.4}$$

で与えられ，ここに α, β は定数で，**熱起電力係数**という．熱起電力の極値を与える温度，すなわち，$t_c = -\alpha/\beta$ を**中立温度**，温度変化に対する起電力の変化率 $\eta_{\mathrm{AB}} = \alpha + \beta t$ を**熱電能**という．η_{AB} の単位は V/°C である．

4.3　オームの法則

オームの法則

導線上の2点の電位差を V とするとき，その間を流れる電流 i は

$$i = \frac{V}{R} \tag{4.5}$$

で表わされ，これを**オーム**（Ohm）**の法則**という．R はその2点間の導線の部分によってきまる定数で，**電気抵抗**とよばれる．電気抵抗の単位はオーム（ohm, Ω）で 1 V の電位差で 1 A の電流が流れるとき，抵抗は 1 Ω であるという．

電気抵抗

電気抵抗 R は導線の断面積 S に反比例し，長さ l に比例する．すなわち

$$R = \rho\frac{l}{S} \tag{4.6}$$

であり，ここに ρ は**抵抗率**または**比抵抗**とよばれ物質固有の値をもつ．通常の温度範囲（−100°C〜100°C）で，ρ は 0°C の抵抗率を ρ_0 とすると

$$\rho = \rho_0(1 + \alpha t) \tag{4.7}$$

となる．ここに α は**温度係数**とよばれている．

電気伝導度

抵抗の逆数は電流の流れやすさを意味し，**電気伝導度**とよばれ，単位はジーメンス（S）である．また**電気伝導率** σ は抵抗率の逆数で定義され，単位は S/m である．あらゆる物質を電気伝導率の順に並べると，上位にくるのが金属などの導体であり，下位にくるのがゴムなどの絶縁体である．その中間にくるのがシリコンのような半導体で，半導体は純粋な結晶状態では優れた絶縁体であるが，1000万のうち1個でも不純物が混入されると電気伝導率は飛躍的に増大する．

4.4 電気伝導の一般論

オームの法則の一般形

電気伝導率 σ の導体内の微小部分にオームの法則を適用すると，電流密度 $\boldsymbol{j}$ と電場の強さ $\boldsymbol{E}$ の間にも次のようなオームの法則が成立する．

$$\boldsymbol{j} = \sigma \boldsymbol{E} \tag{4.8}$$

これを一般的にスカラーポテンシャル V（電位差）を使って次のように書くこともできる．

$$\boldsymbol{j} = \sigma \boldsymbol{E} = -\sigma \,\mathrm{grad}\, V \tag{4.9}$$

連続の方程式

電流の流れている空間の中で閉曲面 S を考えると，単位時間に S から流れ出る電気量は $\oint_S \boldsymbol{j} \cdot d\boldsymbol{S}$．これは S で囲まれた体積 V の内部の単位時間に電気量が減る割合 $-\dfrac{\partial}{\partial t}\displaystyle\int_V \rho(x)dv$ に等しい．すなわち，

$$\oint_S \boldsymbol{j} \cdot d\boldsymbol{S} = -\frac{\partial}{\partial t}\int_V \rho dv \tag{4.10}$$

媒質が時間的に変化しないときは $\oint_S \boldsymbol{j} \cdot d\boldsymbol{S} = -\displaystyle\int_V \frac{\partial \rho}{\partial t} dv$ である．ここで左辺にガウスの法則（巻末のベクトル公式を参照）を用い，微分形に書けば

$$\mathrm{div}\, \boldsymbol{j} = -\frac{\partial \rho}{\partial t} \tag{4.11}$$

これは**電荷保存の法則**（電流の連続性）を意味しており，特に**連続の方程式**とよばれている．また，定常電流のときは $\mathrm{div}\, \boldsymbol{j} = 0$．

4.5 電力とジュール熱

電力

電気量 Q である電荷が電位差 V を移動すれば，QV の仕事をする．したがって，電位差 V を電流 i が流れるとき，電荷の単位時間あたりにする仕事は $P = Vi$ となり，これを**電力**という．その単位は**ワット**（W）である．電力は，またオームの法則を用いると次のようにも書ける．

$$P = Vi = Ri^2 = V^2/R \tag{4.12}$$

電流の流れている空間における単位体積内で消費される電力 U は，(4.8) より

$$U = \boldsymbol{E} \cdot \boldsymbol{j} = \sigma E^2 \tag{4.13}$$

ジュール熱

電力は変換の方法によりいろいろなエネルギーにかわるが，特に抵抗で消費されると，ほとんど熱にかわる．これを**ジュール**（Joule）**の法則**といい，発生する熱を**ジュール熱**という．

例題1　導体内の電流

切り口の面積 $1\,\mathrm{mm}^2$，長さ $60\,\mathrm{cm}$ の針金の両端に $3\,\mathrm{V}$ の電圧をかけたとき $1\,\mathrm{A}$ の電流が流れた．$1\,\mathrm{cm}^3$ あたりの自由電子の数を 5.8×10^{22} 個，電子の電荷を $-1.6\times10^{-19}\,\mathrm{C}$ として次の量を計算せよ．(a) この針金の抵抗率　(b) 電子の平均の速さ

【解答】 オームの法則より，抵抗 R は

$$R=\frac{V}{i}=\frac{3}{1}=3\,\Omega$$

抵抗率の定義 $R=\rho\dfrac{l}{S}$ より

$$\rho=\frac{RS}{l}=\frac{3\times(10^{-3})^2}{0.6}=5\times10^{-6}\,\Omega\,\mathrm{m}$$

電流 $1\,\mathrm{A}$ が $1\,\mathrm{mm}^2$ の断面を通過しているので，電流密度 j は

$$j=\frac{i}{S}=1\times\frac{1}{(10^{-3})^2}=1\times10^6\,\mathrm{A/m^2}$$

一方，電子の数密度は $5.8\times10^{28}\,/\mathrm{m}^3$，$j=ne\overline{v}$ であるので，平均の速さ $\overline{v}$ は

$$\overline{v}=\frac{1\times10^6}{5.8\times10^{28}\times1.6\times10^{-19}}=1.1\times10^{-4}\,\mathrm{m/s}$$

〚注意〛 導体中での電子の平均の速さは毎秒約 $1/10000\,\mathrm{m}$ 程度でずいぶんゆっくりしている．しかし，スイッチをひねるとすぐ電灯がともるように，電気エネルギーはほとんど光速度に近い速さで伝わっていく．導体中を光の速さで動いているのは電子ではない．回路に電圧がかけられると電場が導体内にでき，この電場が光の速さで伝播している．

問　　題

1.1 銀の抵抗率は $20\,^\circ\mathrm{C}$ で $1.6\times10^{-8}\,\Omega\,\mathrm{m}$ であり，温度係数は $4.1\times10^{-3}\,/^\circ\mathrm{C}$ である．断面積 $1\,\mathrm{mm}^2$，長さ $1\,\mathrm{m}$ の銀の針金の $0\,^\circ\mathrm{C}$ での抵抗は何 Ω になるか．

1.2 $100\,\mathrm{V}$ の電圧のもとに $1\,\mathrm{A}$ の電流の流れている電球がある．その抵抗を $0\,^\circ\mathrm{C}$ において測定すると $8.0\,\Omega$ であった．この電球が $100\,\mathrm{V}$ で点灯しているときのフィラメントの温度はいくらか．ただし，温度係数は $\alpha=5.5\times10^{-3}\,/^\circ\mathrm{C}$ とする．

1.3 自由電子は導体内で熱的無秩序運動を行っているが，電場が作用すると無秩序運動の他に平均の速度 v が生じる．また，電場 E により加速された電子は原子の熱振動に起因する抵抗を受ける．この抵抗力は電子質量を m とすれば，$-mv/\tau$（τ：緩和時間）と近似できる．電子の運動方程式をたて，定常状態における平均の速さを求めよ．また，抵抗率 ρ を求めよ．

1.4 断面の直径 $1\,\mathrm{mm}$ の銅線に $10\,\mathrm{A}$ の電流が流れている．銅の抵抗率 $\rho=1.7\times10^{-8}\,\Omega\,\mathrm{m}$，緩和時間 $\tau=2.4\times10^{-14}\,\mathrm{s}$，自由電子の数密度 $n=8.5\times10^{28}\,\mathrm{m}^{-3}$ として次の諸量を計算せよ．(a) この銅線の電場の強さ　(b) 自由電子の平均の速さ

例題2 ――― 熱電対

ある熱電対の熱電能が0°C，100°Cでそれぞれ12 μV/°C，10 μV/°Cであった．この熱電対で，接合点の温度を40°Cと160°Cとにすると，熱起電力はいくらか．

【解答】 この熱電対の熱起電力係数をα, βとすると

$$12 \times 10^{-6} = \alpha + \beta \times 0, \quad 10 \times 10^{-6} = \alpha + \beta \times 100$$

より，$\alpha = 12 \times 10^{-6}(\mathrm{V/°C})$, $\beta = -2 \times 10^{-8}(\mathrm{V/°C^2})$となる．ゆえに熱起電力$E$は

$$E = 12 \times 10^{-6} \times (160 - 40) - 2 \times 10^{-8} \times (160^2 - 40^2)/2 = 1.2 \times 10^{-3}\,\mathrm{V}$$

問　題

2.1 ある熱電対で，低温接合点を0°Cにし，他方の接合点を100°Cにしたときと500°Cにしたときの起電力が，それぞれ0.65 mVと5.6 mVであった．低温，高温の接合点温度を15°C，200°Cにしたときの起電力をEを求めよ．

例題3 ――― 導体内のオームの法則

内径a，外径$b\,(a < b)$，長さlの共軸円筒導体の間を電気伝導率σの物質で満たし，内筒から外筒に放射状に電流iを流したときの両円筒間の抵抗と電位差を求めよ．

【解答】 内外円筒の間にあるr，$r + dr$の半径をもつ薄い共軸円筒を考える．内筒から外筒に流れる電流に対するこの薄い円筒の抵抗をdRとすると，電流方向に対する長さはdr，断面積は$2\pi rl$だから

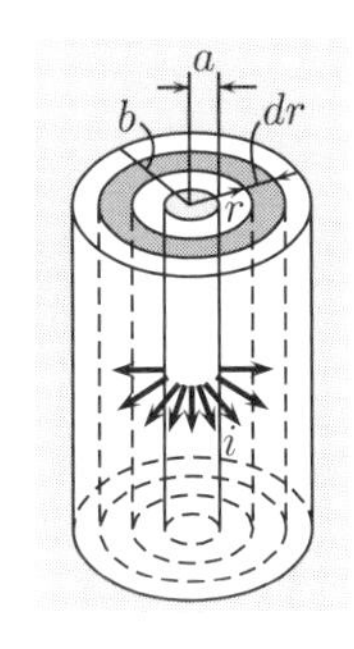

$$dR = \frac{1}{\sigma}\frac{dr}{2\pi rl} \qquad \therefore \quad R = \int_a^b \frac{1}{\sigma}\frac{dr}{2\pi rl} = \frac{1}{2\pi\sigma l}\log\frac{b}{a}$$

電位差は$V = Ri$より

$$V = \frac{i}{2\pi\sigma l}\log\frac{b}{a}$$

問　題

3.1 内径1 cm，外径2 cm，長さ10 mの共軸円筒導体に黒鉛$(\sigma = 2.9 \times 10^5\,\mathrm{S/m})$を満たし，電流を内筒から放射状に外筒に向けて流した．両円筒間の抵抗を求めよ．

3.2 等方均質導体（電気伝導率が一定）の中を定常電流が流れている．その電場または電位は，真電荷分布のない静電場における電場，電位と同じになることを示せ．

3.3 誘電率ε，電気伝導率σの媒質をつめた電気容量Cの平行平板コンデンサーの両極間に電流が流れるとき，抵抗は$R = \varepsilon/\sigma C$になることを示せ．

例題 4 ―――― 電力とジュール熱

密度 ρ_0，比熱 c，電気伝導率 σ の金属で，半径 a，長さ l $(l > a)$ なる円柱状の針金をつくり，両端に電位差 V の電圧をかけた．t 秒後の針金の温度を求めよ．ただし，抵抗の温度依存性は無視できる程小さく，室温を θ_0 とする．また，熱の散逸は考えない．

【解答】 まずこの針金の抵抗を R とすれば，(4.6) より $R = l/\pi a^2\sigma$ だから電力 P は

$$P = \frac{V^2}{R} = \frac{\pi a^2 \sigma V^2}{l}$$

t 秒後の針金の温度を θ とすると，温度が $d\theta$ だけ上昇するのに必要な熱量は，針金の全質量を m とすれば $mcd\theta$ となる．dt の間の発熱量は，仕事当量を $J = 4.19\,\mathrm{J\,cal^{-1}}$ としてカロリーに換算すると，$0.239Pdt$ であるので

$$mcd\theta = 0.239Pdt$$

この針金について $m = \pi a^2 l \rho_0$ であるので

$$\frac{d\theta}{dt} = 0.239\frac{P}{mc} \qquad \therefore \quad \frac{d\theta}{dt} = 0.239\frac{\sigma V^2}{\rho_0 l^2 c}$$

この微分方程式を解くと

$$\theta = \kappa + 0.239\frac{\sigma V^2}{\rho_0 l^2 c}t \quad (\kappa：積分定数)$$

$t = 0$ で $\theta = \theta_0$ だから，t 秒後の針金の温度は $\theta = \theta_0 + 0.239\dfrac{\sigma V^2}{\rho_0 l^2 c}t$

問　　題

4.1 100 W と 40 W の電球では抵抗はどちらの方が大きいか．また，フィラメントの太いのはどちらか．

4.2 100 V 用 500 W の電熱器が断線したため修理したら，ニクロム線が 10 %だけ短くなった．100 V 用何 W になったか．

4.3 100 V 用 500 W の電熱器がある．

(a) この電熱器の抵抗はいくらか．

(b) この電熱器を 80 V の電源につないだとき毎秒何カロリーの熱が発生するか．

(c) この電熱器を 100 V の電源につないで 1 リットルの水の温度を 10°C から 100°C まであげるのに何分かかるか．ただし，発生する熱量の 60 %が水に吸収される．

4.4 半径 a，長さ l，比熱 c，密度 ρ_0，抵抗率 ρ，融点 θ_m°C のヒューズに電圧 V をかけ，電流を流すとき，ヒューズが融けるまでの時間を求めよ．ただし，熱の散逸，抵抗の温度依存性は無視し，室温は θ_0°C とする．

4.6 回　　路

キルヒホッフの法則　多くの抵抗と電池とが複雑に接続されて**回路網**をつくる．また，導線の継ぎ目の点を**接合点**とよぶ．

(1)　**キルヒホッフ（Kirchhoff）の電流の法則**　回路網の任意の接合点で会する電流のうち，流入する電流を正，流出する電流を負とすると，それらの代数和は0

$$\sum_R i_R = 0 \tag{4.14}$$

(2)　**キルヒホッフの電圧の法則**　回路網の任意の閉回路に沿って一つの向きに一周するとき，起電力の代数和と電圧降下の代数和は等しい．

$$\sum_R E_R = \sum_R i_R R_R \quad \text{（電流と起電力の正負に注意）} \tag{4.15}$$

抵抗の接続　抵抗 $R_1, R_2, \cdots, R_n$ の導線を接続したときの合成抵抗は

(1)　直列接続：$R = R_1 + R_2 + \cdots + R_n$　(4.16)

(2)　並列接続：$\dfrac{1}{R} = \dfrac{1}{R_1} + \dfrac{1}{R_2} + \cdots + \dfrac{1}{R_n}$　(4.17)

電池とその接続　電池もいくらかの抵抗をもつからそれを**内部抵抗**とよび，それに対して電池外の抵抗を**外部抵抗**とよぶ．起電力 E，内部抵抗 r，外部抵抗 R とするとき，流れる電流 i は

$$i = \frac{E}{R + r} \tag{4.18}$$

また，このときの電池の端子の電圧 V は $V = E - ri$ となる．

起電力 E，内部抵抗 r の電池を n 個接続し，外部抵抗 R に結んだときの電流 i は

$$\text{直列接続：} i = \frac{nE}{nr + R} \qquad \text{並列接続：} i = \frac{nE}{r + nR} \tag{4.19}$$

ホイートストン・ブリッジ　R_1, R_2, R_3, R_4 の4個の抵抗を図のように接続し，電圧をかけたとき，抵抗を調節して検流計Gに電流が流れないようにすることができる．そのとき

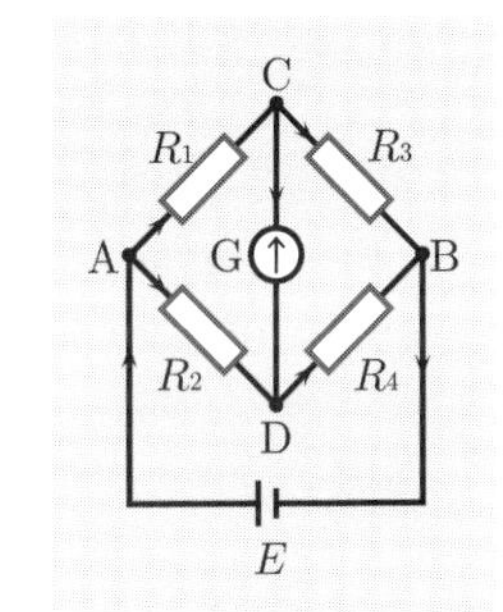

$$R_1 R_4 = R_2 R_3 \qquad \therefore \quad R_4 = \frac{R_2}{R_1} R_3 \tag{4.20}$$

の関係があり，R_2/R_1 と R_3 を知れば，R_4 を定めることができる．このようにして抵抗を測定する装置を**ホイートストン（Wheatstone）・ブリッジ**とよぶ．

例題 5 　抵抗の接続

図のように電池 E に二つの抵抗 R_1, R_2 を直列につないだ回路がある．次のおのおのの場合について A, B, C, D の電位を求めよ．ただし，電池 E の起電力は 9 V，内部抵抗は 2 Ω で，A 点は接地されている．

(a)　$R_1 = 7\,\Omega$, $R_2 = 9\,\Omega$ のとき

(b)　$R_1 = 7\,\Omega$, $R_2 = 9\,\Omega$ でさらに AC 間に 16 Ω を入れたとき

(c)　C 点を切り離したとき

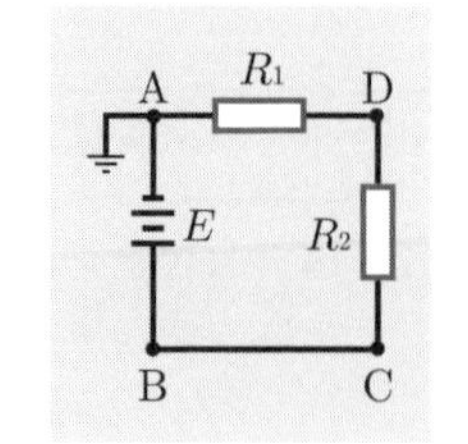

【解答】 (a)　回路中の全抵抗 $R = R_1 + R_2 + 2 = 18\,\Omega$．よって，流れる電流 i は

$$i = \frac{E}{R} = \frac{9}{18} = 0.5\,\mathrm{A}$$

A, B, C, D の電位を $V_\mathrm{A}, V_\mathrm{B}, V_\mathrm{C}, V_\mathrm{D}$ とする．A は接地されているので $V_\mathrm{A} = 0\,\mathrm{V}$, $V_\mathrm{D} - V_\mathrm{A} = iR_1 = 3.5\,\mathrm{V}$ 　$\therefore\ V_\mathrm{D} = 3.5\,\mathrm{V}$, $V_\mathrm{C} - V_\mathrm{D} = iR_2 = 4.5\,\mathrm{V}$ 　$\therefore\ V_\mathrm{C} = 8\,\mathrm{V}$, $V_\mathrm{B} = V_\mathrm{C}$

以上より　$V_\mathrm{A} = 0\,\mathrm{V}$,　$V_\mathrm{D} = 3.5\,\mathrm{V}$,　$V_\mathrm{C} = V_\mathrm{B} = 8\,\mathrm{V}$

(b)　AC 間の合成抵抗 R_AC は，$1/R_\mathrm{AC} = 1/16 + 1/16$ 　$\therefore\ R_\mathrm{AC} = 8\,\Omega$．したがって全抵抗 R は $R = 10\,\Omega$．ゆえに $i = 9/10 = 0.9\,\mathrm{A}$．ADC を流れる電流と AC を流れる電流は共に等しく 0.45 A である．$V_\mathrm{D} - V_\mathrm{A} = 0.45 \times 7 = 3.15\,\mathrm{V}$ 　$\therefore\ V_\mathrm{D} = 3.15\,\mathrm{V}$, $V_\mathrm{C} - V_\mathrm{A} = 0.45 \times 16 = 7.2\,\mathrm{V}$ 　$\therefore\ V_\mathrm{C} = 7.2\,\mathrm{V}$

以上より　$V_\mathrm{A} = 0\,\mathrm{V}$,　$V_\mathrm{D} = 3.15\,\mathrm{V}$,　$V_\mathrm{C} = V_\mathrm{B} = 7.2\,\mathrm{V}$

(c)　C 点を切り離すと，回路に電流は流れなくなり，どの部分でも電圧降下はない．

よって　$V_\mathrm{A} = 0\,\mathrm{V}$,　$V_\mathrm{B} = 9\,\mathrm{V}$,　$V_\mathrm{D} = V_\mathrm{C} = 0\,\mathrm{V}$

問　　題

5.1　0 Ω から 100 Ω まで変わり得る可変抵抗器に電位差一定の電池をつなぎ，可変抵抗器の抵抗を 0 Ω から 100 Ω まで変化させると，流れる電流が 2 A から 0.4 A まで変化した．電池の起電力と回路の残りの抵抗はいくらか．

5.2　いま 4 個の抵抗 R_1, R_2, R_3, R_4 がある．ただし，$R_1 = 3\,\Omega$, $R_2 = 6\,\Omega$, $R_3 = 1\,\Omega$, $R_4 = 12\,\Omega$ である．抵抗 R_1, R_2 は並列につなぎ，さらに R_3 をそれに直列につなぎ端子 AB 間に結んだ．また，抵抗 R_4 は直接 AB 間に結び，R_1, R_2, R_3 でできた回路と並列になるようにした．AB 間の合成抵抗はいくらか．

5.3　A は 12 Ω の抵抗，B は 3 Ω と 6 Ω の抵抗を並列につなぎ，さらに 10 Ω の抵抗を直列につないだもの，C は 18 Ω と 9 Ω の抵抗を並列につないだものである．いま，A，B，C を並列につないだ全回路に 24 A の電流を流すとき，6 Ω の抵抗に流れる電流はいくらか．

例題 6 ― キルヒホッフの法則

電流 i が並列につながれた二つの抵抗 R_1 と R_2 で分岐するとき，各々の抵抗に流れる電流は，回路で費やされるジュール熱を最小にするように分かれることを示せ．

【解答】 抵抗 R_1, R_2 に流れる電流をそれぞれ i_1, i_2 とすると，キルヒホッフの電流の法則より

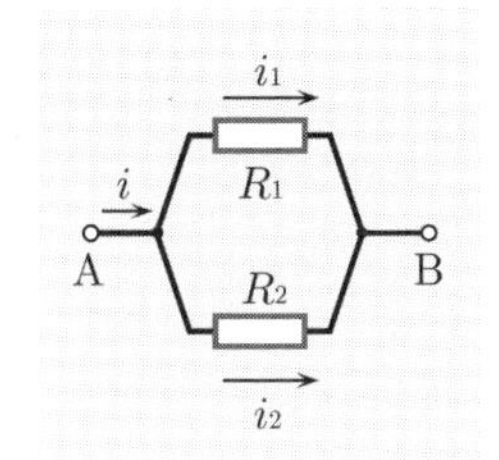

$$i_1 + i_2 = i \tag{1}$$

一方，回路の抵抗で消費される電力 P は

$$P = {i_1}^2 R_1 + {i_2}^2 R_2 \tag{2}$$

(1)，(2) より i_2 を消去し，P を i_1 の 2 次方程式と見なせば

$$P = {i_1}^2 R_1 + (i - i_1)^2 R_2 = \cdots$$

$$= (R_1 + R_2)\left(i_1 - \frac{R_2}{R_1 + R_2} i\right)^2 + i^2 \frac{R_1 R_2}{R_1 + R_2}$$

となり

$$\therefore \quad i_1 = \frac{R_2}{R_1 + R_2} i \tag{3}$$

のとき，P は最小になることが容易にわかる．

一方，キルヒホッフの電圧の法則より，R_1, R_2 による電圧降下は等しいので

$$i_1 R_1 = i_2 R_2 \tag{4}$$

(1) と (4) より i_2 を消去すると

$$i_1\left(1 + \frac{R_1}{R_2}\right) = i \qquad \therefore \quad i_1 = \frac{R_2}{R_1 + R_2} i$$

この結果は (3) に一致するので，ゆえに，電流は回路で発生するジュール熱を最小にするように分かれる．

問　　題

6.1 起電力 E，内部抵抗 r の電源から負荷に供給される電力が最大になる負荷抵抗 R の条件を求めよ．

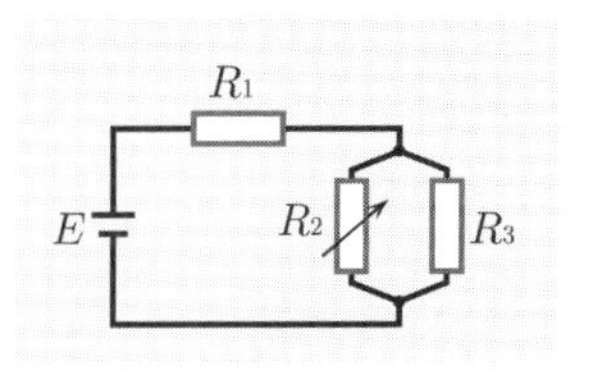

6.2 右図の回路において，R_2 はかえ得るものとして R_1, R_2, R_3 で消費される電力を最大にするための R_2 を求めよ．ただし，電池の内部抵抗を r とする．

6.3 n 個の抵抗 $R_1, R_2, \cdots, R_n$ を　(a) 直列　または　(b) 並列　につなぎ電圧 V をかけて全電流 i を流したとき，各抵抗に発生する熱量の和は，合成抵抗 R に電流 i が流れたときの熱量 $i^2 R$ に等しいことを示せ．

例題 7 電池の接続

抵抗 R と直流発電機が直列につながれており，それにさらに，並列につながれた 12 V の電池と負荷が接続された図のような回路がある．発電機の起電力は一定ではない．いま起電力が 60 V のとき，負荷を流れる電流はすべて直流発電機が供給したものとなるように抵抗 R を選んだ．この発電機の起電力が 50 V のとき，負荷に流れる電流のうち何%を発電機が供給したことになるか．ただし，発電機の内部抵抗は無視できるとする．

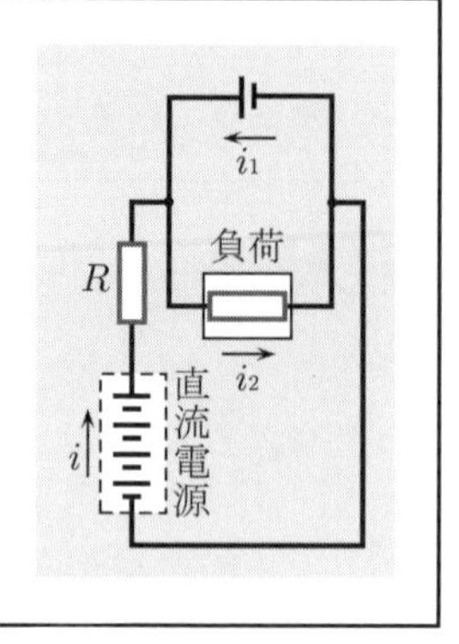

【解答】 発電機の起電力 E が 60 V のとき，負荷の両端の電位差は 12 V である．負荷の抵抗を R_0 とし，流れる電流を i とすると，図において $i_1 = 0$, $i_2 = i$ だから

$$60 = i(R_0 + R), \quad iR_0 = 12$$

両式より i を消去すると

$$R = 4R_0$$

となる．

発電機の起電力が 50 V のとき $i_2 = i_1 + i$ だから

$$50 = iR + (i_1 + i)R_0, \quad (i + i_1)R_0 = 12$$

$R = 4R_0$ だから $iR_0 = 38/4 = 19/2$

$$\frac{i}{i_2} = \frac{iR_0}{(i + i_1)R_0} = \frac{19}{2} \times \frac{1}{12} = 0.79 \qquad \therefore \quad 79\ \%$$

問　題

7.1 ある電池の両端を 4 Ω の導線で結んだら，0.3 A の電流が流れた．また，14 Ω の導線でつないだら 0.1 A の電流が流れた．この電池の起電力と内部抵抗を求めよ．また，この電池を 2 個並列につなぎ，その両端を 4 Ω の抵抗線で結ぶとき，抵抗を流れる電流はいくらか．

7.2 電池の両端に，ある未知の抵抗をつないだとき，4 A の電流が流れ，両極間の電位差が 1.8 V になった．また，回路を断つと電位差が 2.0 V になった．電池の内部抵抗と外部抵抗はいくらか．

7.3 起電力が 1.0 V と 1.5 V で内部抵抗 0.5 Ω, 1 Ω の二つの電池を並列につなぎ，抵抗 10 Ω の外部抵抗に結んだ．外部抵抗に流れる電流を求めよ．

7.4 起電力が 3 V, 4 V, 5 V で内部抵抗がそれぞれ 1 Ω, 2 Ω, 3 Ω の三つの電池を並列につないだ場合の電位差と各電池を流れる電流を求めよ．

例題 8 ―― 同型電池の接続

内部抵抗の無視し得る 120 V の直流電源がある．いま，起電力 2.1 V，内部抵抗 0.01 Ω の電池を n 個直列につないで，3 A の電流を流して充電しようとするには何 Ω の外部抵抗を直列につなぐ必要があるか．もし $n = 20$ の場合，電源から供給された電力のうち熱として失われるのは何%か．また，直列につながれた 20 個の電池の両端の電位差はいくらか．

【解答】 必要な外部抵抗を R とすれば，回路の合成抵抗 R' は

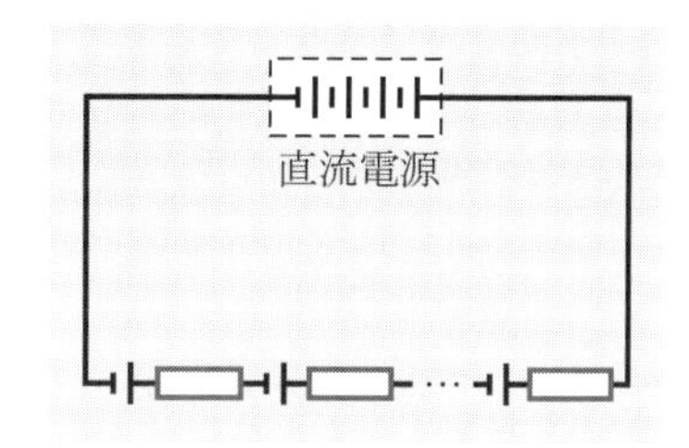

$$R' = 0.01n + R$$

キルヒホッフの法則より

$$120 = 2.1n + 3R'$$
$$40 = 0.7n + 0.01n + R$$
$$\therefore \quad R = 40 - 0.71n$$

$n = 20$ のとき $R' = 26\,\Omega$ だから，熱に費やされた電力は，$26 \times 3^2 = 234$ W．一方，電源が供給した電力は 360 W だから

$$\frac{234}{360} \times 100 = 65\ \%$$

となり，65 %の電力が熱として失われる．

20 個の電池の両端の電位差 V は　$R = 40 - 0.71 \times 20 = 25.8\,\Omega$ だから

$$V = 120 - 25.8 \times 3 = 42.6\ \mathrm{V}$$

問　題

8.1 起電力 E，内部抵抗 r の電池を短絡するとき，流れる電流はいくらか．また，同型の電池を n 個直列につないで短絡するとき，流れる電流は 1 個の場合と同じであることを示せ．

8.2 起電力 E の同型電池が n 個ある．これを n 個直列につないで外部抵抗 R に接続しても，n 個並列につないで抵抗 R に接続しても，同じ電流が得られたという．電池の内部抵抗を求めよ．

8.3 起電力，内部抵抗もそれぞれ異なる電池を n 個並列につないで負荷に接続した．この n 個の電池は，内部抵抗 $1/r = \sum_k 1/r_k$，起電力 $E = r\sum_k E_k/r_k$ をもつ 1 個の電池と等価であることを示せ．

例題 9 ― 電流計と電圧計

許容最大電流 i の電流計（内部抵抗 r_{A}）によって

(a) ni $(n > 1)$ までの電流を測るには抵抗 $r_{\mathrm{A}}/(n-1)$ を計器に並列につなげばよく，

(b) nV $(V = ir_{\mathrm{A}})$ までの電圧を測るには $(n-1)\ r_{\mathrm{A}}$ の抵抗を計器に直列につなげばよい

ことを示せ.

【解答】 (a)　図(a)のように抵抗 R をつなぎ，電流 ni のうち，電流計に i の電流が流れるようにするための抵抗 R の条件を求めればよい.

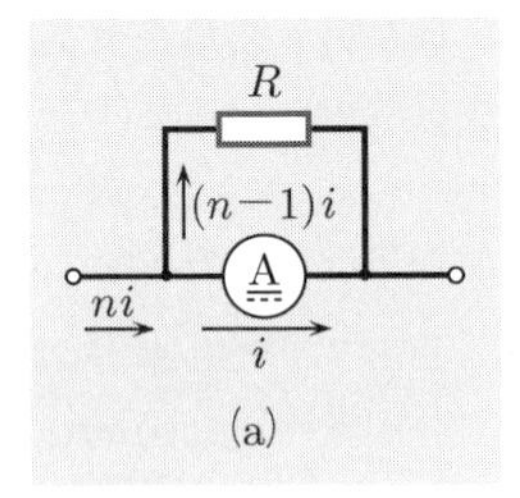

(a)

$$(n-1)\ iR = r_{\mathrm{A}} i$$

$$\therefore \quad R = \frac{r_{\mathrm{A}}}{n-1}$$

(b)　図(b)のように抵抗 R を電流計と直列につなぎ全体の電圧が

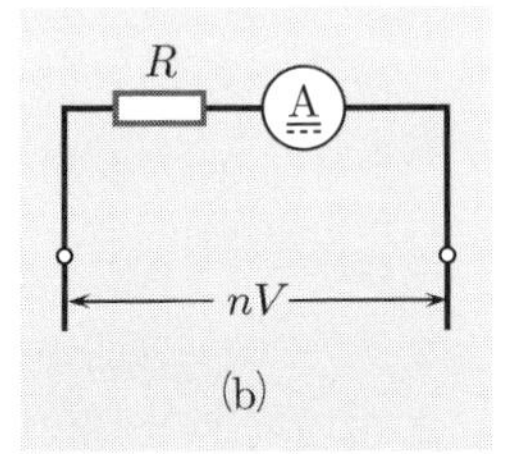

(b)

$$nV = nir_{\mathrm{A}}$$

になるような抵抗 R の条件を求めればよい.

$$(R + r_{\mathrm{A}})\ i = nr_{\mathrm{A}} i$$

$$\therefore \quad R = (n-1)\ r_{\mathrm{A}}$$

問　　題

9.1　0 から 20 mA までの目盛りをつけた電流計がある．電流計の内部抵抗を 15 Ω とする．この計器と直列または並列に適当な抵抗を入れると，測定範囲を拡大し，あるいは，電圧計として用いることができる.

(a)　0 から 0.2 A までの電流を測るにはどうすればよいか.

(b)　0 から 20 V までの電圧を測るにはどうすればよいか.

9.2　内部抵抗 12 Ω，最高目盛り 50 mA の電流計がある．これを最高目盛り 10 V の電圧計として用いるには，どれくらいの抵抗をどのように入れるとよいか．また，電圧計として使用するのに用いた抵抗の抵抗値が表示より 2 %大きかったとすれば，10 V の電圧計の指示値の誤差は何 %になるか.

9.3　右図の回路において，端子間に電圧 V をかける．抵抗 R_1, R_2 を調節し，抵抗 R の両端の電位差を V/n にし，全体の合成抵抗を R にするには R_1, R_2 をどのように選べばいいか.

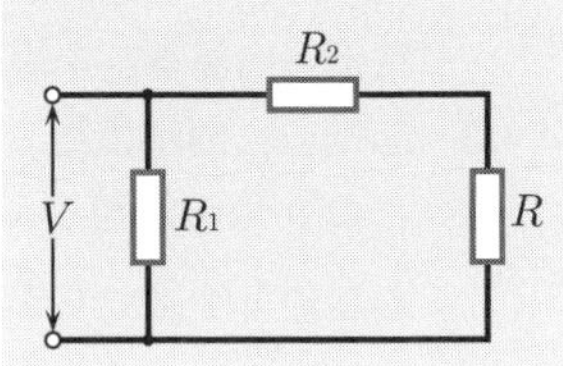

例題 10　複雑な回路網

図のような回路において，各抵抗はいずれも 2Ω で電池 E の起電力は 6 V で内部抵抗は無視できるものとする．

(a) 各抵抗に流れる電流の大きさを求めよ．

(b) 電池 E を流れる電流の大きさを求めよ．

(c) AC 間の合成抵抗はいくらか．

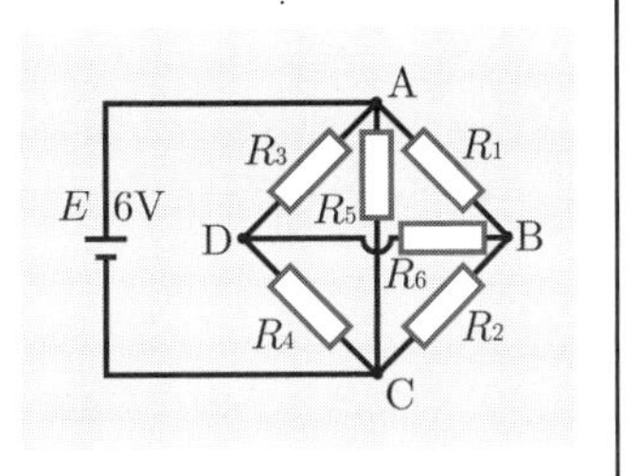

【解答】 (a) 回路 ABC, ADC は対称であるので B 点と D 点の電位は等しい．したがって，R_6 に流れる電流はない．

また同様の理由で R_1, R_2, R_3, R_4 を流れる電流は等しい．

これを i_1 とするとオームの法則より

$$i_1 = \frac{E}{R_1 + R_2} = \frac{6}{2+2} = 1.5\,\mathrm{A}$$

R_5 を流れる電流 i_2 は同様にして

$$i_2 = \frac{E}{R_5} = \frac{6}{2} = 3\,\mathrm{A}$$

(b) 求める電流を i とすれば，キルヒホッフの電流の法則より

$$i = 2i_1 + i_2 = 2 \times 1.5 + 3 = 6\,\mathrm{A}$$

(c) 合成抵抗を R とすれば

$$R = \frac{E}{i} = \frac{6}{6} = 1\,\Omega$$

問　　題

10.1 一辺が 1Ω の抵抗をもつ針金が立方体の枠をつくる．

(a) AG 間に 15 V の電位差を与えるとき，各辺を流れる電流の大きさを求めよ．

(b) AH 間に 15 V の電位差を与えるとき，各辺を流れる電流の大きさを求めよ．

(c) AE 間に 15 V の電位差を与えたとき，各辺を流れる電流の大きさを求めよ．

(d) AG 間，AH 間，AE 間の合成抵抗はそれぞれいくらか．

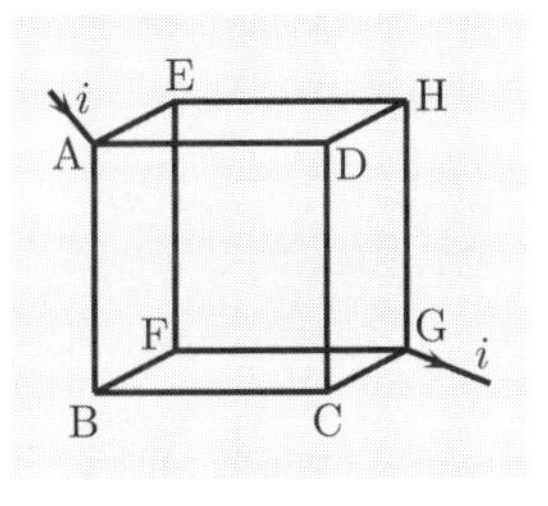

例題 11 ──── ホイートストン・ブリッジ

ホイートストン・ブリッジにおいて，検流計のかわりに外部に接続してあるのと同じ電池（起電力 E，内部抵抗は 0）を接続したとき，各部に流れる電流を求めよ．ただし，ホイートストン・ブリッジにある抵抗はすべて等しく R とする．

【解答】 図のように電池をつないだとする．AD, DC, AB, BC, BD の各部分を流れる電流をそれぞれ $i_{\mathrm{AD}}, i_{\mathrm{DC}}, i_{\mathrm{AB}}, i_{\mathrm{BC}}$, i_{BD} とし，流れる方向は図に示してある．

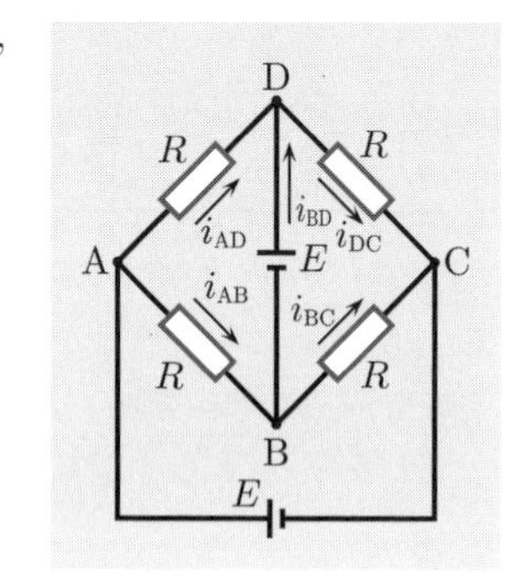

キルヒホッフの電流の法則より

$$i_{\mathrm{AD}} + i_{\mathrm{BD}} = i_{\mathrm{DC}} \quad (1), \qquad i_{\mathrm{AB}} = i_{\mathrm{BD}} + i_{\mathrm{BC}} \quad (2)$$

キルヒホッフの電圧の法則より

$$(i_{\mathrm{AD}} + i_{\mathrm{DC}})R = E \quad (3), \qquad (i_{\mathrm{AB}} + i_{\mathrm{BC}})R = E \quad (4)$$

$$(i_{\mathrm{AB}} - i_{\mathrm{AD}})R = E \quad (5), \qquad (i_{\mathrm{DC}} - i_{\mathrm{BC}})R = E \quad (6)$$

まず，(1) と (3)，(3) と (5) より，i_{AD} を消去すると

$$2i_{\mathrm{DC}} - i_{\mathrm{BD}} = \frac{E}{R} \quad (7), \qquad i_{\mathrm{AB}} + i_{\mathrm{DC}} = \frac{2E}{R} \quad (8)$$

また，(2) と (4) より i_{BC} を消去すると

$$2i_{\mathrm{AB}} - i_{\mathrm{BD}} = \frac{E}{R} \quad (9)$$

(7)，(9) より $i_{\mathrm{AB}} = i_{\mathrm{DC}}$

この関係を (8) へ代入すると　$i_{\mathrm{AB}} = i_{\mathrm{DC}} = E/R$

$i_{\mathrm{AB}}, i_{\mathrm{DC}}$ の結果を (5) と (6) へ代入すると　$i_{\mathrm{AD}} = i_{\mathrm{BC}} = 0$　　$\therefore\ i_{\mathrm{BD}} = E/R$

以上により，$i_{\mathrm{AB}} = i_{\mathrm{DC}} = i_{\mathrm{BD}} = E/R$,　　$i_{\mathrm{AD}} = i_{\mathrm{BC}} = 0$

問　題

11.1　4.6 節のホイートストン・ブリッジの図において，$R_1 = 5\,\Omega$, $R_2 = 10\,\Omega$, $R_3 = 24.5\,\Omega$ のとき検流計の針は振れなかった．

(a)　抵抗 R_4 はいくらか．

(b)　R_4 を (a) の結果より大きくすると検流計に流れる電流の方向はどうなるか．

11.2　前問と同様の図において，$R_1 = R_2 = R_3 = 40\,\Omega$ で，$R_4 = 41\,\Omega$ とする．検流計の内部抵抗が $20\,\Omega$ で，$E = 2\,\mathrm{V}$ の起電力をもつ電池（内部抵抗は 0）をつなぐと，検流計に流れる電流はいくらか．

11.3　ホイートストン・ブリッジのすべての抵抗が R で，検流計の内部抵抗が r である．外部端子からみたときの合成抵抗はいくらか．

5 電流と磁場

5.1 磁束密度とビオ・サバールの法則

ローレンツ力と磁束密度　点電荷に働く力から電場の強さ $\boldsymbol{E}$ が定義されるように，運動する点電荷，あるいは電流に作用する力から**磁束密度** $\boldsymbol{B}$ が定義される．電荷 Q の粒子が磁束密度 $\boldsymbol{B}$ の磁場の中を速度 $\boldsymbol{v}$ で動いているとき，この粒子に働く力 $\boldsymbol{F}$ は，ベクトルの外積（ベクトル積）によって，

$$\boldsymbol{F} = Q(\boldsymbol{v} \times \boldsymbol{B}) \tag{5.1}$$

と表わされる．この力を（磁場から受ける）**ローレンツ**（Lorentz）**力**という．ローレンツ力が発生するとき，$\boldsymbol{B}$ の磁束密度が存在するという．細い直線状の導線が一様な磁束密度 $\boldsymbol{B}$ の磁場の中に置かれており，この導線中を単位長さあたり n 個の粒子（電荷 Q）が速度 $\boldsymbol{v}$ で動いているとする．導線に流れる電流は $\boldsymbol{i} = nQ\boldsymbol{v}$（大きさは $i = n|Q|v$）となる．直線電流の長さ l あたりに働く力 $\boldsymbol{F}$ とその大きさ F は，この力が各粒子に働く力の合力であるとすると，(5.1) から

$$\boldsymbol{F} = l\,(\boldsymbol{i} \times \boldsymbol{B}) = i\,(\boldsymbol{l} \times \boldsymbol{B}), \quad F = ilB\sin\theta \tag{5.2}$$

となる．ベクトル $\boldsymbol{l}$ の向きは，電流 $\boldsymbol{i}$ の向きと同方向に定義される．また，θ は $\boldsymbol{i}$ と $\boldsymbol{B}$ の間の角度を表わす．(5.2) から磁束密度の単位は

$$\mathrm{T} = \mathrm{N/A \cdot m}$$

となる．この単位を**テスラ**という[†]．ローレンツ力，電流に作用する力は，第6章「磁場から受ける力」であらためて取り扱う．

ビオ・サバールの法則　図のように導線に電流 i が流れているとき，導線上の微小な電流素片 $id\boldsymbol{l}$ から，位置ベクトル $\boldsymbol{r}$ だけ離れた点に生じる磁束密度 $d\boldsymbol{B}$ は，

$$d\boldsymbol{B} = \frac{\mu_0}{4\pi}\frac{id\boldsymbol{l} \times \boldsymbol{r}}{r^3} \tag{5.3}$$

で表わされる．これを**ビオ・サバール**（Biot-Savart）**の法則**という．$d\boldsymbol{B}$ の向きは，$d\boldsymbol{l}$ と $\boldsymbol{r}$ を含む平面に垂直で，電流

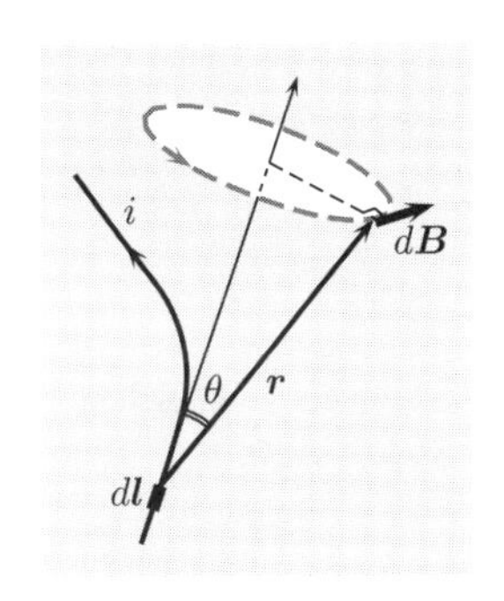

† ガウス単位系では，磁束密度の単位として G（ガウス）が使われる．$1\,\mathrm{G} = 10^{-4}\,\mathrm{T}$ である（第7章問題 10.1 を参照）．

方向に進む右ねじの回転方向となる．

μ_0 は**真空の透磁率**とよばれる定数で次の値をもつ．

$$\mu_0 = 4\pi \times 10^{-7}\,\mathrm{N/A^2} = 1.2566 \times 10^{-6}\,\mathrm{N/A^2}\ ^{\dagger} \tag{5.4}$$

微小体積 dv 中の電流密度を $\boldsymbol{j}$ とすると，(5.3) は $\boldsymbol{j}dv = i d\boldsymbol{l}$ より

$$d\boldsymbol{B} = \frac{\mu_0}{4\pi}\frac{\boldsymbol{j} \times \boldsymbol{r}}{r^3}dv \tag{5.5}$$

と表わされる．また，$d\boldsymbol{l}$（あるいは $\boldsymbol{j}$）と $\boldsymbol{r}$ の間の角度を θ とすると，強度 dB は

$$dB = \frac{\mu_0}{4\pi}\frac{i\,dl \sin\theta}{r^2} = \frac{\mu_0}{4\pi}\frac{j \sin\theta}{r^2}dv \tag{5.6}$$

となる．

磁　束

磁束密度 $\boldsymbol{B}$ の磁場内に微小な面素ベクトル $d\boldsymbol{S}$ ($d\boldsymbol{S} = \boldsymbol{n}dS$) を考えるとき，

$$d\Phi = \boldsymbol{B} \cdot d\boldsymbol{S} \tag{5.7}$$

を**面 $d\boldsymbol{S}$ を横切る磁束**という．$\boldsymbol{n}$ は面 dS に対する法線方向の単位ベクトルを表わす．また，面 S に関して $\boldsymbol{B}$ を積分した量

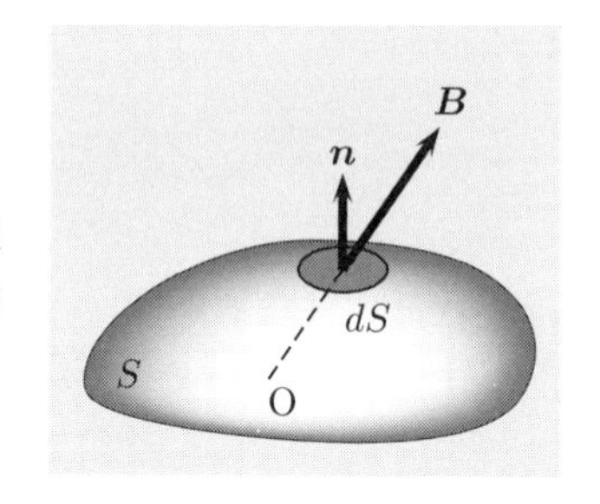

$$\Phi = \int_S \boldsymbol{B} \cdot d\boldsymbol{S} \tag{5.8}$$

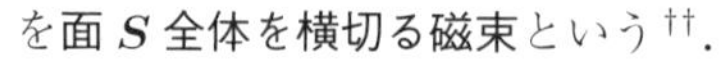
を**面 $\boldsymbol{S}$ 全体を横切る磁束**という††．

なお，磁束の単位は

$$\mathrm{Wb} = \mathrm{N \cdot m/A}$$

と表わし，この単位を**ウェーバー**という．

電磁気学の諸法則と単位系

SI 単位系は，電流間の相互作用，電磁誘導の法則が簡単に表わされるように定められている．したがって，実際の単位の定め方の順序と電磁気学の学習順序は，必ずしも同一ではない．電流の単位は，互いに 1 m 離れた 2 本の平行導線に同じ向きの等しい電流が流れる場合，両導線間に働く引力が 1 m あたり 2×10^{-7} N となるとき，その電流を 1 A と定義する．また，電荷の単位 C は 1 A の電流が 1 秒間に運ぶ電荷の量として定義される．導線間の引力による電流の測定を真空中で行えば，特定の物質に依存しないので，電流の絶対測定と考えることができる．このようにして定められた電流の単位は，今日における国際的標準単位であり，**絶対単位**（absolute unit）とよばれる．

---

† μ_0 の単位として $\mathrm{H/m}\,(= \mathrm{N/A^2})$ がよく使用される．H はコイルのインダクタンスの単位で**ヘンリー**という（第 8 章 8.2 節を参照）．

†† ある閉じたコイルを横切る磁束 Φ が時間的に変化するとき，コイルには $-d\Phi/dt$ の誘導起電力が発生する．このような現象を**電磁誘導**という（第 8 章 8.1 節を参照）．

例題 1　磁束密度

磁束密度が一様な磁場中に，磁場と直角に直線状の導線があり，4 A の電流が流れている．この導線の 0.1 m あたりに 0.2 N の力が働いたとすると，磁束密度は何 T か．また，単位系としてガウス単位系を用いた場合，何 G か．

〚ヒント〛 (5.2) を用いよ．

【解答】 (5.2) より，求める磁束密度 B は

$$B = \frac{F}{il\sin\theta}$$

となる．ここで，$F = 0.2\,\mathrm{N}$, $i = 4\,\mathrm{A}$, $l = 0.1\,\mathrm{m}$, $\theta = \dfrac{\pi}{2}$ より

$$B = \frac{0.2}{4 \times 0.1 \times \sin\pi/2} = 0.5\,\mathrm{T}$$

が得られる．また，$1\,\mathrm{T} = 10^4\,\mathrm{G}$ より

$$B = 0.5 \times 10^4 = 5000\,\mathrm{G}$$

の結果を得る．

問　　題

1.1 磁束密度の一様な磁場中に，磁場と 60° の角度をなして直線状の導線が固定されている．この導線に 1.5 A の電流が流れ，導線の 50 cm あたりに 3 N の力が働くとき，磁束密度は何 T か．また，何 G か．

1.2 電流の絶対単位は，互いに 1 m 離れている 2 本の平行導線に同じ向きの等しい電流が流れ，両導線間の 1 m あたりに働く引力が 2×10^{-7}N のとき，1 A と定義される．この条件のとき，一方の電流によって他方の導線上につくられる磁束密度は何 T か．ただし，磁束密度の向きは導線と直交している．

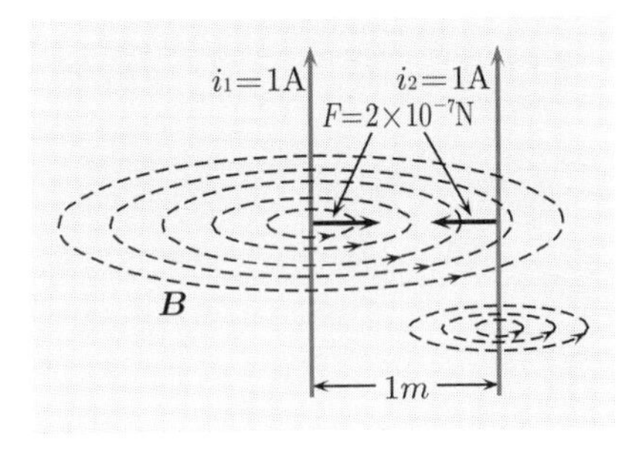

1.3 $\boldsymbol{A}$ と $\boldsymbol{B}$ の間の π より小さい角度を θ とする．ベクトルの外積 $\boldsymbol{C} = \boldsymbol{A} \times \boldsymbol{B}$ の大きさ C は A, B を二辺とする平行四辺形の面積で定義される．この関係より，C を A, B, θ で表わせ．

1.4 (5.2) において，磁束密度 $\boldsymbol{B}$，電流 $\boldsymbol{i}$（あるいは線素 $\boldsymbol{l}$），導線に作用する力 $\boldsymbol{F}$ にはどのような方向関係があるか．ベクトルの外積の定義を使って調べよ（第 6 章 6.1 節を参照）．

例題 2 ―――― ビオ・サバールの法則（直線電流 I）

無限の長さをもつ直線状導線を流れる電流 i が，導線から距離 r 離れた点に生じる磁束密度を，ビオ・サバールの法則から求めよ．

【解答】 図のように，導線を z 軸，OP 間の距離を r，O 点から z の距離にある点を Q，QP 間の距離を r' とする．Q 点上の電流素片 $i dz$ により，P 点に生じる磁束密度の大きさ dB は，図のように角度をとれば，

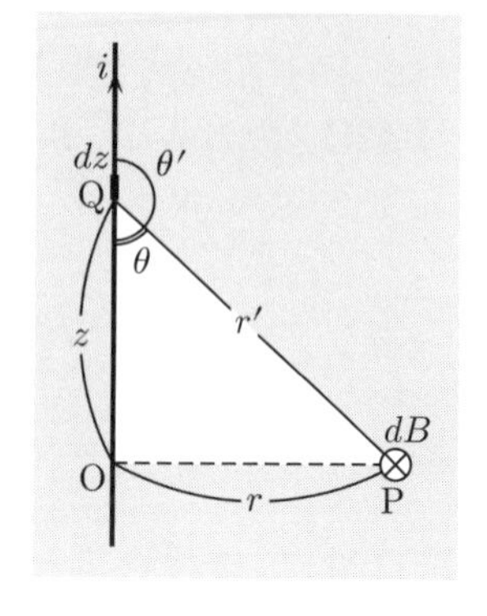

$$\sin\theta' = \sin(\pi - \theta) = \sin\theta$$

であるから

$$dB = \frac{\mu_0}{4\pi}\frac{i\,dz\sin\theta}{r'^2}$$

となる．

$$z = r\cot\theta, \quad r' = \frac{r}{\sin\theta}, \quad dz = -\frac{r}{\sin^2\theta}d\theta$$

より

$$dB = -\frac{\mu_0 i}{4\pi r}\sin\theta\, d\theta$$

が得られる．求める磁束密度 $\boldsymbol{B}$ の大きさ B は，

$$z = -\infty \text{ で } \theta = \pi, \quad z = \infty \text{ で } \theta = 0$$

であるから

$$B = -\frac{\mu_0 i}{4\pi r}\int_\pi^0 \sin\theta d\theta = \frac{\mu_0 i}{4\pi r}\Big[\cos\theta\Big]_\pi^0 = \frac{\mu_0 i}{2\pi r}$$

となる．また，$\boldsymbol{B}$ の向きは，電流の方向に進む右ねじの回転方向となる．

問　題

2.1 無限の長さをもつ直線状の導線に 2 A の電流が流れている．この導線から距離 10 cm 離れている点に生じる磁束密度は何 T か．

2.2 右図のように，問題 2.1 の導線を含む平面内に 8 cm 離れて，一辺が 4 cm の正方形コイルが平行に置かれている．このコイルを横切る磁束は何 Wb か．

2.3 例題 2 の結果によれば，無限に長い直線電流によって生じる磁束密度は，距離 r に反比例し $r = 0$ で発散してしまう．導線に電流を流したとき，実際にはどのようになっているだろうか．

例題 3 ── **ビオ・サバールの法則（直線電流 II）**

距離 d だけ離れた 2 本の無限に長い直線上の導線が互いに直角に置かれている．両導線間に等しい電流 i が図のように流れるとき，両導線間の最短距離を結ぶ線上，O 点からの距離が s の P 点に生じる磁束密度の大きさを求めよ．

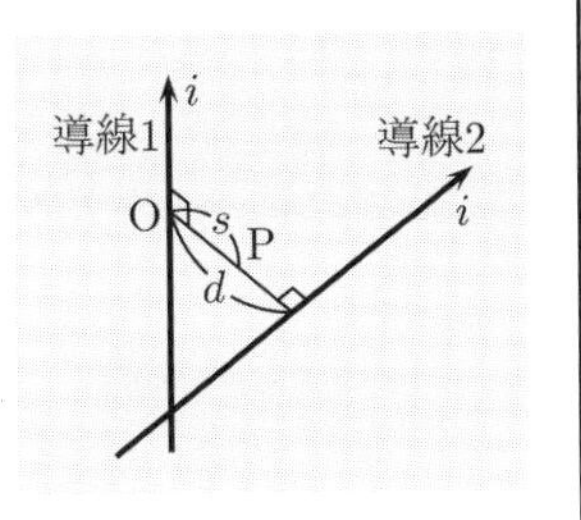

〖ヒント〗 例題 2 で得られた結果を用いよ．

【解答】 導線 1 および導線 2 を流れる電流によって P 点に生じる磁束密度の大きさは，それぞれ

$$B_1 = \frac{\mu_0 i}{2\pi s}, \quad B_2 = \frac{\mu_0 i}{2\pi(d-s)}$$

となる．B_1 は導線 2，B_2 は導線 1 に平行となり，B_1 と B_2 とは互いに直交する．したがって，求める磁束密度の大きさ B は

$$B = \sqrt{B_1^2 + B_2^2} = \frac{\mu_0 i}{2\pi}\sqrt{\frac{1}{s^2} + \frac{1}{(d-s)^2}}$$

となる．

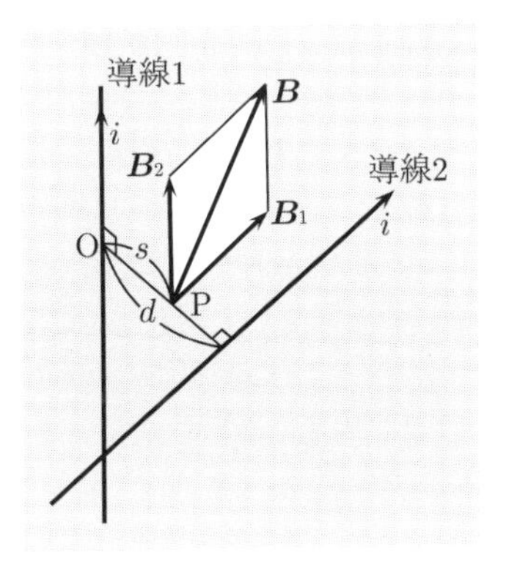

問　題

3.1 例題 3 について次の問いに答えよ．

(a) P 点に生じる磁束密度 $\boldsymbol{B}$ と導線 2 とのなす角を求めよ．

(b) P 点が両導線の間にあるとき，磁束密度の大きさが最小となる位置とその大きさを求めよ．

3.2 2 本の細い無限の長さの直線状導線が，距離 d だけ離れて平行に置かれている．両導線に同じ向きに等しい電流 i が流れているとき，右図に示すような極座標 (r, θ) の P 点に生じる磁束密度の大きさを求めよ．ただし，⊙は電流が紙面の裏側から表側へ流れていることを示す．

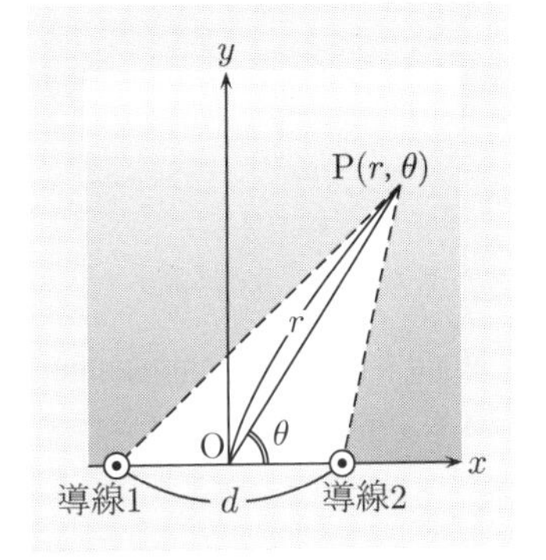

3.3 問題 3.2 において，電流の流れる向きが逆向きのとき，磁束密度の大きさはどうなるか．

例題4 ―― ビオ・サバールの法則（直線電流 III）

有限の長さの直線状導線ABに沿って電流 i が流れている．ビオ・サバールの法則より，導線から距離 r のP点に生じる磁束密度を求めよ．

ただし，

$$\angle \mathrm{PAB} = \theta_1$$
$$\angle \mathrm{PBA} = \theta_2$$

とする．

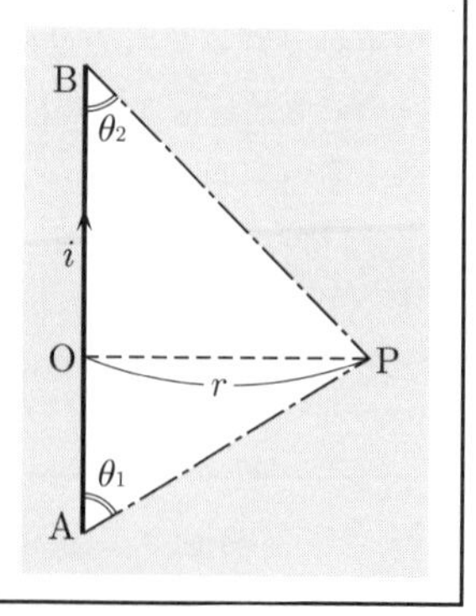

〚ヒント〛 例題2と同様な方法で計算せよ．

【解答】 図のように，導線を z 軸，OP間の距離を r とする．また，O点から距離 z の点をQとし，QP間の距離を r' とする．ここで $\angle \mathrm{PQA} = \theta$ とすると，Q点上の電流素片 idz によって，P点に生じる磁束密度の大きさ dB は，例題2と同じ結果になる．したがって，求める磁束密度 $\boldsymbol{B}$ の大きさは，

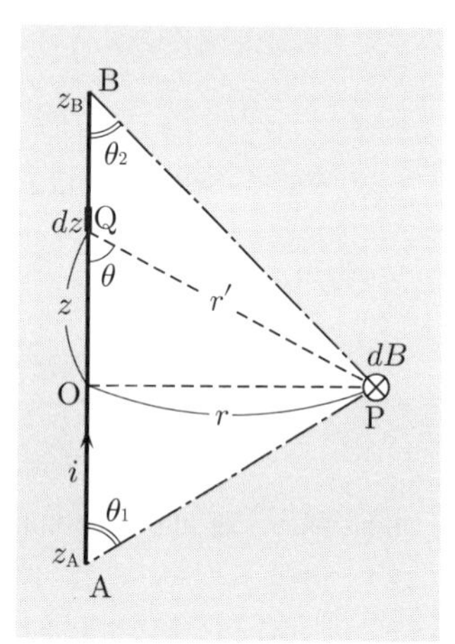

$$z = z_\mathrm{A} \text{ のとき} \quad \theta = \pi - \theta_1,$$
$$z = z_\mathrm{B} \text{ のとき} \quad \theta = \theta_2$$

を考慮すれば

$$B = -\frac{\mu_0 i}{4\pi r}\int_{\pi-\theta_1}^{\theta_2} \sin\theta d\theta = \frac{\mu_0 i}{4\pi r}\Big[\cos\theta\Big]_{\pi-\theta_1}^{\theta_2}$$
$$= \frac{\mu_0 i}{4\pi r}(\cos\theta_1 + \cos\theta_2)$$

となる．また，$\boldsymbol{B}$ の向きは，電流の方向に進む右ねじの回転方向となる．

問　題

4.1 導線の長さが十分に長く，無限長とみなすことができるとき，例題4の結果が例題2に一致することを示せ．

4.2 一辺が l の正方形コイルに電流 i が流れている．コイルの中心における磁束密度の向きと大きさを求めよ．

4.3 半径 a の円に内接する正 n 角形のコイルに流れる電流 i が，正 n 角形の中心に生じる磁束密度を求めよ．さらに $n \to \infty$ の極限をとれば，正 n 角形は円となる．円電流の中心に生じる磁束密度を求めよ．

例題 5　ビオ・サバールの法則（円電流）

半径 a の円電流 i により，円の中心に生じる磁束密度をビオ・サバールの法則を用いて求めよ．

〖ヒント〗 (5.3) を円電流に適用せよ．また，磁束密度の向きは，円の中心軸に沿う．

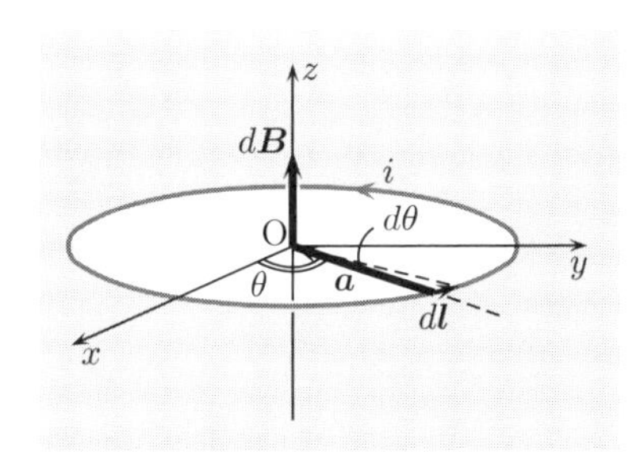

【解答】 円電流の線素ベクトル $\boldsymbol{dl}$ と線素から円の中心へ延ばしたベクトル $\boldsymbol{a}$ は直交する．(5.3) のビオ・サバールの法則より，線素 $\boldsymbol{dl}$ によって円電流の中心に生じる磁束密度 $d\boldsymbol{B}$ は，$\boldsymbol{dl}, \boldsymbol{a}, d\boldsymbol{B}$ は互いに右手系を構成するから，図のように中心軸の方向となる．

また，$\boldsymbol{dl} \perp \boldsymbol{a}$ より，その大きさ dB は，

$$dB = \frac{\mu_0}{4\pi}\frac{i\,dl\sin\pi/2}{a^2} = \frac{\mu_0 i\,dl}{4\pi a^2}$$

となる．$dl = ad\theta$ から

$$B = \frac{\mu_0 i}{4\pi a}\int_0^{2\pi} d\theta = \frac{\mu_0 i}{2a}$$

が得られる．この解は問題 4.3 の結果に一致する．

問　題

5.1 半径 5 cm の円形のコイルに 2 A の電流が流れている．コイルの中心の磁束密度を求めよ．

5.2 水素原子の**ボーア**（Bohr）**モデル**では，陽子を中心とする半径 a_{B} の円周上を電子が v_{B} の速さで運動しているものとしている．電子の運動はすみやかに行われるものとして，軌道の中心における磁束密度を求めよ．ただし，$a_{\mathrm{B}} = 0.529\,\text{Å}$，$v_{\mathrm{B}} = 2.19 \times 10^8\,\mathrm{cm/s}$，電気素量 e は $e = 1.60 \times 10^{-19}\,\mathrm{C}$ とせよ．なお，a_{B} を**ボーア半径**といい，$1\text{Å} = 10^{-10}\,\mathrm{m}$ である．

5.3 半径 a の円形のコイルに，円電流 i が流れている．このコイルの中心軸上の点に生じる磁束密度を求めよ（**ヒント**：系の対称性から，円周上の各電流素片による磁束密度のベクトル的な総和は，中心軸に平行な成分のみをもつ）．

5.4 問題 5.3 と同じ円形のコイルを二つ，中心軸を共通にして間隔 $2b$ で平行に並べた．両コイルに等しい電流 i を同じ向きに流すとき，両コイルの中心軸上の中点の近傍に生じる磁束密度は，どのようなふるまいを示すか，問題 5.3 で得られた結果を使って答えよ．なお，このようなコイルを**ヘルムホルツ**（Helmholtz）**のコイル**という．

5.2 アンペールの法則

磁場の強さ

磁束密度 $\boldsymbol{B}$ と**磁場の強さ** $\boldsymbol{H}$ との比をその物質の**透磁率**という．真空の透磁率 μ_0 は (5.4) で与えられる．SI 単位系では，真空中でも $\boldsymbol{B}$ と $\boldsymbol{H}$ が異なった値をとり，$\boldsymbol{B}$ と $\boldsymbol{H}$ の間には

$$\boldsymbol{H} = \frac{1}{\mu_0}\boldsymbol{B} \quad \text{あるいは} \quad \boldsymbol{B} = \mu_0 \boldsymbol{H} \tag{5.9}$$

の関係が成立する．(5.9) を磁場の強さ $\boldsymbol{H}$ の定義と考えることができる．$\boldsymbol{H}$ の単位は A/m となる．磁場の強さは，また単に**磁場**あるいは**磁界**† ともいう．

アンペールの右ねじの法則

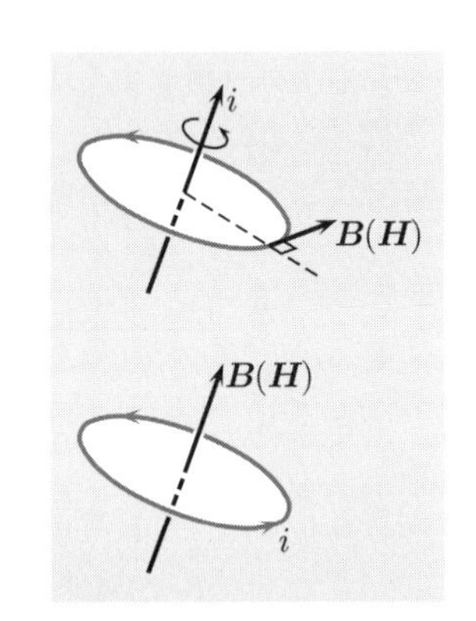

電流の周囲には磁場（磁束密度$\boldsymbol{B}$，磁場の強さ$\boldsymbol{H}$）が発生する．図に示すように，電流の流れる方向が右ねじの進む方向のとき，磁場はねじを回転する方向に生じ，また右ねじを回転する向きに環状電流が流れるとき，ねじの進む方向に磁場が発生する．電流と電流によって発生する磁場には，このような方向関係があり，これを**アンペール**（Ampère）**の右ねじの法則**という．

アンペールの法則

電流によって電流のまわりには環状の磁場が発生する．この電流磁場内に，図のような閉曲線 C を周辺とする任意の曲面を考えるとき，C の各点に発生している磁場を C に沿って一周する閉曲線で接線積分した量は，この閉曲線 C の内部を貫く電流に一致する．すなわち，

$$\oint_C \boldsymbol{H}\cdot d\boldsymbol{l} = \oint_C H_l dl = i \tag{5.10}$$

あるいは

$$\oint_C \boldsymbol{B}\cdot d\boldsymbol{l} = \oint_C B_l dl = \mu_0 i \tag{5.10$'$}$$

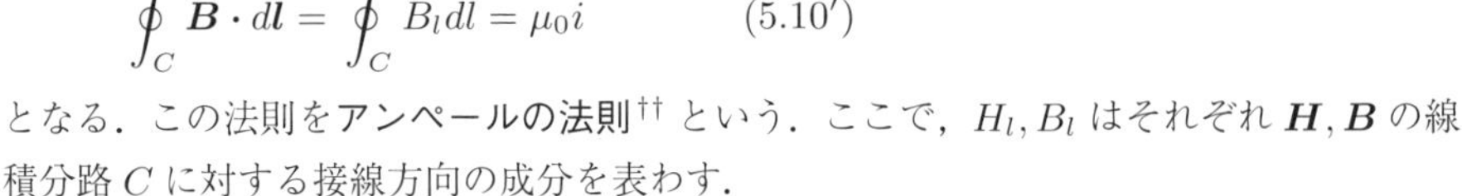

となる．この法則を**アンペールの法則**†† という．ここで，H_l, B_l はそれぞれ $\boldsymbol{H}, \boldsymbol{B}$ の線積分路 C に対する接線方向の成分を表わす．

電流が閉曲線の内部を貫いて何本も走っているとき，(5.10) は

† 理学系では磁場，工学系では磁界がよく使われる．

†† **アンペールの周回積分の法則**ともいう．

$$\oint_C \boldsymbol{H} \cdot d\boldsymbol{l} = \sum_j n_j i_j \tag{5.11}$$

のように一般化される．ここで n_j は閉曲線が電流を何回まわるかを表わす数で，電流と閉曲線の回転方向がアンペールの右ねじの法則を満たすときの値を正，満たさないときの値を負とする．

アンペールの法則の微分形

ガウスの法則と同じようにして，アンペールの法則を微分形で表わすことができる．微分形は，**ストークス** (Stokes) **の定理**を使って求められ

$$\mathrm{rot}\,\boldsymbol{H} = \boldsymbol{j} \tag{5.12}$$

となる．$\boldsymbol{j}$ は電流密度を表わす．ストークスの定理は，ベクトルに関する線積分と面積分の間の変換を表わす定理[†] で，この定理から (5.10) の左辺に対して

$$\oint_C \boldsymbol{H} \cdot d\boldsymbol{l} = \int_S \mathrm{rot}\,\boldsymbol{H} \cdot d\boldsymbol{S} \tag{5.13}$$

を得る．他方，電流 i は

$$i = \int_S \boldsymbol{j} \cdot d\boldsymbol{S} \tag{5.14}$$

で表わされる．したがって，(5.13)，(5.14) から (5.12) が得られる．

微分演算子 rot を**回転**という．$\mathrm{rot}\,\boldsymbol{H}$ を

$$\mathrm{curl}\,\boldsymbol{H} \quad \text{または} \quad \nabla \times \boldsymbol{H}$$

と表わすこともある．∇ を**ナブラ演算子**，あるいは**ハミルトン演算子**という．$\mathrm{rot}\,\boldsymbol{H}$ をベクトルの成分で表示すれば，付録 (A.13) より

$$\begin{aligned}
\mathrm{rot}\,\boldsymbol{H} &= \begin{vmatrix} \boldsymbol{e}_x & \boldsymbol{e}_y & \boldsymbol{e}_z \\ \dfrac{\partial}{\partial x} & \dfrac{\partial}{\partial y} & \dfrac{\partial}{\partial z} \\ H_x & H_y & H_z \end{vmatrix} \\
&= \boldsymbol{e}_x\left(\frac{\partial H_z}{\partial y} - \frac{\partial H_y}{\partial z}\right) + \boldsymbol{e}_y\left(\frac{\partial H_x}{\partial z} - \frac{\partial H_z}{\partial x}\right) + \boldsymbol{e}_z\left(\frac{\partial H_y}{\partial x} - \frac{\partial H_x}{\partial y}\right) \\
&= \left(\frac{\partial H_z}{\partial y} - \frac{\partial H_y}{\partial z},\ \frac{\partial H_x}{\partial z} - \frac{\partial H_z}{\partial x},\ \frac{\partial H_y}{\partial x} - \frac{\partial H_x}{\partial y}\right) \quad \text{(成分表示)}
\end{aligned} \tag{5.15}$$

となる．$\boldsymbol{e}_x, \boldsymbol{e}_y, \boldsymbol{e}_z$ は直角座標 x, y, z 軸方向の単位ベクトルを表わす．

なお，当節で導いたアンペールの法則は定常電流に関するものである．電流が時間的に変化する場合にも適用できるアンペールの法則の一般形は，第 9 章「電磁波」であらためて取り扱う．

† 付録 A.2 のベクトル場の定理を参照せよ．

例題 6　　アンペールの法則

無限の長さをもつ直線状導線を流れる電流 i が，導線から距離 r 離れた P 点に生じる磁場を，アンペールの法則より求めよ．

〖ヒント〗 (5.10) を円周路に適用せよ．

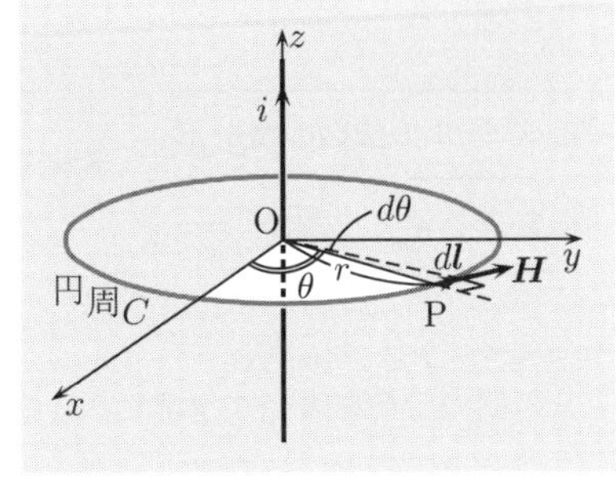

【解答】 図のように，P 点から導線に下ろした垂線の足を O とし，導線に垂直な半径 OP $= r$ の円を考える．このとき，次のことがいえる．

(a) 円周上の各点に発生する磁場の大きさ H は等しく，

(b) また，磁場 $\boldsymbol{H}$ の向きはアンペールの右ねじの法則にしたがう．

円周上の線素ベクトルを $d\boldsymbol{l}$ とするとき，$d\boldsymbol{l}$ と $\boldsymbol{H}$ は平行であり，また，$dl = rd\theta$ となる．したがって

$$\oint_C \boldsymbol{H} \cdot d\boldsymbol{l} = \int_0^{2\pi} Hrd\theta = H2\pi r = i$$

の結果が得られ

$$H = \frac{i}{2\pi r}$$

となる．この解は，例題 2 のビオ・サバールの法則を使って導いた結果と一致する．

問　　題

6.1 断面の半径 a の無限に長い円柱状導線に電流 i（導線内で電流密度は一様）が流れている．導線の内外に生じる磁場をアンペールの法則より求めよ．また，問題 2.3 を再度考察せよ．

6.2 図のように，外半径 a，内半径 b の無限に長い中空の円筒の導体と，半径 c の円筒導体からなる**同軸ケーブル**がある．各導体に大きさの等しい電流 i が互いに反対方向に流れているとき，中心軸からの距離 r の点での磁場の強さを，アンペールの法則より求めよ．ただし，各導体内での電流密度は一様であるとする．

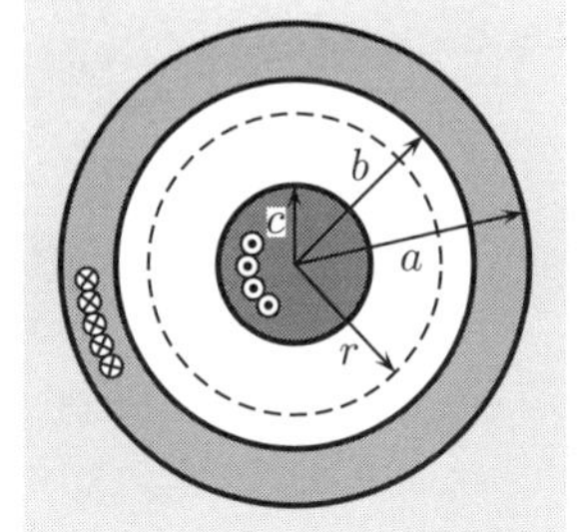

6.3 問題 6.1 と同じ円柱状導線を 2 本，互いの中心軸の間隔が d となるように平行に並べた．これらの導線に互いに方向が逆の等しい電流 i（電流密度は一様）が流れるとき，両導線間の単位長さの部分を横切る磁束を求めよ．

例題 7 ―――― アンペールの法則の応用

問題 6.1 では，半径 a の無限に長い円柱状導線に流れる電流 i（導線内での電流密度 j は一様）による磁場の大きさを，アンペールの法則から求めた．このときの導線内に生成される磁場を $\boldsymbol{H} = (H_x, H_y)$ で記述するとき，H_x, H_y を j, x, y で表わせ．

【解答】 問題 6.1 の結果から，導線内での磁場は

$$H = \frac{ir}{2\pi a^2}$$

となる．いま，図のような座標軸をとれば

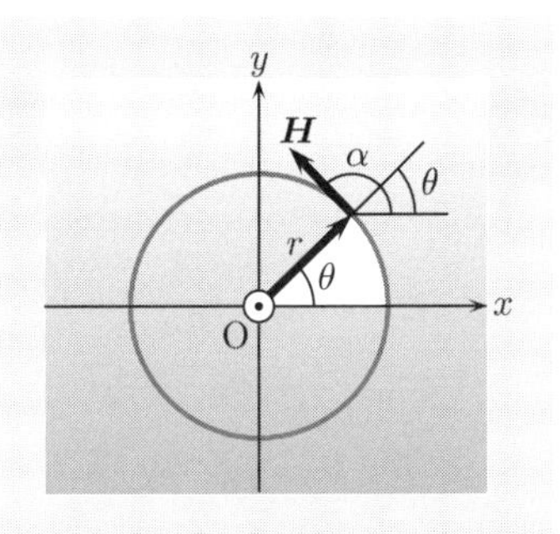

$$\alpha = \theta + \frac{\pi}{2}$$

$$x = r\cos\theta, \quad y = r\sin\theta$$

である．よって，$j = i/\pi a^2$ より

$$H_x = H\cos\alpha = H\cos\left(\theta + \frac{\pi}{2}\right) = -H\sin\theta$$

$$= -\frac{ir}{2\pi a^2}\frac{y}{r} = -\frac{y}{2}\frac{i}{\pi a^2} = -\frac{y}{2}j$$

を得る．同様にして

$$H_y = H\sin\alpha = H\sin\left(\theta + \frac{\pi}{2}\right) = H\cos\theta = \frac{ir}{2\pi a^2}\frac{x}{r} = \frac{x}{2}\frac{i}{\pi a^2} = \frac{x}{2}j$$

となる．x, y 方向の単位ベクトルを $\boldsymbol{e}_x, \boldsymbol{e}_y$ として，$\boldsymbol{H}$ をベクトル表示すれば

$$\boldsymbol{H} = \frac{j}{2}(-y\boldsymbol{e}_x + x\boldsymbol{e}_y)$$

を得る．

問　　題

7.1 例題 7 において，電流の方向を逆向きにした場合の H_x, H_y を求めよ．

7.2 図のような，無限に長い円柱状の導線内部に，中心軸が x 方向に a，y 方向に b だけずれた円柱状の中空がある．導線に流れる電流密度 j が一様であるときの中空内の磁場を求めよ（ヒント：中空のない導体内に一様な j が流れる場合の磁場と，中空部に逆向きの $-j$ が流れる場合の磁場を重ね合わせるとよい）．

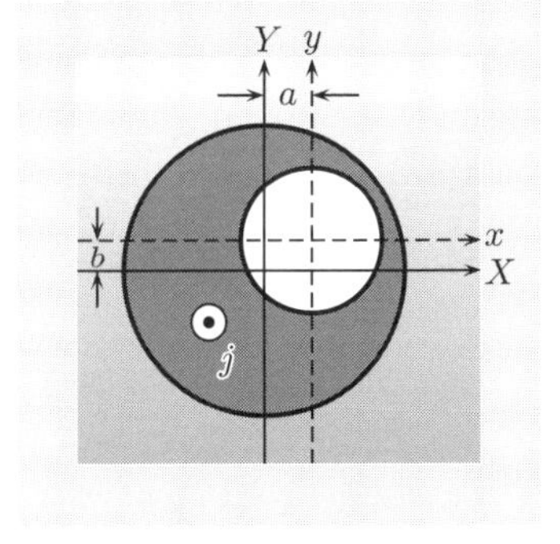

例題 8 ———— ベクトルポテンシャル

磁束密度を $\boldsymbol{B}$ とするとき，$\boldsymbol{B}$ はあるベクトル $\boldsymbol{A}$ を使って

$$\boldsymbol{B} = \mathrm{rot}\,\boldsymbol{A}$$

と表わすことができる．実際 $\boldsymbol{B}$ はこのように表わされるが，このときの $\boldsymbol{A}$ をベクトルポテンシャルという．$\boldsymbol{A}$ を任意のあるベクトルとするとき

$$\mathrm{div}\,\boldsymbol{B} = \mathrm{div}\,\mathrm{rot}\,\boldsymbol{A} = 0$$

が常になりたつことを示せ.

【解答】 $\boldsymbol{A} = (A_x, A_y, A_z)$，$\boldsymbol{B} = (B_x, B_y, B_z)$ とする．$\boldsymbol{B} = \mathrm{rot}\,\boldsymbol{A}$ より

$$B_x = \frac{\partial A_z}{\partial y} - \frac{\partial A_y}{\partial z}, \quad B_y = \frac{\partial A_x}{\partial z} - \frac{\partial A_z}{\partial x}, \quad B_z = \frac{\partial A_y}{\partial x} - \frac{\partial A_x}{\partial y}$$

が得られる．したがって

$$\begin{aligned}\mathrm{div}\,\boldsymbol{B} &= \frac{\partial B_x}{\partial x} + \frac{\partial B_y}{\partial y} + \frac{\partial B_z}{\partial z} \\ &= \frac{\partial}{\partial x}\left(\frac{\partial A_z}{\partial y} - \frac{\partial A_y}{\partial z}\right) + \frac{\partial}{\partial y}\left(\frac{\partial A_x}{\partial z} - \frac{\partial A_z}{\partial x}\right) + \frac{\partial}{\partial z}\left(\frac{\partial A_y}{\partial x} - \frac{\partial A_x}{\partial y}\right) \\ &= \frac{\partial^2 A_z}{\partial x \partial y} - \frac{\partial^2 A_z}{\partial x \partial y} + \frac{\partial^2 A_x}{\partial y \partial z} - \frac{\partial^2 A_x}{\partial y \partial z} + \frac{\partial^2 A_y}{\partial z \partial x} - \frac{\partial^2 A_y}{\partial z \partial x} = 0\end{aligned}$$

となる.

問　　題

8.1 アンペールの法則から，電流密度 $\boldsymbol{j}$ に対して $\mathrm{div}\,\boldsymbol{j}$ を計算せよ．また，この結果が常に成立するかを考察せよ．なお，アンペールの法則を表わす式は (5.12) の微分形を使用せよ.

8.2 例題 8 の結果 $\mathrm{div}\,\boldsymbol{B} = 0$ の物理的意味を考察せよ.

8.3 ベクトル解析の公式

(a)　$\mathrm{rot}\,\mathrm{rot}\,\boldsymbol{A} = \mathrm{grad}\,\mathrm{div}\boldsymbol{A} - \nabla^2 \boldsymbol{A}$

(b)　$\mathrm{rot}\,(\varphi \boldsymbol{A}) = \mathrm{grad}\,\varphi \times \boldsymbol{A} + \varphi\,\mathrm{rot}\,\boldsymbol{A}$　(φ：スカラー)

(c)　$\mathrm{grad}_{\boldsymbol{r}}\left(\dfrac{1}{|\boldsymbol{r} - \boldsymbol{r}'|}\right) = -\dfrac{\boldsymbol{r} - \boldsymbol{r}'}{|\boldsymbol{r} - \boldsymbol{r}'|^3}$

を証明せよ.

8.4 例題 8 と同様に $\boldsymbol{B} = \mathrm{rot}\,\boldsymbol{A}$，また $\mathrm{div}\,\boldsymbol{A} = 0$ として，アンペールの法則から

$$\nabla^2 \boldsymbol{A} = -\mu_0 \boldsymbol{j}$$

を示せ（**ヒント**：問題 8.3 の (a) の結果を用いよ．またベクトルポテンシャル $\boldsymbol{A}$ に対する制限が $\mathrm{div}\,\boldsymbol{A} = 0$ のとき，この条件を**クーロンゲージ**という）.

8.5 問題 8.4 の結果を使って，ビオ・サバールの法則を導け.

5.3 電流によってつくられる各種磁場

直線電流，円電流による磁場

当節では，まず，いままでに例題および問題で学習してきた各種の磁場についてまとめておく．

(a)　**無限に長い直線電流：**　断面の半径を a とする円柱状導線に電流 i（導線内での電流密度は一様）が流れるとき，中心軸から距離 r の点に生じる磁束密度の大きさは，次のようになる．

$$B = \frac{\mu_0 i}{2\pi a^2} r \quad (\text{導線内：} r < a), \quad B = \frac{\mu_0 i}{2\pi r} \quad (\text{導線外：} r \geqq a) \tag{5.16}$$

向きは電流の方向に右ねじを進めたときの，ねじの回転方向となる．

(b)　**有限の長さの直線電流：**　長さ l の細い導線から距離 r の点に生じる磁束密度の大きさは，θ_1, θ_2, z を図(a)のようにとれば，流れる電流 i に対して

$$B = \frac{\mu_0 i}{4\pi r}(\cos\theta_1 + \cos\theta_2) \tag{5.17}$$

$$= \frac{\mu_0 i}{4\pi r}\left(\frac{z}{\sqrt{r^2+z^2}} + \frac{l-z}{\sqrt{r^2+(l-z)^2}}\right) \tag{5.18}$$

となる．磁束密度の向きは (a) と同じになる．

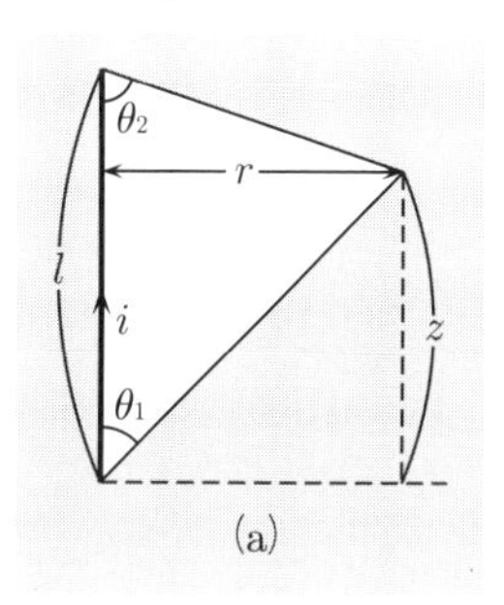

(a)

(c)　**円電流：**　半径 a の円電流 i により，中心軸上の円の中心 O からの距離 z の P 点（図 (b)）に生じる磁束密度の大きさは

$$B = \frac{\mu_0 i a^2}{2(a^2+z^2)^{3/2}} \tag{5.19}$$

となる．また，円の中心では

$$B = \frac{\mu_0 i}{2a} \tag{5.20}$$

である．向きは電流の方向に右ねじを回転したときの，ねじの進む方向となる．

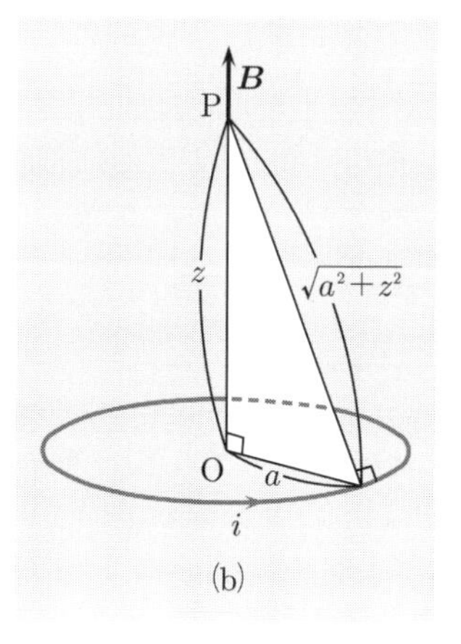

(b)

　次に各種の電流によって生じる磁場の代表的な例をまとめておく．

表面電流による磁場

無限に広い平面上を表面電流（面電流密度 j_σ）が流れているとき，面の両側には一様な磁場が生じる．その大きさは

$$H = \frac{j_\sigma}{2} \tag{5.21}$$

となる．磁場の向きは図 (c) のように面と平行で，境界面の両側では互いに逆向きになる．このため，境界面では磁場は j_σ だけ不連続になる†.

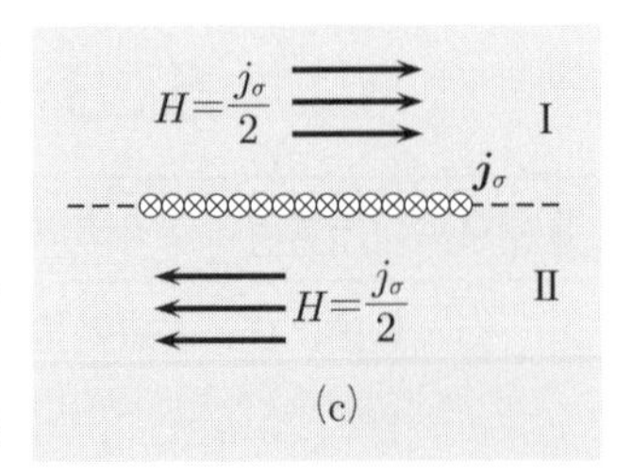

(c)

ソレノイド 図(d)のように，細長い円筒状の絶縁物の上に，導線をらせん状に巻いたものを**ソレノイド** (solenoid) という．これに電流 i を流すと，棒磁石と同様な磁場が発生する．磁場の方向は右ねじの法則にしたがう．

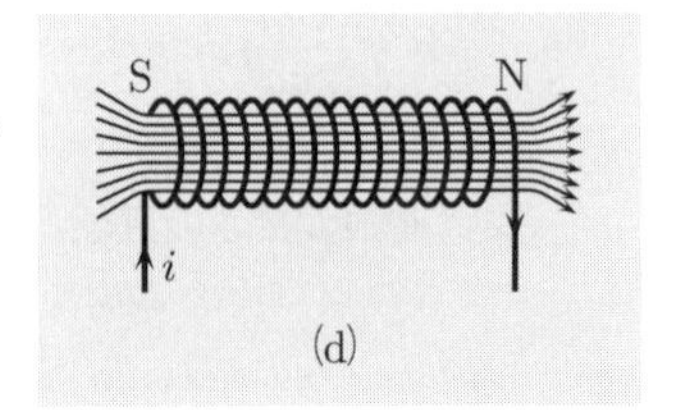

(d)

(a) **無限に長いソレノイド：** 導線を一様密に巻いた理想的なソレノイド（単位長さあたりの巻数 N_0）の内部の磁束密度は一様で

$$B = \mu_0 i N_0 \tag{5.22}$$

となる．ソレノイド外部には磁場は存在しない．

(b) **有限の長さのソレノイド：** 半径 a，長さ $2l$，総巻数 N の一様密に巻いたソレノイドの中心軸上の P 点に生じる磁束密度の大きさは，θ_1, θ_2, x を図 (e) のようにとると，次のようになる．

$$B = \frac{\mu_0 i N}{4l}(\cos\theta_2 - \cos\theta_1) \tag{5.23}$$

$$= \frac{\mu_0 i N}{4l}\left(\frac{l+x}{\sqrt{a^2+(l+x)^2}} + \frac{l-x}{\sqrt{a^2+(l-x)^2}}\right) \tag{5.23$'$}$$

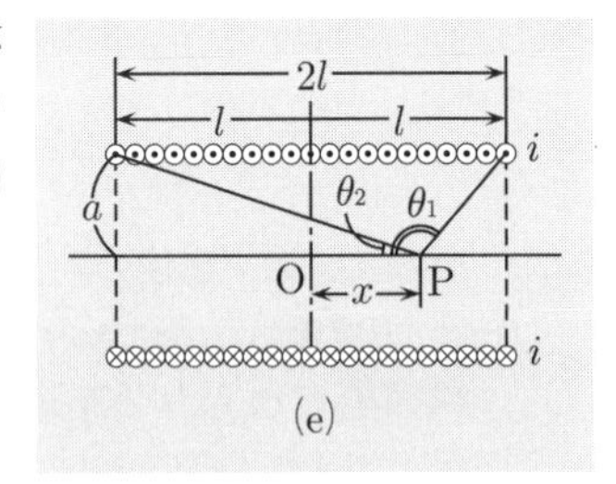

(e)

トロイダルコイル 図(f)のようなドーナツ型の物質（透磁率 μ）に，導線を巻いたものを**トロイダルコイル** (toroidal coil) という（実際のコイルは一様密に巻かれている）．総巻数 N とするとき，中心 O から半径 r の点での磁束密度の大きさは

$$B = \frac{\mu i N}{2\pi r} \tag{5.24}$$

となる．向きは電流の方向に右ねじを回転したときの，ねじの進む向きとなる．理想的なトロイダルコイルの外部には磁場は存在しない．

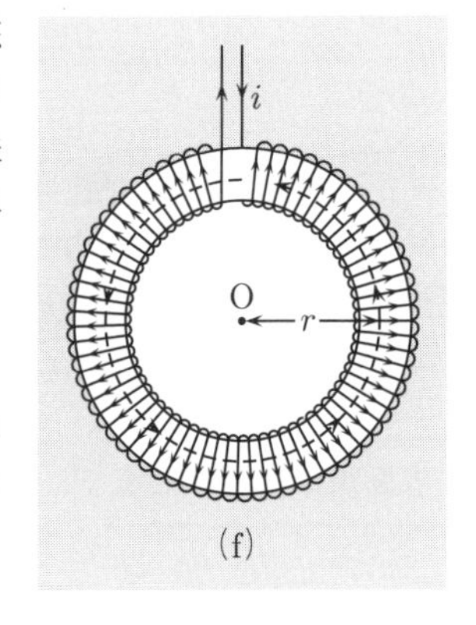

(f)

---

† 磁束密度 $\boldsymbol{B}$，磁場の強さ $\boldsymbol{H}$ の境界面での境界条件は第 7 章「磁性体」で取り扱う．

例題 9 ――― ソレノイド

半径 a，長さ $2l$，総巻数 N の導線を一様密に巻いたソレノイドに電流 i が流れている．中心軸上の P 点での磁束密度を求めよ．ただし，θ_1, θ_2 を右図のように P 点とソレノイドの端点とを結ぶ直線と中心軸とのなす角度とする．

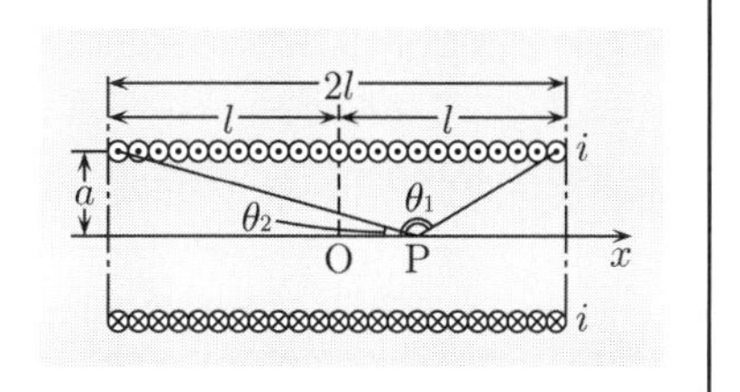

〖ヒント〗 (5.19) を用いよ．

【解答】 ソレノイドの中心軸方向の単位長さあたりの巻数は $N_0 = N/2l$ より，線素片 dx' の部分の円電流は iN_0dx' となる．角度 θ，距離 r を図のようにとると，(5.19) より中心軸上の P 点での磁束密度は

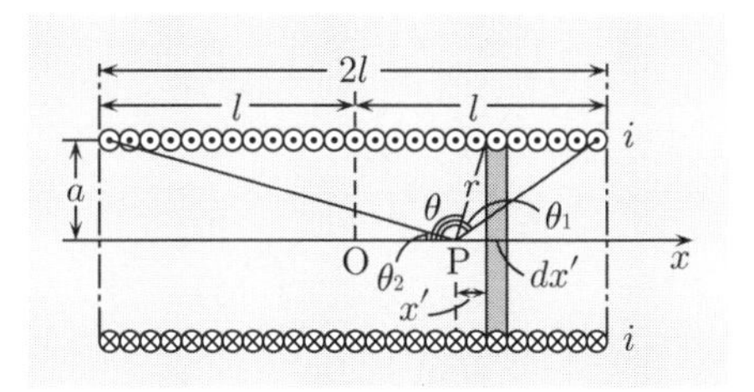

$$dB = \frac{\mu_0 a^2 i N_0 dx'}{2(a^2 + x'^2)^{3/2}}$$

となる．図より，$r = \sqrt{a^2 + x'^2}$，$r\sin\theta = a$，$x' = -a\cot\theta$ が得られ，さらに

$$dx' = \frac{a}{\sin^2\theta}d\theta = \frac{rd\theta}{\sin\theta}$$

となるから，したがって

$$dB = \frac{\mu_0 N_0 i}{2}\sin\theta d\theta$$

を得る．以上より，磁束密度 B は次のようになる．

$$B = \frac{\mu_0 N_0 i}{2}\int_{\theta_2}^{\theta_1}\sin\theta d\theta = \frac{\mu_0 N i}{4l}(\cos\theta_2 - \cos\theta_1)$$

問　　題

9.1 例題 9 の結果を使って，中心軸上のソレノイドの中点に生じる磁束密度 B_0 と，端点に生じる磁束密度 B_1 を求めよ．

9.2 問題 9.1 において，ソレノイドの長さ $2l$ が半径 a に比べて十分長いとき，$B_1/B_0 = 1/2$ となることを示せ．

9.3 例題 9 において，P 点のソレノイドの中心軸上の中点 O からの座標を x とする．(5.23′) を導け．

9.4 半径 a の導体の球に，一様な表面電荷密度 σ で電荷が帯電している．この球が，球の中心を通る軸のまわりに角速度 ω で回転しているとき，球の中心に生じる磁場の大きさを求めよ．

例題 10 ―――― 表面電流とその応用

無限に広い平面上を一様な表面電流（面電流密度 $\boldsymbol{j}_\sigma$）が流れている．電流面の両側に生じる磁場を，アンペールの法則を用いて求めよ．

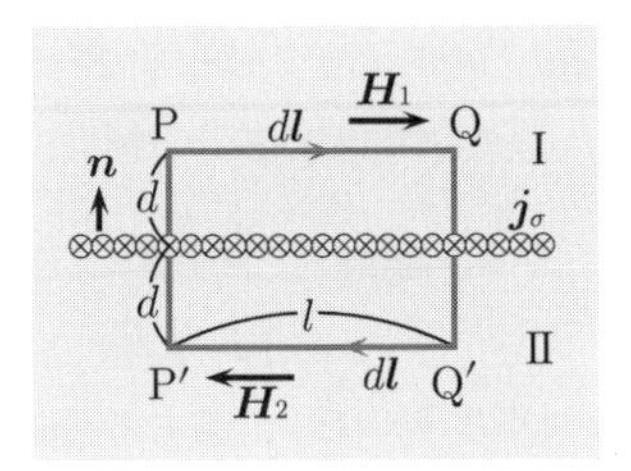

〖ヒント〗 図のように，経路 C として矩形路 PQQ′P′ を考え，これにアンペールの法則を適用せよ．

【解答】 図のように電流に垂直な面を考え，電流を含む矩形路 PQQ′P′ を考える．対称性から矩形路上の互いに対称な点での磁場は，大きさが等しく向きが逆で電流面に平行になる．(5.10) の左辺を矩形路に沿って線積分する．磁場と線素片 $d\boldsymbol{l}$ は，QQ′，P′P に沿った部分で直交（内積はゼロ），PQ，Q′P′ に沿った部分では平行となるから

$$\oint_C \boldsymbol{H}\cdot d\boldsymbol{l} = \int_{\mathrm{P}}^{\mathrm{Q}} \boldsymbol{H}_1\cdot d\boldsymbol{l} + \int_{\mathrm{Q}'}^{\mathrm{P}'} \boldsymbol{H}_2\cdot d\boldsymbol{l} = H\overline{\mathrm{PQ}} + H\overline{\mathrm{Q'P'}} = 2Hl$$

が得られる．ただし，$|\boldsymbol{H}_1| = |\boldsymbol{H}_2| = H$ である．矩形路を横切る電流 i は，$i = j_\sigma l$ であるから

$$2Hl = j_\sigma l \qquad \therefore \quad H = \frac{j_\sigma}{2}$$

となる．電流面の両側には，面に平行な一定の磁場が生じ，その向きは電流の流れる方向に対して右ねじを回転した向きとなる．

問　題

10.1 例題 10 の結果から，表面電流の流れている面の境界では，磁場は不連続になる．境界面では，$\boldsymbol{H}_1 - \boldsymbol{H}_2$，$\boldsymbol{j}_\sigma$，$\boldsymbol{n}$ の間にはどのような方向関係が成立するか．ただし，$\boldsymbol{n}$ は上図に示すように境界面の法線方向の単位ベクトルである†．

10.2 単位長さあたりの巻数が N_0 の，導線を一様に巻いた無限に長い円筒形のソレノイドがある．このソレノイドに電流 i が流れているとき，ソレノイドの内部，および外部に生じる磁場を求めよ（**ヒント**：図のようにソレノイドの中心軸を通る断面を考え，各種矩形路に対して，アンペールの法則を適用せよ）．

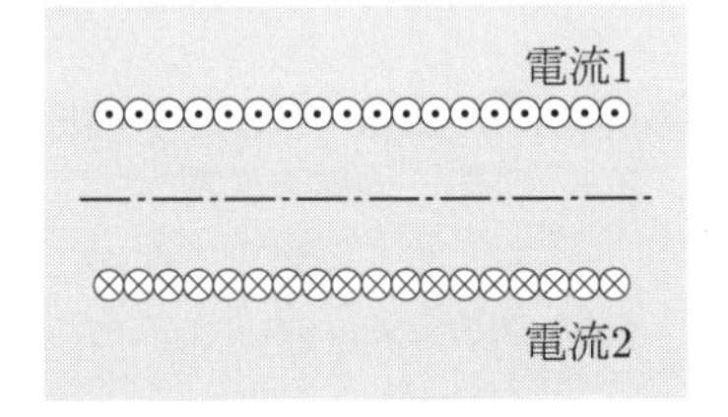

10.3 1 cm あたりの巻数が 200 の無限に長い円筒形のソレノイドに，300 mA の電流が流れている．内部に生じる一様な磁場は何 A/m か．

---

† 表面に電流が流れている場合の磁場の境界条件は第 7 章 7.2 節であらためて取り扱う．

例題 11 ―――――――――――――― トロイダルコイル

図のような，半径 a の円形断面をもつ，中心軸からの半径が d であるようなトロイダルコイルがある．コイルは一様密に巻かれており，総巻数を N とする．コイルに流れる電流を i とするとき，円形の断面内の P 点に生じる磁場をアンペールの法則より求めよ．

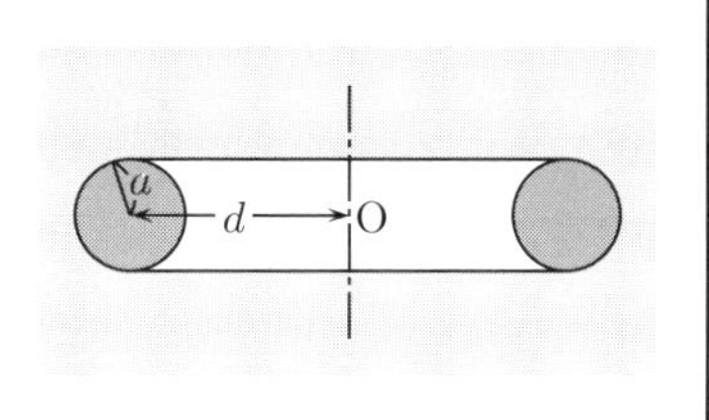

【解答】 トロイダルコイルの円形断面内の P 点の座標を，図のような極座標で表わし $\mathrm{P}(r,\theta)$ とする．図（下段）のように P 点を通る円 C を考えると，この円周上の磁場の大きさは，系の対称性から等しくなり，また向きは円周に沿った右ねじの進む方向になる．この円周の経路にアンペールの法則を適用すると，円の半径を r_1 とすれば，例題 6 の解答での解説と同一の方法によって，

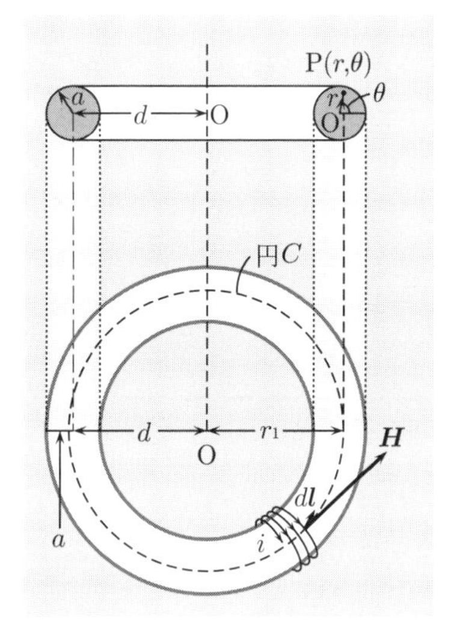

$$\oint_C \boldsymbol{H}\cdot d\boldsymbol{l} = H2\pi r_1 = Ni$$

となる．

$$r_1 = d + r\cos\theta$$

より

$$H = \frac{Ni}{2\pi r_1} = \frac{Ni}{2\pi(d + r\cos\theta)}$$

を得る．

問　題

11.1 トロイダルコイルの外部の磁場はどのようになるか．例題 11 と同様に，アンペールの法則を使って答えよ．

11.2 トロイダルコイルがドーナツ型の鉄心を使ってつくられているとする．鉄の透磁率を μ，鉄心の内部での磁束密度 $\boldsymbol{B}$ を，$\boldsymbol{B} = \mu\boldsymbol{H}$ とする．例題 11 の結果を使って次の問に答えよ．

(a) 鉄心の断面を横切る全磁束，および断面での平均の磁束密度を求めよ．

(b) $d \gg a$ のときの磁束密度を求めよ．

11.3 ドーナツ型の鉄心でつくられているトロイダルコイルがある．$d = 50\,\mathrm{mm}$，$a = 5\,\mathrm{mm}$，$N = 1500$，鉄の比透磁率 $\mu_r = 13000$，$i = 0.5\,\mathrm{A}$ とするときの円形断面の平均の磁束密度を，問題 11.2 の結果を使って求めよ．

6 磁場から受ける力

6.1 電流に作用する力

電流に作用する力

磁束密度 $\boldsymbol{B}$ の磁場内にある直線状導線に電流 $\boldsymbol{i}$ が流れるとき，導線の長さ l（ベクトル $\boldsymbol{l}$ は $\boldsymbol{i}$ に平行）あたりに作用する力は

$$\boldsymbol{F} = l(\boldsymbol{i} \times \boldsymbol{B}) = i(\boldsymbol{l} \times \boldsymbol{B}) \qquad (6.1)$$

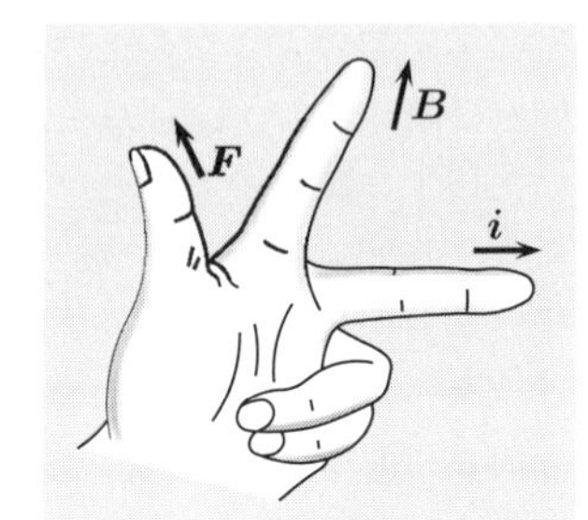

となる．左手の中指を電流，人差指を磁場の向きとすれば，親指が力の向きとなる．これを**フレミング (Fleming) の左手の法則**という．電流が直線的でないとか，磁場が一様でないとき，電流素片に働く力は次のように表わされる．

$$d\boldsymbol{F} = i(d\boldsymbol{l} \times \boldsymbol{B}) \qquad (6.2)$$

平行電流間に作用する力

間隔 d だけ離れている 2 本の無限に長い平行導線に，電流 i_1, i_2 が流れているとき，導線の長さ l の部分に働く力は

$$F = \frac{\mu_0 i_1 i_2 l}{2\pi d} \qquad (6.3)$$

となる．この力は i_1, i_2 が同方向のとき引力，逆方向のとき斥力となり，互いの力の間には**作用反作用の法則**が成立する．ただし，電流素片間の力の間には，一般に作用反作用の法則は成立しない（問題 1.3）．

コイルに作用する力のモーメント

面積 S，辺 a, b の長方形コイルの相対する二辺を磁束密度 $\boldsymbol{B}$ の一様な磁場に垂直に置き，電流 i を流すと，コイルには

$$\boldsymbol{N} = \boldsymbol{m} \times \boldsymbol{B} \quad \text{あるいは} \quad N = mB \sin\theta \qquad (6.4)$$

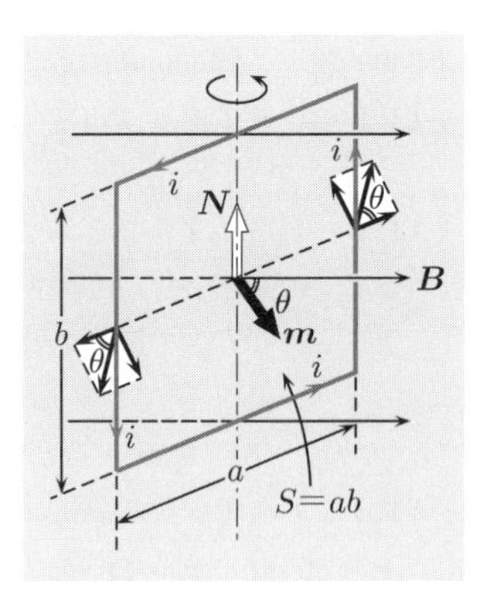

の**力のモーメント**が働く．$\boldsymbol{m}$ を**磁気モーメント**[†] という（大きさは $m = iS$，向きは図のように右ねじの進む方向）．θ はコイル面の法線方向と $\boldsymbol{B}$ のなす角を表わす．(6.4) は面積 S の任意のコイルに対しても成立する．

---

† 磁気モーメント $\boldsymbol{m}$ は，第 7 章 7.1 節であらためて取り扱う．

例題 1 電流に作用する力 I

無限に長い 2 本の直線状導線が，d の間隔で平行に置かれている．各導線に i_1, i_2 の電流が流れるとき，一方の導線が他方の導線の長さ l の部分に及ぼす力を求めよ．また，これらの導線の力の間には，作用反作用の法則がなりたつことを示せ．

【解答】 電流 i_1 によって導線 2 に生じる磁束密度の大きさは

$$B_1 = \frac{\mu_0 i_1}{2\pi d}$$

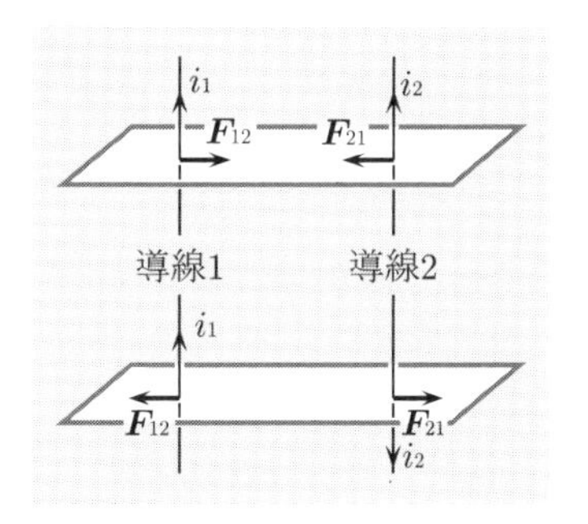

となり，その向きは導線 2 と直交する．したがって，導線 2 の長さ l の部分に働く力 F_{21} は，(6.1) より

$$F_{21} = i_2 B_1 l \sin\frac{\pi}{2} = \frac{\mu_0 i_1 i_2 l}{2\pi d}$$

となる．電流 i_2 が導線 1 の長さ l の部分におよぼす力 F_{12} も，同様にして得られる．すなわち

$$B_2 = \frac{\mu_0 i_2}{2\pi d}$$

$$F_{12} = i_1 B_2 l \sin\frac{\pi}{2} = \frac{\mu_0 i_1 i_2 l}{2\pi d} = F_{21}$$

となる．図のように，これらの力は互いに反平行である．したがって，作用反作用の法則がなりたつ．

問　題

1.1 間隔 15 cm の無限に長い 2 本の直線状導線に，10 A の電流が同方向に流れている．導線の単位長さあたりに働く力は何 N か．また，両導線の間隔を 15 cm から 60 cm に拡げるのに要する単位長さあたりの仕事は何 J か．

1.2 4 本の無限に長い直線状導線が，一辺が a の正方形の各頂点を通るよう，平行に置かれている．各導線に等しい電流 i が同方向に流れるとき，各導線の単位長さあたりに働く力を求めよ．

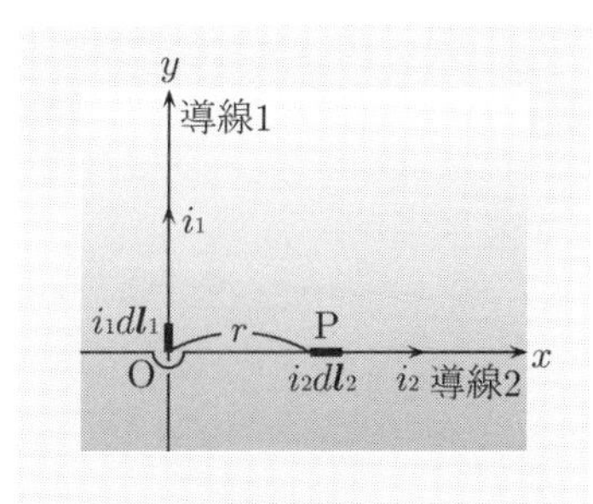

1.3 図のように，2 本の無限に長い直線電流が O 点で直交している（導線の間は絶縁されている）．O 点での電流素片 $i_1 d\boldsymbol{l}_1$ とそれから r の距離にある P 点での電流素片 $i_2 d\boldsymbol{l}_2$ 間に作用する力には，作用反作用の法則が成立するだろうか．

例題2　　　　　　　　　　電流に作用する力 II

長さ l の2本の直線状導線が距離 d だけ離れて平行に置かれている．各導線に電流 i_1, i_2 が流れるとき，両導線の間に働く力を求めよ．

〚ヒント〛 (5.18) を用いよ．

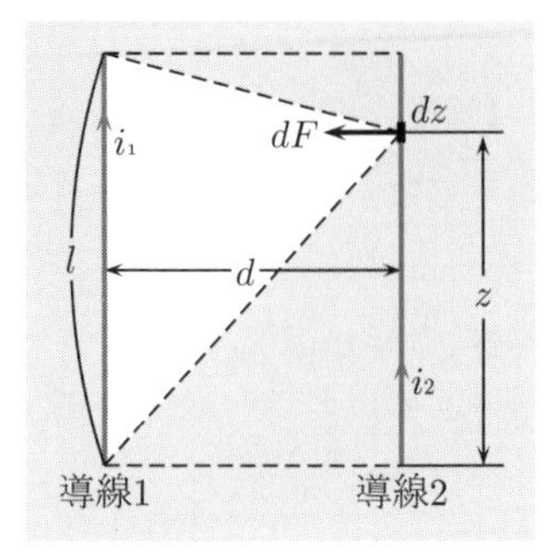

【解答】 導線1の電流 i_1 が，導線2上の線素 dz に生じる磁束密度 B は，(5.18) より

$$B = \frac{\mu_0 i_1}{4\pi d}\left\{\frac{z}{\sqrt{d^2+z^2}} + \frac{l-z}{\sqrt{d^2+(l-z)^2}}\right\}$$

となり，その向きは紙面の表側から裏側へ向かう．また，$i_2 dz$ の部分に作用する力 dF は，

$$dF = i_2 B \sin\frac{\pi}{2} dz = i_2 B dz$$

である．

$$\int \frac{z dz}{\sqrt{z^2+a^2}} = \sqrt{z^2+a^2} + C \quad (C：任意定数)$$

より，求める力 F は，

$$F = \frac{\mu_0 i_1 i_2}{4\pi d}\int_0^l \left\{\frac{z}{\sqrt{d^2+z^2}} + \frac{l-z}{\sqrt{d^2+(l-z)^2}}\right\} dz$$

$$= \frac{\mu_0 i_1 i_2}{2\pi d}(\sqrt{d^2+l^2} - d) = \frac{\mu_0 i_1 i_2}{2\pi}\left(\sqrt{1+\left(\frac{l}{d}\right)^2} - 1\right)$$

となる．電流の向きが同方向ならば引力，逆方向ならば斥力となる．

問　　題

2.1 長さ 10 cm の2本の直線状導線が距離 5 cm だけ離れて平行に置かれている．これらの導線に 2 A の電流が同方向に流れるとき，両導線に働く力は何 N か．例題2の結果を使って計算せよ．

2.2 磁束密度 $\boldsymbol{B}$ の一様な水平磁場の中に，磁場と直角に長さ l，質量 m の導線が水平に置かれている．導線を静止した状態に保つためには，導線にどのような電流を，どういう方向に流せばよいか．ただし，重力加速度を g とし，空気の抵抗や浮力は無視できるものとする．

2.3 一辺の長さが l の二つの正方形コイルが，中心軸を共有し d の距離で互いに平行に置かれている．これらのコイルに同じ向きの電流 i_1, i_2 を流すとき，コイル間にはどのような力が働くか．

例題 3　コイルに作用する力のモーメント

磁束密度 $\boldsymbol{B}$ の一様な水平磁場がある．この磁場内に，その面の法線方向と θ の角度をなし，一組の対辺が磁場と垂直になるように，長方形コイル（辺の長さ a, b）を置いた．コイルに電流 i を流すとき，コイルに働く力のモーメントを求めよ．

〚ヒント〛 各辺を流れる電流に働く力を求めよ．

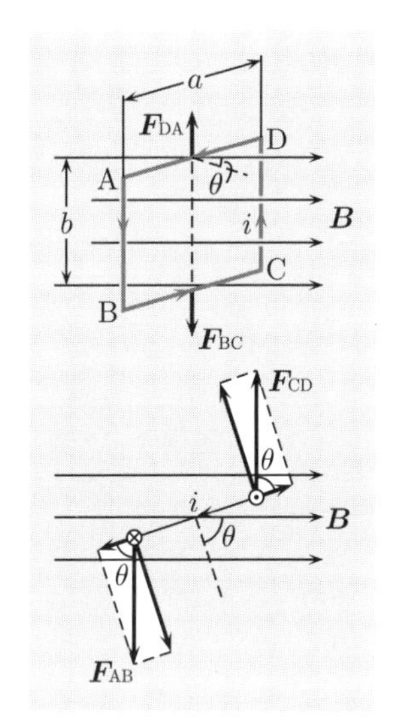

【解答】 図のように，長方形コイルの各頂点を A, B, C, D とする．各辺が磁場から受ける力は，AB と CD，BC と DA では，各々電流の向きが逆であるから，(6.1) より

$$\boldsymbol{F}_{AB} = -\boldsymbol{F}_{CD} \quad (F_{AB} = F_{CD} = iBb)$$

$$\boldsymbol{F}_{BC} = -\boldsymbol{F}_{DA} \quad (F_{BC} = F_{DA} = iBa\cos\theta)$$

となる．$\boldsymbol{F}_{BC}$ と $\boldsymbol{F}_{DA}$ はコイル面と同一面内にあり，互いに方向が逆であるから打ち消し合う．

$\boldsymbol{F}_{AB}$ と $\boldsymbol{F}_{CD}$ は図のような力に分解できる．この内コイル面に垂直な力のみが力のモーメントに寄与する．したがって，コイルに働く力のモーメント N は，コイル面の法線方向と $\boldsymbol{B}$ の角を θ とすると

$$N = iBb\sin\theta \times a = iBS\sin\theta \quad (S = ab)$$

となる．

問　題

3.1 例題 3 において，$a = 1.5\,\mathrm{cm}$，$b = 2.0\,\mathrm{cm}$ の長方形コイルに 500 mA の電流が流れている．$\theta = \pi/6$，$B = 5 \times 10^{-2}\,\mathrm{T}$ のとき，コイルに働く力のモーメントは何 N・m か．

3.2 例題 3 において，力のモーメントがゼロになるときの角度を求め，その安定性を調べよ．

3.3 一辺が 70 cm の正方形コイルに 10 A の電流が流れている．このコイルの中心に，一辺が 3 cm で 4 A の電流が流れている正方形の小コイルがある．小コイルの面を外側のコイルに対して垂直に保つためには，外部から小コイルにどれだけの力のモーメントを加えればよいか．

3.4 磁束密度 $\boldsymbol{B}$ の一様磁場内に，半径 a の円形コイルを面と磁場が平行になるように置いた．コイルに電流 i が流れるとき，コイルに働く力のモーメントを求めよ．

3.5 磁束密度 $\boldsymbol{B}$ の一様磁場内に，半径 a の導体円板をその面が磁場と垂直になるように置いた．この円板は中心軸のまわりに回転できるようになっている．中心軸から，円板の円周へ一様な電流を流したとき，円板に働く力のモーメントを求めよ．

6.2 荷電粒子に作用する力

ローレンツ力 電荷 Q をもつ電荷粒子が速度 $\boldsymbol{v}$ で磁束密度 $\boldsymbol{B}$ の磁場の中を運動しているとき，磁場より受ける力は，

$$\boldsymbol{F} = Q(\boldsymbol{v} \times \boldsymbol{B}) \tag{6.5}$$

となる．この力を（磁場から受ける）**ローレンツ力**という．

一様な $\boldsymbol{B}$ に垂直に，初速度 $\boldsymbol{v}$ で入射した質量 m，電荷 Q の荷電粒子は，磁場に垂直な面内で等速円運動をする．この円運動の半径 r_{L}，角周波数 ω_c，周期 T は

$$r_{\mathrm{L}} = \frac{mv}{|Q|B}, \quad \omega_c = \frac{v}{r_{\mathrm{L}}} = \frac{|Q|B}{m}, \quad T = \frac{2\pi}{\omega_c} = \frac{2\pi m}{|Q|B} \tag{6.6}$$

となり，ω_c, T は入射速度に依存しない．r_{L} を**ラーモア**（Larmor）**半径**，ω_c を**サイクロトロン**（cyclotron）**角周波数**という†．

一様な定電磁場中での運動 磁場 $\boldsymbol{B}$ と電場 $\boldsymbol{E}$ が存在する場合，荷電粒子に働くローレンツ力は

$$\boldsymbol{F} = Q\boldsymbol{E} + Q(\boldsymbol{v} \times \boldsymbol{B}) \tag{6.7}$$

となる．$\boldsymbol{E}, \boldsymbol{B}$ が一様な定電磁場であるとき，荷電粒子の運動方程式は

$$\left.\begin{aligned} &\boldsymbol{v} = \boldsymbol{v}_E + \boldsymbol{v}' \quad (\boldsymbol{v}_E = \boldsymbol{E} \times \boldsymbol{B}/B^2) \\ &m\dot{\boldsymbol{v}}'_{\parallel} = Q\boldsymbol{E}_{\parallel}, \quad m\dot{\boldsymbol{v}}'_{\perp} = Q(\boldsymbol{v}'_{\perp} \times \boldsymbol{B}) \end{aligned}\right\} \tag{6.8}$$

となる．$\boldsymbol{v}'_{\parallel}, \boldsymbol{E}_{\parallel}$ は $\boldsymbol{B}$ に平行，$\boldsymbol{v}'_{\perp}$ は $\boldsymbol{B}$ に垂直な速度成分を表わす．運動は，一定の速度 $\boldsymbol{v}_E$ での運動と，$\boldsymbol{B}$ に平行な方向での加速度 $Q\boldsymbol{E}_{\parallel}/\mathrm{m}$ の等加速度運動，$\boldsymbol{B}$ に垂直な方向での等速円運動の合成運動となる．$\boldsymbol{v}_E$ の運動を**電場ドリフト**という（問題 5.1 を参照）．

電位差 $\boldsymbol{V}$ による加速 最初静止していた荷電粒子が，V の電位差（V は大きさを表わし正）によって加速されるときに得る運動エネルギーは

$$\frac{1}{2}mv^2 = |Q|V \tag{6.9}$$

で与えられる．電子（電荷 $-e$）が加速される場合，運動エネルギーは eV となる．このエネルギーを V **エレクトロンボルト**†† といい，[eV] の単位で表わす．

$$1\,\mathrm{eV} = 1.6022 \times 10^{-19}\,\mathrm{J}$$

である．

---

† r_{L}, ω_c はジャイロ半径，ジャイロ角周波数ともいう．

†† 電子ボルトともいう．

例題 4 ―― 荷電粒子に働く力と電流に働く力

細い直線上の導線が一様な磁束密度 $\boldsymbol{B}$ の磁場の中に置かれており，この導線中を単位長さあたり n 個の粒子（電荷 $Q > 0$）が速度 $\boldsymbol{v}$ で動いている．導線に作用する力が，各粒子に作用する力の合力であるとするとき，(6.5) から (6.1) を導け．

〚ヒント〛 電流 i は，導線中の断面を 1 秒間に横切る電気量として定義される．

【解答】 導線中の断面を 1 秒間に横切る粒子の個数は nv である．したがって，断面を 1 秒間に通過する電気量は Qnv となる．電流 $\boldsymbol{i}$ の向きは $Q\boldsymbol{v}$ と同じ向きであるから，$\boldsymbol{i} = Qn\boldsymbol{v}$ で表わされる．直線電流の長さ l の部分（ベクトル $\boldsymbol{l}$ と $\boldsymbol{i}$ は平行）には nl 個の粒子が含まれており，各粒子に働く力の合力を電流の長さ l の部分に働く力 $\boldsymbol{F}$ とすると，

$$\boldsymbol{F} = nlQ(\boldsymbol{v} \times \boldsymbol{B}) = l(Qn\boldsymbol{v} \times \boldsymbol{B}) = l(\boldsymbol{i} \times \boldsymbol{B}) = i(\boldsymbol{l} \times \boldsymbol{B})$$

となる．

問　題

4.1 断面積が $0.5\,\mathrm{mm}^2$ の一様な太さの直線状銅線がある．銅線中の自由電子の密度は，$8.47 \times 10^{28}\,\mathrm{m}^{-3}$ で，これらの自由電子が同方向に一様な平均速度 $7.38 \times 10^{-5}\,\mathrm{m/s}$ で動いている．銅線の単位長さあたりの自由電子の個数を求めよ．また，電流は何 A となるか．ただし，電気素量は $1.60 \times 10^{-19}\,\mathrm{C}$ とする．

例題 5 ―― 定電磁場中での運動

x 軸の負の方向に一様な電場 E，z 軸の正の方向に一様な磁束密度 $\boldsymbol{B}$ がかけられている．電子を y 軸の正方向に速度 v で入射させるとき，直進する条件を求めよ．

【解答】 電子が電場から受ける力は x 軸の正の方向，磁場から受ける力は x 軸の負の方向を向く．したがって，直進するためには，両者の力が打ち消し合えばよいから，電気素量を e とすれば，$eE = evB$ となる．したがって，$v = E/B$ のとき直進する．

問　題

5.1 電荷 Q，質量 m の荷電粒子の一様な定電磁場中での運動は，(6.8) で表わされることを示せ．

5.2 図のように，間隔 d の平行平板コンデンサーの両極に電位差 V，極板に平行に一様な磁束密度 $\boldsymbol{B}$ の磁場をかけた．陰極から初速度 0 でとび出した電子は，どのような運動をするか．また，電子が陽極に達しないための条件を求めよ．

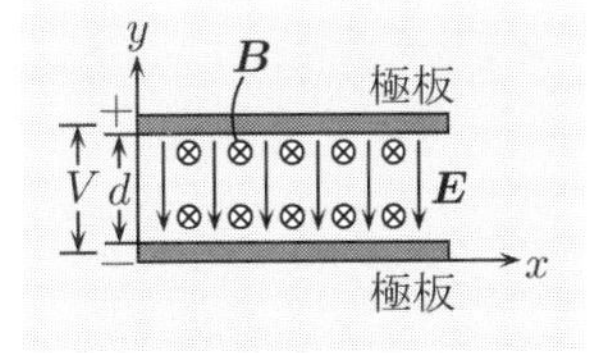

例題6 ――― 電磁場中での運動（複素数による解法）

電場 $\boldsymbol{E} = (ax, ay, 0)\ (a > 0)$ の場の中で電子が引力を受けて xy–平面内で単振動している．これに外部から磁束密度 $\boldsymbol{B} = (0, 0, B_0)\ (B_0 > 0)$ の磁場をかけたとき，振動が二つに分離することを示せ．

〖ヒント〗 位置座標 x, y に対し，複素数 $z = x + iy$ を使うとよい．

【解答】 電子の質量を m，電荷を $-e$ とすると運動方程式は

$$m\ddot{x} = -eax - e\dot{y}B_0, \quad m\ddot{y} = -eay + e\dot{x}B_0$$

となる．上式中で $B_0 = 0$ と置けば容易に理解できるように，磁場がかからないとき，電子は角周波数 $\omega_0 = \sqrt{ea/m}$ の単振動をしている．上式の連立微分方程式を解くとき，$z = x + iy$ の複素数を使うと

$$m\ddot{z} - ieB_0\dot{z} + eaz = 0$$

が得られる．この微分方程式の**特性方程式**（付録 A.4 を参照）は $m\lambda^2 - ieB_0\lambda + ea = 0$ である．この解は

$$\lambda = i\omega_\pm \quad \left(\omega_\pm = \frac{eB_0 \pm \sqrt{e^2B_0^2 + 4mea}}{2m}\right)$$

となり，$\omega_+ > 0,\ \omega_- < 0$ である．したがって，この解は二つの振動モード $\omega_+,\ \omega_-$ によって

$$z = x + iy = R_1 e^{i\omega_+ t} + R_2 e^{i\omega_- t} \quad \rightarrow \quad \begin{cases} x = R_1 \cos\omega_+ t + R_2 \cos\omega_- t \\ y = R_1 \sin\omega_+ t + R_2 \sin\omega_- t \end{cases}$$

と表わされる．二つの振動の分離幅は $\omega_+ > 0,\ \omega_- < 0$ より

$$\omega_+ - |\omega_-| = \frac{eB_0}{m}$$

となる．電子の運動は ω_+, ω_- の合成運動となる．

この例題のように，磁場がないときの角周波数 ω_0 の状態が，磁場をかけることによって ω_+, ω_- の状態に分離することを，**縮退**がとけるという．**量子力学**でよく知られている現象である．

問　題

6.1 例題6において，$B_0 = 4.0 \times 10^{-4}$ T のときの二つの振動の分離幅を求めよ．ただし，$m = 9.10 \times 10^{-31}$ kg, $e = 1.60 \times 10^{-19}$ C である．

6.2 マグネトロン（magnetron）（マイクロ波用真空管の一種）内では，電子は

$$\boldsymbol{E} = (-ax, -ay, 2az) \quad (a > 0), \quad \boldsymbol{B} = (0, 0, B_0)$$

の電磁場内を運動している．電子の運動を求めよ．ただし，電子の質量を m，電荷を $-e$ とし，$B_0^2 > \dfrac{4ma}{e}$ とせよ．

例題 7　円運動

磁束密度 $\boldsymbol{B}$ の一様な磁場に，初速度 $\boldsymbol{v}$，質量 m，電荷 $-e$ の電子が垂直に入射した．電子はどのような運動をするか．

〖ヒント〗 電子に作用する力は，常に電子の運動方向に直交する．

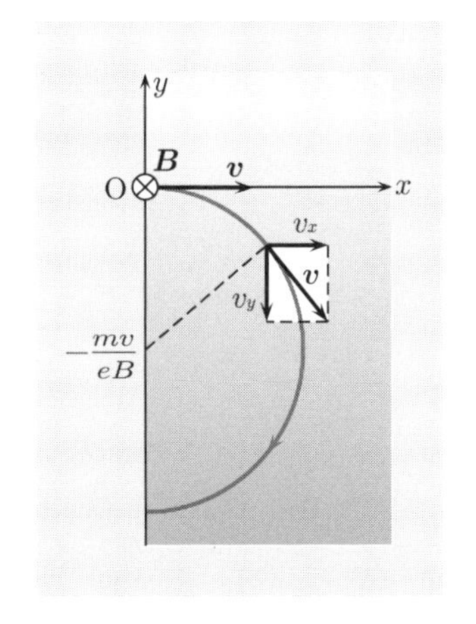

【解答】 図のように，電子の入射点 O を原点，$\boldsymbol{v}$ の方向を x 軸，磁束密度 $\boldsymbol{B}$ の方向を z 軸の負の方向とする 3 次元座標を考える．電子に働くローレンツ力は常に $\boldsymbol{B}$ と直交するため，電子は xy–平面内で運動する．ローレンツ力，および電子の速度を

$$\boldsymbol{F} = (F_x, F_y), \quad \boldsymbol{v} = (v_x, v_y) = \left(\frac{dx}{dt}, \ \frac{dy}{dt}\right)$$

とすると，(6.5) から運動方程式は

$$\left.\begin{aligned} m\frac{d^2x}{dt^2} &= ev_yB = eB\frac{dy}{dt} \\ m\frac{d^2y}{dt^2} &= -ev_xB = -eB\frac{dx}{dt} \end{aligned}\right\} \tag{1}$$

となる．$t = 0$ で $x = y = 0$，$dx/dt = v$，$dy/dt = 0$ の初期条件で (1) を積分すると

$$\frac{dx}{dt} = \frac{eB}{m}y + v, \quad \frac{dy}{dt} = -\frac{eB}{m}x \tag{2}$$

を得る．また，xy–平面内で電子の運動エネルギーは保存されるから

$$\frac{1}{2}m\left\{\left(\frac{dx}{dt}\right)^2 + \left(\frac{dy}{dt}\right)^2\right\} = \frac{1}{2}mv^2 \qquad \therefore \quad \left(\frac{dx}{dt}\right)^2 + \left(\frac{dy}{dt}\right)^2 = v^2 \tag{3}$$

が得られる．(2) を (3) に代入すると

$$x^2 + \left(y + \frac{mv}{eB}\right)^2 = \left(\frac{mv}{eB}\right)^2$$

となり，電子は座標 $(0, \ -mv/eB)$，半径 $r_{\mathrm{L}} = mv/eB$，角周波数 $\omega_c = v/r_{\mathrm{L}} = eB/m$，周期 $T = 2\pi/\omega_c = 2\pi m/eB$ の円運動をする．ω_c, T は入射速度に依存しない．

問　題

7.1 磁束密度 0.02 T の一様磁場中に，電子が垂直に入射した．電子の質量を $m = 9.11 \times 10^{-31}$ kg，電気素量を $e = 1.60 \times 10^{-19}$ C として，次の問に答えよ．

(a) 電子は入射速度に無関係に等周期の円運動をする．円運動の周期を求めよ．

(b) 1 keV の電圧で加速された電子が入射した．入射速度 v と円運動の半径 r を求めよ．

7.2 図に**サイクロトロン**の原理を示してある．中央の直径で縦に割った半円筒箱（ディー）を，電磁石の極の間の強い磁場中に置いて，イオンを円形に走らせるものである．イオンの半円運動の周期は，半径に無関係に一定であるから，この周期をもつ交流電圧をPQ間にかければ，イオンを連続的に加速することができる．陽子の質量を 1.67×10^{-27} kg，電荷を 1.60×10^{-19} C として，次の問いに答えよ．

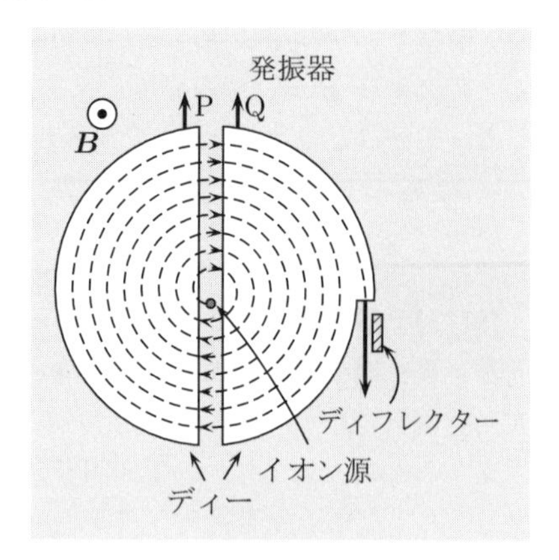

(a) 電磁石による磁場の磁束密度を 0.5 T とするとき，PQ間にかける交流電圧の周波数はいくらにしたらよいか．

(b) 陽子の円軌道の半径が 60 cm になるまで加速したとき，陽子のエネルギーはいくらになるか．eV単位で表わせ．

例題8 ―― らせん運動

磁束密度 $\boldsymbol{B}$ の磁場内に，質量 m，電荷 $-e$ の電子が $\boldsymbol{B}$ と θ の角をなす方向へ初速度 $\boldsymbol{v}_0$ で入射した．電子はどのような運動をするか．

〖ヒント〗 $\boldsymbol{B}$ と平行な方向には力は作用しない．

【解答】 $\boldsymbol{v}_0$ を磁束密度 $\boldsymbol{B}$ に対して平行な成分と垂直な成分に分解すれば

$$v_{/\!/} = v_0 \cos\theta, \quad v_\perp = v_0 \sin\theta$$

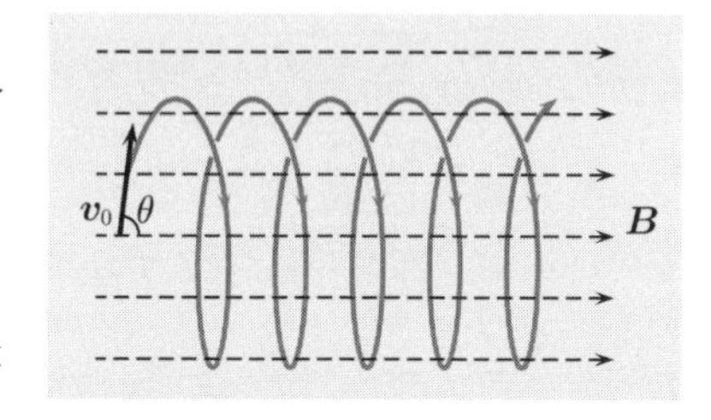

となる．$\boldsymbol{B}$ に対して平行な成分では等速直線運動，$\boldsymbol{B}$ に対して垂直な成分では円運動をし，その半径と周期は

$$r = \frac{mv_\perp}{eB} = \frac{mv_0 \sin\theta}{eB}, \quad T = \frac{2\pi m}{eB}$$

となる．したがって，電子の運動はこれらの合成となり，図に示すようならせん状の軌道を描く．

問　題

8.1 例題8において，電子が十分小さな角度 θ $(\theta \ll 1)$ の範囲内で，ある角度分布をもって入射した．これらの電子の運動のふるまいを調べよ．

例題 9 ―――――― 荷電粒子に働く力の応用

z 軸の正の方向を向く一様な磁束密度 $\boldsymbol{B}$ の磁場の中に，長さ l の金属棒が x 方向に沿って置かれている．この棒を y 方向に一定の速度 v で動かすとき，金属棒中の自由電子（電荷 $-e$）にはどのような力が働くか．

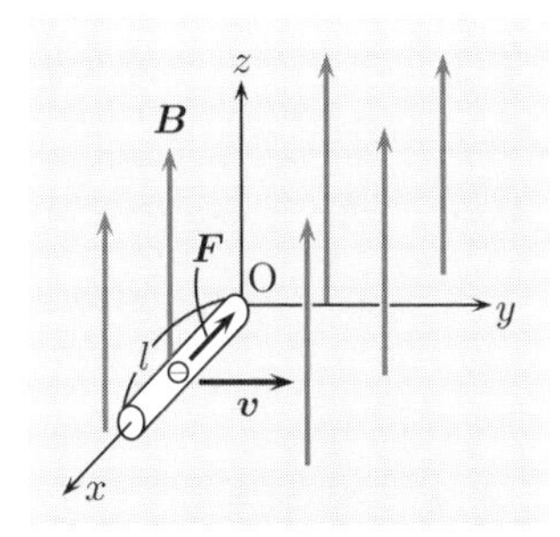

【解答】　電子論的にみれば，金属棒中の自由電子（電荷 $-e$）が，金属棒とともに速度 $\boldsymbol{v}$ で磁場中を運動しているとみなすことができる．このため，電子が磁場から受ける力 $\boldsymbol{F}$ は，(6.5) のローレンツ力より，

$$\boldsymbol{F} = -e\,(\boldsymbol{v} \times \boldsymbol{B}) \quad (F = evB)$$

となり，その向きは図のように x の負の方向となる．これを自由電子全体としてみれば，x の正の方向に電流が流れることになる．

問　　題

9.1　例題 9 の現象を金属棒が静止している座標系からみると，どのように解釈できるか（ヒント：荷電粒子の静止系ではローレンツ力は作用しない）．

9.2　電流素片のつくる磁束密度が，電流素片を構成している個々の荷電粒子（電荷 Q，速度 $\boldsymbol{v}$）の磁束密度 $\boldsymbol{B}_Q$ の合成であるとするとき，$\boldsymbol{B}_Q$ はどのようになるか．(5.3) から導け．

9.3　図のように，金属導体を xy–平面に置き，z の正の方向に磁束密度 $\boldsymbol{B}$ の磁場，x の正の方向に電圧をかけた．導体に一様に流れる電流密度を $\boldsymbol{j}$，導体内自由電子の電荷を $-e$，密度を n として次の問に答えよ．

(a)　導体内自由電子の速度が一様であるとみなせるとき，その速度を j, n, e で表わせ．

(b)　電子に働くローレンツ力から，P 面の帯電状態を調べよ．

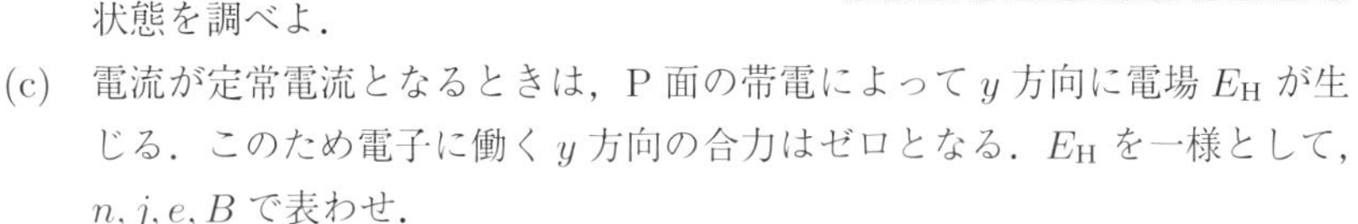

(c)　電流が定常電流となるときは，P 面の帯電によって y 方向に電場 E_{H} が生じる．このため電子に働く y 方向の合力はゼロとなる．E_{H} を一様として，n, j, e, B で表わせ．

(d)　$E_{\mathrm{H}} = R_{\mathrm{H}} jB$ と書くとき，R_{H} は正か負か†．

---

†　この効果をホール（Hall）効果，R_{H} をホール係数という．不純物半導体の **pn** 判定（p 型か n 型かの判定）に使われる．

7 磁性体

7.1 磁性体

磁気モーメント

磁束密度 $\boldsymbol{B}$ の磁場内に置かれた面積 S のコイルに，電流 i が流れると，コイルには次のような**力のモーメント**が作用する．

$$\boldsymbol{N} = \boldsymbol{m} \times \boldsymbol{B} \quad \text{あるいは} \quad N = mB\sin\theta \quad (m = iS) \tag{7.1}$$

$\boldsymbol{m}$ を**磁気モーメント**といい，単位は $\mathrm{A \cdot m^2}$ で表わされる．θ は $\boldsymbol{m}$ と $\boldsymbol{B}$ の間の角度を表わす（第 6 章 6.1 節を参照）．物質内の電子の軌道運動による環状電流は，微視的な意味での磁石と等価である．1823 年，物質の磁気作用がこうした微視的な環状電流に由来することがアンペールによって提唱された（**アンペールの分子電流説**）．電子の軌道運動による環状電流，電子や原子核のスピンによる微視的な磁気モーメントのベクトル和が，物質の巨視的な磁気モーメントとなる．磁性体中の体積素 dv（原子サイズに比べて巨視的）内の磁気モーメントを $d\boldsymbol{m}$ とするとき，

$$\boldsymbol{M} = \frac{d\boldsymbol{m}}{dv} \quad \text{あるいは} \quad d\boldsymbol{m} = \boldsymbol{M}dv \tag{7.2}$$

で定義される $\boldsymbol{M}$ を**磁化の強さ**，あるいは**磁化**という．dv を単位体積にとれば，$\boldsymbol{M}$ は単位体積内の磁気モーメントで表わされる．$\boldsymbol{M}$ の単位は A/m となり磁場と同じ次元をもつ．

透磁率

物質がなんらかの原因で磁気をおびた場合，物質は磁化したという．磁石は自然の状態において磁化している．物質が磁場内に置かれた場合もその例である．反磁性体，常磁性体では，磁化 $\boldsymbol{M}$ はその点での磁場 $\boldsymbol{H}$ に比例して

$$\boldsymbol{M} = \chi_m \boldsymbol{H} \tag{7.3}$$

となる．χ_m は無次元の量で**磁化率**という．磁束密度 $\boldsymbol{B}$ と磁場 $\boldsymbol{H}$ の関係は，磁性体内では次のようになる．

$$\boldsymbol{H} = \frac{1}{\mu_0}\boldsymbol{B} - \boldsymbol{M} \quad \text{あるいは} \quad \boldsymbol{B} = \mu_0(\boldsymbol{H} + \boldsymbol{M}) \tag{7.4}$$

(7.3)，(7.4) より

$$\boldsymbol{B} = \mu_0(1 + \chi_m)\boldsymbol{H} = \mu\boldsymbol{H}, \quad \mu = \mu_0\mu_r, \quad \mu_r = 1 + \chi_m \tag{7.5}$$

が得られる．μ を**透磁率**，μ_r を**比透磁率**という．

反磁場と反磁場係数

常磁性体や強磁性体に外部磁場をかけると，両端に現われる磁極により，内部に逆向きの磁場が生じる．この磁場を**反磁場**といい

$$\boldsymbol{H}_d = -A_d \boldsymbol{M} \tag{7.6}$$

で表わされる．A_d を**反磁場係数**という．外部磁場を $\boldsymbol{H}_0$ とするとき，磁性体内部の磁場 $\boldsymbol{H}$ は

$$\boldsymbol{H} = \boldsymbol{H}_0 + \boldsymbol{H}_d = \boldsymbol{H}_0 - A_d \boldsymbol{M} \tag{7.7}$$

となる．反磁場係数は磁性体の形状にも依存する．

磁性体

すべての物質は，厳密にいえば一種の**磁性体**であるが，磁気モーメントの大きさや配列の違いによって磁化の強さが異なるため，さまざまな種類がある．

外部磁場によって逆方向に弱く磁化される物質を**反磁性体**という．Cu がこれに概当する．外部磁場によって同じ方向に弱く磁化される物質を**常磁性体**といい，Al がこれに概当する．反磁性体では $\chi_m < 0$，常磁性体では $\chi_m > 0$ となる．

磁化の程度が非常に強い物質を**強磁性体**といい，Fe, Co, Ni がこれに概当する．強磁性体では，$\boldsymbol{M}$ と $\boldsymbol{H}$ の比例関係が破れる．強磁性体は，10^{15} 個程度の原子を含む**磁区**からなりたっている．磁区においては通常，磁気モーメントが一方向に沿っているが，隣りどうしの磁気モーメントが反対方向に並んでいる物質がある．この磁性体を**反強磁性体**といい，常磁性体と同様外部磁場によって弱い磁性を示す．Mn がこれにあたる．

また，反対方向をもつ磁気モーメントの対の一方が，他方に比べて大きいため，強磁性を示す磁性体を**フェリ磁性体**という．金属の酸化物や硫化物がこの種の磁性を示し，**フェライト**がその代表例である．

強磁性体と磁気ヒステリシス

強磁性体は，外部磁場が作用すると強く磁化する．強磁性体では，$\boldsymbol{M}$ と $\boldsymbol{H}$ の比例関係が破れ，$\boldsymbol{M}$ はその時点での $\boldsymbol{H}$ だけでは定まらず，図に示すように，以前にどのような磁化を経験したかに依存する．この現象を**磁気ヒステリシス**（**磁気履歴現象**）という．

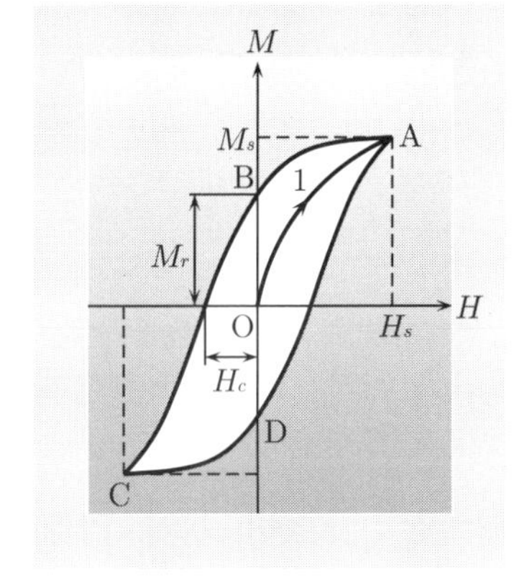

図において 1 で示される処女曲線の範囲内では，M–H の変化は可逆的とみてよい．この範囲を越えると不可逆的となり，図の ABCDA のようなループを描く．この曲線を**磁気ヒステリシス曲線**（**磁気履歴曲線**）という．M_s を**飽和磁化**，M_r を**残留磁化**，H_c を**保磁力**という．このようにいったん磁化した強磁性体では外部磁場をとり去っても，残留磁化によって磁化はゼロにならない．永久磁石はこのようにしてできている．また，ある温度以上になると強磁性が失われるが，強磁性が消失する温度を**キュリー温度**という．

例題 1 ―――― 磁気モーメント

半径 a，長さ l の導体円柱の側面に電荷 Q が一様に帯電している．下図のように，円柱が中心軸のまわりに一定の角速度 ω で回転するとき，この導体円柱の磁気モーメントの大きさを求めよ．

〖ヒント〗 導体側面に帯状の円電流を考えよ．

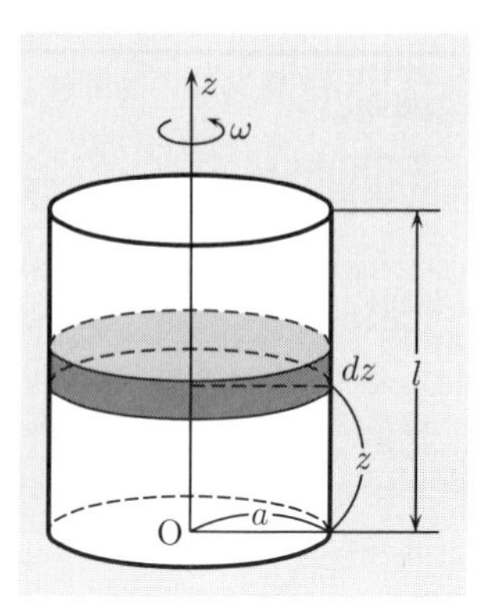

【解答】 図のように，円柱の中心軸を z 軸とする．導体側面に帯電している電荷の面密度を σ とすれば，円柱側面の面積 $= 2\pi al$ より

$$\sigma = \frac{Q}{2\pi al}$$

である．したがって，半径 a，線素片 dz の帯の部分を流れる円電流 di は，回転周期が $2\pi/\omega$，よって1秒間の回転数が $\omega/2\pi$ であることより

$$di = \frac{\omega}{2\pi}\sigma \times 2\pi a dz = \frac{\omega Q}{2\pi l}dz$$

となる．この帯状円電流による磁気モーメント dm は

$$dm = \pi a^2 di = \frac{\omega a^2 Q}{2l}dz$$

となるから，求める磁気モーメント m は

$$m = \int dm = \frac{\omega a^2 Q}{2l}\int_0^l dz = \frac{\omega a^2 Q}{2}$$

である．

問 題

1.1 半径 2 cm の円形コイルに 300 mA の電流が流れている．このコイルの磁気モーメントの大きさを求めよ．

1.2 水素原子のボーアモデルでは，陽子のまわりを電子が円運動しているものとしている．第5章問題 5.2 と同じ条件を使って，この電子の円運動による磁気モーメントの大きさを求めよ．

1.3 図のような，半径 a の導体球の表面に電荷 Q が一様に帯電している．この球が，球の中心を通る一つの軸のまわりに一定の角速度 ω で回転するとき，球の磁気モーメントの大きさを求めよ．

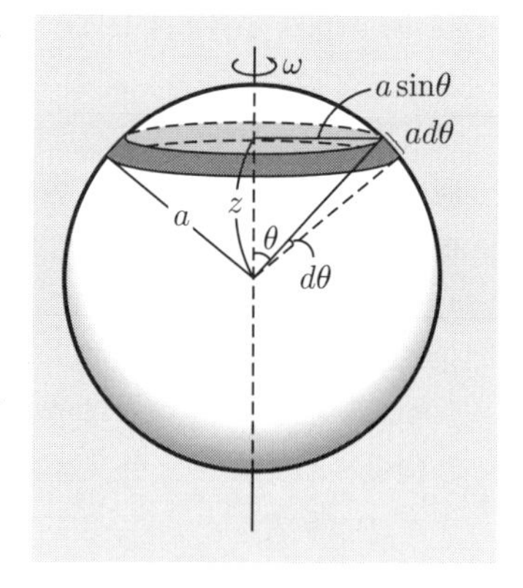

例題 2 ―――― 反磁場係数

透磁率 μ の強磁性体の細長い棒が，一様な磁場 $\boldsymbol{H}_0$ の中に軸を磁場と平行に置かれている．反磁場係数を A_d とするとき，磁性体内部の磁場 $\boldsymbol{H}$ および磁化 $\boldsymbol{M}$ の大きさを求めよ．ただし，反磁場の方向は $\boldsymbol{H}_0$ と反平行である．

〖ヒント〗 (7.4)，(7.5) の第一式，および (7.7) を用いよ．

【解答】 磁性体内部の磁場 $\boldsymbol{H}$ の大きさは，反磁場の方向が $\boldsymbol{H}_0$ と反平行であることより，反磁場係数を A_d とすれば

$$H = H_0 - A_d M \tag{1}$$

となる．また，(7.4)，(7.5) から $\boldsymbol{B}$ を消去すれば，

$$\mu \boldsymbol{H} = \mu_0(\boldsymbol{H} + \boldsymbol{M})$$

が得られる．よって，$\boldsymbol{M}$ の大きさは

$$M = \frac{\mu - \mu_0}{\mu_0} H \tag{2}$$

で表わされる．(2) を (1) に代入すると，

$$\left(1 + A_d \frac{\mu - \mu_0}{\mu_0}\right) H = H_0$$

となる．したがって，

$$H = \frac{1}{1 + (\mu/\mu_0 - 1)A_d} H_0 = \frac{1}{1 + \chi_m A_d} H_0 \tag{3}$$

が得られる．(3) を (2) に代入すれば

$$M = \frac{\chi_m}{1 + \chi_m A_d} H_0 \tag{4}$$

となる．ここで χ_m は磁化率を表わし，$\chi_m = \mu/\mu_0 - 1$ である．

問　題

2.1 比透磁率が 320，反磁場係数が 4.20×10^{-3} の鉄の棒が，500 A/m の一様な磁場の中に軸を平行にして置かれている．鉄の棒の透磁率，磁化，棒の内部での磁場と磁束密度の大きさを求めよ．

2.2 磁化率が 250 の鉄の棒を，問題 2.1 と同じ磁場の中に軸を磁場と平行にして置いた．棒の内部の磁場が外部磁場と平行で，200 A/m であるとき，鉄の棒の反磁場係数を求めよ．

2.3 比透磁率 μ_r，半径 a の磁性体球が一様な磁場 $\boldsymbol{H}_0$ の中に置かれている．球内の磁場が $\boldsymbol{H} = 3\boldsymbol{H}_0/(\mu_r + 2)$ となることを用いて，球内の磁化，反磁場，反磁場係数を求めよ．

7.2 磁場と磁性体

磁束密度とガウスの法則

第5章(5.8)より，閉曲面 S 全体を横切る磁束は

$$\Phi = \oint_S \boldsymbol{B} \cdot d\boldsymbol{S} \tag{7.8}$$

となる．Φ は閉曲面 S の内部に存在する磁荷の総和に等しい（**ガウスの法則**）．磁荷の場合，**磁気単極**は存在しないから

$$\mathrm{div}\boldsymbol{B} = 0 \quad (\text{微分形}), \qquad \oint_S \boldsymbol{B} \cdot d\boldsymbol{S} = 0 \quad (\text{積分形}) \tag{7.9}$$

が得られる（第5章問題8.2を参照）．

ベクトルポテンシャル

$\mathrm{div}\boldsymbol{B} = 0$ から，$\boldsymbol{B}$ はベクトル場 $\boldsymbol{A}$ の回転によって

$$\boldsymbol{B} = \mathrm{rot}\boldsymbol{A} \tag{7.10}$$

と表わされる（第5章例題8）．$\boldsymbol{A}$ を**ベクトルポテンシャル**という．同一の $\boldsymbol{B}$ を与える $\boldsymbol{A}$ は，一般に一意的にはきまらないが（問題3.2），特に $\mathrm{div}\,\boldsymbol{A} = 0$ の条件を付加すれば

$$\nabla^2 \boldsymbol{A} = -\mu_0 \boldsymbol{j} \quad (\text{微分形}), \qquad \boldsymbol{A}(\boldsymbol{r}) = \frac{\mu_0}{4\pi} \int_V \frac{\boldsymbol{j}(\boldsymbol{r}')}{|\boldsymbol{r} - \boldsymbol{r}'|} dv' \quad (\text{積分形}) \tag{7.11}$$

が得られる（第5章問題8.4）．$\boldsymbol{j}$ は電流密度を表わす．閉曲線 C を周辺とする面 S を貫く磁束は，$\boldsymbol{A}$ を用いて表わせば

$$\Phi = \int_S \boldsymbol{B} \cdot d\boldsymbol{S} = \oint_C \boldsymbol{A} \cdot d\boldsymbol{l} \tag{7.12}$$

となる（例題3）．

磁場のエネルギー

電場のエネルギー密度が，$u = \dfrac{1}{2}\boldsymbol{D} \cdot \boldsymbol{E}$ で表わされるように（第3章(3.24)），磁場のエネルギーの密度 u_m は，

$$u_m = \int_0^H \mu \boldsymbol{H} \cdot d\boldsymbol{H} = \frac{1}{2}\mu H^2 = \frac{1}{2}\boldsymbol{H} \cdot \boldsymbol{B} \quad (\boldsymbol{B} = \mu \boldsymbol{H}) \tag{7.13}$$

となる．したがって，系の磁場のエネルギー U_m は

$$U_m = \int_V u_m dv = \frac{1}{2} \int_V \boldsymbol{H} \cdot \boldsymbol{B} dv \tag{7.14}$$

である．

電流密度を $\boldsymbol{j}$ とするとき，全系の磁場のエネルギーは，ベクトルポテンシャル $\boldsymbol{A}$ を使って

$$U_m = \frac{1}{2} \int_V \boldsymbol{A} \cdot \boldsymbol{j} dv \tag{7.15}$$

となる（問題3.5）．また，電流 i の流れる回路が，磁束 ϕ と N 回鎖交する場合の回路

系の磁場のエネルギーは

$$U_m = \frac{1}{2} i\Phi = \frac{1}{2} iN\phi \quad (\Phi = N\phi) \tag{7.16}$$

で表わされる（問題 3.6）．

磁性体境界面での境界条件

図のように，異なる透磁率 μ_1, μ_2 をもつ磁性体の境界面では，誘電体境界面での電束密度 $\boldsymbol{D}$ の法線成分の連続性と同じようにして，**磁束密度の法線成分の連続性**が得られる．

$$B_{1n} = B_{2n} \quad (B_1 \cos\theta_1 = B_2 \cos\theta_2) \tag{7.17}$$

指標 n は法線成分を表わす．

磁性体境界面に面電流が流れていない場合，電場 $\boldsymbol{E}$ の接線成分の連続性（誘電体境界面には真電荷が存在しない）と同じようにして，**磁場の接線成分の連続性**が得られる．

$$H_{1t} = H_{2t} \quad (H_1 \sin\theta_1 = H_2 \sin\theta_2) \tag{7.18}$$

指標 t は接線成分を表わす．

このとき，(7.17)，(7.18) および $\boldsymbol{B} = \mu\boldsymbol{H}$ より，次の関係

$$\frac{\tan\theta_1}{\mu_1} = \frac{\tan\theta_2}{\mu_2} \tag{7.19}$$

が成立する．

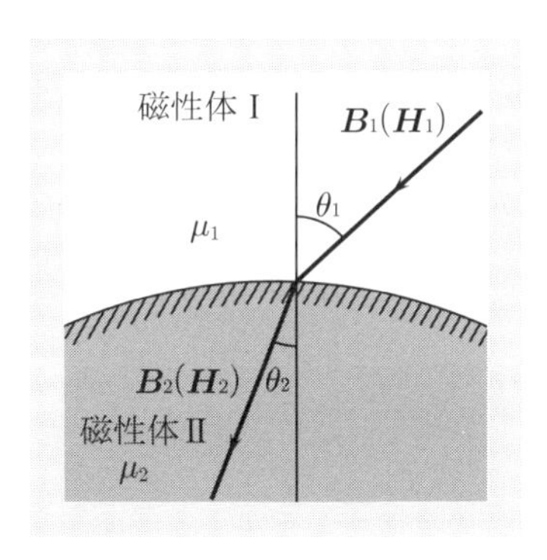

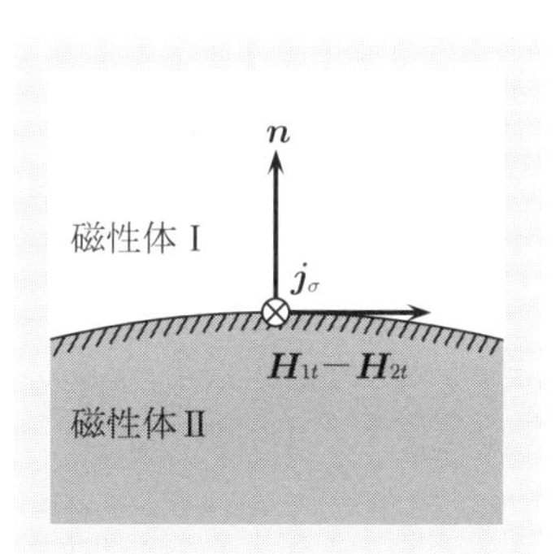

境界面に面電流（面電流密度 $\boldsymbol{j}_\sigma$）が流れるとき，$\boldsymbol{H}$ の接線成分の境界条件は，次のように書き改められる（第 5 章問題 10.1）

$$\boldsymbol{H}_{1t} - \boldsymbol{H}_{2t} = \boldsymbol{j}_\sigma \times \boldsymbol{n} \tag{7.20}$$

ここで，$\boldsymbol{n}$ は磁性体 II から磁性体 I へ向かう面の法線方向の単位ベクトルを表わす．$\boldsymbol{j}_\sigma$, $\boldsymbol{n}$, $\boldsymbol{H}_{1t} - \boldsymbol{H}_{2t}$ の方向関係は右手系をなす．また，(7.20) で与えられる境界条件は，電束電流（第 9 章「電磁波」）が存在する場合でも成立する．

例題 3 ――― ベクトルポテンシャルと磁場のエネルギー

磁束密度 $\boldsymbol{B}$ の磁場の中にある面 S を貫く磁束 Φ は，ベクトルポテンシャル $\boldsymbol{A}$ を使って表わすと

$$\Phi = \oint_C \boldsymbol{A} \cdot d\boldsymbol{l}$$

となることを示せ．ただし，C は面 S の周辺をつくる閉曲線を表わす．

〚ヒント〛 ストークスの定理を用いる．

【解答】 (7.10) より，磁束密度 $\boldsymbol{B}$ は，ベクトルポテンシャル $\boldsymbol{A}$ によって

$$\boldsymbol{B} = \mathrm{rot}\,\boldsymbol{A}$$

と表わされる．したがって，面 S を貫く磁束 Φ は

$$\Phi = \int_S \boldsymbol{B} \cdot d\boldsymbol{S} = \int_S \mathrm{rot}\,\boldsymbol{A} \cdot d\boldsymbol{S}$$

となる．任意のベクトルの回転の面積分は，ストークスの定理によって，面 S の周辺の閉曲線を C とする線積分に変換できるから

$$\Phi = \int_S \mathrm{rot}\,\boldsymbol{A} \cdot d\boldsymbol{S} = \oint_C \boldsymbol{A} \cdot d\boldsymbol{l}$$

が得られる．

問　題

3.1 任意のベクトル $\boldsymbol{F}$ が，$\boldsymbol{F} = \mathrm{grad}\,\varphi$（$\varphi$ はスカラー）で表わされるとき，

$$\mathrm{rot}\,\boldsymbol{F} = 0$$

であることを示せ．

3.2 問題 3.1 の結果を使って，$\boldsymbol{B} = \mathrm{rot}\,\boldsymbol{A}$ に対して，同一の $\boldsymbol{B}$ を与える $\boldsymbol{A}$ は一意的にきまらないことを示せ．

3.3 二つのベクトル $\boldsymbol{F}, \boldsymbol{G}$ に対して，次の恒等式を示せ．

$$\mathrm{div}\,(\boldsymbol{F} \times \boldsymbol{G}) = \boldsymbol{G} \cdot \mathrm{rot}\,\boldsymbol{F} - \boldsymbol{F} \cdot \mathrm{rot}\,\boldsymbol{G}$$

3.4 原点 O からの距離を r とする．いま，あるベクトル $\boldsymbol{A}$ が十分遠方の r に対して r^{-3} の依存性をもつとき

$$\int_V \mathrm{div}\,\boldsymbol{A}\,dv = 0$$

となることを示せ．なお，題意の積分は全空間に対して行う．

3.5 問題 3.3 の結果を使って，電流密度を $\boldsymbol{j}$，ベクトルポテンシャルを $\boldsymbol{A}$ とするとき，全空間に蓄えられる磁場のエネルギーが (7.15) となることを示せ．

3.6 電流 i の流れる回路が磁束 ϕ と N 回鎖交するとき，回路系に蓄えられる磁場のエネルギーが，(7.16) となることを示せ．

例題 4 ―――― 電流とベクトルポテンシャル

長さ $2l$ の直線状導線に電流 i が流れている．導線から距離 r の点でのベクトルポテンシャルを求めよ．

〚ヒント〛 (7.11) の積分形を用いる．

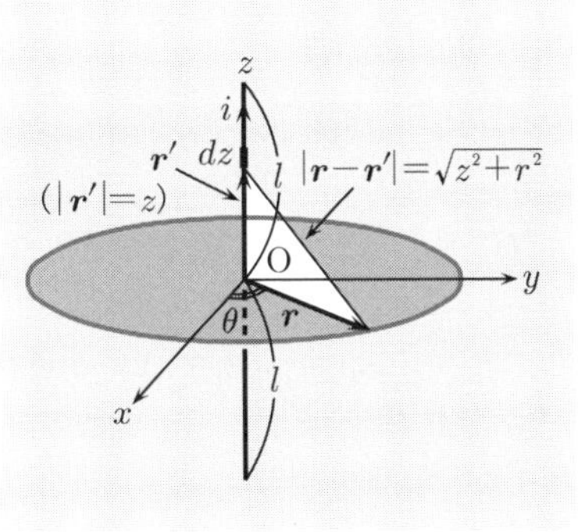

【**解答**】 電流の流れている方向を z 軸，導線の中点を原点とする．z 軸に垂直な面内に円筒座標を考えれば，(7.11) の積分形から，ベクトルポテンシャル $\boldsymbol{A} = (A_r, A_\theta, A_z)$ は，$A_r = A_\theta = 0$ となり，A_z のみの値をもつ．

図より，$|\boldsymbol{r} - \boldsymbol{r}'| = \sqrt{z^2 + r^2}$，また，$\boldsymbol{j}dv'$ の z 成分 $= idz$ より，A_z は

$$A_z = \frac{\mu_0 i}{4\pi}\int_{-l}^{l}\frac{dz}{\sqrt{z^2+r^2}} = \frac{\mu_0 i}{2\pi}\int_0^l \frac{dz}{\sqrt{z^2+r^2}}$$

となる．積分公式

$$\int \frac{dz}{\sqrt{z^2+r^2}} = \log\left|z + \sqrt{z^2+r^2}\right| + C \quad (C：任意定数)$$

を用いれば

$$A_z = \frac{\mu_0 i}{2\pi}\left[\log\left|z + \sqrt{z^2+r^2}\right|\right]_0^l = \frac{\mu_0 i}{2\pi}\log\frac{l + \sqrt{l^2+r^2}}{r}$$

$$= \frac{\mu_0 i}{2\pi}\log\left\{\frac{l}{r}\left(1 + \sqrt{1 + \left(\frac{r}{l}\right)^2}\right)\right\}$$

が得られる．

問　　題

4.1 $\log\left|z + \sqrt{z^2+a^2}\right|$ (a：定数) を z で微分することによって

$$\int \frac{dz}{\sqrt{z^2+a^2}} = \log\left|z + \sqrt{z^2+a^2}\right| + C \quad (C：任意定数)$$

の関係式を示せ．

4.2 例題 4 の結果を使って，直線状導線から距離 r の点での磁束密度を求めよ（ヒント：付録 (A.28) を用いよ）．

4.3 問題 4.2 において，$l \to \infty$ としたときの磁束密度を求め，この結果が第 5 章 (5.16) に一致することを示せ．

4.4 半径 a の円電流 i により，中心軸の近傍（中心軸からの距離を b とすれば $b \ll a$）に生じるベクトルポテンシャルを求めよ（注：一般的なベクトルポテンシャルの解は楕円関数によって表わされる）．

例題5 磁性体境界面での境界条件

表面の十分に広い透磁率 μ の常磁性体が，真空中に間隔を置いて平行に置かれている．次の各場合の真空領域での磁束密度と磁場の強さを求めよ．ただし，磁性体表面には電流は流れていないものとする．

磁性体内の磁束密度 $\boldsymbol{B}_0$ の向きが (a) 表面に平行なとき (b) 表面に垂直なとき

〖ヒント〗 磁性体境界面での境界条件 (7.17), (7.18) を用いよ．

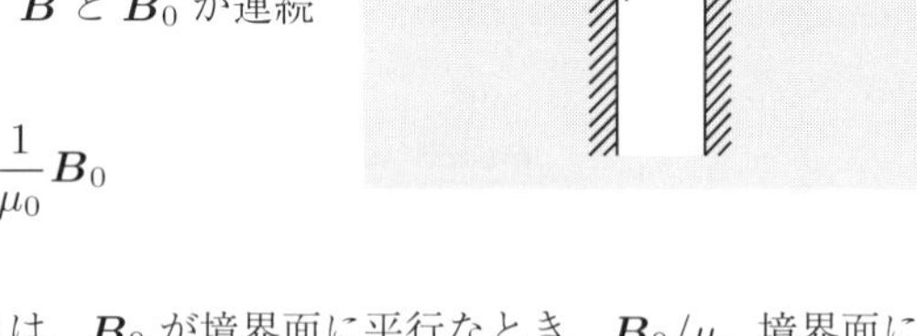

【解答】 真空中での磁束密度を $\boldsymbol{B}$，磁場の強さを $\boldsymbol{H}$ とする．磁性体境界面での境界条件より，$\boldsymbol{B}_0$ の法線成分，$\boldsymbol{H}_0\,(=\boldsymbol{B}_0/\mu)$ の接線成分が連続となる．

(a) $\boldsymbol{B}_0$ が境界面に平行なとき： $\boldsymbol{H}$ と $\boldsymbol{H}_0$ が連続になる．したがって

$$\boldsymbol{H}=\boldsymbol{H}_0=\frac{1}{\mu}\boldsymbol{B}_0,\quad \boldsymbol{B}=\mu_0\boldsymbol{H}=\frac{\mu_0}{\mu}\boldsymbol{B}_0$$

が得られる．

(b) $\boldsymbol{B}_0$ が境界面に垂直なとき： $\boldsymbol{B}$ と $\boldsymbol{B}_0$ が連続になる．したがって

$$\boldsymbol{B}=\boldsymbol{B}_0,\quad \boldsymbol{H}=\frac{1}{\mu_0}\boldsymbol{B}=\frac{1}{\mu_0}\boldsymbol{B}_0$$

が得られる．

以上より，真空領域での磁場の強さは，$\boldsymbol{B}_0$ が境界面に平行なとき，$\boldsymbol{B}_0/\mu$，境界面に垂直なとき，$\boldsymbol{B}_0/\mu_0$ となる．

問　題

5.1 例題5において，磁束密度 $\boldsymbol{B}_0$ が磁性体表面の法線方向と θ_0 の角をなすとき，真空領域での磁束密度と磁場の強さ，磁場と磁性体表面の法線方向とのなす角 θ を求めよ．

5.2 図のように，透磁率 $\mu, 2\mu, \mu/2$ の磁性体が境界面を接している．磁性体 a の領域での磁場が，磁性体 b, c を含まず磁性体 a のみがあったときと同一になるとき，d_1, d_2 の間にはどのような関係が成立するか．

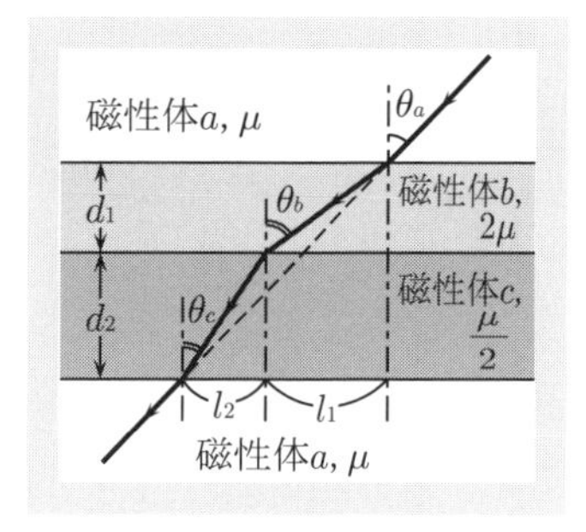

5.3 半径 a の無限に長い円筒形導体の表面に表面電流 i が流れているとき，導体の表面で (7.20) が成立することを示せ．

7.3 磁気双極子

磁石と磁極

細い棒磁石では磁極は棒磁石の両端に現われる．地球磁場で北を指す方を**N 極**（**正極**），南を指す方を**S 極**（**負極**）という．磁石の N, S の磁極は必ず対をなして現われ，一方の極を単独には取り出せない．

クーロンの法則

N 極には正の**磁荷**（**磁気量**），S 極には負の磁荷を対応づけると，磁気の場合も電気の場合と同様**クーロンの法則**がなりたつ．真空中で磁荷 Q_{m1}, Q_{m2} が距離 r だけ離れているとき，二つの点磁荷間に働く力は

$$F = \frac{\mu_0}{4\pi}\frac{Q_{m1}Q_{m2}}{r^2} \tag{7.21}$$

となる．磁荷の単位は A・m である．

磁石の磁気モーメント

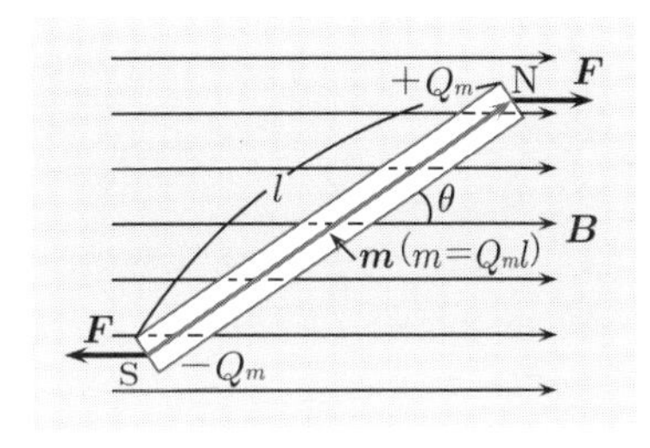

N極は磁束密度$\boldsymbol{B}$の磁場の中で磁場と同方向の力を受け，S 極は逆方向の力を受ける．この力は，磁荷を Q_m とすれば

$$\boldsymbol{F} = Q_m\boldsymbol{B} \tag{7.22}$$

となる．図のように，一様な磁場中にある長さ l の棒磁石に働く力のモーメント $\boldsymbol{N}$ は，$\boldsymbol{m} = Q_m\boldsymbol{l}$ と置くことによって

$$\boldsymbol{N} = \boldsymbol{l}\times\boldsymbol{F} = \boldsymbol{m}\times\boldsymbol{B} \quad \text{あるいは} \quad N = mB\sin\theta \tag{7.23}$$

を得る．$\boldsymbol{m}$ を**磁気モーメント**という．$\boldsymbol{m}$ は S 極から N 極へ向うベクトルである．(7.23) は (6.4)，(7.1) と同タイプの式となる．l を十分小さな量とみなせる系では，$\pm Q_m$ の対を**磁気双極子**といい，$\boldsymbol{m}$ を**磁気双極子モーメント**という．磁束密度 $\boldsymbol{B}$ の磁場の中にある**磁気双極子のポテンシャルエネルギー**は

$$U = -\boldsymbol{m}\cdot\boldsymbol{B} \tag{7.24}$$

である（例題 9）．磁気モーメントの単位は A・m^2 である．

磁気双極子による磁場

rot $\boldsymbol{H} = 0$ が成立するとき，静電場の電位に対応する量として，静磁場に対する**磁位**を便宜的に定義することができる．

$$\boldsymbol{H} = -\mathrm{grad}\, V_m \tag{7.25}$$

磁位の単位は A である．磁気双極子モーメント $\boldsymbol{m}$† による磁位 V_m は，座標を次ページの図のような平面極座標 (r, θ) にとれば，$r \gg l$ のとき

† 環状電流の場合は (7.1)，磁石の場合は (7.23) を参照せよ．

$$V_m = \frac{\boldsymbol{m}\cdot\boldsymbol{r}}{4\pi r^3} = \frac{m}{4\pi r^2}\cos\theta \tag{7.26}$$

となる．磁場 $\boldsymbol{H} = (H_r, H_\theta)$ の各成分は

$$H_r = -\frac{\partial V_m}{\partial r} = \frac{m}{2\pi r^3}\cos\theta \tag{7.27}$$

$$H_\theta = -\frac{1}{r}\frac{\partial V_m}{\partial \theta} = \frac{m}{4\pi r^3}\sin\theta \tag{7.28}$$

である．ただし，(7.25) から得られる $\mathrm{rot}\,\boldsymbol{H}$ は常に

$$\mathrm{rot}\,\boldsymbol{H} = -\mathrm{rot}\,\mathrm{grad}\,V_m = 0$$

であるから（問題 3.1），電流が存在するときにはアンペールの法則を満たさない．

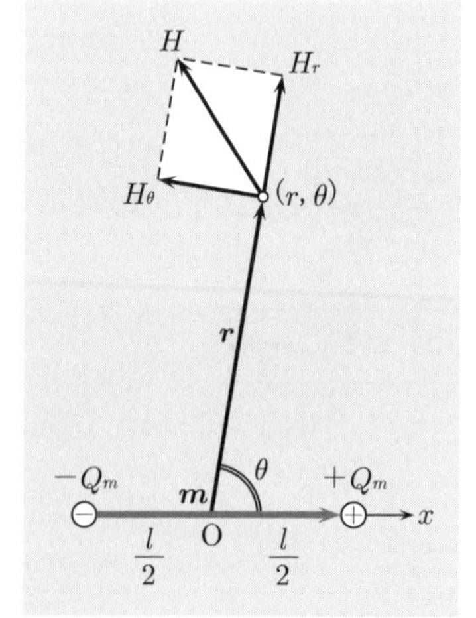

$E-B$ 対応と $E-H$ 対応

電荷に働く力から電場 $\boldsymbol{E}$が定義されたように，運動する点電荷あるいは電流に働く力から磁束密度 $\boldsymbol{B}$ が定義される．また，$\boldsymbol{E}$ と $\boldsymbol{B}$，$\boldsymbol{D}$ と $\boldsymbol{H}$ は互いに独立な量ではなく，異なる慣性系の間では互いに変換する（第 8 章 8.1 節）．このような観点から，電気的な量と磁気的な量の関連を考えるとき，$\boldsymbol{E} \leftrightarrow \boldsymbol{B}$，$\boldsymbol{D} \leftrightarrow \boldsymbol{H}$, $\varepsilon_0 \leftrightarrow 1/\mu_0$ を対応させる方式を **$E-B$ 対応**という．この方式は，**磁気単極**†(monopole) が存在しないということに基礎を置くもので，本書ではこの方式を採用している．

他方，電場 $\boldsymbol{E}$ に対する磁場 $\boldsymbol{H}$，電束密度 $\boldsymbol{D}$ に対する磁束密度 $\boldsymbol{B}$ からも連想されるように，電気と磁気の対称性に重きを置いて，$\boldsymbol{E} \leftrightarrow \boldsymbol{H}$，$\boldsymbol{D} \leftrightarrow \boldsymbol{B}$，$\varepsilon_0 \leftrightarrow \mu_0$ を対応させる方式もある．これを **$E-H$ 対応**という．$\boldsymbol{E}-\boldsymbol{B}$ 対応と $\boldsymbol{E}-\boldsymbol{H}$ 対応の差異は磁化 $\boldsymbol{M}$，磁気モーメント $\boldsymbol{m}$，磁荷 Q_m の定義のしかたに現われる．$\boldsymbol{E}-\boldsymbol{H}$ 対応では，電気現象との対応から

$$\left.\begin{array}{lll}
(7.1) & \text{に対して} & \boldsymbol{N} = \boldsymbol{m}\times\boldsymbol{H} \\
(7.4) & \text{に対して} & \boldsymbol{B} = \mu_0\boldsymbol{H} + \boldsymbol{M} \\
(7.21) & \text{に対して} & F = \dfrac{Q_{m1}Q_{m2}}{4\pi\mu_0 r^2} \\
(7.22) & \text{に対して} & \boldsymbol{F} = Q_m\boldsymbol{H}
\end{array}\right\} \tag{7.29}$$

のように定義される．$\boldsymbol{M}$, $\boldsymbol{m}$, Q_m の単位は，それぞれ

$$\mathrm{T}, \quad \mathrm{Wb\cdot m}, \quad \mathrm{Wb}$$

となり，$\boldsymbol{E}-\boldsymbol{B}$ 対応の場合と異なる（問題 10.2）．

† 磁気単極については P.A.M. Dirac の仮説がある．

例題 6　環状電流による磁場

局在化した磁気モーメント $\boldsymbol{m}$ の環状電流から充分離れた領域では，磁場 $\boldsymbol{H}$ を (7.26) の磁位 V_m によって記述することができる[†]．(7.25)，(7.26) より

$$\boldsymbol{H} = -\frac{1}{4\pi}\left(\frac{\boldsymbol{m}}{r^3} - \frac{3\boldsymbol{r}(\boldsymbol{m}\cdot\boldsymbol{r})}{r^5}\right)$$

となることを導け．

【解答】　まず，x 成分について計算する．$r = \sqrt{x^2+y^2+z^2}$ より

$$\left[\mathrm{grad}\left(\frac{\boldsymbol{m}\cdot\boldsymbol{r}}{r^3}\right)\right]_x = \frac{\partial}{\partial x}\left(\frac{m_x x + m_y y + m_z z}{r^3}\right)$$

$$= m_x\left(\frac{1}{r^3} - 3\frac{x^2}{r^5}\right) - 3m_y\frac{xy}{r^5} - 3m_z\frac{xz}{r^5}$$

$$= \frac{m_x}{r^3} - \frac{3x(\boldsymbol{m}\cdot\boldsymbol{r})}{r^5}$$

となる．y 成分，z 成分についても同様の結果が得られるから

$$\mathrm{grad}\left(\frac{\boldsymbol{m}\cdot\boldsymbol{r}}{r^3}\right) = \frac{\boldsymbol{m}}{r^3} - \frac{3\boldsymbol{r}(\boldsymbol{m}\cdot\boldsymbol{r})}{r^5}$$

となる．したがって

$$\boldsymbol{H} = -\mathrm{grad}\,V_m = -\frac{1}{4\pi}\left(\frac{\boldsymbol{m}}{r^3} - \frac{3\boldsymbol{r}(\boldsymbol{m}\cdot\boldsymbol{r})}{r^5}\right)$$

を得る．

問　題

6.1　局在化した環状電流から充分離れた領域では，アンペールの法則はどのように解釈できるかを調べよ．その結果，こうした領域では，(7.26) に示す磁位 V_m によって静磁場を扱うことができることを考察せよ（**ヒント**：題意の領域での任意の閉経路内部を貫く電流はどうなるか）．

6.2　第 5 章問題 5.3 で求めた結果を使って，半径 a の円電流 i による，円電流の中心軸上で円電流から充分に離れた位置での磁場は，例題 6 で示される解に一致することを示せ．

6.3　$\boldsymbol{r}$ と磁気モーメント $\boldsymbol{m}$ によって張られる 2 次元平面内において，$\boldsymbol{r}$ と $\boldsymbol{m}$ の間の角を θ とするとき，例題 6 で得た結果を用いて $\boldsymbol{H}$ の r 成分と θ 成分を求め，その結果が (7.27) と (7.28) に一致することを示せ．なお，必要ならば $\boldsymbol{e}_r, \boldsymbol{e}_\theta$ を r 方向，θ 方向の単位ベクトルとせよ．

---

†　こうした領域でのアンペールの法則の解釈は，問題 6.1 の解を参照せよ．

例題 7 ―― 磁気双極子

長さ l の2本の同一の小磁石を磁気モーメント $\boldsymbol{m}\,(m = Q_m l)$ の向きをそろえ，図のように $r\,(\gg l)$ の距離を隔てて置く．各磁気双極子の中点を結ぶ直線と $\boldsymbol{m}$ が同一方向のとき，両者がおよぼし合う力を求めよ．

〘ヒント〙 (7.21) を用いる．また，$x \ll 1$ の条件下で，$(1+x)^{-2} \cong 1 - 2x + 3x^2 + \cdots$ のマクローリン展開の公式を使用せよ．

【解答】 図のように，A 点の $+Q_m$ が他方の磁気双極子から受けるクーロン力 F_1 は，$\dfrac{l}{r}$ で展開すれば

$$F_1 = \frac{\mu_0 Q_m^2}{4\pi r^2} - \frac{\mu_0 Q_m^2}{4\pi (r+l)^2} = \frac{\mu_0 Q_m^2}{4\pi r^2}\left\{1 - \frac{1}{(1+l/r)^2}\right\}$$

$$\cong \frac{\mu_0 Q_m^2}{4\pi r^2}\left[2\frac{l}{r} - 3\left(\frac{l}{r}\right)^2 + \cdots\right]$$

となる．同様にして，B 点の $-Q_m$ が他方の磁気双極子から受けるクーロン力 F_2 は

$$F_2 = \frac{\mu_0 Q_m^2}{4\pi r^2} - \frac{\mu_0 Q_m^2}{4\pi (r-l)^2} = \frac{\mu_0 Q_m^2}{4\pi r^2}\left\{1 - \frac{1}{(1-l/r)^2}\right\}$$

$$\cong \frac{\mu_0 Q_m^2}{4\pi r^2}\left[-2\frac{l}{r} - 3\left(\frac{l}{r}\right)^2 + \cdots\right]$$

を得る．よって磁気双極子 AB が受ける力 F は，F_1 と F_2 の合力であるから

$$F = F_1 + F_2 \cong -\frac{3\mu_0 Q_m^2 l^2}{2\pi r^4} = -\frac{3\mu_0 m^2}{2\pi r^4}$$

となる．この力は r^4 に逆比例する引力である．

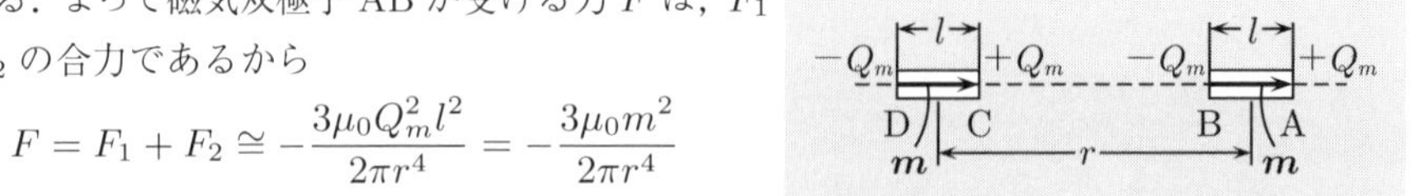

問　　題

7.1 例題 7 において，各磁気双極子の中点を結ぶ直線と磁気モーメント $\boldsymbol{m}$ が直交するとき，両者がおよぼし合う力を求めよ．ただし，二つの磁気双極子の $\boldsymbol{m}$ は互いに平行であるとする．

7.2 磁気モーメント $\boldsymbol{m}\,(m = Q_m l)$ の小磁石の中心を原点，磁軸（$\boldsymbol{m}$ の方向）を x 軸とするとき，原点から平面極座標 $(r, \theta)\,(r \gg l)$ で表わされる点における磁場の x 成分が 0 となる θ を求めよ．

7.3 長さ l，質量 M の棒磁石を，その S 極を回転軸として，回転軸に直交する一様な磁束密度の磁場（磁束密度の水平成分を B_h，垂直成分を B_v とする）の中に置いた．この棒磁石が鉛直に対して θ の角度でつり合ったときの，棒磁石の磁気モーメントを求めよ．ただし，磁石の磁荷は $\pm Q_m$，重力加速度は g とする．

例題 8　磁性体球

半径 a，比透磁率 μ_r の磁性体球が一様な磁場 $\boldsymbol{H}_0$ の中に置かれている．磁性体球が磁化されることにより，球内部には一様な磁場 $\boldsymbol{H}$ が生じるものとする．また，球外の磁場は，外部磁場 $\boldsymbol{H}_0$ と球の中心にある磁気モーメント $\boldsymbol{m}$ の磁気双極子による磁場の和として扱うことができるとする．磁性体の境界面での境界条件から，$\boldsymbol{H}$ と $\boldsymbol{m}$ の大きさを求めよ．

〚ヒント〛 (7.27), (7.28) を用いて，磁性体境界面での境界条件に関する式を求めよ．

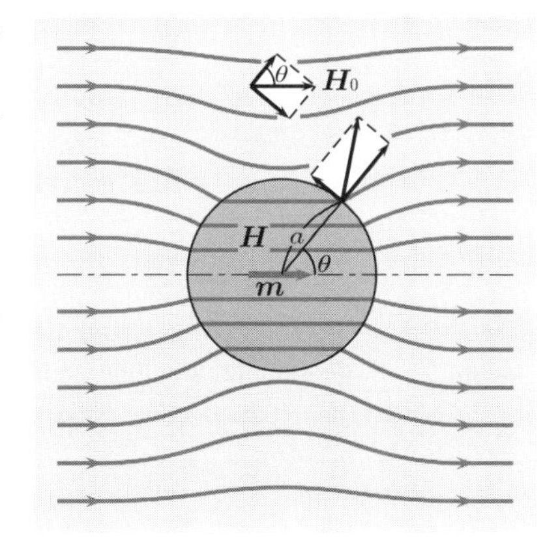

【解答】 図のように，球の中心を通る断面を考え，この面上に磁気モーメント $\boldsymbol{m}$ の方向を x 軸とする 2 次元極座標を考える．磁性体の球内と球外に生じる磁場を題意の方法によって記述すれば，磁性体球の境界面上での磁場の接線成分の連続性（各磁場の方向に気を付けること）と (7.28) より

$$-H_0 \sin\theta + \frac{m}{4\pi a^3}\sin\theta = -H\sin\theta$$

$$\therefore \quad H_0 - \frac{m}{4\pi a^3} = H \tag{1}$$

が得られる．同様にして，磁束密度の法線成分の連続性と (7.27) より

$$\mu_0 H_0 \cos\theta + \frac{\mu_0 m}{2\pi a^3}\cos\theta = \mu H\cos\theta$$

$$\therefore \quad H_0 + \frac{m}{2\pi a^3} = \mu_r H \tag{2}$$

となる．(1), (2) より m，H を H_0 で表わせば

$$H = \frac{3}{\mu_r + 2}H_0, \quad m = 4\pi a^3 \frac{\mu_r - 1}{\mu_r + 2}H_0$$

が得られる．

問　　題

8.1 内半径 a，外半径 b，比透磁率 μ_r $(\mu_r \gg 1)$ の中空の磁性体球を一様な磁場 $\boldsymbol{H}_0$ の中に置く．例題 8 と同様な考え方によって，球の中空部の磁場の大きさを求めよ．また，この磁場が H_0 に比べて十分小さくできることを示せ．このような効果を**磁気遮蔽**という．

例題 9 ―― 磁気双極子のポテンシャルエネルギー

磁場の中にある磁荷 Q_m のポテンシャルエネルギー U は，磁位 V_m を用いれば $U = \mu_0 Q_m V_m$ で表わされる†．このことから，磁気双極子のポテンシャルエネルギーが，(7.24) で表わされることを示せ．

〚ヒント〛 磁気双極子の長さが十分短いとして，磁位を展開せよ．

【解答】 磁気双極子の長さのベクトルを $\boldsymbol{\Delta l} = (\Delta x, \Delta y, \Delta z)$ とすれば，U は次式で与えられる．

$$U = \mu_0 Q_m V_m(x + \Delta x,\ y + \Delta y,\ z + \Delta z) - \mu_0 Q_m V_m(x, y, z)$$

$\boldsymbol{\Delta l}$ が対象とする位置ベクトル $\boldsymbol{r} = (x, y, z)$ に比べて十分小さければ，付録 (A.45) より

$$V_m(x + \Delta x,\ y + \Delta y,\ z + \Delta z) \cong V_m(x, y, z) + \boldsymbol{\Delta l} \cdot \mathrm{grad}\, V_m(x, y, z) + \cdots$$

のように展開できる．したがって，U は磁気モーメント $\boldsymbol{m} = Q_m \boldsymbol{\Delta l}$ と (7.25) より

$$U = \mu_0 Q_m \boldsymbol{\Delta l} \cdot \mathrm{grad}\, V_m(x, y, z) = -\mu_0 \boldsymbol{m} \cdot \boldsymbol{H} = -\boldsymbol{m} \cdot \boldsymbol{B}$$

となる．

問　題

9.1 電子の**スピン磁気モーメント**は $m_\beta = 0.928 \times 10^{-23}\,\mathrm{A \cdot m^2}$ である．電子が磁束密度 $B = 0.5\,\mathrm{T}$ の磁場内にあるとき，$\boldsymbol{m}_\beta$ が $\boldsymbol{B}$ と平行，あるいは反平行の場合，ポテンシャルエネルギーに何 eV の差が生じるか．

例題 10 ―― 磁場と単位系

電子のスピン磁気モーメントは，$m_\beta = 0.928 \times 10^{-23}\,\mathrm{A \cdot m^2}$ である．これを**ガウス単位系**で表わせ．

【解答】 0.01 m 離れた 1 A・m の二つの磁荷の間に働く力は

$$F = \frac{4\pi \times 10^{-7}}{4\pi} \frac{1 \times 1}{(10^{-2})^2} = 10^{-3}\,\mathrm{N} = 10^2\,\mathrm{dyn}$$

となる．これをガウス単位系で考えれば，1 cm 離れた 10 emu 単位の磁荷の間に働く力に対応する．したがって，1 A・m = 10 emu 単位である．$1\,\mathrm{m} = 10^2\,\mathrm{cm}$ より，m_β をガウス単位系で表わすと，次の結果を得る．

$$m_\beta = 0.928 \times 10^{-23} \times 10 \times 10^2 = 0.928 \times 10^{-20}\,\text{emu 単位}$$

問　題

10.1 1 T（テスラ）$= 10^4$ G（ガウス）であることを示せ．

10.2 $\boldsymbol{E} - \boldsymbol{H}$ 対応による方式での，磁荷，磁気モーメント，磁化の単位を求めよ．

---

† 本書では $\boldsymbol{E} - \boldsymbol{B}$ 対応を採用している．$\boldsymbol{E} - \boldsymbol{H}$ 対応では，磁荷の単位が異なるため，ポテンシャルエネルギーは，$U = Q_m V_m$ で表わされる．

8 電磁誘導

8.1 電磁誘導

電磁誘導

電流や磁場が時間的に変化したり，磁場の中を回路が運動したりする場合，回路を横切る磁束が時間的に変化し，回路に起電力が発生する．この現象を**電磁誘導**，発生する起電力を**誘導起電力**，回路に流れる電流を**誘導電流**という．

誘導法則

電磁誘導の現象と法則は，定性的にはファラデー（Faraday）によって発見され，定量的にはレンツ（Lenz），ノイマン（Neumann）により確立された．電磁誘導によって生じる起電力の向きは，磁束の変化を妨げる向きに発生する．これを**レンツの法則**という．誘導起電力 e は，回路と鎖交する磁束 Φ の時間的な変化に比例し，これを式で表わせば

$$e = -\frac{d\Phi}{dt} \tag{8.1}$$

となる．これを**ファラデーあるいはノイマンの電磁誘導の法則**，あるいは単に**誘導法則**という．(8.1) を，**誘導電場** $\boldsymbol{E}$ と磁束密度 $\boldsymbol{B}$ によって表わすことができ，閉回路の線素片を $d\boldsymbol{l}$，閉回路を周辺とする面の面素片を $d\boldsymbol{S}$ とすれば

$$e \equiv \oint \boldsymbol{E} \cdot d\boldsymbol{l} = -\frac{d}{dt}\int_S \boldsymbol{B} \cdot d\boldsymbol{S} \quad （積分形） \tag{8.2}$$

となる．$\boldsymbol{E}$ と $\boldsymbol{B}$ の微分形は次のようにして得られる．

(a) $\boldsymbol{B}$ が時間的に変化せず回路が運動するとき：図のように，回路が速度 $\boldsymbol{v}$ で運動するとき，回路上の線素片 $d\boldsymbol{l}$ が時間 dt の間に描く微小面積は

$$d\boldsymbol{S} = \boldsymbol{v}dt \times d\boldsymbol{l} \tag{8.3}$$

である．したがって，$d\boldsymbol{S}$ を横切る磁束 $d\Phi$ は，

$$d\Phi = \int \boldsymbol{B} \cdot (\boldsymbol{v}dt \times d\boldsymbol{l}) = -dt \oint (\boldsymbol{v} \times \boldsymbol{B}) \cdot d\boldsymbol{l}^{\dagger} \tag{8.4}$$

となる．(8.1)，(8.2)，(8.4) より $\oint \boldsymbol{E} \cdot d\boldsymbol{l} = \oint (\boldsymbol{v} \times \boldsymbol{B}) \cdot d\boldsymbol{l}$ となり

$$\boldsymbol{E} = \boldsymbol{v} \times \boldsymbol{B} \quad （微分形） \tag{8.5}$$

† $\boldsymbol{A} \cdot (\boldsymbol{B} \times \boldsymbol{C}) = \boldsymbol{B} \cdot (\boldsymbol{C} \times \boldsymbol{A}) = \boldsymbol{C} \cdot (\boldsymbol{A} \times \boldsymbol{B})$, $\boldsymbol{A} \times \boldsymbol{B} = -\boldsymbol{B} \times \boldsymbol{A}$

が得られる．図のように，方向関係は親指が $\boldsymbol{v}$，人差指が $\boldsymbol{B}$，中指が $\boldsymbol{E}$ となる．これを**フレミングの右手の法則**という．

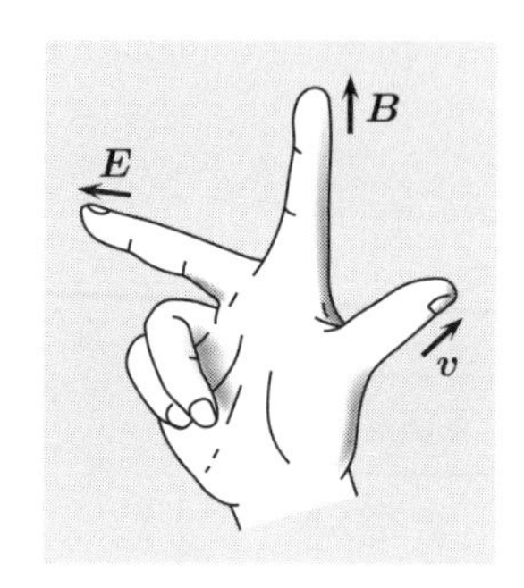

(b)　回路が運動せず $\boldsymbol{B}$ が時間的に変化するとき：$\boldsymbol{B}$ のみが時間的に変化するから

$$\oint_C \boldsymbol{E}\cdot d\boldsymbol{l} = -\int_S \frac{\partial \boldsymbol{B}}{\partial t}\cdot d\boldsymbol{S} \tag{8.6}$$

となる．ストークスの定理 $\left(\oint_C \boldsymbol{E}\cdot d\boldsymbol{l} = \int_S \mathrm{rot}\boldsymbol{E}\cdot d\boldsymbol{S}\right)$ より

$$\mathrm{rot}\boldsymbol{E} = -\frac{\partial \boldsymbol{B}}{\partial t}\quad \text{（微分形）} \tag{8.7}$$

を得る．(8.7) と $\boldsymbol{B} = \mathrm{rot}\boldsymbol{A}$ より，$\boldsymbol{E}$ は次のとおり．

$$\boldsymbol{E} = -\frac{\partial \boldsymbol{A}}{\partial t} \tag{8.7$'$}$$

(c)　$\boldsymbol{B}$ が時間的に変化，回路が運動するとき：(a)，(b) より，e は以下のとおり．

$$e = \oint (\boldsymbol{v}\times\boldsymbol{B})\cdot d\boldsymbol{l} - \int_S \frac{\partial \boldsymbol{B}}{\partial t}\cdot d\boldsymbol{S} \tag{8.8}$$

電磁誘導の諸現象

磁束密度の一様な磁場の中で，コイルを磁場と垂直な回転軸のまわりに一定の角速度で回転すると，向きと大きさが正弦波的に変化する誘導起電力（**交流電圧**）が得られる（例題2）．また，例題4のように面と磁場が直交するように置かれた円板を，中心軸のまわりに一定の角速度で回転させると，中心軸と円板の円周の間には大きさが一定の起電力が発生する．この現象を**単極誘導**という．導体が面積をもち，導体と磁場の間に位置や大きさの相対的な変化があるとき，導体に回転状の電流が流れる．これを**渦電流**あるいは**フーコー**（Foucault）**電流**という．渦電流は導体の運動を妨げる方向に発生する．

電磁場と運動の相対性

磁束密度の中を運動する荷電粒子にはローレンツ力が働く．この現象を荷電粒子の静止系からみた場合も，物理現象が同等となり，荷電粒子には力が働く．静止している荷電粒子にはローレンツ力は作用しないから，この力は電場によるものとなる．これまで，電場と磁束密度は，電荷および運動する電荷（電流）に作用する力から，各々独立に定義してきたが，正確には慣性系間で互いに変換† する量である．慣性系 I（電場と磁束密度は $\boldsymbol{E}_1$, $\boldsymbol{B}_1$）と，それに対し，速度 $\boldsymbol{v}$（$v \ll c$；c：光速度）で運動する慣性系 II での電場 $\boldsymbol{E}_2$ と磁束密度 $\boldsymbol{B}_2$ との間には，次の関係がある．

$$\boldsymbol{E}_2 = \boldsymbol{E}_1 + \boldsymbol{v}\times\boldsymbol{B}_1,\quad \boldsymbol{B}_2 = \boldsymbol{B}_1 - (\boldsymbol{v}\times\boldsymbol{E}_1)/c^2 \tag{8.9}$$

†　ローレンツ変換を満たす．

例題1 ——— 誘導起電力 I

下図のように，幅 $d = 15\,\text{cm}$ の U 字型の十分に長い導線が磁束密度 $B = 0.2\,\text{T}$ の一様な磁場の中にある．導線上に OP と平行に銅線の棒を置き，これを U 字路に沿って速度 $v = 5\,\text{m/s}$ ですべらせるとき，回路 OPQR に生じる誘導起電力を，(8.5) を用いて求めよ．

〚ヒント〛 (8.5) を (8.2) に適用する．

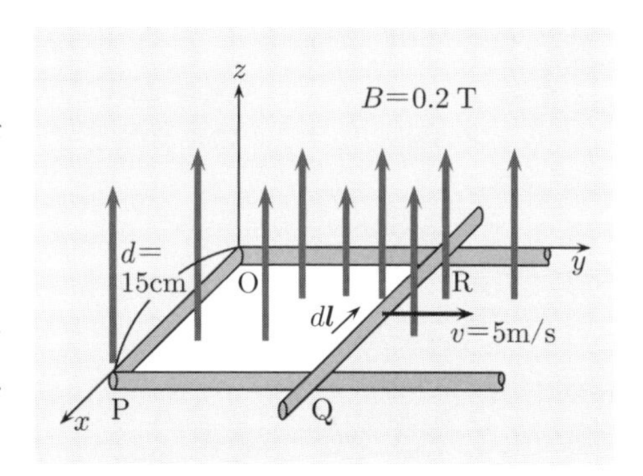

【解答】 銅線の棒 QR が動くことによって，ここに誘導起電力 e が発生し，これが回路の起電力になる．e は

$$e = \int_{\mathrm{Q}}^{\mathrm{R}} (\boldsymbol{v} \times \boldsymbol{B}) \cdot d\boldsymbol{l}$$

である．いま，$\boldsymbol{v}$ は図の y 方向，$\boldsymbol{B}$ は z 方向の向きをもつから，$(\boldsymbol{v} \times \boldsymbol{B})$ の向きは x の正方向となり，$d\boldsymbol{l}$（$\boldsymbol{B}$ の向きに右ねじを進めたときの，ねじの回転方向）と反並行になる．よって

$$(\boldsymbol{v} \times \boldsymbol{B}) \cdot d\boldsymbol{l} = -vBdl$$

となる．回路 OPQR の回転の向きを e の正の向きとすれば

$$e = -\int_{\mathrm{Q}}^{\mathrm{R}} vBdl = -vB\int_0^d dl = -vBd = -1.5 \times 10^{-1}\,\text{V}$$

を得る．すなわち，ORQP の向きに $1.5 \times 10^{-1}\,\text{V}$ の起電力が生じる．

問　題

1.1 例題1を次の方法によって解け．回路 OPQR を横切る全磁束を求め，その時間的変化から誘導起電力を計算せよ．

1.2 例題1において，棒 QR にはどちら向きの電流が流れるか．また，一様な磁束密度 $\boldsymbol{B}$ によって，この電流にはどのような力が作用するか．

1.3 例題1で $\angle\mathrm{ORQ} = \pi/3$，他の条件は同じとしたとき，誘導起電力はどうなるか．

1.4 図のような半径 a，長さ l の円筒を，軸に直角な磁束密度 $\boldsymbol{B}$ の一様磁場内で，軸のまわりに角速度 ω で回転させた．円周上の長さ l の方向の両端 PQ に発生する誘導起電力を求めよ．

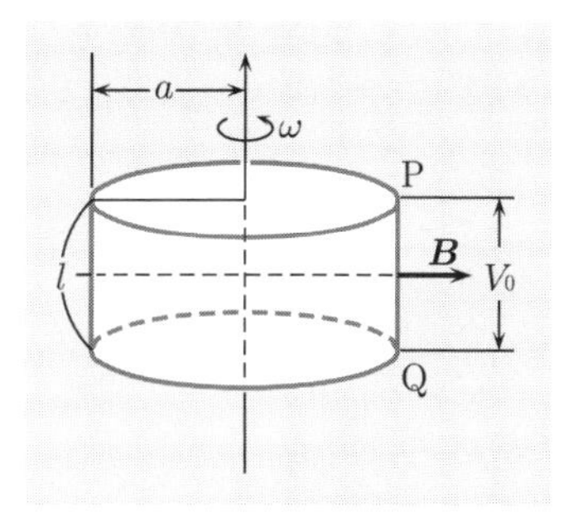

例題 2　　誘導起電力 II

磁束密度 $\boldsymbol{B}$ の一様な磁場中に，下図のように回転軸と一つの対辺が磁場と直角になるように，長方形のコイルが置かれている．このコイルを一定の角速度 ω で回転するとき，コイルに発生する誘導起電力を求めよ．ただし，長方形コイルの二辺を a, b，巻数を N とする．

〖ヒント〗 (8.1) を用いよ．

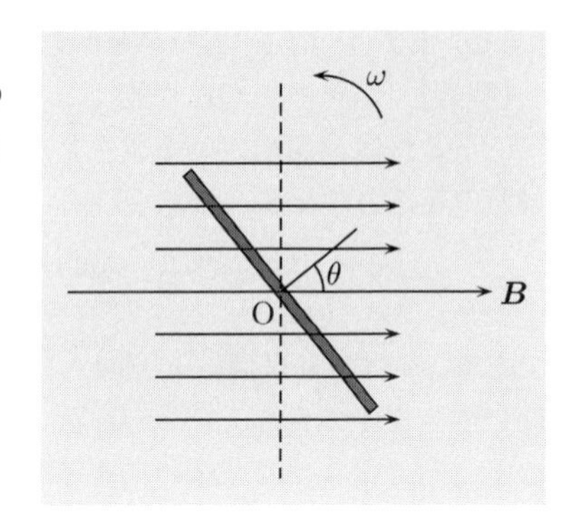

【解答】 図のように，コイル面の法線方向と $\boldsymbol{B}$ のなす角を θ とする．コイルは角速度 ω で回転するから，

$$t = 0 \text{ で } \theta = 0 \text{ とすれば，} \quad \theta = \omega t$$

である．よって，コイル面を横切る磁束は

$$\Phi = NBab\cos\theta = NBab\cos\omega t$$

となる．以上より，誘導起電力を e とすれば

$$e = -\frac{d\Phi}{dt} = NBab\omega\sin\omega t$$

を得る．e は正弦波交流になる．

問　　題

2.1 例題2に関連する次の問いに答えよ．

(a) 長方形コイルの二辺 a, b 間に $a + b = l$（一定）の関係があるとき，a, b を変化させることによって e の振幅を最大にするには，a, b をいくつにすればよいか．

(b) 長方形コイルの抵抗を R とする．コイルが $\theta_1\,(= \omega t_1)$ から $\theta_2\,(= \omega t_2)$ まで回転する間に移動する電気量は，θ_1 と θ_2 を一定値に定めれば ω によらないことを示せ．

(c) (b) において，$B = 0.5\,\mathrm{T}$, $R = 2\,\Omega$, $ab = 6\,\mathrm{cm}^2$, $N = 1$, $\theta_1 = 0$, $\theta_2 = \pi$ のとき，移動する電気量は何 C か．

2.2 一つの直径を回転軸とする半径 a の一巻きの円形コイルが，磁束密度 $\boldsymbol{B}$ の一様な磁場の中に，磁場と回転軸が直交するように置かれている．このコイルを一定の角速度 ω で回転するとき，コイルに発生する誘導起電力を求めよ．

2.3 半径 a，単位長さあたりの巻数 N_0 の十分に長いソレノイドに，電流 i が流れている．ソレノイドの中心で半径 $b\,(b \ll a)$，巻数 N_1 の小さなコイルを，ソレノイドによる磁場と直交する回転軸のまわりに角速度 ω で回転させた．小さなコイルに発生する誘導起電力を求めよ（**ヒント**：題意のソレノイドの中心での磁束密度については，第5章 (5.22) を参照せよ）．

例題 3 ―――― **誘導起電力 III**

図のように，一様な磁束密度 $\boldsymbol{B}$ の磁場中に，半径 a の半円状導線を幅 b の U 字路導体の一辺として置く．この辺を位置 P, Q を動かさずに角速度 ω で回転させるとき，閉回路に発生する誘導起電力を求めよ．ただし，$\mathrm{RQ} = c$，ならびに $a < b$, $a < c$ とし，また磁場は紙面の裏側から表側に向かうものとする．

〖ヒント〗 閉回路を貫く磁束を求め，その結果に (8.1) を適用すればよい．

【解答】 初期状態 ($t = 0$) で，半円状導線の半円面が閉回路に対し外側に凸で U 字路面内にあるとする．また，半円面と U 字路面間の角度を θ とすれば

$$\theta = \omega t$$

となる．以上より，閉回路を貫く磁束を $\varPhi$ とすれば

$$\varPhi = B\left(bc + \frac{\pi a^2}{2}\cos\omega t\right)$$

を得る．よって，誘導起電力を e とすれば，(8.1) より

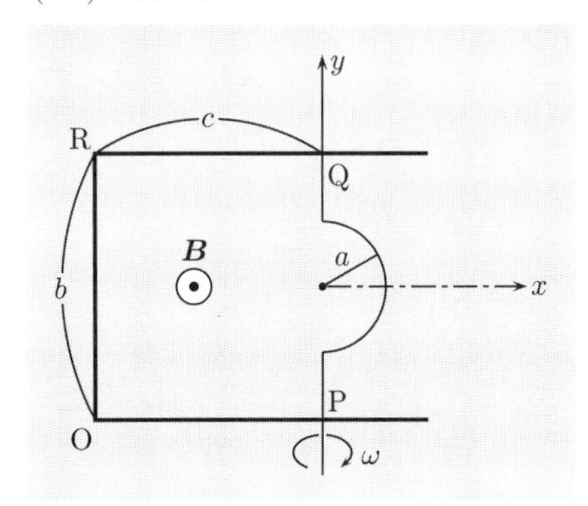

$$e = -\frac{d\varPhi}{dt} = \frac{B\pi a^2\omega}{2}\sin\omega t$$

となる．

問　　題

3.1 例題 3 において，半円状の導線を ω で回転させると共に，磁束密度 B を空間的には一様で，時間的に $B = B_0\cos\omega_0 t$ で変化させた．閉回路に発生する誘導起電力 e を求めよ．また，$\omega = \omega_0$ の場合，e はどのような交流の合成になるかを調べよ（ヒント：題意の閉回路を貫く磁束 $\varPhi$ の式を，三角関数の積を和に直す公式を使って変形するとよい）．

3.2 図のように，一辺が a の正方形の領域内に磁束密度 $\boldsymbol{B}$ の一様磁場があり，その他の領域での磁場はゼロである．今，二辺が $b\,(b < a)$ の直角三角形のコイルを図のように速度 $\boldsymbol{v}$ で x 方向に移動する．図の状態を初期状態 ($t = 0$) として，時刻 t でコイルを貫く磁束ならびにコイルに発生する誘導起電力を求めよ．

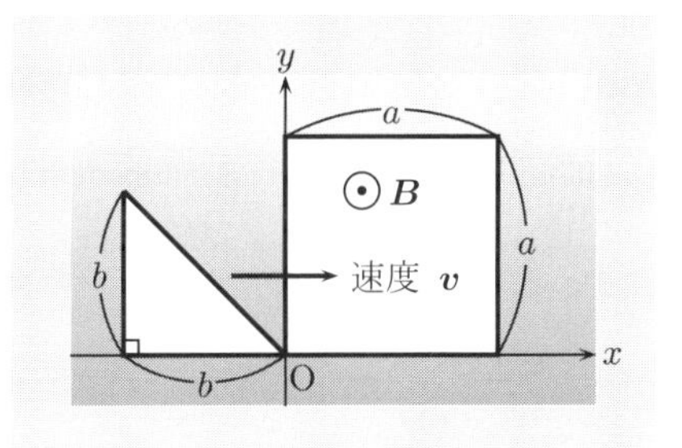

例題 4 ―― 単極誘導

磁束密度 $\boldsymbol{B}$ の一様な磁場中に，半径 a の円板がその面と磁場が直交するように置かれ，中心軸のまわりに角速度 ω で回転している．発生する誘導起電力 e を求めよ．

【解答】 図のように線素片 $d\boldsymbol{r}$ を考えると，$d\boldsymbol{r}$ の速度 $\boldsymbol{v}$ は，$v = r\omega$ となり，$\boldsymbol{v}$ は $\boldsymbol{B}$ と直交する．$\boldsymbol{B}$ を紙面の裏側から表側へ向うものとすれば，$d\boldsymbol{r}$ に生じる誘導起電力 de は，$\boldsymbol{v} \times \boldsymbol{B} /\!/ \boldsymbol{r}$ であるから，$de = (\boldsymbol{v} \times \boldsymbol{B}) \cdot d\boldsymbol{r} = vBdr$ となる．したがって，e は次式のようになる．

$$e = \int_0^a r\omega B dr = \frac{1}{2}B\omega a^2$$

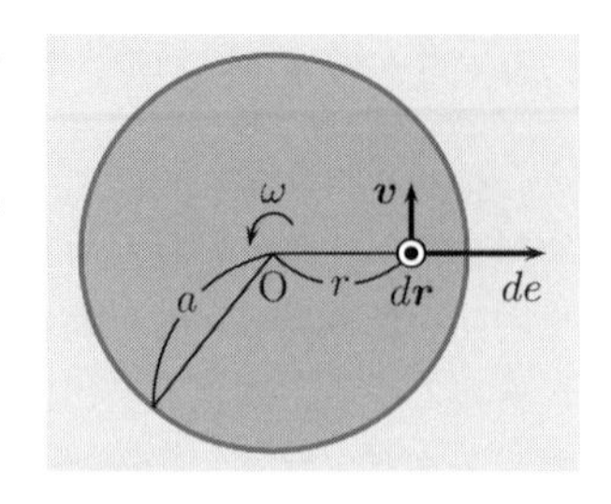

問　題

4.1 例題 4 において，円板の中心軸と円周上の点に 5Ω の抵抗を接触させた†．$a = 10\,\mathrm{cm}$, $\omega = 20\pi\,\mathrm{rad/s}$, $B = 2.5 \times 10^{-2}\,\mathrm{T}$ とするとき，抵抗に流れる電流を求めよ．ただし，円板の抵抗および接触抵抗は無視できるものとする．

例題 5 ―― ベータトロン

軸対称な磁束密度 $\boldsymbol{B}$ の磁場を時間 t と共に増加させるとき，誘導起電力によって，電子を半径 r が一定の状態のまま加速するための条件を求めよ††．

〚ヒント〛 $t = 0$ で，電子の円運動の速度と円の内部を貫く磁束はゼロとして解け．

【解答】 電子の円運動の内部を貫く磁束を Φ，円周上の誘導電場を E_i，電子の質量，電荷を $m, -e$ とする．E_i の強さは軸対称性から円周上で一定となり，したがって，$2\pi r E_i = -d\Phi/dt$ となる．電子の円運動の速度を v とすると，$r =$ 一定 と初期条件 ($t = 0$ で $v = 0$, $\Phi = 0$) を考慮すれば，以下の結果が得られる．

$$\frac{d}{dt}(mv) = -eE_i = \frac{e}{2\pi r}\frac{d\Phi}{dt} = \frac{d}{dt}\left(\frac{e\Phi}{2\pi r}\right) \qquad \therefore \quad mv = \frac{e\Phi}{2\pi r} \tag{1}$$

また，電子の円運動に対し $mv^2/r = evB$ となるから，(1) より次式を得る．

$$\Phi = 2\pi r^2 B$$

問　題

5.1 例題 5 において，誘導電場 E_i を半径 r と磁束密度 B で表わし，E_i が r，および B の時間変化に比例することを示せ．

† 誘導起電力が一定より回路には定常電流が流れる．この現象を**単極誘導**という．

†† **ベータトロン**（加速器の一種）の原理である．

8.2 相互誘導・自己誘導

相互誘導

ビオ・サバールの法則より，電流によって発生する磁束は，電流の強さに比例する．図のように二つの回路 C_1 と C_2 があるとき，C_1 を流れる電流 i_1 によって生じる磁束密度 $\boldsymbol{B}_1$ のうち，C_2 を横切る磁束 Φ_{21} は

$$\Phi_{21} = \int_{S_2} \boldsymbol{B}_1 \cdot d\boldsymbol{S}_2 = \oint_{C_2} \boldsymbol{A}_1 \cdot d\boldsymbol{l}_2 \tag{8.10}$$

となる（第 7 章例題 3）．ここで $\boldsymbol{A}_1$ は C_1 を流れる電流によるベクトルポテンシャルである．(8.10) 中の $\boldsymbol{A}_1$ を i_1 によって表わせば

$$\Phi_{21} = \frac{\mu i_1}{4\pi} \oint_{C_1} \oint_{C_2} \frac{d\boldsymbol{l}_1 \cdot d\boldsymbol{l}_2}{r_{12}} = L_{21} i_1 \tag{8.11}$$

を得る．ここで，L_{21} は Φ_{21} と i_1 の比例係数として定義される量で

$$L_{21} = \frac{\mu}{4\pi} \oint_{C_1} \oint_{C_2} \frac{d\boldsymbol{l}_1 \cdot d\boldsymbol{l}_2}{r_{12}} \tag{8.12}$$

となる．r_{12} は $d\boldsymbol{l}_1$, $d\boldsymbol{l}_2$ 間の距離，μ は物質の透磁率を表わす．積分は回路 C_1, C_2 に沿って行われる．

(8.12) より，指数 1, 2 を入れ替えても積分値は同じであるから

$$L_{12} = L_{21} = M \tag{8.13}$$

となることが導かれる．この関係を**相反定理**という．また M を**相互インダクタンス**といい，単位は

$$\mathrm{H} = \mathrm{V \cdot s/A}$$

である．この H を**ヘンリー**という．真空の透磁率 μ_0 の単位を H を使って表わせば，次式のようになる．

$$\mu_0 = 4\pi \times 10^{-7}\,\mathrm{H/m}$$

回路 C_1 を流れる電流 i_1 が時間的に変化することにより，回路 C_2 を横切る磁束 Φ_{21} が変化し，C_2 には誘導起電力 e_{21} が発生する．また，C_2 を流れる電流 i_2 が時間的に変化するときも同様で，C_1 には誘導起電力 e_{12} が発生する．この現象を**相互誘導**という．e_{21}, e_{12} はそれぞれ

$$e_{21} = -\frac{d\Phi_{21}}{dt} = -M\frac{di_1}{dt}, \quad e_{12} = -\frac{d\Phi_{12}}{dt} = -M\frac{di_2}{dt} \tag{8.14}$$

となる．

自己誘導　回路 C_1 を流れる電流 i_1 によって生じる磁束密度のうち，C_1 自身を横切る磁束 Φ_{11} は，前節と同様の考え方により

$$\Phi_{11} = L_1 i_1 \tag{8.15}$$

となる．L_1 を回路 C_1 の**自己インダクタンス**といい，

$$L_1 = \frac{\mu}{4\pi}\oint_{C_1}\oint_{C_1}\frac{d\boldsymbol{l}_1 \cdot d\boldsymbol{l}_1'}{r} \tag{8.16}$$

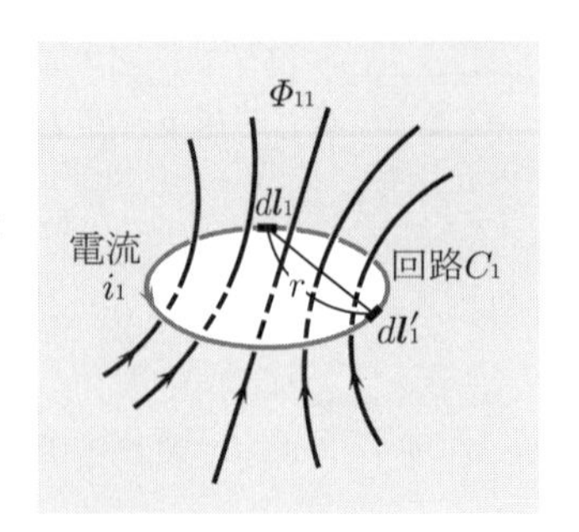

で表わされる．相互誘導と同様にして，i_1 の時間的変化によって，回路 C_1 自身に誘導起電力 e_{11} が発生する．この現象を**自己誘導**をいい，e_{11} は

$$e_{11} = -\frac{d\Phi_{11}}{dt} = -L_1\frac{di_1}{dt} \tag{8.17}$$

となる．(8.12), (8.16) を**ノイマンの式**という．

一般に，二つの回路 C_1, C_2 にそれぞれ電流 i_1, i_2 が流れるとき，相互誘導，自己誘導によって C_1, C_2 に発生する誘導起電力は，

$$e_1 = -L_1\frac{di_1}{dt} - M\frac{di_2}{dt}, \quad e_2 = -M\frac{di_1}{dt} - L_2\frac{di_2}{dt} \tag{8.18}$$

となる（問題 14.6）．

コイルに蓄えられる磁場のエネルギー　自己インダクタンス L のコイルに電流 i が流れるとき，コイルに蓄えられる磁場のエネルギーは

$$U_m = \frac{1}{2}Li^2 \tag{8.19}$$

となる（例題 8）．自己インダクタンス L_1, L_2，相互インダクタンス M の二つの回路に電流 i_1, i_2 が流れるとき，回路に蓄えられる磁場のエネルギーは

$$U_m = \frac{1}{2}L_1 i_1^2 + \frac{1}{2}L_2 i_2^2 + M i_1 i_2 \tag{8.20}$$

で与えられる（問題 8.2）．

コイルの結合係数　一般に L_1, L_2, M の間には

$$L_1 L_2 \geqq M^2 \tag{8.21}$$

の不等式が成立する（例題 9）．また

$$k = \frac{M}{\sqrt{L_1 L_2}} \quad (0 \leqq k \leqq 1) \tag{8.22}$$

を**結合係数**といい，$k \cong 0$ のときを**疎結合**，$k \cong 1$ のときを**密結合**という．

例題 6 **相互インダクタンス**

半径 a の円形コイルの中に，長さ $2a$，断面積 S ($\ll \pi a^2$)，単位長さあたりの巻数 N_0 の細い円筒形ソレノイドがある．円形コイルとソレノイドの中心軸が共通しているときの，相互インダクタンスを求めよ．

〚ヒント〛 ソレノイド内部の磁束密度は一様とみなすことができる．

【解答】 円形コイルに流れる電流を i とすると，円の中心軸上，中心から z の距離にある点での磁束密度は，第 5 章 (5.19) より

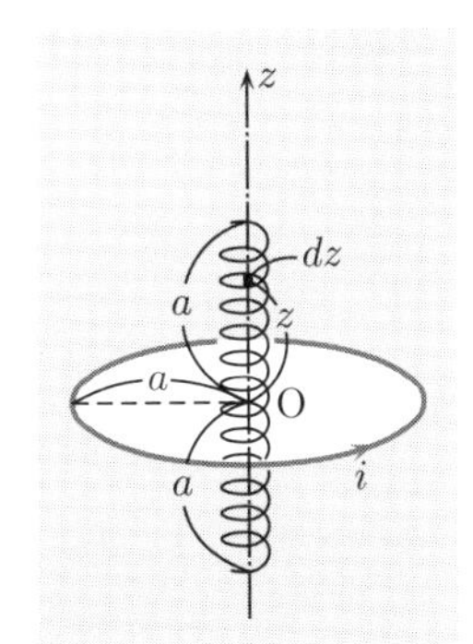

$$B = \frac{\mu_0 i a^2}{2(a^2+z^2)^{3/2}}$$

となる．$S \ll \pi a^2$ より，ソレノイド内部の磁束密度は一様であるとみなすことができる．したがって，線素片 dz のソレノイドの内部を横切る磁束 $d\Phi$ は，この部分の巻数が $N_0 dz$ であることから

$$d\Phi = N_0 dz BS = \frac{\mu_0 N_0 i a^2 S}{2(a^2+z^2)^{3/2}} dz$$

で表わされる．よって，$z = a\tan\theta$ とすれば，$dz = a\sec^2\theta d\theta$ より

$$\Phi = \frac{\mu_0 N_0 i a^2 S}{2}\int_{-a}^{a}\frac{dz}{(a^2+z^2)^{3/2}} = \mu_0 N_0 i S\int_0^{\pi/4}\cos\theta d\theta = \frac{\mu_0 N_0 S i}{\sqrt{2}}$$

となる．よって，相互インダクタンス M として

$$M = \frac{\Phi}{i} = \frac{\mu_0 N_0 S}{\sqrt{2}}$$

が得られる．

問　題

6.1 例題 6 において，$N_0 = 3000$ 回/m, $S = 5 \times 10^{-1}\mathrm{cm}^2$ のときの M は何 H か．

6.2 半径 a の円形コイルの中心が，十分に長い直線状導線から距離 $d\,(d > a)$ の位置に置かれている．円形コイルとこの直線状導線が同一面内にあるときの相互インダクタンスを求めよ．

6.3 2 本の十分に長い，細い導線が間隔 d で平行に置かれている．この導線に電流が同方向あるいは逆方向に流れるときの長さ l あたりの相互インダクタンスを求めよ．また，$l \gg d$ の場合，相互インダクタンスはどのようになるか（**ヒント**：ノイマンの式を用いよ）．

6.4 問題 6.3 において電流が同方向に流れる場合，$d = 8\,\mathrm{mm}$, $l = 1\,\mathrm{m}$ のときの相互インダクタンスは何 H か．

例題 7 ―――― 自己インダクタンス

半径 b の薄い中空の円筒導体と，半径 $a\,(< b)$ の円筒導体（中心軸は共通）からなる同軸ケーブルがある．これらの導体表面に，一様な表面電流 i が逆方向に流れるとき†，長さ l あたりの自己インダクタンス L を求めよ．

〖ヒント〗 同軸ケーブルの中空部に生じる磁束密度は，アンペールの法則より求めよ．

【解答】 同軸ケーブルの中心から r の距離にある円周上に生じる磁束密度の大きさ B は，アンペールの法則から

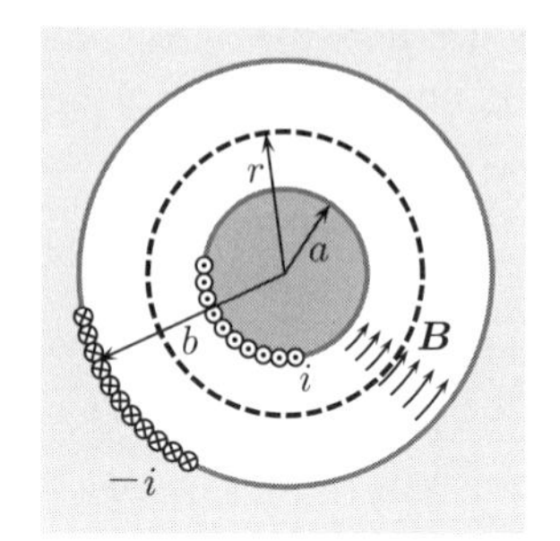

$$B = \begin{cases} \dfrac{\mu_0 i}{2\pi r} & (a \leqq r < b) \\ 0 & (\text{その他の } r) \end{cases}$$

となる．したがって，同軸ケーブルの長さ l あたりの部分を貫く磁束 Φ，および L は次式のようになる．

$$\Phi = \int_a^b Bl dr = \frac{\mu_0 il}{2\pi}\int_a^b \frac{dr}{r} = \frac{\mu_0 il}{2\pi}\log\frac{b}{a}$$

$$L = \frac{\Phi}{i} = \frac{\mu_0 l}{2\pi}\log\frac{b}{a}$$

問　題

7.1 例題 7 において，$a = 2.6\,\mathrm{mm}$, $b = 9.5\,\mathrm{mm}$ のとき，単位長さあたりの自己インダクタンスを求めよ．

7.2 半径 0.3 mm の 2 本の十分に長い平行導線が，間隔 8 mm で置かれている．この平行導線は往復線路をなしており，導線には表面電流が逆向きに流れている．導線の単位長さあたりの自己インダクタンスを求めよ．

7.3 半径 a，単位長さあたりの巻数 N_0 の十分に長いソレノイド（長さ $b \gg a$）がある．ソレノイド内部の磁束密度を一定とみなせるものとする．このときのソレノイドの自己インダクタンスを求めよ（**ヒント**：第 5 章問題 10.2 の結果を用いよ）．

7.4 長さ $2l$，半径 a，単位長さあたりの巻数 N_0 の単層円筒状ソレノイドの自己インダクタンスを求めよ．ただし，$L_0 = 2l$ は a に比べて十分長いものとし，軸に垂直な断面内での磁束密度は，一様とみなすことができるとする．

7.5 問題 7.4 において，巻数 20 回/cm，長さ 20 cm，半径 1 cm のとき，ソレノイドの自己インダクタンスは何 H か．

---

† 周波数の高い交流を流した場合，電流密度は一様にならず，**表皮効果**により大部分が表面を流れる．

例題 8 ——— **コイルに蓄えられる磁場のエネルギー**

自己インダクタンス L のコイルに電流 i が流れているとき，コイルに蓄えられる磁場のエネルギーは，$U_m = Li^2/2$ となることを示せ．

〖ヒント〗 第 7 章問題 3.6 の結果を用いよ．

【解答】 第 7 章問題 3.6 より，N 巻きのコイルが磁束 ϕ と交わるときの磁場のエネルギー U_m は，$U_m = iN\phi/2$ となる．いま，自己インダクタンス L と磁束 ϕ の関係は $N\phi = Li$ であることから

$$U_m = \frac{1}{2}Li^2$$

が得られる．

問　題

8.1 自己インダクタンス $L = 0.2\,\mathrm{H}$ のコイルに，$300\,\mathrm{mA}$ の電流が流れるとき，コイルに蓄えられる磁場のエネルギーを求めよ．

8.2 自己インダクタンス L_1, L_2，相互インダクタンス M の二つのコイルに，電流 i_1, i_2 が流れるとき，蓄えられる磁場のエネルギーは

$$U_m = L_1 i_1^2/2 + L_2 i_2^2/2 + M i_1 i_2$$

となることを示せ．

例題 9 ——— **コイルの結合係数**

二つのコイル 1, 2 の自己インダクタンスを L_1, L_2，相互インダクタンスを M とすると，$M^2 = k^2 L_1 L_2\,(0 \leqq k \leqq 1)$ の関係が成立することを示せ．

〖ヒント〗 コイル 1 を貫く磁束 Φ_1 のうち，$k_1\Phi_1$ $(0 \leqq k_1 \leqq 1)$ がコイル 2 を貫くとせよ．

【解答】 電流 i_1, i_2 による磁場によって，各々自身のコイルを貫く磁束 Φ_1, Φ_2 は

$$\Phi_1 = L_1 i_1, \quad \Phi_2 = L_2 i_2$$

となる．Φ_1 のうちコイル 2 を貫く磁束を $k_1\Phi_1\,(0 \leqq k_1 \leqq 1)$，$\Phi_2$ のうちコイル 1 を貫く磁束を $k_2\Phi_2\,(0 \leqq k_2 \leqq 1)$ とすると，$k_1\Phi_1 = Mi_1$，$k_2\Phi_2 = Mi_2$ が得られる．したがって，

$$k_1 k_2 \Phi_1 \Phi_2 = k_1 k_2 L_1 L_2 i_1 i_2 = M^2 i_1 i_2 \qquad \therefore \quad M^2 = k^2 L_1 L_2 \quad (0 \leqq k \leqq 1)$$

となる．ただし，$k^2 = k_1 k_2$ である．

問　題

9.1 問題 8.2 の磁場のエネルギー U_m が，常に正であることから，$L_1 L_2 \geqq M^2$ の関係を示せ（**ヒント**：磁場のエネルギーが常に正であることと，2 次方程式の判別式とを関連付ければよい）．

8.3 交　流

交　流

大きさと向きが周期的に変化する電流，電圧を**交流**という．交流には，実用回路の用途に応じて，**正弦波交流**，**方形波交流**など各種[†]のものがあるが，中でも最も重要なものは正弦波交流である．多くの場合，単に交流といえば正弦波交流を表わす．直流電流はコンデンサーを通って流れることはできないが，交流電流はコンデンサーを通しても流れることができる．自己誘導，相互誘導の現象は，ソレノイドのようなコイルで重要になる．交流回路では，抵抗，コンデンサー，コイルが基本的な回路素子となる．

交流の瞬時値，最大値，周波数

一様な磁場の中でコイルを一定の角周波数 ω で回転させると

$$v = v_0 \sin \omega t \tag{8.23}$$

の**交流電圧**が得られる．この交流電圧が，抵抗，コンデンサー，コイル等によって構成される回路にかけられると，十分時間が経過した後では

$$i = i_0 \sin(\omega t - \varphi) \tag{8.24}$$

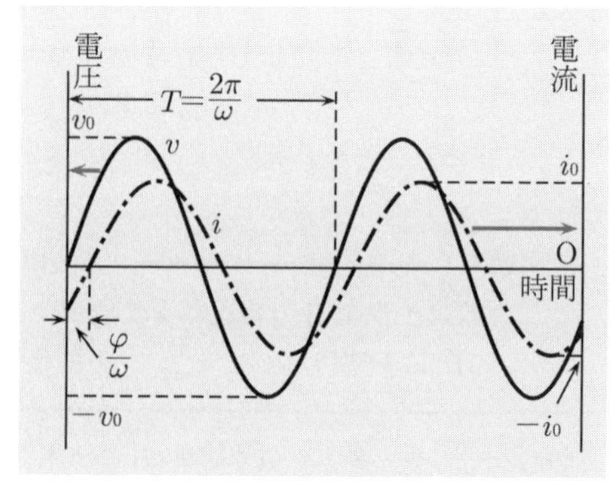

の交流電流が流れる．φ は電流と電圧間の**位相差**を表わし，回路が抵抗のみで構成されているときは $\varphi = 0$ となり，電圧と電流は**同相**となる．また，回路がコンデンサー，コイルを含むときは一般に $\varphi \neq 0$ となり，電圧と電流の間には位相差が生じる．よって電流，電圧の時間的変化の関係は図のようになる．(8.23)，(8.24) 中の v, v_0, i, i_0 を電圧，電流の**瞬時値**[††]，**最大値**（**振幅**）という．

交流が1回の振動に要する時間を**周期**，1秒間の振動の数を**周波数**（**振動数**）という．周期を T，周波数を f，角周波数を ω で表わすと

$$f = \frac{1}{T} = \frac{\omega}{2\pi} \tag{8.25}$$

の関係がある，f, T, ω の単位はそれぞれ，Hz（ヘルツ），s, rad/s である．

---

† その他に**三角波**，**のこぎり波**などの**交流**がある．また，方形波は**矩形波**ともいう．

†† **瞬間値**ともいう．

実効値，力率

交流が (8.23)，(8.24) で表わされるとき

$$\left.\begin{aligned} V &= \sqrt{\frac{1}{T}\int_0^T v^2 dt} = \frac{v_0}{\sqrt{2}} \\ I &= \sqrt{\frac{1}{T}\int_0^T i^2 dt} = \frac{i_0}{\sqrt{2}} \end{aligned}\right\} \tag{8.26}$$

を電圧，電流の**実効値**という．実効値は，電圧，電流の 2 乗の時間平均の平均根（r. m. s）[†] で表わされ，交流をエネルギー的にみて直流と等価な量として表わすことを意味する（例題 10）．交流の電流計，電圧計は実効値で目盛ってある．

交流回路で消費される電力の平均値は

$$P = \frac{1}{T}\int_0^T vidt = \frac{v_0 i_0}{2}\cos\varphi = VI\cos\varphi \tag{8.27}$$

となる．$\cos\varphi$ を**力率**といい，回路で消費される電力は φ が小さい程大きい．また，P を**有効電力**という．

インピーダンス（複素インピーダンス）

交流回路では，直流回路の抵抗に相当する量として，インピーダンスを定義することができる．電圧，電流の実効値 V, I とインピーダンス Z の間には，次式が成立する．

$$V = ZI \tag{8.28}$$

これを（交流回路の）**オームの法則**という．Z の単位は抵抗と同じ Ω の単位で表わされ，Z は一般に交流の角周波数 ω に依存する．交流の電圧，電流の瞬時値は，大きさと位相をもち，電圧と電流の間には一般に位相差が現れる．大きさと位相をもつ量は，複素数で表わすことができる．このため，電圧，電流，インピーダンスを複素数で表わすと，微分や積分などの計算をたやすく行うことができる．複素表示では，(8.28) を拡張した式として

$$\dot{V} = \dot{Z}\dot{I} \quad （\dot{}\ は複素数であることを示す） \tag{8.29}$$

が得られる．$\dot{Z}$ を**複素インピーダンス**という．複素数の積の演算には，大きさに関する積と位相の回転が含まれる．このため，(8.29) には，電圧，電流の大きさ（実効値）に関する関係だけでなく，互いの位相差の関係も含まれている．$\dot{Z}$ は一般に

$$\dot{Z} = R + iX = Ze^{i\varphi} \quad \left(Z = \sqrt{R^2 + X^2},\ \varphi = \tan^{-1}\frac{X}{R}\right) \tag{8.30}$$

で表わされる．$\dot{Z}$ の実数部 R を**抵抗**，虚数部 X を**リアクタンス**という．Z は $\dot{Z}$ の絶対値，$-\varphi$ は電圧に対する電流の**位相差**（**位相のずれ**）を表わす．

---

† root mean square の略

交流回路の複素インピーダンスと位相差

下図に示す交流回路（抵抗 R，コンデンサーの電気容量 C，コイルの自己インダクタンス L）の複素インピーダンスとその絶対値，電圧，電流の位相差を表にまとめておく（例題11，例題14など）．

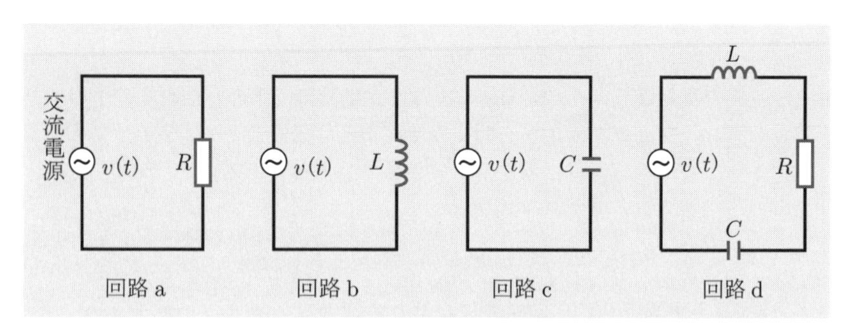

表　インピーダンスと位相差

	回路 a	回路 b	回路 c	回路 d
インピーダンス Z（絶対値）	R	ωL	$\dfrac{1}{\omega C}$	$\sqrt{R^2+\left(\omega L-\dfrac{1}{\omega C}\right)^2}$
複素インピーダンス $\dot{Z}$	R	$i\omega L$	$-i\dfrac{1}{\omega C}$	$R+i\left(\omega L-\dfrac{1}{\omega C}\right)$
リアクタンス X	0	$X_L{}^{\dagger}=\omega L$	$X_C{}^{\dagger}=-\dfrac{1}{\omega C}$	$X_{RLC}=\omega L-\dfrac{1}{\omega C}$
位相差 $\varphi_0\,(=-\varphi)$	0	$-\dfrac{\pi}{2}$	$\dfrac{\pi}{2}$	$-\tan^{-1}\left(\left(\omega L-\dfrac{1}{\omega C}\right)\Big/R\right)$
電圧と電流の位相関係	電圧と電流は同相	電流の位相は電圧に対し $\pi/2$ 遅れる	電流の位相は電圧に対し $\pi/2$ 進む	

回路 d を RLC の**直列共振回路**という．この回路では

$$f_0=\frac{1}{2\pi\sqrt{LC}} \tag{8.31}$$

のとき，回路に流れる電流が最大となる．f_0 を**共振周波数**という（問題14.3を参照）．

† X_L, X_C をそれぞれ**誘導性リアクタンス**，**容量性リアクタンス**という．

複素インピーダンスの合成則　交流回路で複素表示を用いると，直流回路でのキルヒホッフの法則がそのまま成立する．また，複素インピーダンスの合成則についても，直流回路での抵抗の合成則をそのまま適用することができる．すなわち，

$$\left.\begin{aligned} &\dot{Z} = \dot{Z}_1 + \dot{Z}_2 + \cdots + \dot{Z}_n \quad &(\text{直列接続}) \\ &\frac{1}{\dot{Z}} = \frac{1}{\dot{Z}_1} + \frac{1}{\dot{Z}_2} + \cdots + \frac{1}{\dot{Z}_n} \quad &(\text{並列接続}) \end{aligned}\right\} \tag{8.32}$$

また，複素インピーダンスの逆数

$$\dot{Y} = \frac{1}{\dot{Z}} = G + iB, \quad G = \frac{R}{R^2 + X^2}, \quad B = -\frac{X}{R^2 + X^2} \tag{8.33}$$

に対し，$\dot{Y}$ を**複素アドミッタンス**，G を**コンダクタンス**，B を**サセプタンス**という．$\dot{Y}$ の合成則は，(8.32) から容易に得られる．

交流と微分方程式　交流回路や第 9 章の電磁波では，多くの問題が微分方程式を解くことに帰結する．抵抗 R，コンデンサー C，コイル L を流れる電流 i（あるいは流れを担う電気量 Q）と各回路素子の両端の電圧 v には

(a) 抵抗：
$$v_R = Ri = R\frac{dQ}{dt} \tag{8.34}$$

(b) コンデンサー：
$$v_C = \frac{1}{C}\int i dt = \frac{Q}{C} \tag{8.35}$$

(c) コイル：
$$v_L = -L\frac{di}{dt} = -L\frac{d^2Q}{dt^2} \tag{8.36}$$

の関係が成立する．たとえば，前ページの回路 d に対して，i の時間変化は

$$L\frac{d^2i}{dt^2} + R\frac{di}{dt} + \frac{1}{C}i = \frac{dv}{dt} \tag{8.37}$$

の微分方程式で記述される（**2 階非同次微分方程式**）（例題 14）．

例題 12 の回路では，i や Q の時間変化は **1 階非同次微分方程式**で記述される．これらの回路にパルス的な**方形波電圧**が加えられると，**過渡現象**とよばれる応答が起こる．**微分回路**や**積分回路**は**過渡応答**を示す代表的な回路である．過渡応答を特徴づける量に**時定数**がある．たとえば，例題 12 の RL の直列回路の時定数 τ は $\tau = L/R$，問題 12.4 の RC の直列回路では $\tau = RC$ である．

変圧器のように相互誘導を含む回路では，各回路を流れる電流の時間変化は連立微分方程式によって記述される（問題 14.6）．なお，第 9 章の電磁波においては，時間微分の他に空間微分の項も現われる．

例題10　　実効値と力率

交流電圧の瞬時値が $v(t) = v_0 \sin \omega t$ で表わされるとき，電圧の実効値は $V = v_0/\sqrt{2}$ となることを示せ．

【解答】 (8.26) より実効値は $V = \sqrt{\dfrac{v_0^2}{T}\displaystyle\int_0^T \sin^2 \omega t dt}$ で与えられる．

$$\int_0^T \sin^2 \omega t dt = \frac{1}{2}\int_0^T (1-\cos 2\omega t)dt = \frac{1}{2}\left(T - \frac{\sin 2\omega T}{2\omega}\right) = \frac{1}{2}T \quad (\because\ \omega T = 2\pi)$$

より，実効値は

$$V = \sqrt{\frac{v_0^2}{T} \times \frac{1}{2}T} = \frac{v_0}{\sqrt{2}}$$

となる．

問　題

10.1　実効値 100 V，周波数 50 Hz の交流電圧の周期と最大値を求めよ．

10.2　交流電圧と交流電流がそれぞれ (8.23)，(8.24) で表わされるとき，回路で消費される電力の平均値が (8.27) で表わされることを示せ．

例題11　　電流と電圧の位相

自己インダクタンス L のコイルの両端に交流電圧 $v(t) = v_0 \sin \omega t$ をかけた．コイルに流れる電流 $i(t)$ を求めよ．また，電流－電圧の位相関係を調べよ．

【解答】 コイルに流れる電流を $i(t)$ とすると，コイルに生じる誘導起電力は $v_L(t) = -Ldi/dt$ となる．したがって，回路の微分方程式として

$$v(t) + v_L(t) = v_0 \sin \omega t - L\frac{di}{dt} = 0 \qquad \therefore \quad \frac{di}{dt} = \frac{v_0}{L}\sin \omega t$$

が得られる．直流成分を 0 として微分方程式を解くと

$$i(t) = -\frac{v_0}{\omega L}\cos \omega t = \frac{v_0}{\omega L}\sin\left(\omega t - \frac{\pi}{2}\right)$$

となる．電流は電圧より位相が $\pi/2$ だけ遅れる．

問　題

11.1　抵抗 R あるいはコンデンサー C の両端に，交流電圧 $v(t) = v_0 \sin \omega t$ をかけた．R および C に流れる電流を計算し，電流－電圧の位相関係を調べよ．

11.2　$R = 10\,\Omega$ と $L = 10\,\mathrm{H}$ の直列回路に，実効値 100 V，50 Hz の交流電圧をかけた．電流と電圧の位相差，電流の実効値，電力の平均値を求めよ．

例題 12　過渡現象と時定数

抵抗 R，自己インダクタンス L，起電力 E の電池が，解答の図 (a) のように直列につないである．スイッチ S を A 側に倒した後の回路に流れる電流 i の時間的変化を調べ，電流が最終的な値の 1/2 になるまでの時間を求めよ．

〚ヒント〛 $t=0$ で $i(0)=0$ として微分方程式を解け．

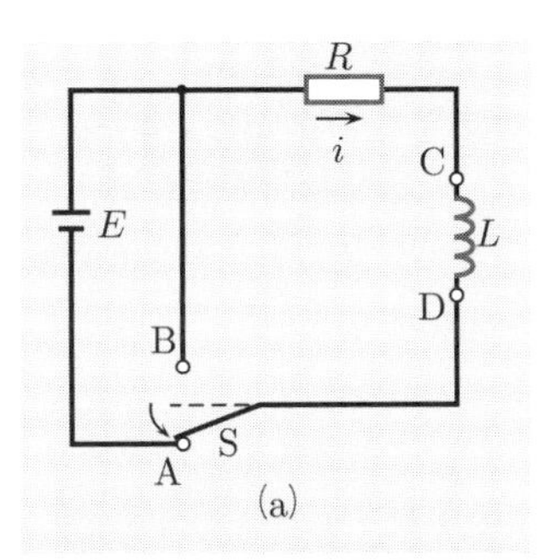

(a)

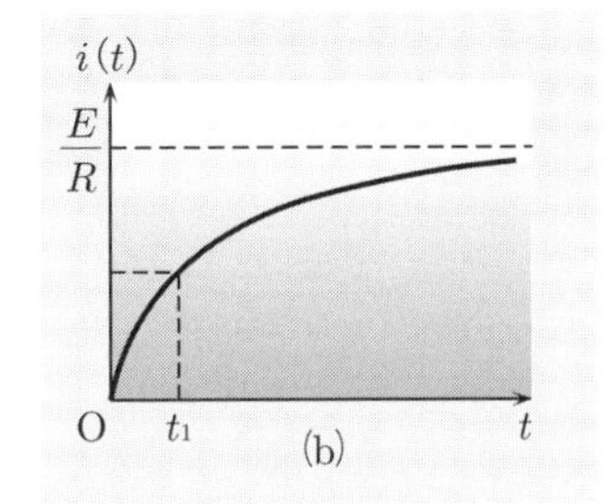

(b)

【解答】 図 (a) の回路で電流 i が流れると，$-Ldi/dt$ の誘導起電力が生じる．したがって，

$$E+\left(-L\frac{di}{dt}\right)=Ri \qquad \therefore \quad L\frac{di}{dt}+Ri=E$$

を得る．この式を変形すると，$di/(i-E/R)=-Rdt/L$ となり，$di=d(i-E/R)$ から

$$\log\left|i-\frac{E}{R}\right|=-\frac{R}{L}t+C_1 \quad (C_1：任意定数)$$

が得られる．初期条件（$t=0$ のとき $i(0)=0$）より

$$i(t)=\frac{E}{R}(1-e^{-\frac{R}{L}t})=\frac{E}{R}(1-e^{-\frac{t}{\tau}}) \quad \left(\tau=\frac{L}{R}\right)$$

を得る．電流の時間的変化は図 (b) のようになる．$t=\infty$ より，電流の最終的な値は $I_0=\dfrac{E}{R}$ となる．したがって，電流が $I_0/2$ になるまでの時間 t_1 は

$$1-e^{-\frac{R}{L}t_1}=\frac{1}{2} \quad より \quad t_1=\frac{L}{R}\log 2=\tau\log 2$$

となる．τ を**時定数**という．

問　　題

12.1　$R=5\,\Omega$, $L=200\,\mathrm{mH}$ のときの時定数は，どれくらいになるか．

12.2　例題 12 で回路に流れる電流が $I_0=\dfrac{E}{R}$ に達した後，スイッチ S をすみやかに B 側につないだ．回路に流れる電流が $1/e$ になるまでの時間を求めよ．

12.3　問題 12.2 で，スイッチを切った後の電流の時間的変化によって，抵抗 R に発生する熱エネルギーは，コイルに蓄えられていた磁場のエネルギーに等しいことを示せ．

12.4　例題 12 の回路図の CD 端子を電気容量 C のコンデンサーに置き換えた．スイッチ S を A 側に倒した後のコンデンサーに蓄えられる電荷 Q の時間的変化を調べよ．ただし，最初コンデンサーには電荷は蓄えられていないとする．

例題 13 ―― **微分回路と正弦波応答**

下図に示す**微分回路**の端子 ac 間に，入力電圧 v_{i} として周波数 f の正弦波交流を加えた．出力端子 bc 間に現われる出力電圧を $v_{R\mathrm{o}}$ とするとき，入力電圧に対する出力電圧の振幅比の**角周波数特性**を求めよ．

〚ヒント〛 正弦波応答では複素表示を使うと，問題を代数的に扱うことができる．

【解答】 $\omega = 2\pi f$ として，入力電圧を $v_{\mathrm{i}}(t) = \dot{V}_{\mathrm{i}} e^{i\omega t}$，出力電圧を $v_{R\mathrm{o}}(t) = \dot{V}_{R\mathrm{o}} e^{i\omega t}$ の複素表示で表わす．$\dot{V}_{\mathrm{i}}$ や $\dot{V}_{R\mathrm{o}}$ は時間に依存しない複素数で，ここに振幅や位相のずれの情報が含まれる．回路の複素インピーダンス $\dot{Z}$ が

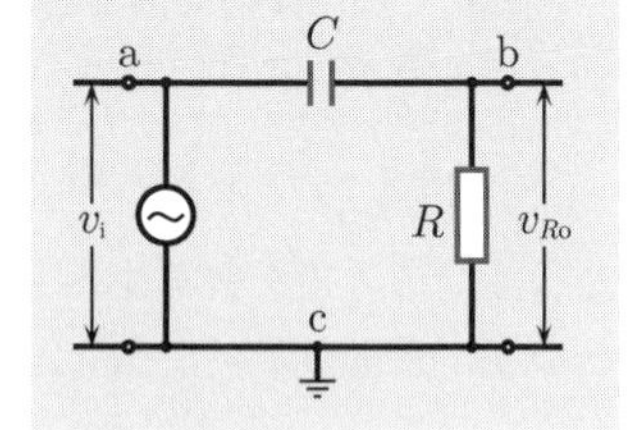

$$\dot{Z} = R - i\frac{1}{\omega C}$$

であることより，交流回路でのオームの法則から

$$\dot{V}_{R\mathrm{o}} = \frac{R}{\dot{Z}}\dot{V}_{\mathrm{i}} = \frac{R}{R - i\dfrac{1}{\omega C}}\dot{V}_{\mathrm{i}} = \cdots = \frac{\dot{V}_{\mathrm{i}}}{1 - i\dfrac{\omega_0}{\omega}} \quad \left(\omega_0 = \frac{1}{\tau} \quad (\tau = RC)\right)$$

が得られる．τ を**時定数**，ω_0 を**特性角周波数**（あるいは，f_0 を**特性周波数**）という．以上より，入力電圧に対する出力電圧の振幅比 $A = |\dot{V}_{R\mathrm{o}}|/|\dot{V}_{\mathrm{i}}|$ は

$$A = \frac{1}{\left|1 - i\dfrac{\omega_0}{\omega}\right|} = \frac{1}{\sqrt{1 + (\omega_0/\omega)^2}} = \begin{cases} \omega/\omega_0 + \cdots \ (\ll 1) & (\omega \ll \omega_0) \\ 1/\sqrt{2} & (\omega = \omega_0) \\ 1 - \omega_0^2/(2\omega^2) + \cdots \ (\cong 1) & (\omega \gg \omega_0) \end{cases}$$

となる†．上の結果からも理解できるように，$\omega \ll \omega_0$ の領域では $A \ll 1$，$\omega = \omega_0$ のときは $A = 1/\sqrt{2}$，$\omega \gg \omega_0$ の領域では $A \cong 1$ となることが分かる．こうした微分回路の特性を**高域通過フィルター（ハイパスフィルター）**という．

問　題

13.1 例題 13 において，入力電圧に対する出力電圧の位相の角周波数特性はどうなるか．

13.2 右図の**積分回路**の端子 ac 間に，入力電圧 v_{i} として周波数 f の正弦波交流を加えた．この回路の入力電圧に対する出力電圧の振幅比と位相のずれの角周波数特性を調べよ．

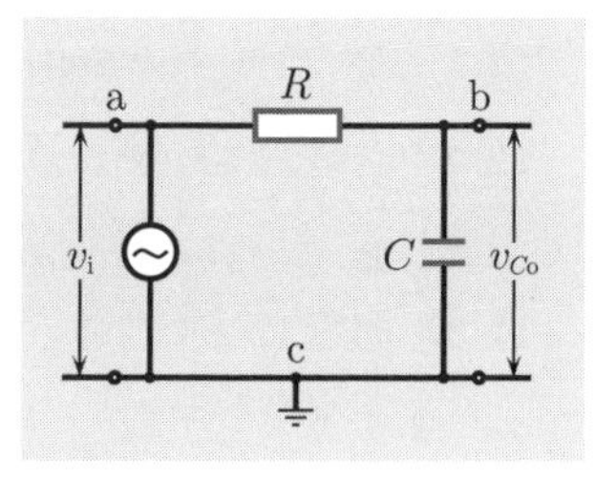

† エレクトロニクス系の分野では，電圧の振幅比 A は，$G = 20\log_{10} A$ の変換によって，G で表わされる場合が多い．G の単位を dB と書きデシベルという．$A = 1/\sqrt{2}$ のとき，$G \cong -3\mathrm{dB}$ である．

例題 14 ―― 交流回路 I

下図に示すような，RLC の直列回路に $v(t) = v_0 \sin \omega t$ の交流電圧がかけられている．回路のインピーダンスと回路に流れる電流を**正弦波表示**によって求めよ．

〖ヒント〗 回路に流れる電流を $i(t) = i_0 \sin(\omega t - \varphi)$ として微分方程式を解け．

【解答】 RLC の直列回路において，コンデンサー（電気容量 C）に蓄えられる電気量を $Q(t)$，回路に流れる電流を $i(t)$ とする．コンデンサー間の電位差は Q/C，コイルに生じる誘導起電力は $-L di/dt$，$i = dQ/dt$ より，次の微分方程式

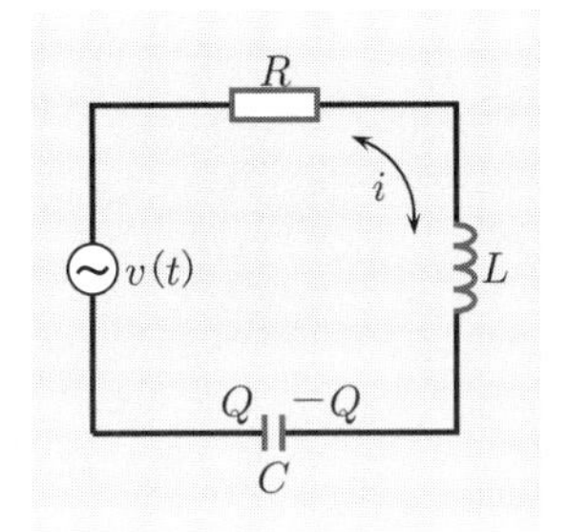

$$L\frac{d^2Q}{dt^2} + R\frac{dQ}{dt} + \frac{1}{C}Q = v(t)$$

が成立する．上の微分方程式をさらに t で微分して，i についての微分方程式に書き直すと

$$L\frac{d^2 i}{dt^2} + R\frac{di}{dt} + \frac{1}{C}i = \frac{dv}{dt} = v_0 \omega \cos \omega t$$

となる．この微分方程式は，力学における**強制振動**と同じ型の方程式である．右辺の項がゼロの場合は**減衰振動**となり，この振動は十分時間が経過すると消える（問題 14.5）．したがって，十分な時間の経過の後では，外力でゆさぶられる振動が残り，この解は

$$i(t) = i_0 \sin(\omega t - \varphi)$$

の形で表わされる．これを微分方程式に代入して両辺を ω で割ると

$$R i_0 \cos(\omega t - \varphi) - \left(\omega L - \frac{1}{\omega C}\right) i_0 \sin(\omega t - \varphi) = v_0 \cos \omega t$$

となる．$Z = \sqrt{R^2 + (\omega L - 1/(\omega C))^2}$，$Z \cos \phi = R$，$Z \sin \phi = \omega L - 1/(\omega C)$，すなわち $\tan \phi = (\omega L - 1/(\omega C))/R$ とすれば，三角関数の加法定理から

$$Z i_0 \{\cos \phi \cos(\omega t - \varphi) - \sin \phi \sin(\omega t - \varphi)\} = Z i_0 \cos(\omega t - \varphi + \phi) = v_0 \cos \omega t$$

を得る．この式が t に対して恒等的に成立することから，

$$v_0 = Z i_0, \quad \phi = \varphi$$

が得られる．Z はオームの法則での抵抗に対応した量となり，これが回路のインピーダンスである．したがって，回路に流れる電流とその位相は

$$i(t) = \frac{v_0}{Z} \sin(\omega t - \varphi) = \frac{v_0}{\sqrt{R^2 + \left(\omega L - \dfrac{1}{\omega C}\right)^2}} \sin(\omega t - \varphi)$$

$$\varphi = \tan^{-1}\left[\left(\omega L - \frac{1}{\omega C}\right)\Big/ R\right]$$

となる．

問　題

14.1 例題14において，$R = 200\,\Omega$, $L = 0.5\,\mathrm{H}$, $C = 0.2\mu\,\mathrm{F}$ のとき，次のそれぞれの周波数 f に対するインピーダンス Z の値を求めよ．

$$f = 100,\ 300,\ 500,\ 800,\ 1000,\ 1500,\ 2500\ \mathrm{Hz}$$

14.2 例題14を**複素表示**を用いて解け（$v(t) = \dot{V}e^{j\omega t}$, $i(t) = \dot{I}e^{j\omega t}$ とせよ．なお，電流 i の記号との混乱を避けるため，虚数単位を j で表わす）．

14.3 例題14に関する次の問いに答えよ．

(a) 例題14において，回路に流れる電流の実効値 $I = i_0/\sqrt{2}$ は周波数 f に依存し，図(a)のような**周波数特性**をもつ．I が極大となるときの周波数 f_0 を求めよ．この現象を**直列共振**，f_0 を**共振周波数**という．

(b) (a)において，交流の周波数が $f = f_0$ のとき，電流と電圧間の位相差はどうなるか．

(c) 図に示される f_1, f_2 に対して，共振の鋭さを表わす量として

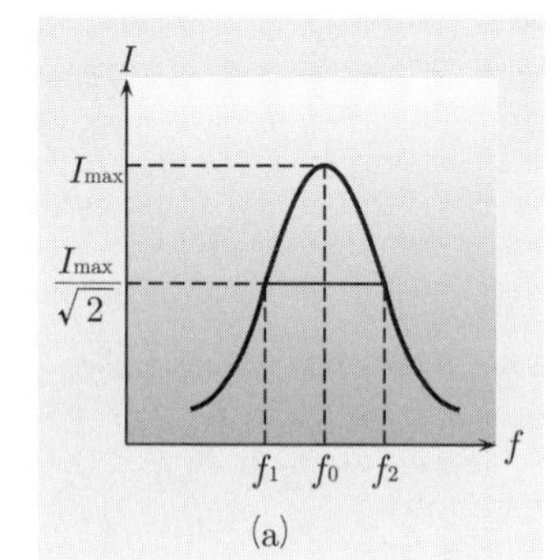

(a)

$$Q = \frac{f_0}{f_2 - f_1} \quad (f_2 > f_0 > f_1 > 0)$$

が定義され，これを **Q 値**という．Q 値を R, L, C で表わせ．

14.4 2階線形微分方程式は，演算子法によって次のように分解できる．

$$\frac{d^2y}{dx^2} + a\frac{dy}{dx} + by = \left(\frac{d}{dx} - m_1\right)\left(\frac{d}{dx} - m_2\right)y = \left(\frac{d}{dx} - m_1\right)y' = 0$$

ただし，a, b は定数で，$a = -(m_1 + m_2)$, $b = m_1 m_2$, $y' = (d/dx - m_2)y$ である．y' の解を求めることから計算をはじめ，最終的に y の解を導け．

14.5 微分方程式 $L\dfrac{d^2i}{dt^2} + R\dfrac{di}{dt} + \dfrac{1}{C}i = 0$ の解は時間の経過と共に十分小さくなることを示せ．

14.6 図(b)のような相互誘導（相互インダクタンス M）を含む回路がある．1次および2次回路のコイルの自己インダクタンスは L_1, L_2，2次回路には負荷抵抗 R が接続されている．この回路に $v_0 \sin\omega t$ の交流電圧が加えられたとき，1次回路，2次回路に流れる電流 i_1, i_2 を求めよ．また，これらの電流の位相関係はどのようになるか．ただし，$L_1 L_2 \geqq M^2$ である．

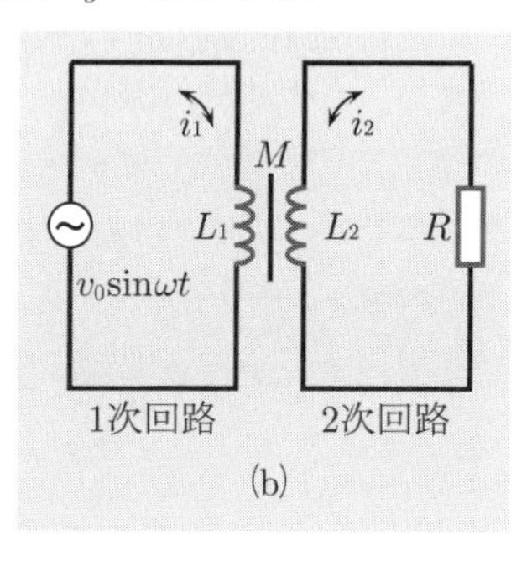

(b)

例題 15 ── 交流回路 II

交流回路では，複素表示を使えば直流回路でのキルヒホッフの法則が同じように成立する．また，複素インピーダンスの合成則についても，直流回路での抵抗の合成則がそのまま成立する．下図のような，R, L, C を並列に接続した回路に，実効値 V，角周波数 ω の交流電圧をかけたとき，回路の合成インピーダンスの大きさと電流計に流れる電流の実効値を求めよ．

〚ヒント〛 (8.32) で与えられる並列接続の合成則を用いる．

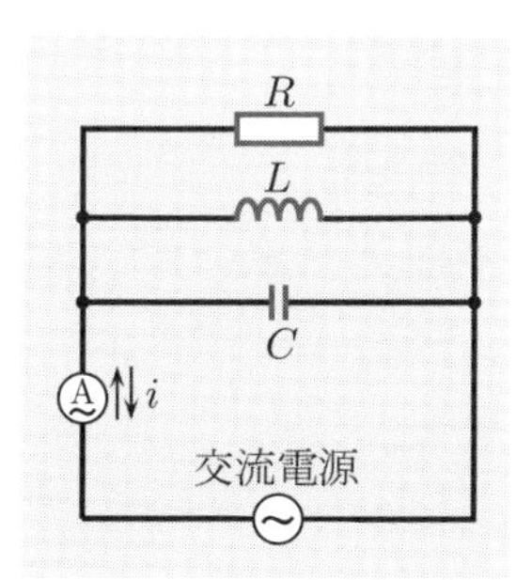

【解答】 図において，R, L, C の並列接続による合成アドミッタンスを $\dot{Y}$ とすると，以下の式がなりたつ．

$$\dot{Y} = \frac{1}{R} + \frac{1}{iL\omega} + \frac{1}{-i/\omega C} = \frac{1}{R} + i\left(\omega C - \frac{1}{\omega L}\right)$$

よって，合成インピーダンス $\dot{Z}$ の大きさは $\dot{Z} = \dfrac{1}{\dot{Y}}$ より

$$Z = \frac{1}{\sqrt{\dfrac{1}{R^2} + \left(\omega C - \dfrac{1}{\omega L}\right)^2}}$$

となる．電流の実効値を I とすると

$$I = \frac{V}{Z} = V\sqrt{\frac{1}{R^2} + \left(\omega C - \frac{1}{\omega L}\right)^2}$$

が得られる．

問　題

15.1 例題 15 において電流の実効値が極小となるときの角周波数を求めよ．このような現象を**並列共振**という．

15.2 図に示すような回路に，実効値 V，角周波数 ω の交流電圧をかけた．回路の合成インピーダンスの大きさと電流計に流れる電流の実効値を求めよ．また，共振角周波数は，回路の合成インピーダンス $\dot{Z}$（あるいは合成アドミッタンス $\dot{Y}$）の虚数部がゼロを与える角周波数として定義される．この回路の共振角周波数を求めよ．

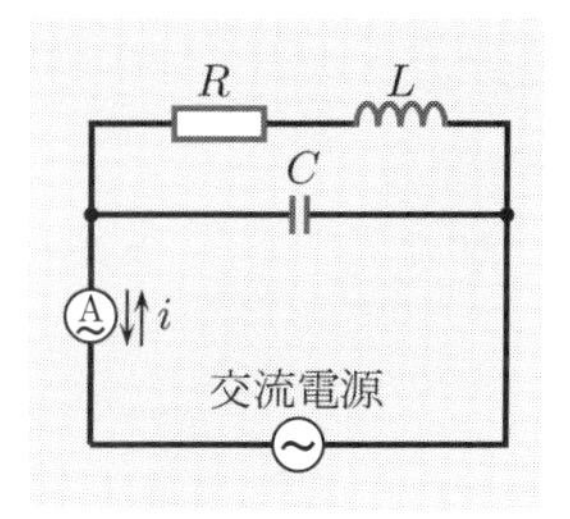

15.3 問題 15.2 において，電流の実効値の極小値が現われる場合を調べ，極小値が現われるときの角周波数を求めよ．

例題 16 ―――― 非正弦波交流とフーリエ級数

非正弦波交流は**フーリエ級数**に展開できる．図に当該交流の一例である**方形波**を示す．この θ に関する周期関数をフーリエ級数に展開せよ（付録のフーリエ級数の公式（(A.46)〜(A.48)）を参照すること）．

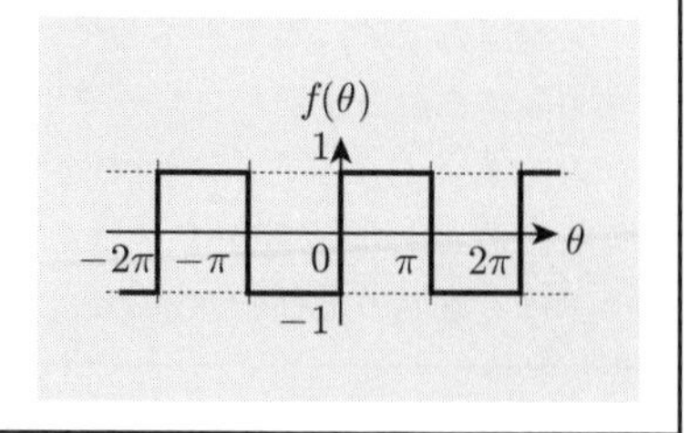

【解答】 フーリエ級数の理論より $f(\theta) = (a_0/2) + \sum_{n=1}^{\infty}(a_n \cos n\theta + b_n \sin n\theta)$ に対し

$$a_n = \frac{1}{\pi}\int_{-\pi}^{\pi} f(\theta)\cos n\theta d\theta \ (n = 0, 1, \cdots), \quad b_n = \frac{1}{\pi}\int_{-\pi}^{\pi} f(\theta)\sin n\theta \ d\theta \ (n = 1, 2, \cdots)$$

である．題意から，$f(\theta)$ は奇関数より $a_n = 0$．また，b_n は次式のようになる．

$$b_n = \frac{2}{\pi}\int_0^{\pi} \sin n\theta d\theta = \frac{2}{\pi}\left[-\frac{\cos n\theta}{n}\right]_0^{\pi} = \frac{2}{n\pi}\left((-1)^{n+1} + 1\right)$$

$$\therefore \quad f(\theta) = \frac{4}{\pi}\left(\sin\theta + \frac{1}{3}\sin 3\theta + \frac{1}{5}\sin 5\theta + \cdots\right)$$

以上のように，方形波は正弦波の重ね合わせで表現される．歌声や各種楽器の音などは複雑な波形の非正弦波交流であるが，波形の違いが音色の違いを表わしている．

問　題

16.1 下図の三角波とのこぎり波の θ に関する周期関数をフーリエ級数に展開せよ．

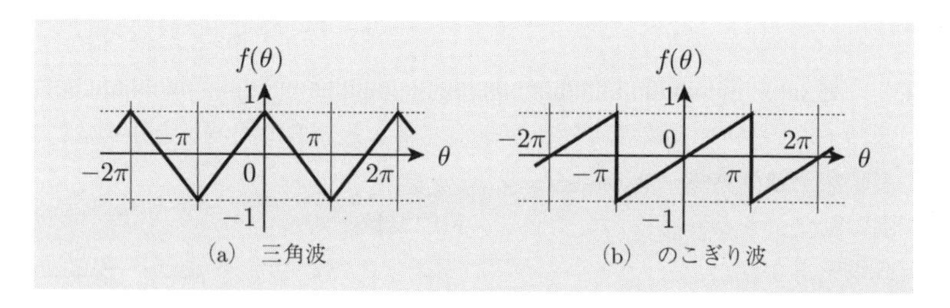

(a) 三角波　　(b) のこぎり波

16.2 右図の半波整流波の θ に関する周期関数をフーリエ級数に展開せよ．

$$f(\theta) = \begin{cases} \sin\theta \ (2n\pi < \theta < (2n+1)\pi) \\ 0 \ ((2n+1)\pi < \theta < 2(n+1)\pi) \\ (n：\text{正負の整数}) \end{cases}$$

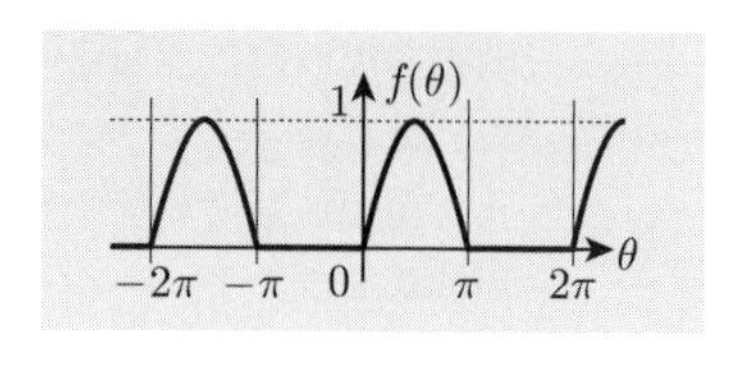

16.3 $\theta = \omega t$（ω：角周波数，t：時間）より，フーリエ級数の時間空間表示を示せ．

9 電 磁 波

9.1 電束電流

電束電流（変位電流）

空間に分布する電荷密度 ρ が時間的に変化するとき，**電荷保存の法則**（第 4 章 (4.11)）から次式が成立する．

$$\mathrm{div}\,\boldsymbol{j} + \frac{\partial \rho}{\partial t} = 0 \tag{9.1}$$

$\boldsymbol{j}$ は**伝導電流**（ρ が時間的に変化しないときは**定常電流**ともいう）の**密度**を表わす．(9.1) を**連続の方程式**という．この方程式に $\mathrm{div}\,\boldsymbol{D} = \rho$ を代入すると，時間微分と空間微分の演算は交換できるから

$$\mathrm{div}\,\boldsymbol{j} + \frac{\partial}{\partial t}\mathrm{div}\,\boldsymbol{D} = \mathrm{div}\,(\boldsymbol{j} + \boldsymbol{j}_d) = 0, \quad \boldsymbol{j}_d = \frac{\partial \boldsymbol{D}}{\partial t} \tag{9.2}$$

が得られる．$\boldsymbol{j}_d$ がマクスウェル（Maxwell）が導入した**電束電流（変位電流）の密度**である．(5.12) のアンペールの法則からは常に

$$\mathrm{rot}\,\boldsymbol{H} = \boldsymbol{j} \quad \rightarrow \quad \mathrm{div}\,\boldsymbol{j} = 0 \tag{9.3}$$

が得られ，一般的には (9.1) とは一致しない．マクスウェルは，電束密度が時間的に変化するときは，それに伴って磁場が生じると考え，電荷保存の法則よりアンペールの法則を

$$\mathrm{rot}\,\boldsymbol{H} = \boldsymbol{j} + \frac{\partial \boldsymbol{D}}{\partial t} \quad \text{あるいは} \quad \mathrm{rot}\,\boldsymbol{B} = \mu\left(\boldsymbol{j} + \frac{\partial \boldsymbol{D}}{\partial t}\right) \tag{9.4}$$

のように一般化した．μ は媒質の透磁率を表わす．

準定常電流

電束電流は，電磁場が時間的に変化する場合でも，その変化がゆるやかなときは，伝導電流に対して十分小さくなる．角周波数 ω の交流では，電束電流と伝導電流の振幅の比は，誘電率 ε，電気伝導率 σ の媒質に対して

$$\frac{\overline{j}_d}{\overline{j}} = \frac{\varepsilon\omega}{\sigma} \quad (\overline{j}_d, \overline{j}\ \text{は振幅を表わす}) \tag{9.5}$$

となる (問題 2.1)．$\overline{j}_d/\overline{j} \ll 1$ となるような低周波交流では，非定常であっても $\mathrm{rot}\,\boldsymbol{H} = \boldsymbol{j}$ が近似的に成立する．このような電流を**準定常電流**という．媒質は流れる交流電流の周波数によって，**導体**とも**絶縁体**ともみなすことができる．$\overline{j}_d/\overline{j} \ll 1$ ならば導体（問題 2.2），$j_d/j \gg 1$ ならば絶縁体という．$\sigma \to \infty$ とみなすことができる媒質を**完全導体（理想導体）**という．**超伝導体**はこの一例である．

例題 1 電束電流

極板の面積 S，間隔 d，電気容量 C の平行平板コンデンサーに，$v(t) = v_0 \sin \omega t$ の交流電圧を加えた．極板間に生じる電束電流の密度を求めよ．

【解答】 極板に生じる電荷を Q，その面密度を σ とすれば

$$Q = Cv_0 \sin \omega t, \quad \sigma = Q/S = Cv_0 \sin \omega t/S$$

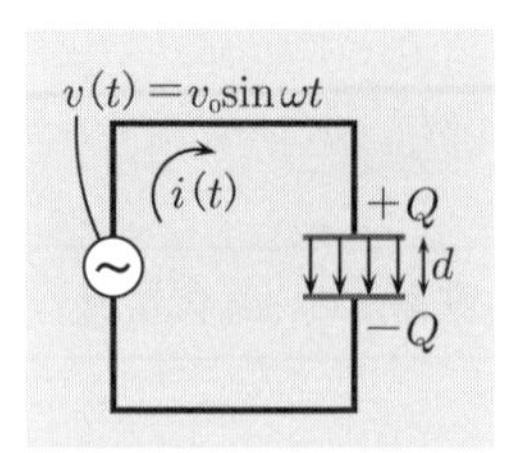

となる．ガウスの法則から，極板間に生じる電束密度 D を，空間的に一様とみなせば

$$D = \sigma = Cv_0 \sin \omega t/S$$

となる．したがって，電束電流の密度 j_d は次式のようになる．

$$j_d = \frac{\partial D}{\partial t} = \frac{\omega C v_0}{S} \cos \omega t$$

問 題

1.1 $C = 0.48\,\mu\mathrm{F}$, $S = 1\,\mathrm{cm}^2$ のコンデンサーに，実効値 100 V, 50 Hz の交流電圧を加えた．電束電流の密度の最大値を求めよ．

1.2 例題1において，電束電流は回路を流れる伝導電流に等しいことを示せ．

例題 2 準定常電流

誘電率 ε，電気伝導率 σ の物質中に，交流電場 $E = E_0 \sin \omega t$ が生じている．ε, σ が ω によらないとき，伝導電流と電束電流の位相差はどのようになるか．

【解答】 物質内での電束密度を D とすると，$D = \varepsilon E$ となる．伝導電流の密度を j，電束電流の密度を j_d とすると，(4.8) と (9.2) より

$$j = \sigma E = \sigma E_0 \sin \omega t$$

$$j_d = \partial D/\partial t = \varepsilon \partial E/\partial t = \varepsilon E_0 \omega \cos \omega t = \varepsilon E_0 \omega \sin(\omega t + \pi/2)$$

が得られる．したがって，j_d は j より位相が $\pi/2$ だけ進んでいる．

問 題

2.1 媒質を導体とみなすことができるとき，$\varepsilon, \sigma, \omega$ の間にはどのような関係が成立するか．例題2の結果を使って答えよ．

2.2 次の媒質に対して交流電流を流した．導体とみなすことができるのはどのような場合か．ただし，ε_0 は真空の誘電率である．

(a) アルミニウム：$\sigma = 3.5 \times 10^7\,\mathrm{S/m}, \quad \varepsilon \cong \varepsilon_0$

(b) 海水：$\sigma = 2\,\mathrm{S/m}, \quad \varepsilon = 81\varepsilon_0$

(c) 雲母：$\sigma \cong 10^{-12}\,\mathrm{S/m}, \quad \varepsilon \cong 4\varepsilon_0$

9.2 マクスウェルの方程式とポインティングベクトル

マクスウェルの方程式

電磁場の法則を表わす方程式を**マクスウェル**（Maxwell）**の方程式**といい，その微分形と積分形は，次のように表わされる．

	微分形	積分形
電束密度に関するガウスの法則	$\mathrm{div}\,\boldsymbol{D} = \rho$	$\oint_S \boldsymbol{D} \cdot d\boldsymbol{S} = \int_V \rho dv$
磁束密度に関するガウスの法則	$\mathrm{div}\,\boldsymbol{B} = 0$	$\oint_S \boldsymbol{B} \cdot d\boldsymbol{S} = 0$
電磁誘導の法則 †	$\mathrm{rot}\,\boldsymbol{E} = -\dfrac{\partial \boldsymbol{B}}{\partial t}$	$\oint_C \boldsymbol{E} \cdot d\boldsymbol{l} = -\int_S \dfrac{\partial \boldsymbol{B}}{\partial t} \cdot d\boldsymbol{S}$
アンペールの法則と電束電流	$\mathrm{rot}\boldsymbol{H} = \boldsymbol{j} + \dfrac{\partial \boldsymbol{D}}{\partial t}$	$\oint_C \boldsymbol{H} \cdot d\boldsymbol{l} = \int_S \left(\boldsymbol{j} + \dfrac{\partial \boldsymbol{D}}{\partial t}\right) \cdot d\boldsymbol{S}$

電磁場と媒質の電磁気的応答

媒質の電磁気的特性は，誘電率 ε，透磁率 μ，電気伝導率 σ によって記述される．電磁場と媒質の応答を表わす方程式は，媒質の電磁気的応答が線形であれば††，次のようになる．

$$\boldsymbol{D} = \varepsilon \boldsymbol{E}, \quad \boldsymbol{B} = \mu \boldsymbol{H}, \quad \boldsymbol{j} = \sigma \boldsymbol{E}^{\dagger\dagger\dagger} \tag{9.6}$$

ε, μ, σ は等方的媒質ではスカラー，異方的媒質ではテンソルになる．

ポインティングベクトル

電磁場のエネルギー密度 u は

$$u = \frac{1}{2}(\boldsymbol{D} \cdot \boldsymbol{E} + \boldsymbol{B} \cdot \boldsymbol{H}) \tag{9.7}$$

で表わされる．したがって，マクスウェルの方程式と (9.6) より

$$-\frac{1}{2}\frac{\partial}{\partial t}\int_V (\boldsymbol{D} \cdot \boldsymbol{E} + \boldsymbol{B} \cdot \boldsymbol{H}) dv = \int \boldsymbol{j} \cdot \boldsymbol{E} dv + \oint_S (\boldsymbol{E} \times \boldsymbol{H}) \cdot d\boldsymbol{S} \tag{9.8}$$

が得られる（問題 3.2）．右辺の第一項は，ジュール熱による単位時間あたりのエネルギー損失，第二項は境界面 S から流出するエネルギーの流れと解釈される．このエネルギーの流れの密度

$$\boldsymbol{S} = \boldsymbol{E} \times \boldsymbol{H} \quad (\boldsymbol{E}, \boldsymbol{H}, \boldsymbol{S} \text{の順で右手系をなす}) \tag{9.9}$$

を**ポインティング**（Poynting）**ベクトル**という．$\boldsymbol{S}$ の単位は $\mathrm{J/m^2 \cdot s}$ である．

---

† この微分形，積分形は第 8 章「電磁誘導」の (8.6)，(8.7) の場合に対応する．

†† 強誘電体や強磁性体，あるいは電磁場が強い場合には，**非線形効果**が現われる．

††† 超伝導体では，**オームの法則** $\boldsymbol{j} = \sigma \boldsymbol{E}$ が成立しなくなる（問題 3.4，10.5）．

例題3 ―― 電磁場の方程式とエネルギーの流れ

半径 a，長さ l，抵抗 R の円柱状導体の両端に電圧 v がかけられ，導体に一様な電流 i が流れている．この円柱状導体で発生するジュール熱は，円柱側面から内部へ流れ込むポインティングベクトルの総量に一致することを示せ．

〖ヒント〗 円柱側面に発生する電場，磁場はどのようになるか．

【解答】 導体に流れる電流はオームの法則より

$$i = v/R$$

となる．円柱の側面上での電場 $\boldsymbol{E}$，磁場 $\boldsymbol{H}$ の大きさは

$$E = \frac{v}{l} = \frac{Ri}{l}, \quad H = \frac{i}{2\pi a}$$

である．図のように，$\boldsymbol{E}$ の向きは電流の流れる方向と平行，$\boldsymbol{H}$ の向きは電流を右ねじに回転した方向となる．したがって，ポインティングベクトル $\boldsymbol{S} = \boldsymbol{E} \times \boldsymbol{H}$ は，定義より円柱の内側へ向かう．円柱の側面積 A は $A = 2\pi al$ であるから，円柱内へ流れ込む S の総量は

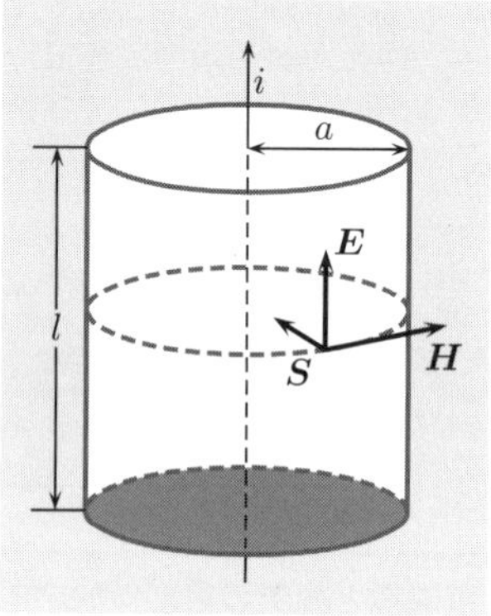

$$SA = EH \sin\frac{\pi}{2} A = \frac{Ri}{l}\frac{i}{2\pi a} 2\pi al = Ri^2$$

となり，ジュール熱に一致する．

問　題

3.1 例題3において，$a = 0.5\,\mathrm{mm}$，$l = 5\,\mathrm{cm}$，$R = 3\,\Omega$，$v = 4\,\mathrm{V}$ のとき，ポインティングベクトルの大きさと円柱内部へ流れ込むポインティングベクトルの総量を求めよ．

3.2 マクスウェルの方程式と (9.6) から，(9.8) を導け（**ヒント：**ベクトル解析の公式（第7章問題3.3）を用いよ）．

3.3 ガウスの定理，ストークスの定理を使って，マクスウェルの方程式の積分形から微分形を導け†．

3.4 極低温の超伝導体（水銀では4.2 K以下）では，電気抵抗はゼロとなり，オームの法則は成立しなくなる．F. London と H. London 兄弟は，超伝導体の中では

$$\mathrm{rot}\,\boldsymbol{j} + \frac{ne^2}{m}\boldsymbol{B} = 0$$

が成立すると考えた．ただし，e は電気素量，m, n は電子の質量および単位体積あたりの個数，$\boldsymbol{j}, \boldsymbol{B}$ は電流密度，磁束密度を表わす．上式（これを**ロンドン方程式**という）とマクスウェルの方程式から，$\boldsymbol{B}$ に関する微分方程式を求めよ．

† 付録A.2「ベクトル場の定理」を参照せよ．

9.3 電磁波

電磁波

電場と磁場が互いの時間的変化によって誘起され，空間を伝播してゆく波を**電磁波**という[†]．ε, μ が一様で $\sigma = 0$（真空や絶縁体），$\rho = 0$（空間に電荷がない）の媒質でのマクスウェルの方程式（微分形）は，次のようになる．

$$\mathrm{div}\,\boldsymbol{E} = 0, \qquad \mathrm{div}\,\boldsymbol{B} = 0 \tag{9.10}$$

$$\mathrm{rot}\,\boldsymbol{E} = -\frac{\partial \boldsymbol{B}}{\partial t}, \quad \mathrm{rot}\,\boldsymbol{B} = \varepsilon\mu\frac{\partial \boldsymbol{E}}{\partial t} \tag{9.11}$$

(9.10)，(9.11) から

$$\nabla^2 \boldsymbol{E} = \frac{1}{c^2}\frac{\partial^2 \boldsymbol{E}}{\partial t^2}, \quad \nabla^2 \boldsymbol{B} = \frac{1}{c^2}\frac{\partial^2 \boldsymbol{B}}{\partial t^2} \quad \left(c = \frac{1}{\sqrt{\varepsilon\mu}}\right) \tag{9.12}$$

が得られる．(9.12) の形をした微分方程式を**波動方程式**という．$\boldsymbol{E}, \boldsymbol{B}$ は速度 c で伝わる波を表わし，これを電磁波という．電磁波の速度は，真空中では

$$c = \frac{1}{\sqrt{\varepsilon_0 \mu_0}} = 2.9979 \times 10^8\ \mathrm{m/s} \tag{9.13}$$

となり，**光速度**に等しい．

平面波

$\boldsymbol{E}, \boldsymbol{B}$ が xy–座標には依存せず，z 方向に伝わる電磁波を**平面（電磁）波**という．$\boldsymbol{E}, \boldsymbol{B}$ の成分を $\boldsymbol{E} = (E_x, E_y, E_z)$，$\boldsymbol{B} = (B_x, B_y, B_z)$ で表わすと，(9.10)，(9.11) から

$$\frac{\partial E_z}{\partial z} = 0, \quad \frac{\partial E_z}{\partial t} = 0, \quad \frac{\partial B_z}{\partial z} = 0, \quad \frac{\partial B_z}{\partial t} = 0 \tag{9.14}$$

が得られる．E_z, B_z は z, t によらない定電場，定磁場となり，電磁波の伝播方向の振動成分はゼロとなる．これは，電磁波が**横波**であることを示す．$\boldsymbol{E}$ と $\boldsymbol{B}$ の x, y 成分の微分方程式は (9.10)，(9.11) より

$$\frac{\partial^2 E_i}{\partial z^2} = \frac{1}{c^2}\frac{\partial^2 E_i}{\partial t^2}, \quad \frac{\partial^2 B_i}{\partial z^2} = \frac{1}{c^2}\frac{\partial^2 B_i}{\partial t^2} \quad (i = x, y) \tag{9.15}$$

$$\frac{\partial E_x}{\partial z} = -\frac{\partial B_y}{\partial t}, \quad \frac{\partial E_y}{\partial z} = \frac{\partial B_x}{\partial t}, \quad \frac{\partial B_x}{\partial z} = \frac{1}{c^2}\frac{\partial E_y}{\partial t}, \quad \frac{\partial B_y}{\partial z} = -\frac{1}{c^2}\frac{\partial E_x}{\partial t} \tag{9.16}$$

となる．波動方程式 (9.15)，(9.16) の一般解は**ダランベールの解**とよばれ

$$\left.\begin{aligned} E_x &= g_x(z - ct) + h_x(z + ct), \quad B_y = (g_x(z - ct) - h_x(z + ct))/c \\ E_y &= g_y(z - ct) + h_y(z + ct), \quad B_x = (-g_y(z - ct) + h_y(z + ct))/c \end{aligned}\right\} \tag{9.17}$$

† 電磁波は，1864 年マクスウェル（Maxwell）によって理論的に示され，1888 年ヘルツ（Hertz）によって実験的に検証された．

となる．$g_i(z-ct)$, $h_i(z+ct)$ $(i=x,y)$ は，それぞれ z 軸の正，負の方向へ伝播する波を表わす（例題5）．一方向（たとえば z の正の方向）に伝わる波に対して

$$B_x = -E_y/c, \quad B_y = E_x/c \tag{9.18}$$

の関係がなりたつ．このことから

$$\boldsymbol{E}\cdot\boldsymbol{B} = E_x B_x + E_y B_y = 0 \tag{9.19}$$

が得られる．図のように，$\boldsymbol{E}$ と $\boldsymbol{B}(=\mu\boldsymbol{H})$ は伝播方向に垂直な面内において互いに直交する．

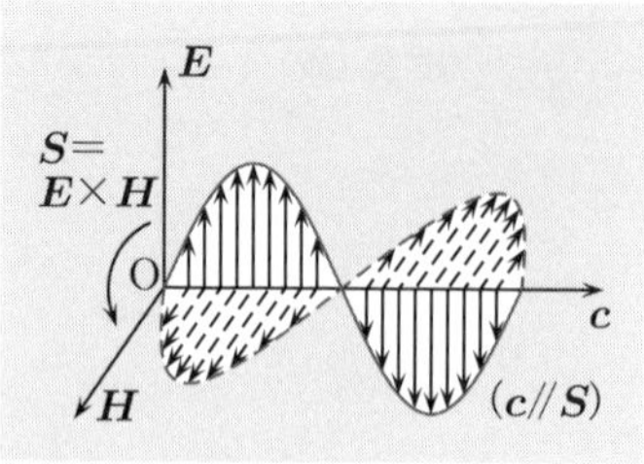

平面波の正弦波解と波数　平面波の伝播速度を c，（角）周波数を $f(\omega)$，波長を λ とすれば，$c=f\lambda$ より

$$k = 2\pi/\lambda, \quad \omega = kc \tag{9.20}$$

となる．k を**波数**といい，単位は m^{-1} である．(9.20) の第二式を**分散関係**という．

波動方程式の一般解 (9.17) は，正弦波あるいはその重ね合わせによって表わされる．平面波の解が正弦波であるとすると，z 軸の正の方向へ伝播する波は，

$$\boldsymbol{E}(z,t) = \boldsymbol{E}_0 \sin\left(\frac{2\pi}{\lambda}(z-ct)+\varphi\right) = \boldsymbol{E}_0 \sin(kz-\omega t+\varphi) \tag{9.21}$$

のように表わされる．ここに φ は位相因子である．複素表示を用いて，(9.21) を

$$\boldsymbol{E}(z,t) = \boldsymbol{E}_0 e^{i\left(\frac{2\pi}{\lambda}(z-ct)+\varphi\right)} = \boldsymbol{E}_0 e^{i(kz-\omega t+\varphi)} \tag{9.22}$$

の実数（虚数）部分として表わす方法も便利である．

3次元の座標系で，$\boldsymbol{c}=(c_x,c_y,c_z)$ の方向に伝播する平面波は，

$$\boldsymbol{E}(z,t) = \boldsymbol{E}_0 \sin(\boldsymbol{k}\cdot\boldsymbol{r}-\omega t+\varphi) \quad (\boldsymbol{k}=k\boldsymbol{c}/c) \tag{9.23}$$

のように表わされる．$\boldsymbol{k}$ を**波数ベクトル**という（例題6）．

平面波のポインティングベクトル　一方向（たとえば z の正の方向）に伝わる平面電磁波のポインティングベクトル $\boldsymbol{S}$ の大きさとエネルギー密度 u の間には，$\boldsymbol{E}$ と $\boldsymbol{B}(=\mu\boldsymbol{H})$ は直交するから

$$S = EH = \varepsilon E^2 c \ (= B^2 c/\mu) = uc, \quad u = \varepsilon E^2 = B^2/\mu \tag{9.24}$$

の関係が成立する（例題7）．上の図のように，$\boldsymbol{S}$ の方向は平面電磁波の進行方向に一致する．$\boldsymbol{E},\boldsymbol{H},\boldsymbol{S}$ はこの順序で右手系をなす．$\boldsymbol{E}$ と $\boldsymbol{B}$，$\boldsymbol{E}$ と $\boldsymbol{H}$ の強度の比は

$$\frac{E}{B} = c, \quad \frac{E}{H} = \sqrt{\frac{\mu}{\varepsilon}} \tag{9.25}$$

となる（問題7.1）．$\sqrt{\mu/\varepsilon}$ は抵抗の次元をもつ．真空中では

$$\sqrt{\mu_0/\varepsilon_0} = 376\,\Omega \tag{9.26}$$

となり，これを**真空の固有インピーダンス**という．

例題 4 ―――― 波動方程式

マクスウェルの方程式 (9.10), (9.11) から，波動方程式 (9.12) を導け．

〚ヒント〛 ベクトル解析の公式 $\mathrm{rot\,rot}\,\boldsymbol{E} = \mathrm{grad\,div}\,\boldsymbol{E} - \nabla^2 \boldsymbol{E}$ を用いよ．

【解答】 (9.11) より $\mathrm{rot}\,\boldsymbol{E} = -\partial \boldsymbol{B}/\partial t$, $\mathrm{rot}\,\boldsymbol{B} = \varepsilon\mu\partial\boldsymbol{E}/\partial t$．時間微分と空間微分の演算は交換できるから

$$\mathrm{rot\,rot}\,\boldsymbol{E} = -\frac{\partial}{\partial t}\mathrm{rot}\,\boldsymbol{B} = -\varepsilon\mu\frac{\partial^2 \boldsymbol{E}}{\partial t^2} \tag{1}$$

が得られる．ベクトル解析の公式と $\mathrm{div}\,\boldsymbol{E} = 0$ より

$$\mathrm{rot\,rot}\,\boldsymbol{E} = \mathrm{grad\,div}\,\boldsymbol{E} - \nabla^2 \boldsymbol{E} = -\nabla^2 \boldsymbol{E} \tag{2}$$

となる．したがって，(1), (2) より波動方程式

$$\nabla^2 \boldsymbol{E} = \varepsilon\mu\frac{\partial^2 \boldsymbol{E}}{\partial t^2} = \frac{1}{c^2}\frac{\partial^2 \boldsymbol{E}}{\partial t^2} \quad \left(\because \quad c = \frac{1}{\sqrt{\varepsilon\mu}}\right)$$

が得られる．$\boldsymbol{B}$ についても同様にして，次の結果が得られる．

$$\nabla^2 \boldsymbol{B} = \varepsilon\mu\frac{\partial^2 \boldsymbol{B}}{\partial t^2} = \frac{1}{c^2}\frac{\partial^2 \boldsymbol{B}}{\partial t}$$

問　題

4.1 誘電率 ε，透磁率 μ，電気伝導率 σ が一様で，電荷のない媒質を伝わる電磁波はどのような微分方程式を満たすだろうか．例題 4 と同様な方法によって求めよ（この微分方程式は次節で扱う）．

例題 5 ―――― 平面電磁波の一般解

$E_x = g_x(z - ct) + h_x(z + ct)$ が，波動方程式 $\partial^2 E_x/\partial z^2 = (1/c^2)\partial^2 E_x/\partial t^2$ を満たすことを確かめよ．

【解答】 $E_x = g_x(z - ct) + h_x(z + ct)$ を，波動方程式の右辺に代入し，$Z = z \pm ct$ の変数変換によって，g_x, h_x の微分を行えば，$\partial Z/\partial t = \pm c$, $\partial Z/\partial z = 1$ より

$$\frac{1}{c^2}\frac{\partial^2 E_x}{\partial t^2} = \frac{1}{c^2}\left\{\frac{\partial}{\partial Z}\left(\frac{\partial g_x}{\partial Z}\frac{\partial Z}{\partial t}\right)\frac{\partial Z}{\partial t} + \frac{\partial}{\partial Z}\left(\frac{\partial h_x}{\partial Z}\frac{\partial Z}{\partial t}\right)\frac{\partial Z}{\partial t}\right\}$$

$$= \cdots = \frac{1}{c^2}\left(\frac{\partial^2 g_x}{\partial z^2} + \frac{\partial^2 h_x}{\partial z^2}\right)c^2 = \frac{\partial^2 E_x}{\partial z^2}$$

となり，波動方程式を満たす（ただし，微分演算において Z は g_x, h_x の各引数を表わす）．

問　題

5.1 E_x, E_y が例題 5 のように表わされるとき，(9.16) から B_x, B_y を求めよ．

例題 6　　波数ベクトル

3次元の座標系で，$\boldsymbol{c} = (c_x, c_y, c_z)$（$\boldsymbol{c}$：伝播速度）の方向に伝播する平面電磁波が(9.23)のように表わされることを示せ．

【解答】　図のように波の伝播方向を z' 軸とすると平面電磁波の電場の位相は，たとえば(9.21)より

$$\boldsymbol{E} = \boldsymbol{E}_0 \sin(kz' - \omega t + \varphi) \qquad (1)$$

のように表わされる．z' 軸上のP点の座標 z' を，P点の3次元空間での位置ベクトル $\boldsymbol{r}\,(=(x, y, z))$ と $\boldsymbol{c}/c$ で表わすと，$z' = \boldsymbol{r}\cdot\boldsymbol{c}/c$ であるから

$$kz' - \omega t = k\boldsymbol{r}\cdot\boldsymbol{c}/c - \omega t = \boldsymbol{k}\cdot\boldsymbol{r} - \omega t \quad (\boldsymbol{k} = k\boldsymbol{c}/c)$$

となる．したがって，(1)は

$$\boldsymbol{E} = \boldsymbol{E}_0 \sin(\boldsymbol{k}\cdot\boldsymbol{r} - \omega t + \varphi)$$

となり，(9.23)が得られる．

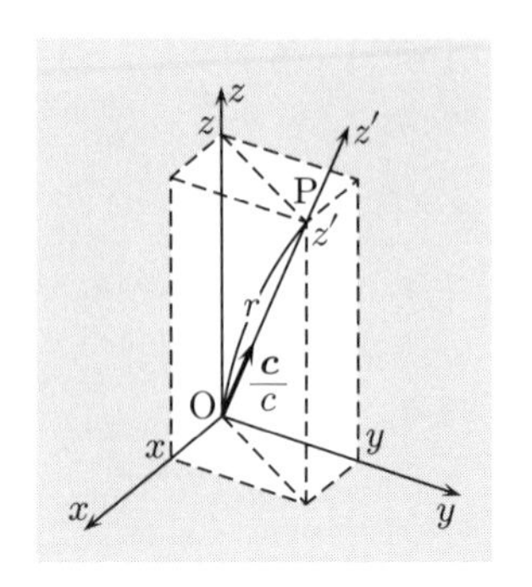

問　題

6.1　平面電磁波の電場 $\boldsymbol{E}$ を複素表示で，$\boldsymbol{E} = \boldsymbol{E}_0 e^{i(\boldsymbol{k}\cdot\boldsymbol{r} - \omega t)}$（$\boldsymbol{E}_0$：定ベクトル）と表わすとき，$\mathrm{div}\boldsymbol{E} = 0$ から $\boldsymbol{E}$ が横波であることを示せ．

例題 7　　平面電磁波のポインティングベクトル

z 軸の正方向に伝播する平面電磁波のエネルギー密度 u とポインティングベクトルの大きさ S の間には，(9.24)の関係が成立することを示せ．

〚ヒント〛(9.18)の関係を用いよ．

【解答】　平面電磁波の電場を $\boldsymbol{E} = (E_x, E_y, 0)$，磁束密度を $\boldsymbol{B} = (B_x, B_y, 0)$ とすると，$\boldsymbol{E}$ と $\boldsymbol{B}$ は直交するから

$$u = (\boldsymbol{D}\cdot\boldsymbol{E} + \boldsymbol{B}\cdot\boldsymbol{H})/2 = (\varepsilon E^2 + B^2/\mu)/2, \quad S = EH\sin\pi/2 = EB/\mu$$

となる．(9.18)より，z 軸の正方向に伝わる電磁波では，$B_x = -E_y/c$，$B_y = E_x/c$ であるから

$$u = (\varepsilon E^2 + E^2/\mu c^2)/2 = \varepsilon E^2, \quad S = E^2/\mu c = \varepsilon E^2 c = uc$$

が得られ，(9.24)の関係が成立する．

問　題

7.1　z 軸の正方向に伝わる平面電磁波に対し，(9.25)の関係が成立することを示せ．

7.2　電場の振幅 10 V/m の平面電磁波が，真空中を伝播している．磁束密度の振幅，ポインティングベクトルの平均値を求めよ．

例題 8 ――― 平面電磁波

真空中を z 軸の正の方向へ伝わる平面電磁波の電場 $\boldsymbol{E}$ と磁束密度 $\boldsymbol{B}$ は，z と t の関数として表わされる．電磁波の角周波数を $\omega\,(>0)$，波数を $k\,(>0)$ として

$$\boldsymbol{E}(z,t) = (E_x, 0, 0), \quad E_x = E_0 \sin(kz - \omega t)$$

とするとき，(9.10)，(9.11) から (a)，(b) を計算せよ．

(a) $\boldsymbol{E}$ と $\boldsymbol{B}$ が直交することを示せ．

(b) $\boldsymbol{B}$ を求めよ．また，$\boldsymbol{E}$ と $\boldsymbol{B}$ の位相関係，波の伝播速度と k, ω の関係を求めよ．

【解答】 (a) $\boldsymbol{B} = (B_x, B_y, B_z)$ とすると，(9.10)，(9.11) より

$$\frac{\partial B_z}{\partial z} = 0, \quad \frac{\partial B_z}{\partial t} = 0, \quad \frac{\partial B_x}{\partial z} = 0, \quad \frac{\partial B_x}{\partial t} = 0 \tag{1}$$

$$\frac{\partial E_x}{\partial z} = -\frac{\partial B_y}{\partial t}, \quad \frac{\partial B_y}{\partial z} = -\varepsilon_0\mu_0 \frac{\partial E_x}{\partial t} \tag{2}$$

が得られる．(1) から，B_x, B_z は z, t に関して一定値を与えるが，これは静磁場を与えるため，電磁波とは無関係になる．したがって，$B_x = B_z = 0$ としてよい．$\boldsymbol{B}$ は y 成分のみをもつから，$\boldsymbol{E}$ と $\boldsymbol{B}$ は直交する．

(b) 題意の $E_x = E_0 \sin(kz - \omega t)$ を (2) に代入すると

$$\frac{\partial B_y}{\partial z} = \varepsilon_0\mu_0\omega E_0 \cos(kz - \omega t) \quad \text{から} \quad B_y = \frac{\varepsilon_0\mu_0\omega}{k} E_0 \sin(kz - \omega t) + c_1(t) \tag{3}$$

$$\frac{\partial B_y}{\partial t} = -kE_0 \cos(kz - \omega t) \quad \text{から} \quad B_y = \frac{k}{\omega} E_0 \sin(kz - \omega t) + c_2(z) \tag{4}$$

が得られる．(3) と (4) は恒等的に等しいことから，$c_1(t) = c_2(z) = 0$ となり

$$B_y = \sqrt{\varepsilon_0\mu_0} E_0 \sin(kz - \omega t), \quad k = \omega\sqrt{\varepsilon_0\mu_0} \tag{5}$$

が得られる．$kz - \omega t = k(z - \omega t/k) = k(z - t/\sqrt{\varepsilon_0\mu_0})$ より $c = 1/\sqrt{\varepsilon_0\mu_0}$ は波の伝播速度となる．よって，B_y と E_x，ならびに c, k と ω の間には，(5) より $B_y = E_x/c$, $\omega = kc$ の関係がある．E_x と B_y の位相は同相となる．

問 題

8.1 次の各電磁波の真空中での波長および波数を求めよ．

(a) 590 kHz の中波 (b) 80 MHz の超短波 (c) 2 GHz のマイクロ波

(d) 4×10^{14} Hz の可視光（赤） (e) 10^{18}Hz の X 線

8.2 例題 8 で得られた結果を使って，次の量を計算せよ．

(a) 電磁波のエネルギー密度と，電場および磁場のエネルギー密度の比

(b) ポインティングベクトルの大きさと向き

8.3 例題 8 において，電磁波の進行方向が z 軸の負の方向のとき，E_x と B_y の位相関係，およびポインティングベクトルの向きはどのようになるか．

例題9　偏光 I

z の正方向に進む平面電磁波の電場ベクトルの x, y 成分が

$$E_x = E_{0x}\cos(kz - \omega t), \quad E_y = E_{0y}\cos(kz - \omega t + n\pi) \quad (n：整数)$$

で表わされるとき，電磁波の電場ベクトル，磁場ベクトルの先端はどのような軌跡を描くか．ただし，E_{0x}, E_{0y} は共に正とせよ．

〚ヒント〛 E_x, E_y の比を，振幅 E_{0x}, E_{0y} および n で表わせ．

【解答】 $Z_0 = \sqrt{\mu_0/\varepsilon_0}$ とする．$\cos(kz - \omega t + n\pi) = (-1)^n \cos(kz - \omega t)$ より

$$\frac{E_y}{E_x} = (-1)^n \frac{E_{0y}}{E_{0x}}$$

となる．また，磁場ベクトルに対しては，(9.18) で与えられる関係式から，次式が得られる．

$$H_x = -\frac{E_y}{Z_0}, \quad H_y = \frac{E_x}{Z_0} \tag{1}$$

$$\therefore \quad \frac{H_y}{H_x} = -\frac{E_x}{E_y} = (-1)^{1-n}\frac{E_{0x}}{E_{0y}}$$

となる．したがって，偶数の n のとき

$$E_y = \frac{E_{0y}}{E_{0x}}E_x, \quad H_y = -\frac{E_{0x}}{E_{0y}}H_x \tag{2}$$

奇数の n のとき

$$E_y = -\frac{E_{0y}}{E_{0x}}E_x, \quad H_y = \frac{E_{0x}}{E_{0y}}H_x \tag{3}$$

を得る．以上より，電場ベクトルおよび磁場ベクトルの先端は，概略図のように互いに直交した直線上を振動する．これを**直線偏光**という．なお，Z_0 は真空の固有インピーダンスである．

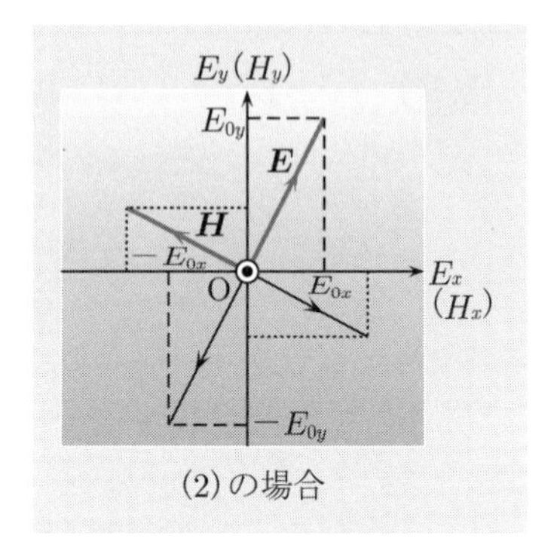

(2) の場合

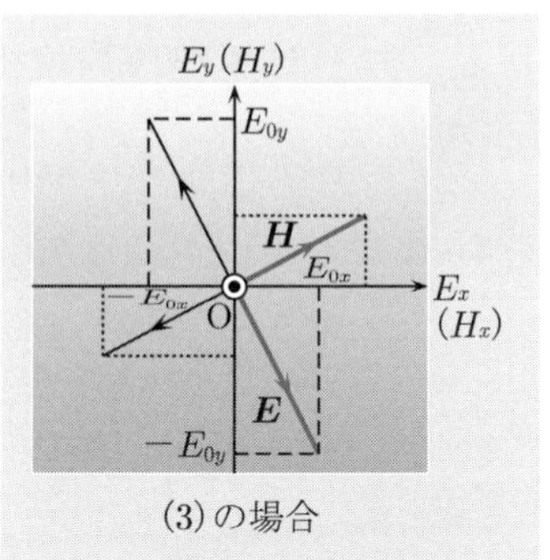

(3) の場合

問　題

9.1 例題9において，$E_y = E_{0x}\cos\left(kz - \omega t \pm \dfrac{\pi}{2}\right)$ のとき，電磁波の電場ベクトルと磁場ベクトルの先端はどのような軌跡を描くか（**ヒント：円偏光**になる．なお，左回りと右回りの円偏光がそれぞれどういう場合に対応するかも調べよ）．

9.2 例題9において，$E_y = E_{0y}\cos\left(kz - \omega t \pm \dfrac{\pi}{2}\right)(E_{0x} \neq E_{0y})$ のとき，電磁波の電場ベクトルと磁場ベクトルの先端はどのような軌跡を描くか（**ヒント：楕円偏光**になる）．

例題 10 ─── 偏光 II

図のように，偏光子 P_1，P_2 を光路に垂直に置いた．P_1 の偏光方向（y 軸方向）と P_2 の偏光方向との角度を θ，P_1 を通る直線偏光の強度を I_0 とする．θ を変化させたときの P_2 を通る光の強度 I の θ 依存性を調べ，その概略図を描け．なお，$0^\circ \leqq \theta \leqq 180^\circ$ とせよ．

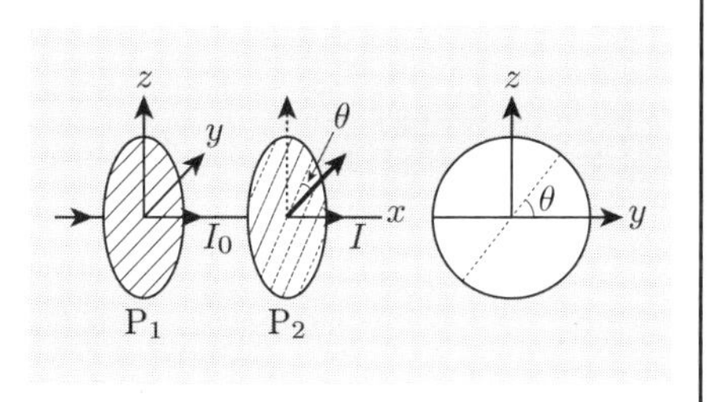

【解答】 右図のように，P_1 を通過した直線偏光（振幅 E_0，強度 I_0）の内 $E_0\cos\theta$ が P_2 を通る．P_2 を通る光の強度 I は，強度は振幅の 2 乗に比例するから，$I = I_0\cos^2\theta$ となる．これを**マルスの法則**という．$I'(\theta) = -I_0\sin 2\theta$ より I の θ 依存性は容易に調べられる．$I(\theta)$ の増減表と概略図を以下に示す．概略図からも分かるように，$\theta = 90^\circ$ のとき，透過光 I の強度はゼロとなる．

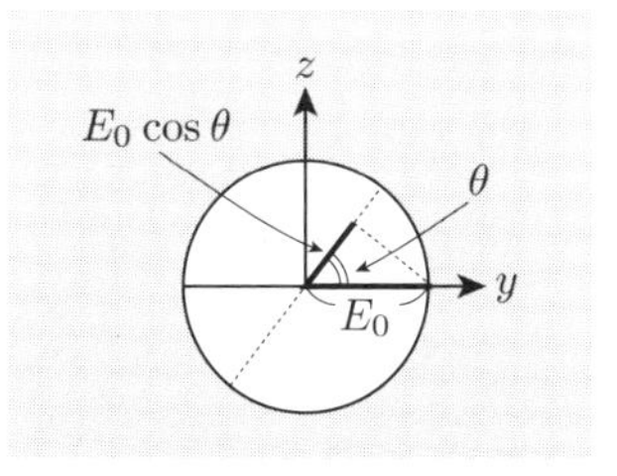

$I(\theta)$ の増減表

θ	0°		90°		180°
$I'(\theta)$	0	$-$	0	$+$	0
		↘		↗	
$I(\theta)$	I_0		0		I_0

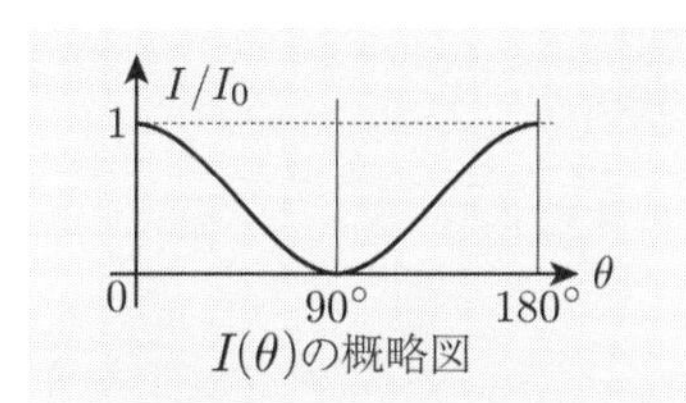

$I(\theta)$の概略図

問 題

10.1 図のように，3 つの偏光子 P_1，P_3，P_2 を光路に垂直に置いた．P_1 の偏光方向（y 軸方向）に対する P_3 と P_2 の偏光方向の角度を θ と $\theta_0 = 90^\circ$ とする．P_1 を通る光の強度を I_0 とし，θ を変化させた．P_2 を通る光の強度 I の θ 依存性を調べ，その概略図を描け．なお，$0^\circ \leqq \theta \leqq 180^\circ$ とせよ．

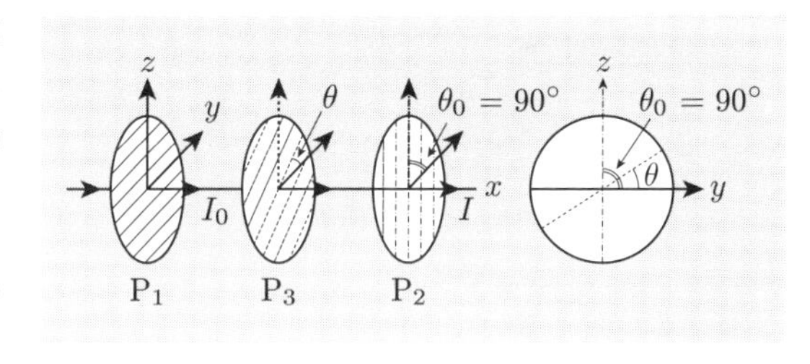

10.2 前問で $\theta_0 \neq 90^\circ$ のときの I の θ 依存性を調べ，I の極大値を $\cos\theta_0$ で表わせ（理解を容易にするため，$0^\circ \leqq \theta_0 < 90^\circ$ とせよ）．また，$\theta_0 = 85^\circ$ のときの概略図を描け．必要があれば $\cos 85^\circ \cong 0.087$ を用いよ．

9.4 媒質中での電磁波

媒質中での電磁場の方程式

電気伝導率 σ の媒質では，電磁場によって伝導電流が生じる．媒質の誘電率 ε，透磁率 μ が一様で空間に電荷がないとすれば，(9.11) の $\mathrm{rot}\,\boldsymbol{B}$ は

$$\mathrm{rot}\,\boldsymbol{B} = \varepsilon\mu\frac{\partial \boldsymbol{E}}{\partial t} + \sigma\mu\boldsymbol{E} \tag{9.27}$$

となる．したがって，$\boldsymbol{E}, \boldsymbol{B}$ に関する微分方程式は，次式のようになる (問題 4.1).

$$\nabla^2\boldsymbol{E} = \varepsilon\mu\frac{\partial^2 \boldsymbol{E}}{\partial t^2} + \sigma\mu\frac{\partial \boldsymbol{E}}{\partial t}, \quad \nabla^2\boldsymbol{B} = \varepsilon\mu\frac{\partial^2 \boldsymbol{B}}{\partial t^2} + \sigma\mu\frac{\partial \boldsymbol{B}}{\partial t} \tag{9.28}$$

電束電流が伝導電流に比べて十分小さくなる場合，**準定常電流の近似**がなりたつ．このとき，上式の各右辺の第一項は第二項に対して無視できるから

$$\nabla^2\boldsymbol{E} = \sigma\mu\frac{\partial \boldsymbol{E}}{\partial t}, \quad \nabla^2\boldsymbol{B} = \sigma\mu\frac{\partial \boldsymbol{B}}{\partial t} \tag{9.29}$$

が得られる．(9.28) や (9.29) の微分方程式を解く際，複素表示を用いると計算を代数的に行うことができる（例題 10）．

表皮効果

導体の境界では，電磁場は導体表面から内部へ侵入すると急激に減衰する．このような効果を**表皮効果**という．電磁場の強度が表面での強度に比べて e^{-1} に減衰する深さ δ は，電磁波の角周波数を ω とすると

$$\delta = \frac{1}{\omega}\left[\frac{\varepsilon\mu}{2}\left\{\sqrt{1+\left(\frac{\sigma}{\omega\varepsilon}\right)^2} - 1\right\}\right]^{-1/2} \tag{9.30}$$

となる（問題 10.3）．$\sigma/\omega\varepsilon \gg 1$ のような**良導体**では，準定常電流の近似がなりたち，このとき δ は

$$\delta = \sqrt{\frac{2}{\omega\mu\sigma}} \tag{9.30$'$}$$

となる（例題 10）．δ を**表皮効果の深さ**（**侵入の深さ**）という．

電磁波の反射と屈折

二つの媒質の境界面での電磁場の境界条件は，境界面に電荷も電流も存在しなければ，電場と磁場の接線成分，電束密度と磁束密度の法線成分が連続になる．電磁波が媒質 I から媒質 II へ入射すると，反射と屈折がおこる．次ページの図に示すように，θ_0 を**入射角**，θ_1 を**反射角**，θ_2 を**屈折角**という．また入射方向と境界面の法線方向で定まる平面を**入射面**という．反射と屈折には，次のような法則がなりたつ．

(a)　反射，屈折の方向は入射面内にあり，入射角と反射角は等しい $(\theta_0 = \theta_1)$.

(b)　屈折については，**スネル**（Snell）**の法則**がなりたつ．

$$\frac{\sin\theta_0}{\sin\theta_2} = \frac{c_1}{c_2} = \sqrt{\frac{\varepsilon_2\mu_2}{\varepsilon_1\mu_1}} = n_{12} \qquad (9.31)$$

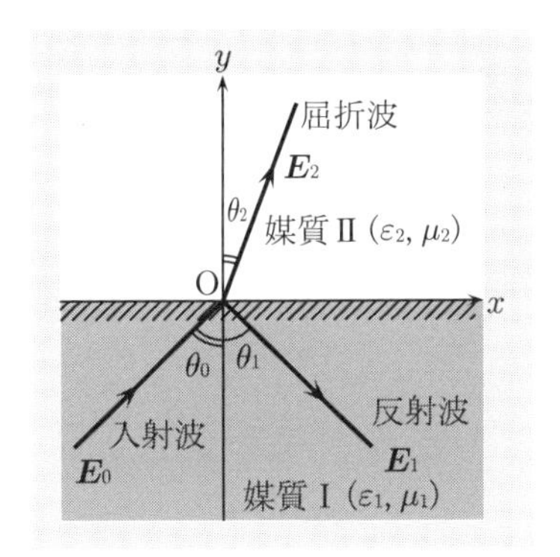

$\varepsilon_1, \varepsilon_2, \mu_1, \mu_2, c_1, c_2$ は各々媒質 I, II の誘電率，透磁率，各媒質内での電磁波の伝播速度を表わす．n_{12} を媒質 I に対する媒質 II の**屈折率**という．

フレネルの式とブリュースターの角

強磁性体を除いた多くの物質では，$\mu \cong \mu_0$ となる．この場合，電場に対して，入射面に平行な成分には //，垂直な成分には ⊥ の記号を付けて表わすと，反射波，屈折波に対して次のような**フレネル**（Fresnel）**の式**がなりたつ．

$$\left.\begin{aligned} R_{/\!/} &= \frac{E_1^{/\!/}}{E_0^{/\!/}} = \frac{\tan(\theta_0-\theta_2)}{\tan(\theta_0+\theta_2)}, \quad R_\perp = \frac{E_1^\perp}{E_0^\perp} = -\frac{\sin(\theta_0-\theta_2)}{\sin(\theta_0+\theta_2)} \\ T_{/\!/} &= \frac{E_2^{/\!/}}{E_0^{/\!/}} = \frac{2\sin\theta_2\cos\theta_0}{\sin(\theta_0+\theta_2)\cos(\theta_0-\theta_2)}, \quad T_\perp = \frac{E_2^\perp}{E_0^\perp} = \frac{2\sin\theta_2\cos\theta_0}{\sin(\theta_0+\theta_2)} \end{aligned}\right\} \qquad (9.32)$$

R, T をそれぞれ**反射係数**，**透過係数**という．

$\theta_0 + \theta_2 = \pi/2$ のとき，反射波は垂直成分だけが残る $(R_{/\!/} = 0)$．入射角は

$$\theta_{\mathrm{B}} \equiv \theta_0 = \tan^{-1}(n_{12}) \qquad (9.33)$$

となる．θ_B を**ブリュースター**（Brewster）**の角**という．入射面に平行な偏りの電磁波が θ_B で入射すると，透過のみがおこる．これを**ブリュースターの法則**という．

電磁運動量と放射圧

電磁波はポインティングベクトル $\boldsymbol{S}$ で表わされるエネルギーを運ぶが，同時に次に示すような，**電磁運動量密度** $\boldsymbol{g}$，**電磁質量密度** m_d をもっていると考えることができる．

$$\boldsymbol{g} = \boldsymbol{S}/c^2, \quad m_d = g/c \qquad (9.34)$$

c は光速度を表わす．電磁波が媒質に反射されると，媒質に圧力（**放射圧**）をおよぼす．放射圧 p（単位は $\mathrm{Pa} = \mathrm{N/m^2}$ で表わし，Pa を**パスカル**という）は，平面電磁波が完全に反射される場合と完全に吸収される場合では，それぞれ次のようになる．

$$p = 2gc = 2\varepsilon E^2 \quad (\text{完全反射}), \quad p = gc = \varepsilon E^2 \quad (\text{完全吸収})$$

電磁波のエネルギー密度 u と m_d には

$$u = m_d c^2 = gc \qquad (9.35)$$

の関係がある．(9.35) は**エネルギーと質量の同等性**を表わす．

例題 11 ―― 表皮効果

$z \geqq 0$ の半無限空間にある導体（電気伝導率 σ，透磁率 μ）の表面に，平面電磁波が垂直に入射した．電場 $\boldsymbol{E} = (E_x, 0, 0)$，磁束密度 $\boldsymbol{B} = (0, B_y, 0)$，$E_x$，$B_y$ は x, y に依存しないとするとき，導体内での電磁場のふるまいを，準定常電流の近似の範囲内で調べよ．

〘ヒント〙 $E_x(z,t) = E_0 e^{i(kz-\omega t)}$ のように複素表示を用いて (9.29) を解け．

【解答】 準定常電流の近似の枠内では，(9.29) とマクスウェルの方程式より

$$\frac{\partial^2 E_x}{\partial z^2} = \sigma\mu\frac{\partial E_x}{\partial t} \quad (1), \qquad \frac{\partial E_x}{\partial z} = -\frac{\partial B_y}{\partial t} \quad (2)$$

となる．また，電磁場の角周波数を ω，$E_x(z,t) = E_0 e^{i(kz-\omega t)}$ とすると，(1) より

$$k^2 = i\omega\mu\sigma \quad (3)$$

が得られる．k は**複素波数**となる．$k = k_r + ik_i$（k_r, k_i：実数）とすると (3) より

$$k_r^2 - k_i^2 = (k_r + k_i)(k_r - k_i) = 0,\ 2k_r k_i = \omega\mu\sigma$$

となる．解のうち，$k_r = -k_i$ の解は，$2k_r^2 = 2k_i^2 = -\omega\mu\sigma$ となるから意味をもたない．また，$k_r = k_i$ の解のうち，$k_i < 0$ の解は $z \to \infty$ で E_x が発散してしまう．したがって，

$$k_i = k_r = \sqrt{\frac{\omega\mu\sigma}{2}} = \frac{1}{\delta} \quad \text{あるいは} \quad \delta = \sqrt{\frac{2}{\omega\mu\sigma}}$$

を得る．B_y についても同様な複素表示を用いれば，(1)，(2) より E_x, B_y の複素解，実数解は，E_0 を実数とすると，次のようになる．

$$E_x = E_0 e^{-\frac{z}{\delta}} e^{i\left(\frac{z}{\delta}-\omega t\right)}, \quad B_y = \frac{k_r + ik_i}{\omega}E_x = \sqrt{\frac{\mu\sigma}{\omega}}E_0 e^{-\frac{z}{\delta}} e^{i\left(\frac{z}{\delta}-\omega t+\frac{\pi}{4}\right)} \quad \text{（複素解）}$$

$$E_x = E_0 e^{-\frac{z}{\delta}}\cos\left(\frac{z}{\delta} - \omega t\right), \quad B_y = \sqrt{\frac{\mu\sigma}{\omega}}E_0 e^{-\frac{z}{\delta}}\cos\left(\frac{z}{\delta} - \omega t + \frac{\pi}{4}\right) \quad \text{（実数解）}$$

問 題

11.1 アルミニウムの電気伝導率は $\sigma = 3.5 \times 10^7\,\mathrm{S/m}$，透磁率は $\mu \cong \mu_0$ である．例題 10 の結果を使って，次の各周波数に対する表皮効果の深さ δ を求めよ．

(a) 1 kHz (b) 5 MHz (c) 2 GHz (d) 10^{15} Hz

11.2 例題 11 の結果を使って，電磁波の電場と磁場のエネルギー密度の平均値の比を求めよ．ただし，導体の誘導率は ε とする．

11.3 例題 11 と同様な方法によって，(9.28) に対する表皮効果の深さを求めよ．

11.4 問題 11.3 の結果を使って，$\sigma/\omega\varepsilon \ll 1$ のときの E_x, B_y を求め，位相関係を調べよ．

11.5 超伝導体では，磁束密度 $\boldsymbol{B}$ が内部へ深く侵入しない．問題 3.4 の結果を使って，$\boldsymbol{B}$ の超伝導体内部への侵入の状態を，準定常電流の近似の範囲内で調べよ．

例題 12 ―― スネルの法則

水の空気に対する屈折率は 1.33 である．空気中から水中へ，入射角 60° で入射した光の屈折角を求めよ．

〖ヒント〗 スネルの法則を用いよ．

【解答】 屈折角を θ とすると，スネルの法則より

$$\sin 60^\circ / \sin\theta = 1.33$$

となる．したがって

$$\sin\theta = \frac{1}{1.33}\sin 60^\circ = \frac{1}{1.33}\times\frac{\sqrt{3}}{2} = 0.651$$

より，θ として次の結果が得られる．

$$\theta = \sin^{-1} 0.651 \cong 41^\circ$$

問　題

12.1 ガラスの空気に対する屈折率は 1.55 である．空気中からガラスへ，入射角 45° で入射した光の屈折角を求めよ．

例題 13 ―― 全反射とブリュースターの角

入射角をある臨界的な角度より大きな角度で平面電磁波を入射させると，全反射がおこる場合がある．全反射がおこる場合の条件と臨界角を求めよ．

〖ヒント〗 屈折角が $\pi/2$ になるとき，全反射がおこる．

【解答】 入射角を θ_0，屈折角を θ_2，屈折率を n_{12} とすると，スネルの法則より

$$\sin\theta_2 = \sin\theta_0 / n_{12}$$

となる．$\theta_2 = \pi/2$ のとき，全反射がおこる．$\sin\pi/2 = 1$ より

$$\sin\theta_0 = n_{12}$$

が得られる．$\sin\theta_0 \leqq 1$ であることから，全反射がおこるためには $n_{12} \leqq 1$ でなければならない．すなわち，全反射は屈折率の大きな媒質から小さな媒質へ入射したときにおこり，臨界角 θ_c は次のようになる．

$$\theta_c \equiv \theta_0 = \sin^{-1}(n_{12}) \quad (n_{12} \leqq 1)$$

問　題

13.1 例題 12 の屈折率を用いて，水中から空気中へ光が入射するときの臨界角を求めよ．

13.2 ブリュースターの法則から，ガラスの表面での反射によって偏光を得ることができる．問題 12.1 の屈折率を用いて，ブリュースターの角を求めよ．

例題 14 ―――― 反射と屈折

平面電磁波が真空中から，十分に広い平面をもつ誘電率 ε_1，透磁率 μ_1 の完全誘電体に垂直に入射した．入射波と反射波の電場の位相が同相となるとき，反射波と透過波の電場と磁場を求めよ．また，このような反射はどのようなときにおこるか．

【解答】 入射波，反射波，透過波の電場と磁場の大きさを $E_0, H_0, E_1, H_1, E_2, H_2$ とする．E_0 と E_1 が同相のとき，H_0 と H_1 は位相が反転する[†]．境界条件より，電場と磁場の接線成分は連続で

$$E_0 + E_1 = E_2 \qquad (1), \qquad\qquad H_0 - H_1 = H_2 \qquad (2)$$

となる．また，電場と磁場の大きさの比は，(9.25) で表わされるから，これを使って (2) を書き換えれば

$$\sqrt{\frac{\varepsilon_0}{\mu_0}}E_0 - \sqrt{\frac{\varepsilon_0}{\mu_0}}E_1 = \sqrt{\frac{\varepsilon_1}{\mu_1}}E_2 \qquad (3)$$

となる．(1)，(3) と (9.25) より

$$E_1 = \frac{\sqrt{\varepsilon_0/\mu_0} - \sqrt{\varepsilon_1/\mu_1}}{\sqrt{\varepsilon_0/\mu_0} + \sqrt{\varepsilon_1/\mu_1}}E_0, \quad E_2 = \frac{2\sqrt{\varepsilon_0/\mu_0}}{\sqrt{\varepsilon_0/\mu_0} + \sqrt{\varepsilon_1/\mu_1}}E_0,$$

$$H_1 = \frac{\sqrt{\varepsilon_0/\mu_0} - \sqrt{\varepsilon_1/\mu_1}}{\sqrt{\varepsilon_0/\mu_0} + \sqrt{\varepsilon_1/\mu_1}}H_0, \quad H_2 = \frac{2\sqrt{\varepsilon_1/\mu_1}}{\sqrt{\varepsilon_0/\mu_0} + \sqrt{\varepsilon_1/\mu_1}}H_0$$

が得られる．こうした反射は，$\sqrt{\varepsilon_0/\mu_0} > \sqrt{\varepsilon_1/\mu_1}$ のときおこる．

問 題

14.1 例題 14 において，入射波と反射波の電場の位相が反転するときはどうなるか．

14.2 平面電磁波が，誘電率 ε_1，透磁率 μ_1 の媒質 I から，誘電率 ε_2，透磁率 μ_2 の媒質 II へ入射した．反射と屈折の法則を導け．

14.3 平面電磁波が，誘電率 ε_1，透磁率 μ_1 の媒質 I から，誘電率 ε_2，透磁率 μ_2 の媒質 II へ入射するとき，反射係数，透過係数を求め，フレネルの式を導け．ただし，媒質 I, II は共に強磁性体ではないとし，$\mu_1 \cong \mu_2 \cong \mu_0$ とせよ．

14.4 上層大気中の電離層では，大気中の原子，分子が電離して陽イオンと電子のプラズマがつくられている．陽イオンの質量は電子に比較して十分大きいため，通常の高周波電磁波によってもほとんど動けず，電子だけが電磁波に応答する．電子の電荷を $-e$，質量を m，電離層中での密度を n，高周波電磁波の角周波数を ω として電離層中に生じる伝導電流の密度，電束電流の密度および電離層のみかけの屈折率を求めよ．ただし，電離層中の電子の速度 $\boldsymbol{v}$ は光速に比べて十分小さいとし，また磁場によるローレンツ力は無視できるものとする．

---

† $\boldsymbol{E}, \boldsymbol{H}, \boldsymbol{S}$（ポインティングベクトル）は右手系をなす．

例題 15 電磁質量と電磁運動量 I

電場 E の実効値が 10^2 V/m の平面電磁波の電磁質量密度と電磁運動量密度を求めよ.

〚ヒント〛 (9.35) を用いよ.

【解答】 電磁波のエネルギー密度は $\varepsilon_0 E^2$ で与えられるから，求める電磁質量密度 m_d，電磁運動量密度 g は，光速度を c とすれば

$$m_d = \frac{\varepsilon_0 E^2}{c^2} = \frac{8.85 \times 10^{-12} \times 10^4}{(3.00 \times 10^8)^2} = 9.83 \times 10^{-25}\,\mathrm{kg/m^3}$$

$$g = m_d c = 9.83 \times 10^{-25} \times 3.00 \times 10^8 = 2.95 \times 10^{-16}\,\mathrm{kg/m^2 \cdot s}$$

となる.

問　題

15.1 例題 15 の平面電磁波が，媒質に完全反射される場合と完全吸収される場合の放射圧を求めよ.

例題 16 電磁質量と電磁運動量 II

電荷 Q をもつ半径 a の導体球が，光速度 c より十分小さな一定速度 v で運動するとき，導体球によってつくられる電磁場のポインティングベクトルと電磁運動量密度を求めよ.

〚ヒント〛 運動する導体球によってつくられる電磁場を 3 次元極座標で表わせ．また，H_φ については第 6 章問題 9.2 の結果を用いよ.

【解答】 運動する導体球によってつくられる電場 $\boldsymbol{E}$ と磁場 $\boldsymbol{H}$ を，3 次元極座標で表わせば，$\boldsymbol{E} = (E_r, 0, 0)$，$\boldsymbol{H} = (0, 0, H_\varphi)$ となり，それぞれ導体球から r の距離にある点に (H_φ については第 6 章問題 9.2 の結果を参照)

$$E_r = \frac{Q}{4\pi\varepsilon_0 r^2}, \quad H_\varphi = \frac{Qv\sin\theta}{4\pi r^2}$$

の場を生じる．したがって，ポインティングベクトル $\boldsymbol{S} = \boldsymbol{E} \times \boldsymbol{H}$ と，電磁運動量密度 $\boldsymbol{g} = \boldsymbol{S}/c^2$ の大きさは，それぞれ

$$S = E_r H_\varphi = \frac{Q^2 v \sin\theta}{16\pi^2 \varepsilon_0 r^4}, \quad g = \frac{S}{c^2} = \frac{Q^2 v\sin\theta}{16\pi^2 c^2 \varepsilon_0 r^4}$$

となる.

問　題

16.1 例題 16 の結果を使って，運動する導体球によってつくられる電磁場の全電磁運動量および全電磁質量を求めよ.

9.5 電磁波の伝送

分布定数回路

通信線路，長距離送電線では，抵抗 R，自己インダクタンス L，電気容量 C の回路定数が，線路に沿って一様に分布している．このような回路を**分布定数回路**という．線路の長さが，電磁波の波長と同程度かそれよりも長くなるとき，回路定数の分布を考慮した取り扱いが必要になる．

単位長さあたりの自己インダクタンス L〔H/m〕，電気容量 C〔F/m〕の減衰のない往復線路では，線路上の電圧 v，電流 i は

$$\frac{\partial v}{\partial x} = -L\frac{\partial i}{\partial t}, \quad \frac{\partial i}{\partial x} = -C\frac{\partial v}{\partial t} \tag{9.36}$$

の微分方程式で表わされる (例題 16)．したがって，伝送線の方程式は，

$$\frac{\partial^2 v}{\partial x^2} = LC\frac{\partial^2 v}{\partial t^2}, \quad \frac{\partial^2 i}{\partial x^2} = LC\frac{\partial^2 i}{\partial t^2} \tag{9.37}$$

となる．(9.37) を分布定数回路の**伝送方程式**という．

$$c = \frac{1}{\sqrt{LC}}, \quad Z_0 = \sqrt{\frac{L}{C}} \tag{9.38}$$

をそれぞれ，伝播速度，**伝送線の特性インピーダンス**という．導線の周囲が真空ならば，伝播速度は光速度に等しくなる† (例題 17)．

レッヘル線と同軸ケーブル

伝送方程式 (9.37) を満たす伝送線には，下図に示すような**レッヘル** (Lecher) **線** (2 本の円柱状導線を平行に張ったもの) や**同軸ケーブル**がある．レッヘル線は，電力を送る送電線や電信電話の通信線に利用されている．同軸ケーブルは，わが国をはじめ諸外国でも，長距離大回線束を構成する伝送方式に用いられている．通常，同軸ケーブルの内部には，誘電率 ε の誘電体が使われるため，伝播速度は光速度に比べて，$\sqrt{\varepsilon_0/\varepsilon}$ だけ遅くなる．

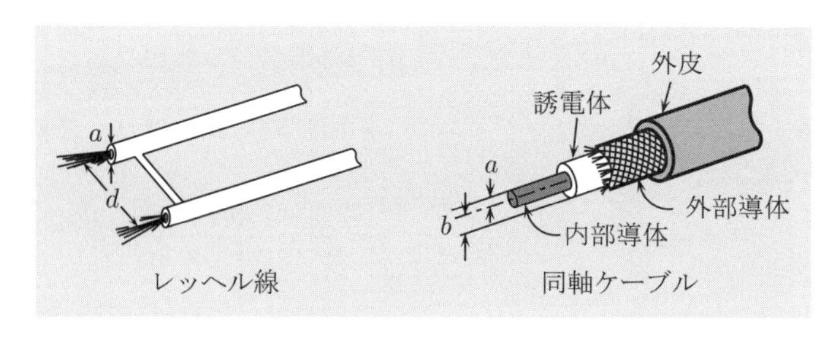

† 電子が光速度で伝わるのではなく，電圧，電流の変化が光速度で伝わるということである．

導波管

電磁波は周波数が高くなると中空の導体管の中を伝播することができるようになる．こうした管を**導波管**という．z 方向に伝播する電磁波の電場 $\boldsymbol{E}$，磁場 $\boldsymbol{H}$ に対して，$E_z \neq 0$, $H_z = 0$ の波を **E 波**（**TM 波**[†]），$E_z = 0$, $H_z \neq 0$ の波を **H 波**（**TE 波**[†]）という．導波管内の電磁波のモードは，(9.12) の波動方程式を導波管の境界条件のもとで解くことによって得ることができる（**固有値問題**）．二辺が $a, b\,(a > b)$ の長方形導波管の場合，真空の誘電率，透磁率を ε_0, μ_0 とすれば，E 波，H 波は次のようになる．

(a)　**E 波**：電場の z 成分 E_z を，

$$E_z = E_z(x, y)e^{i(\beta z - \omega t)}$$

で表わすと，(9.12) から，

$$\frac{\partial^2 E_z}{\partial x^2} + \frac{\partial^2 E_z}{\partial y^2} + k^2 E_z = 0 \quad (k^2 = \omega^2 \varepsilon_0 \mu_0 - \beta^2) \tag{9.39}$$

の型の式が得られる（例題 18 を参照）．境界条件は，導波管表面で $E_z = 0$（導波管は導体）であるから

$$\left.\begin{aligned} &E_z(x, y) = E_0 \sin\frac{m\pi x}{a} \sin\frac{n\pi y}{b} \\ &k^2 = k_{mn}^2 = \left(\frac{m\pi}{a}\right)^2 + \left(\frac{n\pi}{b}\right)^2 \end{aligned}\right\} \quad (m,\ n = 1,\ 2,\ 3 \cdots) \tag{9.40}$$

の $E_{mn}(\mathrm{TM}_{mn})$ モードが得られる（例題 18）．

$$\beta^2 = \omega^2 \varepsilon_0 \mu_0 - k_{mn}^2 > 0$$

より

$$\omega > \omega_c = k_{mn} c \quad \left(c = \frac{1}{\sqrt{\varepsilon_0 \mu_0}}\right) \tag{9.41}$$

の角周波数の電磁波が導波管内を伝播する．c は光速度である．

$$f_c = \frac{\omega_c}{2\pi}, \quad \lambda_c = \frac{c}{f_c}, \quad \lambda_g = \frac{2\pi}{\beta} = \frac{c}{\sqrt{f^2 - f_c^2}} \tag{9.42}$$

をそれぞれ，**遮断周波数**，**遮断波長**，**管内波長**という（問題 19.2）．また，

$$v_p = \frac{\omega}{\beta} = \frac{c}{\sqrt{1 - (\omega_c/\omega)^2}}, \quad v_g = \frac{d\omega}{d\beta} = c\sqrt{1 - (\omega_c/\omega)^2} \tag{9.43}$$

を**位相速度**，**群速度**という．$v_p > c$ となるが，v_p は位相の動く速度であり，作用の伝播速度ではないので，相対論に矛盾しない（問題 19.3）．$v_g < c$ である．v_g が作用の伝播速度である．

(b)　**H 波**：磁場の z 成分 H_z を，

---

† TM 波は transverse-magnetic wave，TE 波は transverse-electric wave の略である．

$$H_z = H_z(x, y)e^{i(\beta z - \omega t)}$$

で表わすと，E 波と同様にして

$$\frac{\partial^2 H_z}{\partial x^2} + \frac{\partial^2 H_z}{\partial y^2} + k^2 H_z = 0 \quad (k^2 = \omega^2 \varepsilon_0 \mu_0 - \beta^2) \tag{9.44}$$

が得られる．境界条件は導波管表面で $\partial H_z/\partial n = 0$ である．$\partial/\partial n$ は，表面に対する法線方向微分を表わす．この境界条件での $H_{mn}(\mathrm{TE}_{mn})$ モードの解は

$$\left.\begin{aligned} H_z(x, y) &= H_0 \cos\frac{m\pi x}{a}\cos\frac{n\pi y}{b} \\ k^2 = k_{mn}^2 &= \left(\frac{m\pi}{a}\right)^2 + \left(\frac{n\pi}{b}\right)^2 \end{aligned}\right\} \quad \begin{pmatrix} m,\ n = 0,\ 1,\ 2, \cdots \\ \text{ただし},\ m = n = 0\ \text{は除く} \end{pmatrix} \tag{9.45}$$

となる（問題 18.1）．E 波と異なる点は，$m = 0$ あるいは $n = 0$ のモードが存在することである．$a > b$ のとき，H 波の最小の k_{mn} は

$$k_{10} = \frac{\pi}{a} \tag{9.46}$$

である．H_{10} モードの特徴は，k_{10} が b によらないことである．このため，$\lambda < \lambda_c = 2a$ ならば，いかなる b の導波管でも H_{10} モードは伝播できる．H_{10} モードの電場分布，磁場分布を図に示す．導波管はセンチ波やミリ波などの**マイクロ波**（GHz 帯の電磁波）の伝送に使用される．

なお，(9.40)，(9.45) 以外の電場，磁場の他の成分の解の表式については，高橋秀俊著「電磁気学」（裳華房）を参照せよ．

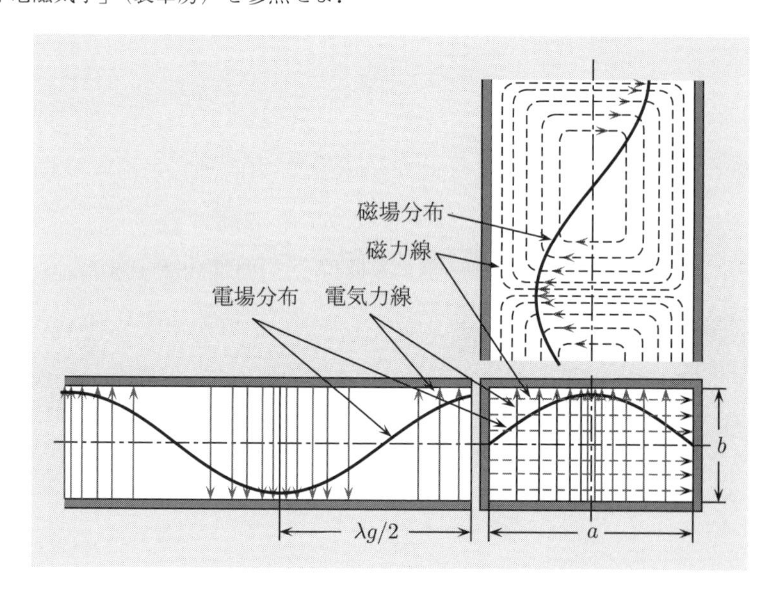

例題 17 ―― 分布定数回路

単位長さあたりの自己インダクタンスが L〔H/m〕，電気容量が C〔F/m〕の減衰のない往復線路では，線路上の電圧 v，電流 i に対し (9.36) が成立することを示せ．

【解答】 図に示すように，L による x と $x+\varDelta x$ 間の電圧降下（誘導起電力）$\varDelta v$ は，

$$\varDelta v = v(x+\varDelta x) - v(x) = -L\varDelta x \partial i/\partial t$$

となる．また，電圧変化に伴い $\varDelta x$ 部分に供給される電荷は，$\varDelta Q = -C\varDelta x \cdot \varDelta v$ となり，この電荷の時間変化に伴う電流の変化は，

$$\varDelta i = i(x+\varDelta x) - i(x) = \partial Q/\partial t = -C\varDelta x \partial v/\partial t$$

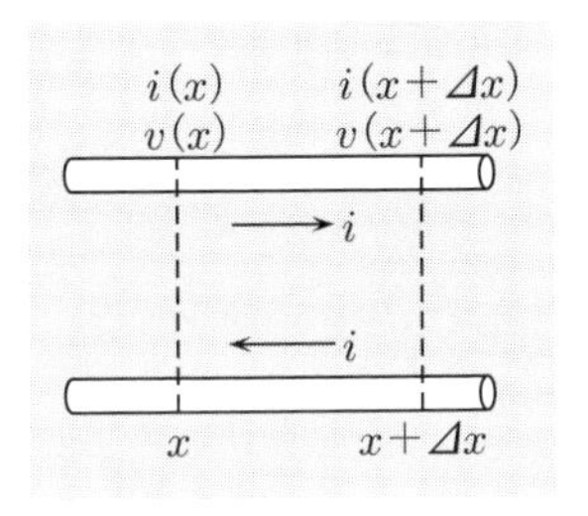

となる．しがって，次式の連立微分方程式が得られる．

$$\frac{\partial v}{\partial x} = -L\frac{\partial i}{\partial t}, \quad \frac{\partial i}{\partial x} = -C\frac{\partial v}{\partial t}$$

問　題

17.1 例題 17 の結果から，(9.37) を導け．

例題 18 ―― レッヘル線と同軸ケーブル

半径 0.3 mm，間隔 8 mm の真空中にあるレッヘル線の特性インピーダンスとレッヘル線を伝わる電磁波の伝播速度を，表皮効果を仮定して求めよ．

【解答】 半径 a，間隔 d のレッヘル線の単位長さあたりの電気容量 C，自己インダクタンス L は，第 3 章例題 6，第 8 章問題 7.2 より

$$C = \pi\varepsilon_0/\log\{(d-a)/a\}, \quad L = \mu_0\log\{(d-a)/a\}/\pi$$

である．したがって，求める伝播速度 c と特性インピーダンス Z_0 は

$$c = 1/\sqrt{LC} = 1/\sqrt{\varepsilon_0\mu_0}, \quad Z_0 = \sqrt{L/C} = \sqrt{\mu_0/\varepsilon_0}\,\log\{(d-a)/a\}/\pi$$

となる．c は光速度に等しくなる．また，Z_0 の値は次のようになる．

$$Z_0 = 376 \times \log\{(8-0.3)/0.3\}/\pi = 388\,\Omega$$

問　題

18.1 半径 9.5 mm の薄い中空の円柱導体と，中心軸が共通な半径 2.6 mm の円柱導体からなる同軸ケーブルがある．同軸ケーブルの中空部分は，比誘電率 3.0，透磁率 μ_0 の誘電体で満たされている．同軸ケーブルの特性インピーダンスと，伝播する電磁波の速度を求めよ．

例題 19　　導波管 I

E 波の電場の z 成分を $E_z = E_z(x, y)e^{i(\beta z - \omega t)}$ で表わすとき，長方形導波管（二辺 a, $b\,(a > b)$）の表面での境界条件 $E_z = 0$（導波管は導体）より，(9.40) を求めよ．

【解答】 (9.39) に $E_z\,(x,\,y) = X(x)Y(y)$（変数分離形）を代入すれば，定数 C_x, C_y に対して

$$\frac{\partial^2 X}{\partial x^2} = -C_x X, \quad \frac{\partial^2 Y}{\partial y^2} = -C_y Y \quad (C_y = k^2 - C_x)$$

となる．図の座標軸に対し，境界条件 $X(0) = X(a) = Y(0) = Y(b) = 0$ から，$C_x > 0$, $C_y > 0$ の解が意味をもち，解は

$$X(x) = A \sin \sqrt{C_x}x + B \cos \sqrt{C_x}x,$$
$$Y(y) = C \sin \sqrt{C_y}y + D \cos \sqrt{C_y}y$$

で表わされる．$X(0) = Y(0) = 0$ より，$B = D = 0$. $X(a) = Y(b) = 0$ より，$\sqrt{C_x}a = m\pi$, $\sqrt{C_y}b = n\pi\,(m, n = 1, 2 \cdots)$† となり，次の結果が得られる（$E_0 = AC$）.

$$E_z(x, y) = E_0 \sin \frac{m\pi x}{a} \sin \frac{n\pi y}{b}, \quad k^2 \equiv k_{mn}^2 = \left(\frac{m\pi}{a}\right)^2 + \left(\frac{n\pi}{b}\right)^2 \quad (m, n = 1, 2, \cdots)$$

問　題

19.1 例題 19 と同様にして，長方形導波管の H 波に対し (9.45) を求めよ．境界条件は，導波管表面で $\partial H_z/\partial n = 0$（$\partial/\partial n$：表面での法線方向微分）である．

例題 20　　導波管 II

二辺の長さが $a = 22.9\,\text{mm}$, $b = 10.2\,\text{mm}$ の長方形導波管の最も長い遮断波長をもつモードを E 波について調べ，その遮断波長 λ_c と遮断周波数 f_c を求めよ．

【解答】 E 波での最小の k_{mn} は (9.40) より，$m = n = 1$ のときである．

$$k_{11} = \sqrt{(1/22.9)^2 + (1/10.2)^2}\,\pi = 0.337\,\text{mm}^{-1}$$

したがって，遮断波長 λ_c と遮断周波数 f_c は，光速度を $3.00 \times 10^8\,\text{m/s}$ とすると

$$\lambda_c = 2\pi/k_{11} = 1.86\,\text{cm}, \quad f_c = k_{11}c/2\pi = 16.1\,\text{GHz}$$

問　題

20.1 例題 20 の導波管中を 10 GHz の電磁波が伝播するとき，導波管中を伝播し得るモードは H_{10} モードのみであることを示せ．

20.2 λ を自由空間での電磁波の波長とするとき，$\lambda, \lambda_g, \lambda_c$ の間の関係式を求めよ．

20.3 位相速度 v_p が光速度より速くなることを説明せよ．また，(9.43) を示せ．

---

† $m = 0$ あるいは $n = 0$ の解は意味のない解である．

問　題　解　答

1章の解答

1.1 二つの電荷間に働く力がクーロン力，二つの物体の質量間に働く力が万有引力である．共に力の発生源である電荷あるいは質量の積に比例すること，ならびに電荷間や質量間の距離の2乗に反比例することが類似点である．相違点は，万有引力は術語通り引力のみであるが，クーロン力は電荷が異符号の場合は引力，同符号の場合は斥力となることである．

万有力定数を G，電子の質量を m_e，素電荷を e として，ある距離にある二つの電子間のクーロン力 F_e と万有引力 F_{ge} の比を求めると，$G = 6.67 \times 10^{-11}\,\mathrm{N \cdot m^2/kg^2}$（$m_e$ と e については付録のA.6物理定数を参照せよ）より

$$\frac{F_e}{F_{ge}} = \frac{e^2}{4\pi\varepsilon_0}\frac{1}{Gm_e^2} = \cdots = 4.16 \times 10^{42}$$

となる．また，二つの陽子の場合は陽子の質量を m_p（値は付録のA.6物理定数を参照せよ），陽子間万有引力を F_{gp} とすれば，クーロン力は電子の場合と同じだから

$$\frac{F_e}{F_{gp}} = \frac{e^2}{4\pi\varepsilon_0}\frac{1}{Gm_p^2} = \cdots = 1.24 \times 10^{36}$$

を得る．クーロン力の方が万有引力に比べて圧倒的に大きい．

1.2 (a)　クーロンの法則より

$$F = 9 \times 10^9 \times \frac{(2 \times 10^{-5}) \times (-1 \times 10^{-5})}{(0.5)^2}$$
$$= -7.2\,\mathrm{N}\quad（引力）$$

(b)　接触後再び引き離した金属球は，それぞれ $0.5 \times 10^{-5}\,\mathrm{C}$ に帯電している．ゆえに

$$F = 9 \times 10^9 \times \frac{(0.5 \times 10^{-5})^2}{(0.5)^2}$$
$$= 0.9\,\mathrm{N}\quad（斥力）$$

1.3 このばねのばね定数を k とすれば，重力加速度は $9.8\,\mathrm{m/s^2}$ だから

$$k \times 0.04 = 20 \times 10^{-3} \times 9.8$$
$$\therefore\quad k = 4.9\,\mathrm{N/\,m}$$

小球のもつ電気量を Q とすれば

$$0.02 \times 4.9 = 9 \times 10^9 \times \frac{Q^2}{(0.22)^2}$$
$$\therefore\quad Q = 7.3 \times 10^{-7}\,\mathrm{C}$$

1.4 Q_1, Q_2, Q_3 に作用する力をそれぞれ F_1, F_2, F_3 とする．各電荷間に働く力の向きに注意して F_1, F_2, F_3 を求めれば，次式を得る（図では矢印の方向を正方向とした）．

$$F_1 = \frac{1}{4\pi\varepsilon_0}\frac{Q_1Q_2}{a^2} + \frac{1}{4\pi\varepsilon_0}\frac{Q_1Q_3}{(2a)^2} = \frac{Q_1}{16\pi\varepsilon_0 a^2}(4Q_2 + Q_3)$$

$$F_2 = -\frac{1}{4\pi\varepsilon_0}\frac{Q_1Q_2}{a^2} + \frac{1}{4\pi\varepsilon_0}\frac{Q_2Q_3}{a^2} = \frac{Q_2}{4\pi\varepsilon_0 a^2}(Q_3 - Q_1)$$

$$F_3 = -\frac{1}{4\pi\varepsilon_0}\frac{Q_1Q_3}{(2a)^2} - \frac{1}{4\pi\varepsilon_0}\frac{Q_2Q_3}{a^2} = -\frac{Q_3}{16\pi\varepsilon_0 a^2}(Q_1 + 4Q_2)$$

平衡であるためには，$F_1 = F_2 = F_3 = 0$ だから $4Q_2+Q_3 = Q_3-Q_1 = Q_1+4Q_2 = 0$.
これより $Q_1 : Q_2 : Q_3 = 4 : -1 : 4$.

2.1 糸の張力を T，付与された電荷を Q とすると，小球は鉛直下方に重力を受け，水平方向にはクーロン力を受けて，張力とつり合っている．糸が鉛直線となす角を θ とすると

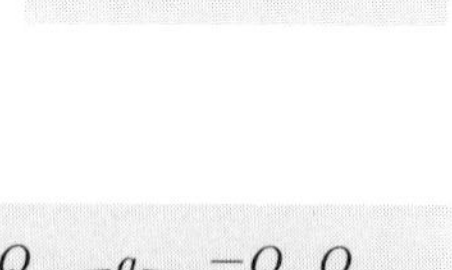

$$\text{水平方向：} T\sin\theta = \frac{1}{4\pi\varepsilon_0}\frac{Q^2}{(0.2)^2}$$

$$\text{鉛直方向：} T\cos\theta = 0.1 \times 9.8$$

$$\therefore \quad \tan\theta = \frac{1}{0.98}\frac{1}{4\pi\varepsilon_0}\frac{Q^2}{0.04}$$

$\tan\theta = 0.1/\sqrt{1^2 - 0.1^2} \cong 0.101$ だから

$$Q^2 = 0.101 \times 0.98 \times 0.04 \times \frac{1}{9 \times 10^9}$$

$$\cong 4.4 \times 10^{-13}$$

$$\therefore \quad Q \cong 6.6 \times 10^{-7}\ \mathrm{C}$$

2.2 題意のつり合いの位置とは，第3の点電荷 Q に働く力がゼロ，すなわち他の二つの電荷による合成電場がゼロとなるところである．合成電場の定量的分析から，図のA点がその位置に該当することが分かる．$-Q$ とA間の距離を x，Q に働く力を F とすると

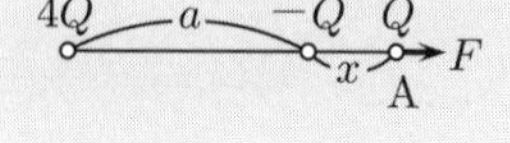

$$F = \frac{Q^2}{4\pi\varepsilon_0}\left\{\frac{4}{(a+x)^2} - \frac{1}{x^2}\right\}$$

を得る．つり合いの条件は $F = 0$ より $4x^2 = (a+x)^2$.　$\therefore$　$x > 0$ の解は $x = a$.

$x = a$（図のA点）に Q を置いた場合，Aから微少量 $\delta\,(\delta \ll a)$ だけずらすと F は

$$F = \frac{Q^2}{4\pi\varepsilon_0}\left\{\frac{4}{(2a+\delta)^2} - \frac{1}{(a+\delta)^2}\right\} = \frac{Q^2}{4\pi\varepsilon_0 a^2}\left\{\left(1+\frac{\delta}{2a}\right)^{-2} - \left(1+\frac{\delta}{a}\right)^{-2}\right\}$$

$$\cong \frac{Q^2}{4\pi\varepsilon_0 a^2}\left\{\left(1-\frac{\delta}{a}\right) - \left(1-2\frac{\delta}{a}\right)\right\} = \frac{Q^2}{4\pi\varepsilon_0 a^2}\frac{\delta}{a}$$

例題2でも考察したように F は斥力となる．よって不安定.

2.3 正方形ABCDに $Q, -Q, Q, -Q$ があるとする．面に垂直な直線上中心Oより x だけ離れたP点に Q' の点電荷をもってきたとする．いま，A, Cにある点電荷 Q のP点におよぼす力を F_{AC} とすると，例題2における f と同様の計算により求まる．いま $\overline{\mathrm{AC}} = 2a$

として，図の上向きを正とすれば

$$F_{AC} = \frac{QQ'}{2\pi\varepsilon_0}\frac{x}{(a^2+x^2)^{3/2}}$$

一方，B，D にある $-Q$ の点電荷による P 点における力を F_{BD} とすれば，同様に

$$F_{BD} = -\frac{QQ'}{2\pi\varepsilon_0}\frac{x}{(a^2+x^2)^{3/2}}$$

x の任意の値に対して $F_{AC} + F_{BD} = 0$（平衡の位置）.

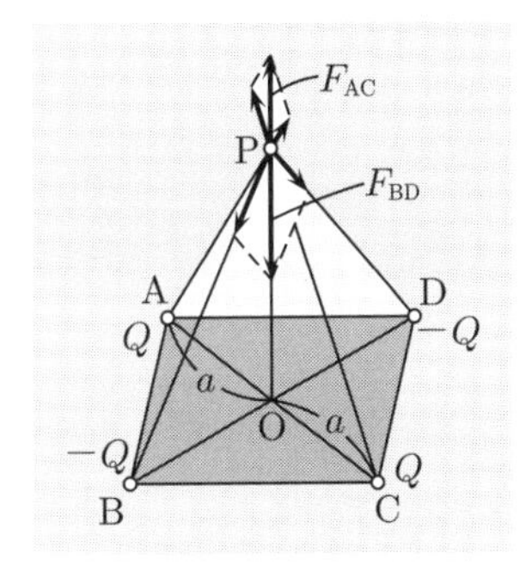

3.1 細い棒の全電荷 Q' は $Q' = 2l\lambda$. 例題 3 の力の式において 2λ のかわりに Q' を用いて書き直すと

$$F = \frac{Q\lambda l}{2\pi\varepsilon_0 a}\frac{1}{(a^2+l^2)^{1/2}} = \frac{Ql(Q'/2l)}{2\pi\varepsilon_0 a}\frac{1}{(a^2+l^2)^{1/2}} = \frac{QQ'}{4\pi\varepsilon_0 a}\frac{1}{(a^2+l^2)^{1/2}}$$

$$\therefore \quad \lim_{l\to 0} F = \frac{QQ'}{4\pi\varepsilon_0 a^2}$$

3.2 例題 3 において $l \to \infty$ とすればよい．すなわち

$$F = \lim_{l\to\infty}\frac{Q\lambda}{2\pi\varepsilon_0 a}\frac{l}{(a^2+l^2)^{1/2}} = \frac{Q\lambda}{2\pi\varepsilon_0 a}$$

3.3 前問では点電荷 Q に働く力が対象であったが，この問では電荷の線密度 λ_2 を対象とした単位長さあたりの力を考えればよい．$Q \to \lambda_2$ の置き換え（力の次元に注意）により

$$F = \frac{\lambda_1\lambda_2}{2\pi\varepsilon_0 a}\ \mathrm{N/m}$$

となる．同様に力の対象を λ_1 とした場合も考え方は同じであり，同一の結果を得る．

4.1 右図のように正三角形 ABC に対し，A から BC に垂線を下ろした交点を H，三角形の中心を O とする．$x = \overline{AO} = \overline{BO} = \overline{CO}$ すると，$\overline{BO} : \overline{BH} = x : 0.5 = 2 : \sqrt{3}$ の関係が成り立つ．よって，$x = 1/\sqrt{3}\,\mathrm{m}$ を得る．また，図より B と C の電荷 5 C による O 点における合成電場は，$\overrightarrow{OA}$ 方向を向くことが容易に分かる．以上より，題意の電場 $\boldsymbol{E}$ は $\overrightarrow{OA}$ 方向を向き，その大きさ E は次式より求めらる．$x = 1/\sqrt{3}\,\mathrm{m}$ より

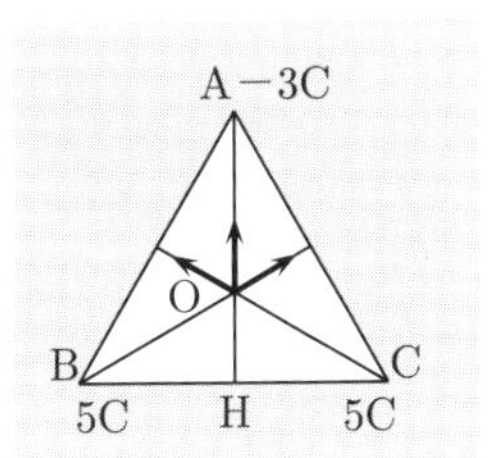

$$E = \frac{1}{4\pi\varepsilon_0 x^2}(3 + 5\times\cos 60^\circ \times 2) = \cdots = \frac{24}{4\pi\varepsilon_0}$$

$$\cong 9\times 10^9 \times 24 \cong 2.2\times 10^{11}\ \mathrm{V/m}$$

4.2 題意の点は，電場の大きさと方向の分析から，図のように -1 C の点電荷の右側の P の位置のみにある．点電荷 $-Q$ と P 間の距離を x として，電場 E を求めると

$$E = \frac{1}{4\pi\varepsilon_0}\left(\frac{2}{(2+x)^2} - \frac{1}{x^2}\right)$$

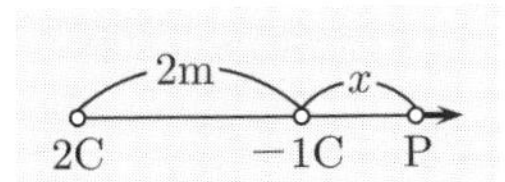

となる．$E = 0$ より

$$2x^2 = (2+x)^2 \qquad \therefore \quad x = 2(1\pm\sqrt{2})$$

該当する解は $x > 0$ だから，$x = 2(1+\sqrt{2}) \cong 4.8\,\mathrm{m}$

4.3 A, B, C 各点にある電荷 Q が D 点につくる電場の様子を右図に示す．図より，$\boldsymbol{E}_{\mathrm{A}}$ と $\boldsymbol{E}_{\mathrm{C}}$ の合成電場は $\overrightarrow{\mathrm{BD}}$ 方向を向くことが容易に分かる．したがって，題意の電場 $\boldsymbol{E}$ は $\overrightarrow{\mathrm{BD}}$ 方向を向き，その大きさ E は

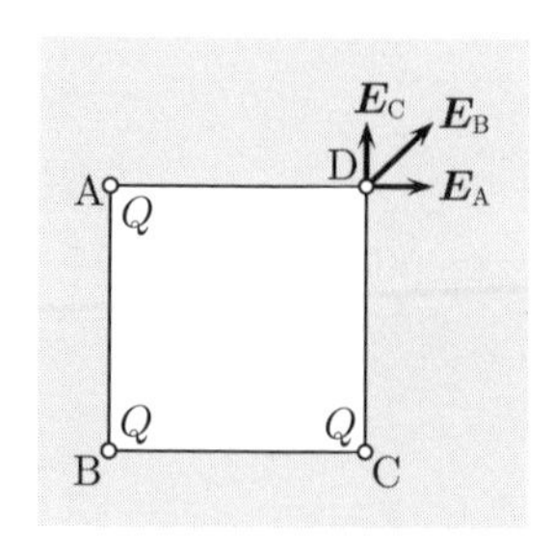

$$E = \frac{Q}{4\pi\varepsilon_0\left(\sqrt{2}a\right)^2} + 2 \times \frac{Q}{4\pi\varepsilon_0 a^2} \times \cos 45^\circ$$

$$= \frac{Q}{4\pi\varepsilon_0 a^2}\left(\frac{1}{2} + \sqrt{2}\right)$$

5.1 例題 5 において円板の半径 $b \to \infty$ とすればよいので

$$E = \lim_{b\to\infty} \frac{\sigma a}{2\varepsilon_0}\left[\frac{1}{a} - \frac{1}{(a^2+b^2)^{1/2}}\right] = \frac{\sigma}{2\varepsilon_0}$$

すなわち，平板からの距離 a に無関係である．

5.2 題意の半径 a の円周上に一様分布する電荷（線密度 $\lambda = Q/2\pi a$）の対称性から，トータルな電場 $\boldsymbol{E}$ は図の x 軸方向を向くことが分かる．図の線素に該当する電荷は $dQ = \lambda a d\varphi$ より

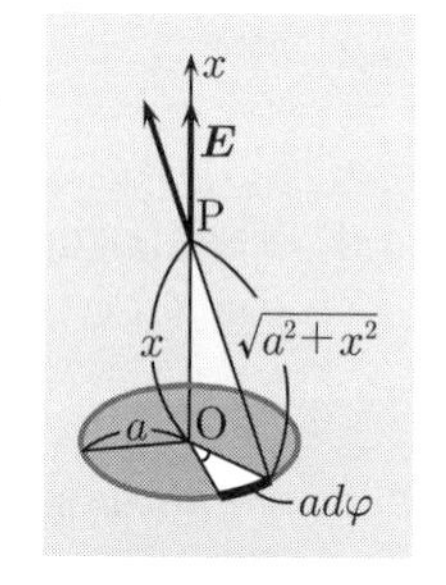

$$E = \int_0^{2\pi} \frac{\lambda a d\varphi}{4\pi\varepsilon_0\left(a^2+x^2\right)} \times \frac{x}{\sqrt{a^2+x^2}} = \frac{\lambda a x}{2\varepsilon_0\left(a^2+x^2\right)^{3/2}}$$

$$= \frac{Qx}{4\pi\varepsilon_0\left(a^2+x^2\right)^{3/2}}$$

5.3 例題 5 の問題は，無限平面板に一様な面密度 σ で分布している電荷のうち，半径 b の内部の電荷が P 点につくる電場と考えることができる．無限平面板のつくる電場は，P 点の位置に関係なく $E = \sigma/2\varepsilon_0$．ゆえに例題 5 より

$$\frac{1}{k}\frac{\sigma}{2\varepsilon_0} = \frac{\sigma a}{2\varepsilon_0}\left[\frac{1}{a} - \frac{1}{(a^2+b^2)^{1/2}}\right]$$

を満足する b の値を求めればよい．

$$\therefore \quad b = a\sqrt{2k-1}/(k-1)$$

図における l は $l = \sqrt{a^2+b^2}$ だから　$\therefore \quad l = ak/(k-1)$

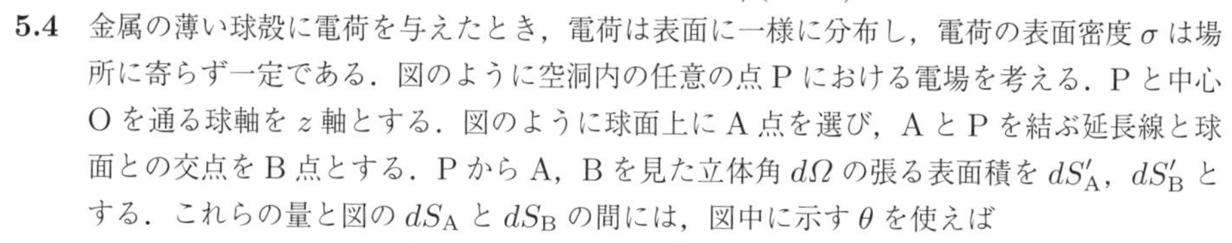

5.4 金属の薄い球殻に電荷を与えたとき，電荷は表面に一様に分布し，電荷の表面密度 σ は場所に寄らず一定である．図のように空洞内の任意の点 P における電場を考える．P と中心 O を通る球軸を z 軸とする．図のように球面上に A 点を選び，A と P を結ぶ延長線と球面との交点を B 点とする．P から A，B を見た立体角 $d\Omega$ の張る表面積を dS'_{A}，dS'_{B} とする．これらの量と図の dS_{A} と dS_{B} の間には，図中に示す θ を使えば

$$dS'_{\mathrm{A}} = dS_{\mathrm{A}}\cos\theta, \quad dS'_{\mathrm{B}} = dS_{\mathrm{B}}\cos\theta$$

の関係がある．さて，立体角の定義より $dS'_{\mathrm{A}} = r_{\mathrm{A}}^2 d\Omega$，$dS'_{\mathrm{B}} = r_{\mathrm{B}}^2 d\Omega$ である．ここに，r_{A}，r_{B} は線分 PA，PB の長さである．dS_{A}，dS_{B} 上の電荷 dQ_{A}，dQ_{B} は表面密度 σ を用いて，それぞれ，$dQ_{\mathrm{A}} = \sigma dS_{\mathrm{A}}$，$dQ_{\mathrm{B}} = \sigma dS_{\mathrm{B}}$ で与えられる．ゆえに，P における電荷 dQ_{A} による電場 dE_{A} の大きさとして

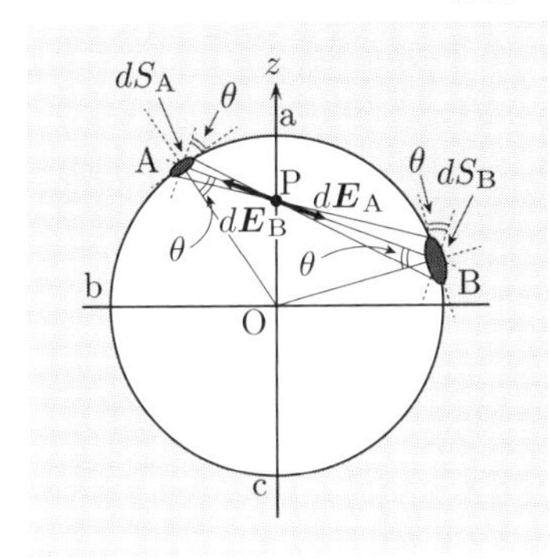

$$dE_{\mathrm{A}} = \frac{1}{4\pi\varepsilon_0}\frac{dQ_{\mathrm{A}}}{r_{\mathrm{A}}^2} = \frac{1}{4\pi\varepsilon_0}\frac{\sigma dS_{\mathrm{A}}}{r_{\mathrm{A}}^2}$$

$$= \frac{1}{4\pi\varepsilon_0}\frac{\sigma dS'_{\mathrm{A}}}{r_{\mathrm{A}}^2 \cos\theta} = \frac{\sigma d\Omega}{4\pi\varepsilon_0 \cos\theta}$$

を得る．また，電荷 dQ_{B} による電場 dE_{B} の大きさは，同様の計算によって

$$dE_{\mathrm{B}} = \frac{1}{4\pi\varepsilon_0}\frac{dQ_{\mathrm{B}}}{r_{\mathrm{B}}^2} = \cdots = \frac{\sigma d\Omega}{4\pi\varepsilon_0 \cos\theta} = dE_{\mathrm{A}}$$

となる．よって $dE_{\mathrm{A}} = dE_{\mathrm{B}}$ が成立する．またベクトルの向きは直線 APB 上で逆向きであり，したがって，P での合成電場はゼロとなる．以上の議論は P の位置が軸 aOc，ならびに A の位置が弧 abc のどこにあっても成立するので，球殻内部の電場はどこでもゼロとなる．この現象はクーロン力が距離の 2 乗に反比例することに由来し，**静電遮蔽**という．

6.1 原点に点電荷 Q がある場合の電場の強さは動径方向を向き，その大きさは

$$E = \frac{1}{4\pi\varepsilon_0}\frac{Q}{r^2}$$

(a) xy–平面における x 方向，y 方向の成分は

$$E_x = \frac{Q}{4\pi\varepsilon_0}\frac{1}{r^2}\frac{x}{r}, \quad E_y = \frac{Q}{4\pi\varepsilon_0}\frac{1}{r^2}\frac{y}{r}$$

ゆえに，電気力線の方程式は

$$\frac{dy}{dx} = \frac{E_y}{E_x} = \frac{y}{x} \qquad \therefore \quad \frac{dy}{y} = \frac{dx}{x}$$

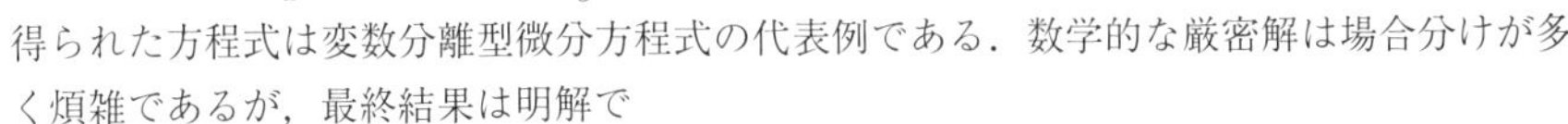

得られた方程式は変数分離型微分方程式の代表例である．数学的な厳密解は場合分けが多く煩雑であるが，最終結果は明解で

$$y = Cx \quad (C：任意定数)$$

となる．各自確かめてみよ．

(b) $r\theta$–平面において，r 方向の成分は E，θ 成分は 0 だから

$$\frac{d\theta}{dr} = 0 \qquad \therefore \quad \theta = C \quad (C：積分定数)$$

ゆえに，電気力線は図のような原点を通る直線となる．

6.2 題意の点は，電場の大きさと方向の関係から，二つの点電荷を結ぶ延長線上図の N の位置のみにある．図のように点電荷 $-Q$ と N 間の距離を x とする．

$$E = \frac{Q}{4\pi\varepsilon_0}\left[\frac{m^2}{(a+x)^2} - \frac{1}{x^2}\right] = 0$$

より，$x > 0$ の該当する解 $x = a/(m-1)$ を得る．一方の電荷が m^2Q で他方が $-Q$ だから，m^2Q から出発した電気力線の総数のうち Q/ε_0 本だけが $-Q$ に入り，残りは無限遠に行く．その境界の電気力線が $x = a/(m-1)$ の N 点を通過する（図 (a)）．

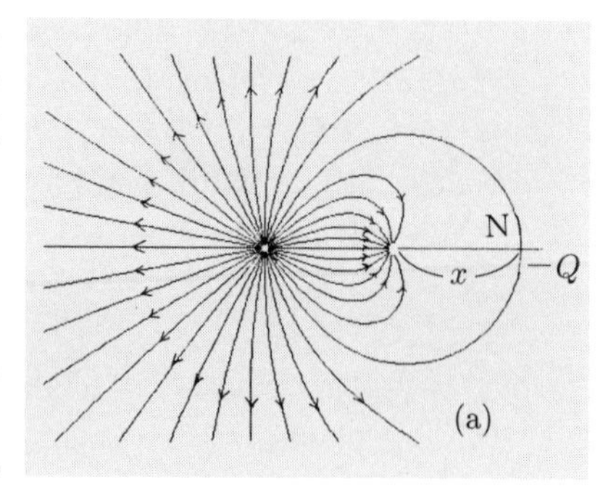

(a)

〖注意〗 N 点を通る電気力線が m^2Q の点電荷からどのような角度で出発したか考察してみよう．m^2Q の非常に近いところは $-Q$ の影響はないと考えられる．いま，x 軸に対して θ の角度で電気力線が出ているとすると，θ の張る立体角は次式で与えられる．

$$\int_0^{\theta} \sin\theta' d\theta' \int_0^{2\pi} d\varphi = \cdots = 2\pi(1-\cos\theta)$$

$$\therefore \quad 4\pi : 2\pi(1-\cos\theta) = \frac{m^2Q}{\varepsilon_0} : \frac{Q}{\varepsilon_0}$$

以上より，$\cos\theta = (m^2-2)/m^2$ を得る．

たとえば，$m = \sqrt{2}$ のとき $\theta = 90°$，$m = 2$ のとき $\theta = 60°$ となり，m が大きくなればなる程角度は小さくなる．図 (b) は $m = 2$ の場合における $\theta = 60°$ 近傍の電気力線の詳細を計算したものである．

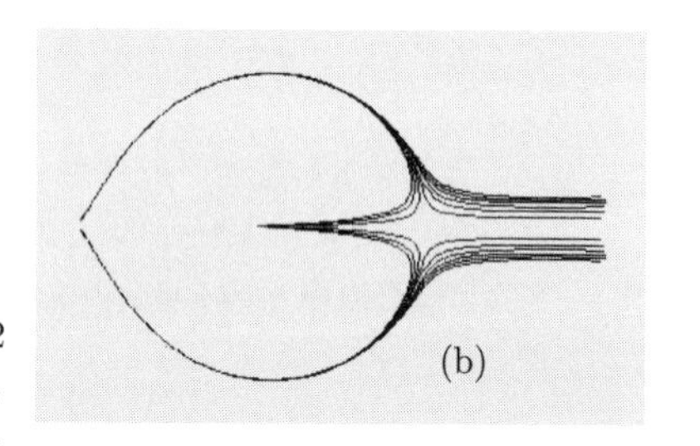
(b)

6.3 二つの点電荷の中心を O とする．対称性から垂直二等分線上 O から上方 $x\,(x > 0)$ の距離にある場合を考えればよい．このときの電場の方向は上向きでその大きさは

$$E = \frac{Qx}{2\pi\varepsilon_0(x^2+a^2)^{3/2}}$$

となる．E が極値となるのは $dE/dx = 0$ となるところである．

$$\frac{dE}{dx} = \frac{Q}{2\pi\varepsilon_0}\left(\frac{1}{(x^2+a^2)^{3/2}} + x\left(-\frac{3}{2}\right)\frac{2x}{(x^2+a^2)^{5/2}}\right)$$

$$= \cdots = \frac{Q(a^2-2x^2)}{2\pi\varepsilon_0(x^2+a^2)^{5/2}}$$

より $\quad \dfrac{dE}{dx} = 0 \left(x = \dfrac{a}{\sqrt{2}}\right), \quad \dfrac{dE}{dx} > 0 \left(0 < x < \dfrac{a}{\sqrt{2}}\right), \quad \dfrac{dE}{dx} < 0 \left(x > \dfrac{a}{\sqrt{2}}\right)$

$x < 0$ についても同様の議論が成立する．よって，$x = \pm a/\sqrt{2}$ で最大になる．

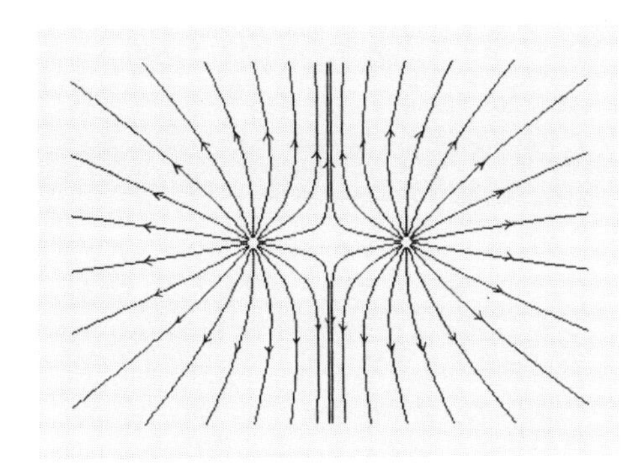

7.1 全電気力束は $N = Q/\varepsilon_0$．立方体の中心に点電荷があるので各面は等しい電気力束をもつ．ゆえに $Q/6\varepsilon_0$．立方体の角にある場合は，この立方体に含まれる電荷は $Q/8$ である．電荷が置かれた角を含む面の電気力束は 0．その他の三つの面には等しい電気力束が通るので，これらの中の一つの面を通る電気力束は $Q/24\varepsilon_0$．

7.2 外部の任意の点を通る同心球 $(r > a)$ に含まれる電荷は Q であるので，ガウスの法則を適用すると

$$\text{外部では}\quad 4\pi r^2 E = \frac{Q}{\varepsilon_0} \qquad \therefore\quad E = \frac{1}{4\pi\varepsilon_0}\frac{Q}{r^2} \quad (r > a)$$

7.3 例題 7 より一様に分布している球内の電場は $E = \rho_0 r/3\varepsilon_0\,(r < a)$．よって，点電荷の運動方程式は

$$m\ddot{r} = -eE = -\frac{e\rho_0}{3\varepsilon_0}r$$

ゆえに，周期 $2\pi\sqrt{\dfrac{3\varepsilon_0 m}{e\rho_0}}$ の単振動をする．

8.1 例題 8 と同様に，まず円柱外部に半径 $r\,(r > a)$ の単位長さの同軸円筒を考える．
電気力線は側面から放射状に出て，側面積は $2\pi r$ だからガウスの法則より

$$\text{外部では}\quad 2\pi r E = \frac{\lambda}{\varepsilon_0} \qquad \therefore\quad E = \frac{\lambda}{2\pi\varepsilon_0 r} \quad (r \geqq a)$$

円柱の内部に同様な半径 $r\,(r < a)$ の単位長さの同軸円筒を考えると，含まれる電荷は 0 だから

$$\text{内部では}\quad 2\pi r E = 0 \qquad \therefore\quad E = 0 \quad (r < a)$$

8.2 単位長さあたり λ に帯電した直線から r 離れた点における電場 E は，例題 8 の $r \geqq a$ の場合に対応しているので

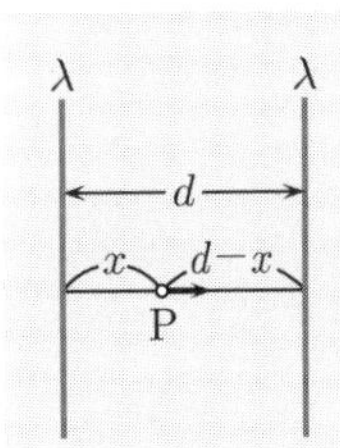

$$E = \frac{\lambda}{2\pi\varepsilon_0 r}$$

図のように λ に帯電した直線から x だけ離れた P 点における電場は，矢印の方向を正とすれば

$$E = \frac{\lambda}{2\pi\varepsilon_0 x} - \frac{\lambda}{2\pi\varepsilon_0(d-x)} = \frac{\lambda}{2\pi\varepsilon_0}\left[\frac{1}{x} - \frac{1}{d-x}\right]$$

8.3 例題 8 における線密度を電子の密度 n で表わすと

$$\pi a^2 \times 1 \times (-ne) = (-\lambda) \times 1 \qquad \therefore \quad \lambda = \pi a^2 ne$$

ゆえに，$F = -eE$ より

$$F = \frac{e\lambda r}{2\pi\varepsilon_0 a^2} = \frac{ne^2 r}{2\varepsilon_0}$$

9.1 二つの平行な平面により領域は三つに分けられる．σ_1, σ_2 により生ずる電場を独立に求め，重ね合わせとして各領域の電場を求める．例題 9 と同様に平面の両側にまたがる円筒を考えてガウスの法則を用いる．σ_1 の平板による電場は図の矢印の方向でその大きさは，$E_1 = \sigma_1/2\varepsilon_0$．$\sigma_2$ の平板のつくる電場も同様な円筒を考えてガウスの法則を用いると，$E_2 = \sigma_2/2\varepsilon_0$．電場の方向に注意して重ね合わせると

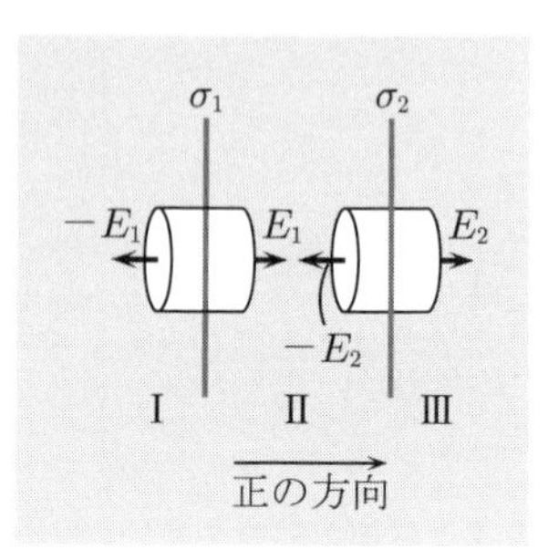

領域 I：$E = -E_1 - E_2 = -\dfrac{\sigma_1 + \sigma_2}{2\varepsilon_0}$　　領域 II：$E = E_1 - E_2 = \dfrac{\sigma_1 - \sigma_2}{2\varepsilon_0}$

領域 III：$E = E_1 + E_2 = \dfrac{\sigma_1 + \sigma_2}{2\varepsilon_0}$

10.1 巻末の付録（ベクトルの項）より $\operatorname{div}\boldsymbol{A}$ の球座標表示は

$$\operatorname{div}\boldsymbol{A} = \frac{1}{r^2}\frac{\partial}{\partial r}(r^2 A_r) + \frac{1}{r\sin\theta}\frac{\partial}{\partial\theta}(A_\theta \sin\theta) + \frac{1}{r\sin\theta}\frac{\partial A_\phi}{\partial\phi}$$

ガウスの法則（微分形）より，$\operatorname{div}\boldsymbol{E} = \rho/\varepsilon_0$ である．$\boldsymbol{E}$ は r 方向成分だけであるので，球内では

$$\rho = \varepsilon_0 \operatorname{div}\boldsymbol{E} = \varepsilon_0\left[\frac{1}{r^2}\frac{\partial}{\partial r}\left(r^2\frac{\rho_0 r}{3\varepsilon_0}\right)\right] = \rho_0 \quad (r < a)$$

球外では

$$\rho = \varepsilon_0\left[\frac{1}{r^2}\frac{\partial}{\partial r}\left(r^2\frac{\rho_0 a^3}{3\varepsilon_0 r^2}\right)\right] = 0 \quad (r > a)$$

10.2 巻末の付録より $\operatorname{div}\boldsymbol{A}$ の円筒座標表示は，ρ の部分を r で表わすと

$$\operatorname{div}\boldsymbol{A} = \frac{1}{r}\frac{\partial}{\partial r}(rA_r) + \frac{1}{r}\frac{\partial A_\phi}{\partial\phi} + \frac{\partial A_z}{\partial z}$$

ガウスの法則より $\operatorname{div}\boldsymbol{E} = \rho/\varepsilon_0$ であり，また E は r 成分のみだから

$$\rho = \varepsilon_0 \operatorname{div}\boldsymbol{E} = \varepsilon_0\left[\frac{1}{r}\frac{\partial}{\partial r}\left(r\frac{\rho_0 r}{2\varepsilon_0}\right)\right] = \rho_0 \quad (r < a)$$

$$\rho = \varepsilon_0 \operatorname{div}\boldsymbol{E} = \varepsilon_0\left[\frac{1}{r}\frac{\partial}{\partial r}\left(r\frac{\rho_0 a^2}{2\varepsilon_0 r}\right)\right] = 0 \quad (r > a)$$

2章の解答

1.1 10 keV の電子の速さを v とすると

$$10 \times 10^3 \times 1.60 \times 10^{-19} = \frac{1}{2} \times 9.11 \times 10^{-31} \times v^2 \qquad \therefore \quad v = 5.93 \times 10^7 \text{ m/s}$$

例題より，ふれの角 θ は

$$\tan\theta = \frac{eVl}{dmv^2} = \frac{1.6 \times 10^{-19} \times 10^3 \times 1 \times 10^{-2}}{5 \times 10^{-3} \times 9.11 \times 10^{-31} \times (5.93 \times 10^7)^2} = 0.1$$

$$\therefore \quad \theta = 5.7°$$

1.2 加速電圧を V，粒子の質量を m，粒子の速さを v とすると

$$eV = \frac{1}{2}mv^2 \qquad \therefore \quad v = \sqrt{\frac{2eV}{m}}$$

電子の場合：$m = 9.11 \times 10^{-31}$ kg だから $v = 5.93 \times 10^5\sqrt{V}$ m/s

陽子の場合：$m = 1.67 \times 10^{-27}$ kg だから $v = 1.38 \times 10^4\sqrt{V}$ m/s

光速 $c = 3.00 \times 10^8$ m/s より，電子の場合は

$$5.93 \times 10^5\sqrt{V} = 3.00 \times 10^7 \qquad \therefore \quad V = 2.56 \times 10^3 \text{ V}$$

また，陽子の場合は

$$1.38 \times 10^4\sqrt{V} = 3.00 \times 10^7 \qquad \therefore \quad V = 4.70 \times 10^3 \text{ kV}$$

1.3 アルファ粒子のもつ運動エネルギーとアルファ粒子と金との間の位置エネルギーが等しくなるところまで近づくので

$$eV = \frac{1}{4\pi\varepsilon_0}\frac{Q_1Q_2}{r}$$

いま，$e = 1.60 \times 10^{-19}$ C, $V = 5 \times 10^6$ V, $Q_1 = 2e$, $Q_2 = 79e$ だから

$$r = \frac{9 \times 10^9 \times 2 \times 79 \times (1.60 \times 10^{-19})^2}{5 \times 10^6 \times 1.60 \times 10^{-19}} = 4.55 \times 10^{-14} \text{ m}$$

1.4 電子の質量を m，加速度を α とすると，運動方程式 $m\alpha = eE$ より

$$\alpha = \frac{eE}{m} = \frac{1.60 \times 10^{-19} \times 10^4}{9.11 \times 10^{-31}} = 1.76 \times 10^{15} \text{ m/s}^2$$

初速度 0 だから，t 秒後に光速の 1/10 になったとすれば

$$1.76 \times 10^{15}t = 3.00 \times 10^7 \qquad \therefore \quad t = 1.71 \times 10^{-8} \text{ s}$$

2.1 例題 2 より，球の半径を a とすると表面近傍の電場の強さは

$$E = \frac{1}{4\pi\varepsilon_0}\frac{Q}{a^2}, \quad Q = 4\pi\varepsilon_0 a^2 E$$

$$\therefore \quad Q = \frac{1}{9 \times 10^9} \times (0.18)^2 \times 3 \times 10^4 = 1.1 \times 10^{-7} \text{ C}$$

2.2 前問と同様に

$$Q = \frac{1}{9 \times 10^9} \times (6.4 \times 10^6)^2 \times 100 = 4.6 \times 10^5 \text{ C}$$

地球のまわりは，地表から 1 m につき 100 V ずつ高くなっていて $E = -100\,\mathrm{V/m}$ である．正確には $Q = -4.6 \times 10^5\,\mathrm{C}$

3.1 導体表面の近傍における表面電荷密度と電場の関係は，$E = \sigma/\varepsilon_0$ だから

$$\sigma = \varepsilon_0 E = 8.85 \times 10^{-12} \times 8 \times 10^4 = 7.08 \times 10^{-7}\,\mathrm{C/m^2}$$

3.2 例題より，電場の強さは距離によらない．表面電荷密度 $\sigma = \varepsilon_0 E$ より

$$\sigma = 8.85 \times 10^{-12} \times 4 \times 10^4 = 3.54 \times 10^{-7}\,\mathrm{C/m^2}$$

導体は接地されているので

$$V = -Ex = -4 \times 10^4 \times 2 = -8 \times 10^4\,\mathrm{V}$$

3.3 有限の半径 a をもつ円板の中央部分は平面形状のため曲率半径が非常に大きい．他方，円板の端の曲率半径は円板の厚さ程度のオーダの量で，その曲率半径は非常に小さい．順序が前後するが問 4.1 の結果の考察からも理解できるように，曲率半径が小さい所ほど電荷が貯まりやすい．よって，周辺にほとんど電荷が集まると考えられる．

円板の周辺にのみ電荷が集まっていると仮定した場合，円板の中心から r だけ離れた点における電場 E は第 1 章の問題 5.2 より，線電荷密度 $\lambda = Q/2\pi a$ として

$$E = \frac{\lambda a r}{2\varepsilon_0 (r^2 + a^2)^{3/2}}$$

また，電位 V は

$$V = -\int_\infty^r E dr' = -\frac{\lambda a}{2\varepsilon_0}\int_\infty^r \frac{r'}{(r'^2 + a^2)^{3/2}} dr' = \frac{\lambda a}{2\varepsilon_0}\left[\frac{1}{(r'^2 + a^2)^{1/2}}\right]_\infty^r$$
$$= \frac{\lambda a}{2\varepsilon_0 (r^2 + a^2)^{1/2}}$$

$r \gg a$ の場合を考えると $r^2 + a^2 \cong r^2$ であり

$$E \cong \frac{\lambda a}{2\varepsilon_0}\frac{1}{r^2} = \frac{Q}{4\pi\varepsilon_0 r^2}$$

$$V \cong \frac{\lambda a}{2\varepsilon_0}\frac{1}{r} = \frac{Q}{4\pi\varepsilon_0 r}$$

ゆえに電場の強さ，電位とも r のみの関数になり，円板の大きさによらない．

4.1 針金と結ぶと二つの金属球は等電位になっている．また，互いに十分離れているので，他の金属球の影響は無視できる．半径 a，b の金属球にある電荷を Q_a，Q_b とすると，

$$\frac{Q_a}{4\pi\varepsilon_0 a} = \frac{Q_b}{4\pi\varepsilon_0 b} \qquad \therefore\ \frac{Q_a}{a} = \frac{Q_b}{b}$$

また，$Q = Q_a + Q_b$ より $Q_a = aQ/(a+b)$，$Q_b = bQ/(a+b)$ を得る．表面電荷密度を σ_a，σ_b，表面電場を E_a，E_b とすれば

$$\sigma_a = \frac{Q}{4\pi a(a+b)}, \qquad \sigma_b = \frac{Q}{4\pi b(a+b)}$$

$$E_a = \frac{\sigma_a}{\varepsilon_0} = \frac{Q}{4\pi\varepsilon_0 a(a+b)}, \qquad E_b = \frac{\sigma_b}{\varepsilon_0} = \frac{Q}{4\pi\varepsilon_0 b(a+b)}$$

となる．$\sigma_a : \sigma_b = E_a : E_b = b : a$ より，$a < b$ ならば $\sigma_a > \sigma_b$，$E_a > E_b$ を得る．半径が小さい球の表面ほど電荷が貯まりやすい．ここでの理論は自体容易であるので，導体表面では曲率半径が小さいほど電荷が貯まりやすいことを説明する際，よく引用される．

4.2 (a) 例題 4 に対して，$r < a$ の領域内の $r < c\,(c < a)$ の領域のみを変更すればよい．金属球内では電荷は表面に分布するから

$$E = 0\,(r < c), \qquad E = \frac{Q}{4\pi\varepsilon_0 r^2} \quad (c < r < a)$$

を得る．$r < c$ では等電位になる．したがって，例題 4 の解の内 $r < a$ の領域の解は

$$V = \frac{Q}{4\pi\varepsilon_0}\left(\frac{1}{r} - \frac{1}{a} + \frac{1}{b}\right)\,(c < r < a), \quad V = \frac{Q}{4\pi\varepsilon_0}\left(\frac{1}{c} - \frac{1}{a} + \frac{1}{b}\right)\,(r < c)$$

となる．その他の領域では例題 4 の解と同一である．

(b) 外側の導体球殻に Q' が帯電，表面以外の導体内部では電場はゼロであることを考慮して，(a) と同様の領域に対しガウスの法則を適用すればよい．(a) との差異は導体球殻の外半径 b の表面に総電荷 $Q + Q'$ が分布することである．ゼロ以外の電場 E は

$$E = \frac{Q}{4\pi\varepsilon_0 r^2} \quad (c < r < a), \qquad E = \frac{Q + Q'}{4\pi\varepsilon_0 r^2} \quad (b < r)$$

である．例題 4 と同様な方法によって電位 V を求めれば次の結果を得る．

$$V = \frac{Q + Q'}{4\pi\varepsilon_0 r} \quad (b < r), \qquad V = \frac{Q + Q'}{4\pi\varepsilon_0 b} \quad (a < r < b)$$

$$V = \frac{1}{4\pi\varepsilon_0}\left(\frac{Q}{r} - \frac{Q}{a} + \frac{Q + Q'}{b}\right) \quad (c < r < a)$$

$$V = \frac{1}{4\pi\varepsilon_0}\left(\frac{Q}{c} - \frac{Q}{a} + \frac{Q + Q'}{b}\right) \quad (r < c)$$

5.1 ポアソンの式 (2.9)

$$\frac{\partial^2 V}{\partial x^2} + \frac{\partial^2 V}{\partial y^2} + \frac{\partial^2 V}{\partial z^2} = -\frac{\rho}{\varepsilon_0}$$

より

$$\rho = -\varepsilon_0 \left\{ \frac{\partial^2}{\partial x^2}(-kx^2) \right\} = 2\varepsilon_0 k$$

5.2 (a) $\boldsymbol{E} = -\mathrm{grad}\, V$ より $E_x = -\dfrac{\partial V}{\partial x}$，$E_y = -\dfrac{\partial V}{\partial y}$，$E_z = -\dfrac{\partial V}{\partial z}$ だから

$$ky = \frac{\partial V}{\partial x} \quad \text{より} \quad V = kxy + C_1 \tag{1}$$

$$kx = \frac{\partial V}{\partial y} \quad \text{より} \quad V = kxy + C_2 \tag{2}$$

$$0 = \frac{\partial V}{\partial z} \quad \text{より} \quad V = C_3 \tag{3}$$

ここに C_1 は y, z の関数，C_2 は x, z の関数，C_3 は x, y の関数の可能性がある．ゆえに同時に成立するためには $V = kxy + C$（C：定数）

(b)　同様に

$$E_x = -\frac{\partial V}{\partial x} \quad \text{より} \quad kx = \frac{\partial V}{\partial x} \qquad \therefore \quad V = \frac{1}{2}kx^2 + C_1(y, z)$$

$$E_y = -\frac{\partial V}{\partial y} \quad \text{より} \quad ky = \frac{\partial V}{\partial y} \qquad \therefore \quad V = \frac{1}{2}ky^2 + C_2(x, z)$$

$$E_z = -\frac{\partial V}{\partial z} \quad \text{より} \quad kz = \frac{\partial V}{\partial z} \qquad \therefore \quad V = \frac{1}{2}kz^2 + C_3(x, y)$$

ゆえに同時に成立するには $V = \dfrac{1}{2}k(x^2 + y^2 + z^2) + C$（$C$：定数）

5.3　図のような微小四辺形 ABCD にそっての電場の線積分は 0 である．すなわち

$$\oint_{\mathrm{ABCDA}} \boldsymbol{E} \cdot d\boldsymbol{l} = 0$$

A 点における電場を $\boldsymbol{E}(E_x, E_y, E_z)$ とする．AB, CD 線分上においては，x 成分のみを考えればよい．

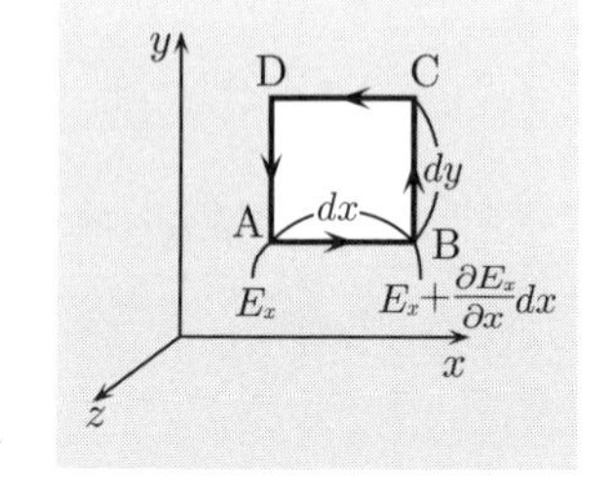

$$\text{B 点：} E_x + \frac{\partial E_x}{\partial x}dx$$

$$\text{C 点：} E_x + \frac{\partial E_x}{\partial x}dx + \frac{\partial E_x}{\partial y}dy$$

$$\text{D 点：} E_x + \frac{\partial E_x}{\partial y}dy$$

E_x の AB 上，および CD 上の積分を台形公式による区分求積法のイメージで考えれば

$$\therefore \quad \int_{\mathrm{AB}} E_x dx + \int_{\mathrm{CD}} E_x dx = \left(E_x + \frac{dx}{2}\frac{\partial E_x}{\partial x}\right)dx - \left(E_x + \frac{dx}{2}\frac{\partial E_x}{\partial x} + \frac{\partial E_x}{\partial y}dy\right)dx$$

$$= -\frac{\partial E_x}{\partial y}dxdy$$

$$\int_{\mathrm{BC}} E_y dy + \int_{\mathrm{DA}} E_y dy = \left(E_y + \frac{dy}{2}\frac{\partial E_y}{\partial y} + \frac{\partial E_y}{\partial x}dx\right)dy - \left(E_y + \frac{dy}{2}\frac{\partial E_y}{\partial y}\right)dy$$

$$= \frac{\partial E_y}{\partial x}dxdy$$

$$\oint_{\mathrm{ABCDA}} \boldsymbol{E} \cdot d\boldsymbol{l} = \left(\frac{\partial E_y}{\partial x} - \frac{\partial E_x}{\partial y}\right)dxdy = 0 \text{ より，} \frac{\partial E_y}{\partial x} - \frac{\partial E_x}{\partial y} = 0$$

なお，長方形による区分求積法のイメージでも計算できる．結果は同一である．

一般的な議論のため他の平面についても検討をしてみよう．同様な微小四辺形を yz–平面，xz–平面に対してとり，同じ手順にしたがって計算すれば

$$\frac{\partial E_z}{\partial y} - \frac{\partial E_y}{\partial z} = 0, \quad \frac{\partial E_x}{\partial z} - \frac{\partial E_z}{\partial x} = 0$$

を得る．これらの等式をまとめて $\mathrm{rot}\,\boldsymbol{E} = 0$ と書くことができる．

5.4 yz–平面が等ポテンシャル面になっているので $E_y = E_z = 0$．いま，真空中のため $\rho = 0$．よってガウスの法則の微分形 $\mathrm{div}\,\boldsymbol{E} = 0$ より

$$\frac{\partial E_x}{\partial x} + \frac{\partial E_y}{\partial y} + \frac{\partial E_z}{\partial z} = 0 \quad \therefore \quad \frac{\partial E_x}{\partial x} = 0, \quad E_x = C \quad (C：定数)$$

5.5 静電場は保存力の場であるので $\mathrm{rot}\,\boldsymbol{E} = 0$ である必要がある．問題 5.3 より

$$\frac{\partial E_y}{\partial x} - \frac{\partial E_x}{\partial y} = 0 - 2ky, \quad \frac{\partial E_z}{\partial y} - \frac{\partial E_y}{\partial z} = 2kz - 0, \quad \frac{\partial E_x}{\partial z} - \frac{\partial E_z}{\partial x} = 0 - 0 = 0$$

ゆえに，$\mathrm{rot}\,\boldsymbol{E} \neq 0$ であるのでこのような電荷分布は存在しない．

6.1 表面電荷密度 σ と E の関係は $E = \sigma/\varepsilon_0$ だから，例題 6 より $x = 0$ における E_x は，yz–平面を 2 次元極座標 (r, θ) $(r = \sqrt{y^2 + z^2})$ で表わせば

$$E_x = -\frac{Qa}{2\pi\varepsilon_0} \frac{1}{(a^2 + r^2)^{3/2}} \quad \therefore \quad \sigma = -\frac{Qa}{2\pi} \frac{1}{(a^2 + r^2)^{3/2}}$$

全電荷 Q' は σ を全表面について積分すればよい．

$$Q' = -\frac{Qa}{2\pi} \int_0^{\infty} r dr \int_0^{2\pi} d\theta \frac{1}{(a^2 + r^2)^{3/2}} = -Qa \int_0^{\infty} \frac{r dr}{(a^2 + r^2)^{3/2}}$$

$R = \sqrt{r^2 + a^2}$ と置けば，$r = 0$ のとき $R = a$，$r = \infty$ のとき $R = \infty$ より

$$Q' = -Qa \int_a^{\infty} \frac{dR}{R^2} = -Qa \left[-\frac{1}{R} \right]_a^{\infty} = -Q$$

6.2 図のように x 軸，y 軸をとり，z 軸は O 点を通り紙面に垂直である．例題 6 より，yz–平面あるいは xz–平面を各々等電位面にするには，$\mathrm{P}_1(-a, a)$ あるいは $\mathrm{P}_3(a, -a)$ に電荷 $-Q$ を置けばよい．図の L 字部表面を等電位面にするには，更に $\mathrm{P}_2(-a, -a)$ の位置に電荷 Q を置く必要がある（P，P_1，P_2，P_3 の電荷による合成電場の向きが L 字部表面で表面と直交することを確かめてみよ）．

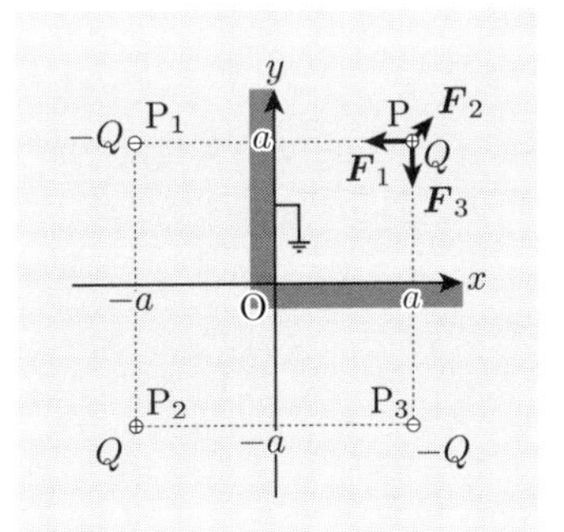

P_1，P_3 あるいは P_2 によって P に働く力の向きを図に示す．また，その大きさは容易に求められ各々

$$F_1 = F_3 = \frac{Q^2}{16\pi\varepsilon_0 a^2}, \quad F_2 = \frac{Q^2}{32\pi\varepsilon_0 a^2}$$

となる．P に働く力はこれらの合力でその向きは $\overrightarrow{\mathrm{PO}}$ で，その大きさは次式の通りである．

$$F = |\boldsymbol{F_1} + \boldsymbol{F_2} + \boldsymbol{F_3}| = \frac{(2\sqrt{2} - 1)Q^2}{32\pi\varepsilon_0 a^2}$$

6.3 振り子の長さを l，重力加速度を g とする．おもりに電荷を与えない場合の単振り子の周期 T は

$$T = 2\pi\sqrt{\frac{l}{g}}$$

電荷 Q を与えたことにより，鉛直下方に向く加速度 α を受ける．導体内に電気鏡像を仮想して，その大きさを求めると

$$\alpha = g + \frac{Q^2}{16\pi\varepsilon_0 a^2 m}$$

となり，周期 T' は

$$T' = 2\pi\sqrt{\frac{l}{g + Q^2/(16\pi\varepsilon_0 a^2 m)}}$$

$$\therefore \quad \left(\frac{T}{T'}\right)^2 = 1 + \frac{Q^2}{16\pi\varepsilon_0 a^2 mg} \qquad \text{以上より} \quad Q = \frac{4a}{T'}\left[\pi\varepsilon_0 mg(T^2 - T'^2)\right]^{1/2}$$

7.1 (a) あとの問題との関連から極座標表示で求める．球外の任意の A 点の電位を V とすると，$\overline{\mathrm{AP}'} = r_1$，$\overline{\mathrm{AP}} = r_2$，$Q' = -aQ/b$ だから

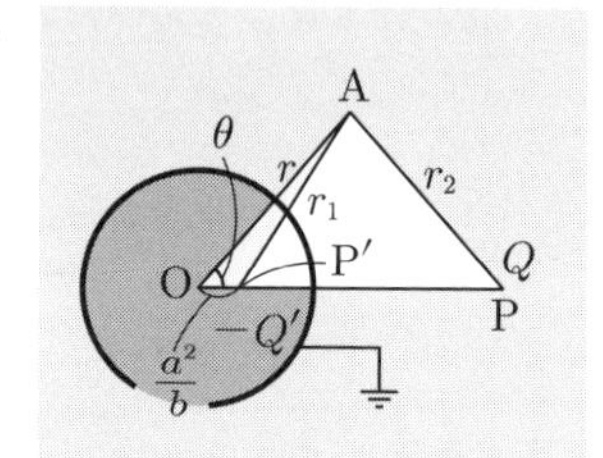

$$V = \frac{Q}{4\pi\varepsilon_0}\left\{-\frac{a}{br_1} + \frac{1}{r_2}\right\}$$

で表わされる．ここに $\angle\mathrm{AOP} = \theta$，$\overline{\mathrm{OA}} = r$ とすると $\overline{\mathrm{OP}'} = a^2/b$ だから r_1, r_2 は次のように r, θ で書かれる．

$$r_1 = \left\{r^2 + \left(\frac{a^2}{b}\right)^2 - 2r\left(\frac{a^2}{b}\right)\cos\theta\right\}^{1/2}$$

$$r_2 = \left\{r^2 + b^2 - 2rb\cos\theta\right\}^{1/2}$$

(b) 導体球は等電位だから，導体球表面での電場は導体球に垂直である．すなわち

$$E = \left(-\frac{\partial V}{\partial r}\right)_{r=a} = -\frac{Q}{4\pi\varepsilon_0}\left\{\frac{a}{b}\frac{1}{r_1^2}\frac{\partial r_1}{\partial r} - \frac{1}{r_2^2}\frac{\partial r_2}{\partial r}\right\}_{r=a}$$

$$= -\frac{Q}{4\pi\varepsilon_0}\left\{\frac{a}{b}\frac{r - (a^2/b)\cos\theta}{[r^2 + (a^2/b)^2 - 2r(a^2/b)\cos\theta]^{3/2}} - \frac{r - b\cos\theta}{[r^2 + b^2 - 2rb\cos\theta]^{3/2}}\right\}_{r=a}$$

$$= \cdots = -\frac{Q}{4\pi\varepsilon_0}\frac{1}{a}\frac{b^2 - a^2}{[a^2 + b^2 - 2ab\cos\theta]^{3/2}}$$

ゆえに $\sigma = \varepsilon_0 E$ より

$$\sigma = -\frac{Q}{4\pi a}\frac{b^2 - a^2}{[a^2 + b^2 - 2ab\cos\theta]^{3/2}}$$

7.2 (a) 絶縁された導体球の帯電電荷 $-Q$ の存在と球表面が等電位ということを考慮して，新たな電気鏡像 $-Q''$ を配置すればよい．結論は，例題 2 の解を前提として，$-Q'' = -Q + Q' = -Q(1 - a/b)$ を O 点に置けばよい．

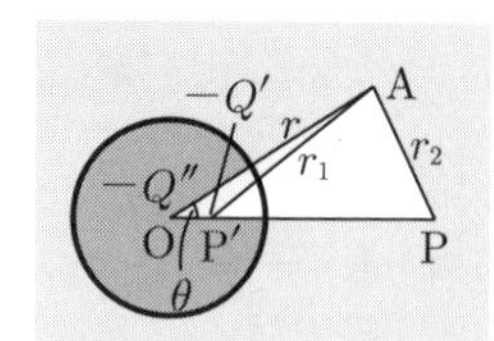

(b) $-Q''$ による電位 V_1 は

$$V_1 = -\frac{1}{4\pi\varepsilon_0}\frac{b-a}{b}\frac{Q}{r}$$

ゆえに，求める電荷の面密度は問題 7.1 の面密度に $-Q''$ に対応する面密度を加えるとよい．

$$\sigma = -\frac{Q}{4\pi a}\frac{b^2-a^2}{[a^2+b^2-2ab\cos\theta]^{3/2}} + \varepsilon_0\left(-\frac{\partial V_1}{\partial r}\right)_{r=a}$$
$$= -\frac{Q}{4\pi a}\left\{\frac{b^2-a^2}{[a^2+b^2-2ab\cos\theta]^{3/2}} + \frac{b-a}{ba}\right\}$$

8.1 電気双極子モーメントが一様な電場の中に置かれたとき受ける力は，力の大きさが等しく，向きが互いに逆の力，すなわち偶力である．ゆえにその力のモーメントは

$$N = QEl\sin\theta \quad (l：電気双極子の長さ)$$

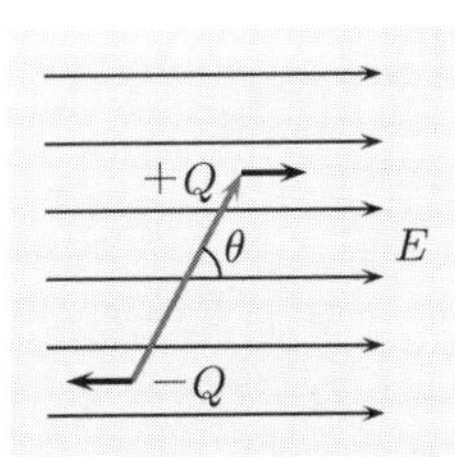

$-Q$ から $+Q$ へ向く方向が電気双極子の向きだからベクトル的に書くと，$\boldsymbol{p} = \boldsymbol{l}Q$ より

$$\boldsymbol{N} = \boldsymbol{p} \times \boldsymbol{E}$$

8.2 電気力線の極座標系における微分方程式は，第 1 章例題 6 より

$$\frac{dr}{d\theta} = \frac{rE_r}{E_\theta}$$

(2.14) を用いて，変数分離形にまとめれば

$$\frac{dr}{r} = \frac{2\cos\theta}{\sin\theta}d\theta$$

$$\therefore \quad \log r = \log\sin^2\theta + C$$

（C：積分定数）

以上より $\quad \dfrac{\sin^2\theta}{r} = 定数$

他方，(2.13) より

$$V = \frac{1}{4\pi\varepsilon_0}\frac{p\cos\theta}{r^2}$$

ゆえに等ポテンシャル面は

$$\frac{\cos\theta}{r^2} = 定数$$

右図の上段は電気力線を下段は等ポテンシャル面を計算機に描かせたものである．

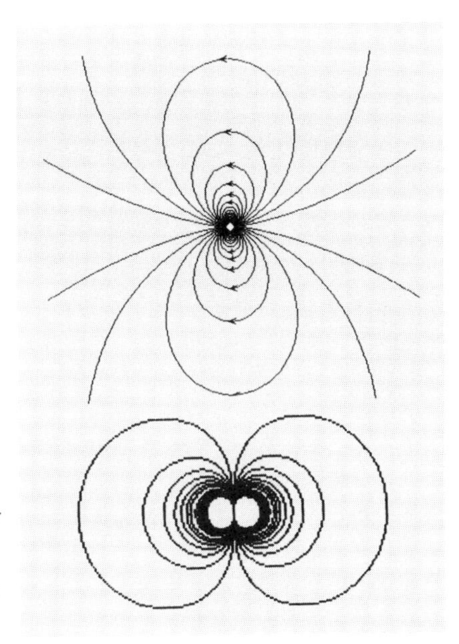

8.3 電気双極子 p_2 を図のように表わすと，p_1 と $+Q$ との間に働く力 F_+ は例題 8 より

$$F_+ = E_x Q = \frac{p_1}{4\pi\varepsilon_0}\frac{2Q}{(x+l)^3} \quad (x \text{ の正の方向})$$

p_1 と $-Q$ との間に働く力 F_- は同様に

$$F_- = -E_x Q = \frac{-p_1}{4\pi\varepsilon_0}\frac{2Q}{(x-l)^3} \quad (x \text{ の負の方向})$$

ゆえに，合力 F は

$$F = F_+ + F_- = \frac{Qp_1}{2\pi\varepsilon_0}\left[\frac{1}{(x+l)^3} - \frac{1}{(x-l)^3}\right]$$

$x \gg l$ だから，$(x \pm l)^{-3} \cong x(1 \mp 3l/x)$ であるので

$$F = \frac{Qp_1}{2\pi\varepsilon_0 x^3}\left[1 - \frac{3l}{x} - \left(1 + \frac{3l}{x}\right)\right] = -\frac{3Qp_1 l}{\pi\varepsilon_0 x^4}$$

$p_2 = 2Ql$ だから

$$F = -\frac{3p_1 p_2}{2\pi\varepsilon_0 x^4} \quad (\text{引力})$$

また，電場 $\boldsymbol{E}$ の中にある電気双極子の位置エネルギーは $U = -\boldsymbol{p}\cdot\boldsymbol{E}$ だから，p_1 のつくる電場の中に p_2 なる電気双極子が置かれているので

$$U = -p_2 E_x = -\frac{p_1 p_2}{2\pi\varepsilon_0 x^3}$$

$F = -\dfrac{\partial U}{\partial x}$ よりただちに，上記の結果が得られる．

9.1 図のように，r_1, r_2, r と角 θ を定義すると，P 点における電位 V は

$$V = \frac{Q}{4\pi\varepsilon_0}\left(\frac{1}{r_1} + \frac{1}{r_2}\right)$$

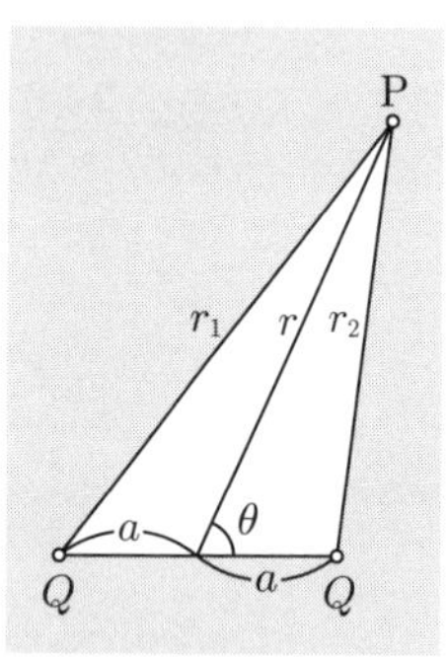

$$r_1 = (r^2 + a^2 + 2ar\cos\theta)^{1/2} = r\left(1 + \frac{2a}{r}\cos\theta + \frac{a^2}{r^2}\right)^{1/2}$$

$$r_2 = (r^2 + a^2 - 2ar\cos\theta)^{1/2} = r\left(1 - \frac{2a}{r}\cos\theta + \frac{a^2}{r^2}\right)^{1/2}$$

例題のように四重極子の項は $1/r^3$ の依存性を示すので，展開の第 3 項まで取り入れる必要がある．すなわち

$$\begin{aligned}\frac{1}{r_1} &= \frac{1}{r}\left(1 + \frac{2a}{r}\cos\theta + \frac{a^2}{r^2}\right)^{-1/2} \\ &\cong \frac{1}{r}\left[1 - \frac{1}{2}\left(\frac{2a}{r}\cos\theta + \frac{a^2}{r^2}\right) + \frac{3}{8}\left(\frac{2a}{r}\cos\theta + \frac{a^2}{r^2}\right)^2 + \cdots\right] \\ &= \frac{1}{r}\left(1 - \frac{a}{r}\cos\theta - \frac{a^2}{2r^2}(1 - 3\cos^2\theta) + \cdots\right)\end{aligned}$$

$1/r_2$ の項についても同様にすると

$$\frac{1}{r_2} \cong \frac{1}{r}\left(1 + \frac{a}{r}\cos\theta - \frac{a^2}{2r^2}(1 - 3\cos^2\theta) + \cdots\right)$$

$$\therefore \quad V = \frac{Q}{2\pi\varepsilon_0 r} + \frac{q}{4\pi\varepsilon_0}\frac{3\cos^2\theta - 1}{r^3} \quad （ここに\ q = Qa^2）$$

9.2　いま，正電荷の側から x の距離の電位を考える．負の方については符号を変えればいい．図のような微小面積 $dS = rdrd\varphi$ について考えれば $\pm\sigma dS$ をもつ電気双極子になっているので，その電位は (2.13) より

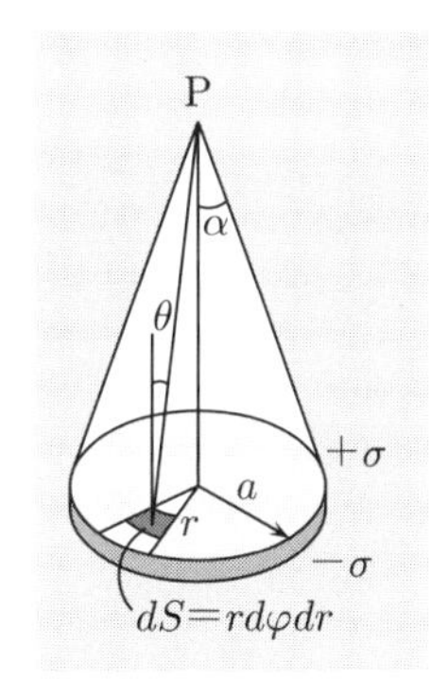

$$dV = \frac{t\sigma dS\cos\theta}{4\pi\varepsilon_0(r^2 + x^2)} = \frac{t\sigma}{4\pi\varepsilon_0}d\omega \quad \left(d\omega = \frac{dS\cos\theta}{r^2 + x^2}\right)$$

$d\omega$ は P から dS をみた場合の立体角．$dS = rdrd\varphi$, $\cos\theta = \dfrac{x}{\sqrt{x^2 + r^2}}$ だから

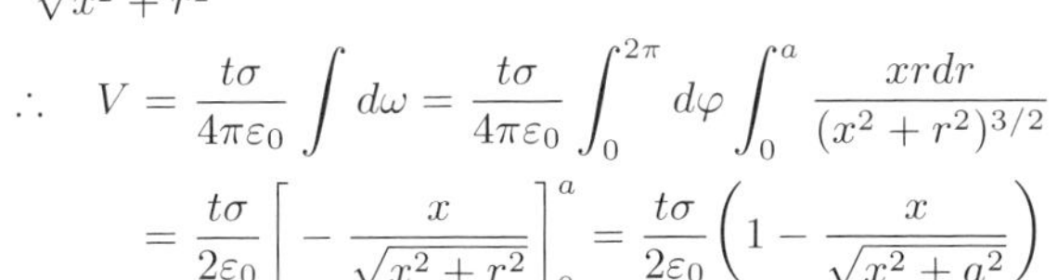

$$\therefore \quad V = \frac{t\sigma}{4\pi\varepsilon_0}\int d\omega = \frac{t\sigma}{4\pi\varepsilon_0}\int_0^{2\pi} d\varphi \int_0^a \frac{xrdr}{(x^2 + r^2)^{3/2}}$$

$$= \frac{t\sigma}{2\varepsilon_0}\left[-\frac{x}{\sqrt{x^2 + r^2}}\right]_0^a = \frac{t\sigma}{2\varepsilon_0}\left(1 - \frac{x}{\sqrt{x^2 + a^2}}\right)$$

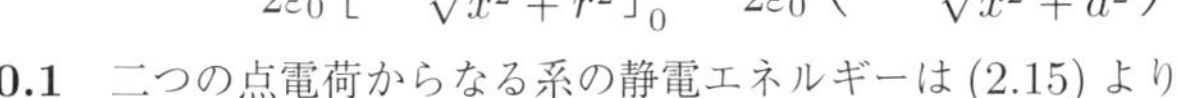

10.1　二つの点電荷からなる系の静電エネルギーは (2.15) より

$$U = \frac{Q_1 Q_2}{4\pi\varepsilon_0 r_{12}}$$

だから

$$U = 9 \times 10^9 \times \frac{5 \times 10^{-5} \times 2 \times 10^{-5}}{2} = 4.5\,\mathrm{J}$$

10.2　第1章例題7の結果から球の内外の電場は，$a = 0.01\,\mathrm{m}$ より

$$E_r = \frac{\rho_0}{3\varepsilon_0}r \qquad r < 0.01\,\mathrm{m}$$

$$E_r = \frac{\rho_0 a^3}{3\varepsilon_0 r^2} \quad (r > 0.01\,\mathrm{m})$$

$U = \dfrac{1}{2}\displaystyle\int \varepsilon_0 E^2 dV$, $dV = 4\pi r^2 dr$ ならびに $\rho_0 = 1 \times 10^{-2}\,\mathrm{C/m^3}$ より

$$U = \frac{1}{2}\int_0^{0.01}\varepsilon_0\left(\frac{\rho_0}{3\varepsilon_0}r\right)^2 4\pi r^2 dr + \frac{1}{2}\int_{0.01}^{\infty}\varepsilon_0\left(\frac{\rho_0 a^3}{3\varepsilon_0}\right)^2\frac{1}{r^4}4\pi r^2 dr$$

$$= \frac{1}{2}\frac{\rho_0^2 4\pi}{9\varepsilon_0}\left[\frac{r^5}{5}\right]_0^{0.01} + \frac{1}{2}\frac{\rho_0^2 a^6 4\pi}{9\varepsilon_0}\left[-\frac{1}{r}\right]_{0.01}^{\infty}$$

$$= 1.58 \times 10^{-4} + 7.90 \times 10^{-4} = 9.48 \times 10^{-4}\,\mathrm{J}$$

10.3 球外の電場の強さは

$$E = \frac{Q}{4\pi\varepsilon_0 r^2}$$

静電エネルギー U は

$$U = \frac{1}{2}\int_a^\infty \varepsilon_0\left(\frac{1}{4\pi\varepsilon_0}\frac{Q}{r^2}\right)^2 4\pi r^2 dr = \frac{1}{2}\frac{Q^2}{4\pi\varepsilon_0}\left[-\frac{1}{r}\right]_a^\infty$$
$$= \frac{Q^2}{8\pi\varepsilon_0 a}$$

ゆえに金属表面の単位面積が受ける力 f は

$$f = \frac{1}{4\pi a^2}\left(-\frac{\partial U}{\partial a}\right) = \frac{1}{4\pi a^2}\frac{Q^2}{8\pi\varepsilon_0 a^2} = \frac{Q^2}{32\pi^2\varepsilon_0 a^4}$$

11.1 題意の楕円の方程式は $\dfrac{(x-x_{\mathrm{P}})^2}{x_{\mathrm{P}}^2} + \dfrac{y^2}{y_{\mathrm{P}}^2} = 1$ より，$ydy = \dfrac{y_{\mathrm{P}}^2}{x_{\mathrm{P}}^2}(x_{\mathrm{P}} - x)dx$ を得る．

$$\therefore\quad V_{\mathrm{PO}} = \int_0^{x_{\mathrm{P}}}\left(k_x x + k_y\frac{y_{\mathrm{P}}^2}{x_{\mathrm{P}}^2}(x_{\mathrm{P}} - x)\right)dx = \frac{1}{2}k_x x_{\mathrm{P}}^2 + k_y\frac{y_{\mathrm{P}}^2}{x_{\mathrm{P}}^2}\left[x_{\mathrm{P}}x - \frac{1}{2}x^2\right]_0^{x_{\mathrm{P}}}$$
$$= \frac{1}{2}k_x x_{\mathrm{P}}^2 + \frac{1}{2}k_y y_{\mathrm{P}}^2$$

結果は，積分経路によらず例題 11 と同一の結果になる．

【別解】 この問題の場合は楕円のパラメータ表示 $x - x_{\mathrm{P}} = x_{\mathrm{P}}\cos\theta$，$y = y_{\mathrm{P}}\sin\theta$ を使って解くこともできる．$dx = -x_{\mathrm{P}}\sin\theta d\theta$，$dy = y_{\mathrm{P}}\cos\theta d\theta$，ならびに題意の軌道が θ が $\pi \to \pi/2$ の領域に該当することを考慮すれば

$$xdx = \cdots = -x_{\mathrm{P}}^2\left(\sin\theta + \frac{\sin 2\theta}{2}\right)d\theta,\qquad ydy = \frac{1}{2}y_{\mathrm{P}}^2\sin 2\theta d\theta$$

を得る．以上より，下記の積分を着実に実行すれば同一の結果が得られる．

$$V_{\mathrm{PO}} = \int_{\mathrm{O}}^{\mathrm{P}}(k_x xdx + k_y ydy)$$
$$= -k_x x_{\mathrm{P}}^2\int_\pi^{\pi/2}\left(\sin\theta + \frac{\sin 2\theta}{2}\right)d\theta + k_y y_{\mathrm{P}}^2\int_\pi^{\pi/2}\frac{\sin 2\theta}{2}d\theta$$
$$= k_x x_{\mathrm{P}}^2\left[\cos\theta + \frac{\cos 2\theta}{4}\right]_\pi^{\pi/2} - k_y y_{\mathrm{P}}^2\left[\frac{\cos 2\theta}{4}\right]_\pi^{\pi/2} = \cdots = \frac{1}{2}k_x x_{\mathrm{P}}^2 + \frac{1}{2}k_y y_{\mathrm{P}}^2$$

11.2 (a) 第 2 章問題 5.3 でも触れたように，$\mathrm{rot}\boldsymbol{E} = 0$ ならば**保存力場**である．問題は 2 次元極座標の $r\theta$–表記であるが，$\mathrm{rot}\boldsymbol{E}$ の計算では円筒座標の z 成分の考慮が必要になる．題意より E_r と E_θ は z には依存せず，また $E_z = 0$ として扱ってよい．よって，付録 (A.28)（ρ, ϕ と r, θ の対応関係に注意）から，$(\mathrm{rot}\boldsymbol{E})_r = 0$，$(\mathrm{rot}\boldsymbol{E})_\theta = 0$ は自明である．また，z 成分については

$$(\mathrm{rot}\boldsymbol{E})_z = \frac{1}{r}\left(\frac{\partial(rE_\theta)}{\partial r} - \frac{\partial E_r}{\partial\theta}\right),\quad \frac{\partial(rE_\theta)}{\partial r} = -\frac{p\sin\theta}{2\pi\varepsilon_0 r^3},\quad \frac{\partial E_r}{\partial\theta} = -\frac{p\sin\theta}{2\pi\varepsilon_0 r^3}$$

より，$(\mathrm{rot}\boldsymbol{E})_z = 0$ となり，題意の $\boldsymbol{E}$ は保存力場である．

(b)　2次元 $r\theta$–座標の線素は $d\boldsymbol{l} = (dr,\ rd\theta)$ より，題意の電位を V_P とすれば

$$V_\mathrm{P} = -\int_\infty^\mathrm{P} \boldsymbol{E}\cdot d\boldsymbol{l} = -\int_\infty^\mathrm{P} (E_r dr + E_\theta r d\theta)$$

経路1：角度が θ_P＝一定 の経路のため $d\theta = 0$．以上より

$$V_\mathrm{P} = -\int_\infty^{r_\mathrm{P}} E_r dr = -\frac{p\cos\theta_\mathrm{P}}{2\pi\varepsilon_0}\int_\infty^{r_\mathrm{P}} \frac{dr}{r^3} = \cdots = \frac{p\cos\theta_\mathrm{P}}{4\pi\varepsilon_0 r_\mathrm{P}^2} = \frac{\boldsymbol{p}\cdot\boldsymbol{r}_\mathrm{P}}{4\pi\varepsilon_0 r_\mathrm{P}^3}$$

経路2：無限遠からA点までの経路では角度が θ_A＝一定 のため $d\theta = 0$．
計算方法は経路1と同じのため

$$V_\mathrm{A} = -\frac{p\cos\theta_\mathrm{A}}{2\pi\varepsilon_0}\int_\infty^{r_\mathrm{A}} \frac{dr}{r^3} = \cdots = \frac{p\cos\theta_\mathrm{A}}{4\pi\varepsilon_0 r_\mathrm{A}^2}$$

A点からB点までの経路では動径が r_A = 一定 のため $dr = 0$．よって

$$V_\mathrm{BA} = -\frac{p}{4\pi\varepsilon_0 r_\mathrm{A}^2}\int_{\theta_\mathrm{A}}^{\theta_\mathrm{P}} \sin\theta d\theta = \frac{p}{4\pi\varepsilon_0 r_\mathrm{A}^2}(\cos\theta_\mathrm{P} - \cos\theta_\mathrm{A})$$

B点からP点までの経路では動径が θ_P = 一定 のため $d\theta = 0$．よって

$$V_\mathrm{PB} = -\frac{p\cos\theta_\mathrm{P}}{2\pi\varepsilon_0}\int_{r_\mathrm{A}}^{r_\mathrm{P}} \frac{dr}{r^3} = \cdots = \frac{p\cos\theta_\mathrm{P}}{4\pi\varepsilon_0 r_\mathrm{P}^2} - \frac{p\cos\theta_\mathrm{P}}{4\pi\varepsilon_0 r_\mathrm{A}^2}$$

以上より，次の結果を得る．

$$V_\mathrm{P} = V_\mathrm{A} + V_\mathrm{BA} + V_\mathrm{PB} = \cdots = \frac{p\cos\theta_\mathrm{P}}{4\pi\varepsilon_0 r_\mathrm{P}^2} = \frac{\boldsymbol{p}\cdot\boldsymbol{r}_\mathrm{P}}{4\pi\varepsilon_0 r_\mathrm{P}^3}$$

二つの経路とも V_P は同じ値になる．

3章の解答

1.1 球状導体の電気容量は $C = 4\pi\varepsilon_0 a$．$4\pi\varepsilon_0$ に (1.2) の近似値を用いれば

$$1 \times 10^{-9} = \frac{1}{9 \times 10^9} a \qquad \therefore \quad a = 9\,\mathrm{m}$$

1.2 $C = 4\pi\varepsilon_0 a$ より，前問と同様に

$$C = \frac{1}{9 \times 10^9} \times 6.4 \times 10^6 = 7.1 \times 10^{-4}\,\mathrm{F}$$

1.3 小さい水滴のもつ電荷は $Q = 4\pi\varepsilon_0 aV$（a は水滴の半径）．n 個の小さい水滴が集まって半径 0.5 cm の水滴になったとすれば

$$n \times \frac{4}{3}\pi(0.001)^3 = \frac{4}{3}\pi(0.5)^3 \qquad \therefore \quad n = \left(\frac{0.5}{0.001}\right)^3 = 1.25 \times 10^8$$

いま，半径 0.5 cm の水滴の電位を V' とすれば

$$V' = \frac{1.25 \times 10^8 Q}{4\pi\varepsilon_0(0.005)} = \frac{1.25 \times 10^8 \times 4\pi\varepsilon_0(0.00001)V}{4\pi\varepsilon_0(0.005)} = 2.5 \times 10^5\,\mathrm{V}$$

2.1 面積 10 cm^2，間隔 1 mm の平行平板コンデンサーの電気容量を ε_0 で表わせば

$$C = \frac{10 \times 10^{-4}\varepsilon_0}{1 \times 10^{-3}} = \varepsilon_0$$

厚さ 0.2 mm の金属板を入れ，図のように電荷 $\pm Q$ が上下の極板に充電されたとする．この系は間隔 d_1 と d_2 の平行平板コンデンサーの直列接続とみなすことができる．これらのコンデンサーの電気容量を C_1, C_2，その間の電位差を V_1, V_2 とすると

$$C_1 = \frac{10^{-3} \times \varepsilon_0}{d_1}, \qquad C_2 = \frac{10^{-3} \times \varepsilon_0}{d_2}$$

$$V_1 = \frac{Q}{C_1}, \qquad V_2 = \frac{Q}{C_2}$$

となる．系全体の電気容量を C' とし，ε_0 で表わせば

$$C' = \frac{Q}{V_1 + V_2} = \frac{1}{\dfrac{1}{C_1} + \dfrac{1}{C_2}} = \frac{C_1 C_2}{C_1 + C_2} = \cdots = 10^{-3} \times \varepsilon_0 \frac{1}{d_1 + d_2}$$

$$= \frac{10^{-3} \times \varepsilon_0}{0.8 \times 10^{-3}} = 1.25\varepsilon_0$$

$$\therefore \quad \varDelta C = C' - C = 0.25 \times 8.9 \times 10^{-12} = 2.2 \times 10^{-12}\,\mathrm{F} = 2.2\,\mathrm{pF}$$

ここに pF（ピコファラッド）$= 10^{-12}$ F である．

2.2 極板間隔 d が振動をしている間は電荷の量は変化しない．この平行平板コンデンサーの面積を S とすると，電気容量 C は

$$C = \varepsilon_0 \frac{S}{d} = \frac{\varepsilon_0 S}{x_1 + x_0 \sin \omega t}$$

のように表わすことができる．電荷の量を Q とすれば，電位差 V の変化は

$$V = \frac{Q}{C} = \frac{Q}{\varepsilon_0 S}(x_1 + x_0 \sin \omega t) = \frac{Qx_1}{\varepsilon_0 S} + \frac{Qx_0}{\varepsilon_0 S} \sin \omega t$$

$$= V_1 + V_0 \sin \omega t \qquad \text{ただし} \quad \frac{V_0}{V_1} = \frac{x_0}{x_1}$$

3.1 金属球に蓄えられているエネルギーが熱量にかわる．蓄えられているエネルギーは $C = 4\pi\varepsilon_0 a$（a は球の半径）だから

$$U = \frac{1}{2}CV^2 = \frac{1}{2}(4\pi\varepsilon_0 \times 1) \times (10^4)^2 = 5.6 \times 10^{-3}\,\mathrm{J}$$

3.2 間隔を広げる間，変化しないのは充電された電荷の量である．間隔を広げる前の電気容量 C は $C = \varepsilon_0 S/d$，電荷の量は $Q = CV$ より

$$Q = \frac{\varepsilon_0 SV}{d}$$

また，蓄えられているエネルギー U は

$$U = \frac{1}{2}\frac{Q^2}{C} = \frac{1}{2}CV^2 = \frac{1}{2}\frac{\varepsilon_0 SV^2}{d}$$

間隔を2倍にした後の電気容量 C' は $C' = \varepsilon_0 S/(2d) = C/2$．蓄えられるエネルギーは

$$U' = \frac{1}{2}\frac{Q^2}{C'} = \frac{1}{2}\frac{2}{C}(CV)^2 = CV^2 = \frac{\varepsilon_0 SV^2}{d}$$

ゆえに要する仕事は U' と U との差であるから

$$\therefore \quad \varDelta U = U' - U = \frac{1}{2}\frac{\varepsilon_0 SV^2}{d}$$

3.3 最初，接続しない前の電荷 Q_1, Q_2 は

$$Q_1 = 0.3 \times 10^{-6} \times 7 \times 10^5 = 0.21\,\mathrm{C}$$

$$Q_2 = 0.2 \times 10^{-6} \times 2 \times 10^5 = 0.04\,\mathrm{C}$$

接続後は各導体の無限遠点に対する電位が等しくなるように電荷の再編が起こる．その電位を V，再編後の電荷を Q'_1, Q'_2 とすると

$$Q'_1 = 3 \times 10^{-7}\,V, \quad Q'_2 = 2 \times 10^{-7}\,V$$

全電荷が保存されること $(Q_1 + Q_2 = Q'_1 + Q'_2)$ より

$$(3 \times 10^{-7} + 2 \times 10^{-7})V = 0.25 \qquad \therefore \quad V = 5 \times 10^5\,\mathrm{V}$$

ゆえに，$Q'_1 = 0.15\,\mathrm{C}$，$Q'_2 = 0.1\,\mathrm{C}$．移った電荷は

$$Q_1 - Q'_1 = 0.21 - 0.15 = 0.06\,\mathrm{C}$$

接続前の系の静電エネルギー U は

$$U = \frac{1}{2}\left\{0.3 \times 10^{-6} \times (7.0 \times 10^5)^2 + 0.2 \times 10^{-6} \times (2.0 \times 10^5)^2\right\} = 7.75 \times 10^4\,\mathrm{J}$$

接続後の静電エネルギー U は

$$U' = \frac{1}{2}(0.3+0.2)\times 10^{-6}\times(5.0\times 10^5)^2 = 6.25\times 10^4\ \mathrm{J}$$

$$\therefore \quad \varDelta U = U - U' = 1.5\times 10^4\ \mathrm{J}$$

4.1 例題 4 より，内球の半径が a，外球の半径が b の場合，外球が接地されているときの電気容量は

$$C = 4\pi\varepsilon_0\frac{ab}{b-a}$$

$$\therefore \quad C \cong \frac{1}{9\times 10^9}\frac{0.05\times 0.09}{0.09-0.05} = 1.25\times 10^{-11}\ \mathrm{F}$$

4.2 内球の半径 a，外球の半径 b の同心導体球殻コンデンサーの電気容量は

$$C = 4\pi\varepsilon_0\frac{ab}{b-a}$$

いま，$b-a=d$ として $d \ll a, b$ とすると，$S = 4\pi a^2$（表面積）より

$$C = 4\pi\varepsilon_0\frac{a(a+d)}{d} \cong \frac{\varepsilon_0 4\pi a^2}{d} = \frac{\varepsilon_0 S}{d}$$

ゆえに，$d \ll a, b$ のとき，平行平板コンデンサーの電気容量と同等の結果になる．

4.3 例題 4 において，内球の電位 V_2，外球の電位 V_4 はそれぞれ

$$V_2 = \frac{1}{4\pi\varepsilon_0}\left(\frac{Q'}{b}+\frac{Q}{a}\right), \quad V_4 = \frac{1}{4\pi\varepsilon_0}\frac{Q+Q'}{b}$$

ここに記号はすべて例題 4 と同じである．内球が接地されているので

$$\frac{Q'}{b}+\frac{Q}{a} = 0 \qquad \therefore \quad Q' = -\frac{b}{a}Q$$

外球の内表面の電荷を Q'_1 とするとき，例題の場合と同様に内球に電荷 Q があるので，$Q'_1 = -Q$ である．ゆえに，外球の外表面の電荷 Q'_2 は

$$Q'_2 = -\frac{b}{a}Q - Q'_1 = -\frac{b-a}{a}Q$$

すなわち，内球と外球の間に Q が蓄えられて一つのコンデンサーをつくると同時に，外球と無限遠の間に Q'_2 が蓄えられており，半径 b の孤立球のコンデンサーが付け加わったことになる（内球接地のため，接続形態は並列である）．

外球の電位は

$$V_4 = \frac{1}{4\pi\varepsilon_0}\frac{Q-\dfrac{b}{a}Q}{b} = -\frac{Q}{4\pi\varepsilon_0}\frac{b-a}{ab}$$

となる．

外球に蓄えられている電荷の総量は，$Q'_1+Q'_2 = -bQ/a$．ゆえに全電気容量 C は内球が接地されているので

$$C = \frac{Q'}{V_4} = 4\pi\varepsilon_0\frac{b^2}{b-a}$$

いま，$b = 18\,\mathrm{cm}$，$a = 16\,\mathrm{cm}$ だから

$$C \cong \frac{1}{9 \times 10^9} \frac{(0.18)^2}{0.18 - 0.16} = 1.8 \times 10^{-10}\,\mathrm{F}$$

5.1 半径 $10\,\mathrm{cm}$ の内円筒の単位長さあたりの電荷を λ とすると，例題5より

$$V = \frac{\lambda}{2\pi\varepsilon_0} \log \frac{12}{10} \qquad \therefore \quad \lambda = \frac{2\pi\varepsilon_0 V}{0.182}$$

ゆえに，内円筒の外面における電場の強さは例題の式を用いると

$$E = \frac{\lambda}{2\pi\varepsilon_0} \frac{1}{0.10} = \frac{2\pi\varepsilon_0 V}{0.182} \frac{1}{2\pi\varepsilon_0} \frac{1}{0.10} = 1.1 \times 10^6\,\mathrm{V/m}$$

6.1 銅線の単位長さあたりの電荷を λ とすると，電気鏡像は導体表面の下方 $1\,\mathrm{m}$ の対称の位置にある線密度 $-\lambda$ の平行線である．例題6の V に対し，銅線と平板状導体の電位差は $V' = V/2$ となる．ゆえに，単位長さあたりの電気容量 C は，$b = 2\,\mathrm{m}$，$a = 0.0005\,\mathrm{m}$ より

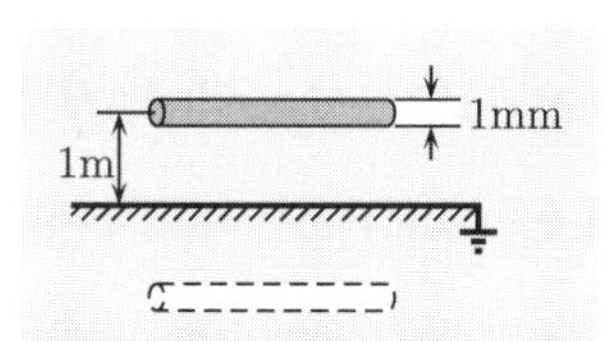

$$\therefore \quad C = 2\frac{\lambda}{V} = 2\pi\varepsilon_0 \Big/ \log \frac{2 - 0.0005}{0.0005} = 6.70 \times 10^{-12}\,\mathrm{F/m} = 6.70\,\mathrm{pF/m}$$

7.1 $0.5\,\mu\mathrm{F}$，$0.2\,\mu\mathrm{F}$ のコンデンサーの電位差をそれぞれ V_1, V_2，蓄えられる電気量を Q とすると

$$V_1 = \frac{Q}{0.5 \times 10^{-6}}, \quad V_2 = \frac{Q}{0.2 \times 10^{-6}}$$

$V_1 + V_2 = 140\,\mathrm{V}$ だから

$$140 = \left(\frac{1}{0.5 \times 10^{-6}} + \frac{1}{0.2 \times 10^{-6}}\right) Q$$

$$\therefore \quad Q = 2 \times 10^{-5}\,\mathrm{C}$$

ゆえに

$$V_1 = \frac{2 \times 10^{-5}}{0.5 \times 10^{-6}} = 40\,\mathrm{V}, \quad V_2 = \frac{2 \times 10^{-5}}{0.2 \times 10^{-6}} = 100\,\mathrm{V}$$

7.2 まず最初に $0.1\,\mu\mathrm{F}$ のコンデンサーに蓄えられる電荷の量 Q は

$$Q = 0.1 \times 10^{-6} \times 2 = 0.2 \times 10^{-6}\,\mathrm{C}$$

接続することにより Q' の電荷が新たなコンデンサーに流れたとする．全電荷は保存されるので，両コンデンサーの電位差を V とすると

$$V = \frac{0.2 \times 10^{-6} - Q'}{0.1 \times 10^{-6}} = \frac{Q'}{0.3 \times 10^{-6}} \qquad \therefore \quad Q' = 0.15 \times 10^{-6}\,\mathrm{C}$$

ゆえに電位差は，$V = 0.15 \times 10^{-6}/0.3 \times 10^{-6} = 0.5\,\mathrm{V}$．また，電荷はそれぞれ，$5.0 \times 10^{-8}\,\mathrm{C}$，$1.5 \times 10^{-7}\,\mathrm{C}$ となる．

7.3 接続前の導体球Aに蓄えられている電気量を Q とすると，電気容量は $4\pi\varepsilon_0 a$ だから $Q = 4\pi\varepsilon_0 a V_1$ である．

導体Bの電気容量を C_B，Bに流れた電気量を Q' とすると，A, Bは等電位 V より

$$V = \frac{Q'}{C_B} = \frac{4\pi\varepsilon_0 a V_1 - Q'}{4\pi\varepsilon_0 a}$$

以上より　$Q' = 4\pi\varepsilon_0 a(V_1 - V)$　　$\therefore\ C_B = 4\pi\varepsilon_0 a\left(\frac{V_1}{V} - 1\right)$

8.1 (a)　図の P 点と A 点との間および P 点と B 点の間の電気容量を C', C'' とすれば並列接続だから $C' = C'' = 2C$．合成容量 C''' は C' と C'' の直列接続だから

$$\frac{1}{C'''} = \frac{1}{2C} + \frac{1}{2C} = \frac{1}{C} \qquad \therefore\ C''' = C$$

(b)　3 個の直列接続の合成容量 C' は

$$\frac{1}{C'} = \frac{1}{C} + \frac{1}{C} + \frac{1}{C} = \frac{3}{C} \qquad \therefore\ C' = \frac{C}{3}$$

C' が並列に接続されているので，A 点と B 点間の合成容量 C'' は

$$C'' = \frac{C}{3} + \frac{C}{3} = \frac{2C}{3}$$

(c)　図の右の方から順次合成してゆくとよい．

C_1 と C_2 の合成　：　$C^{(1)} = 1\Big/\left(\frac{1}{C} + \frac{1}{C}\right) = \frac{C}{2}$

$C^{(1)}$ と C_3 の合成：　$C^{(2)} = C_3 + C^{(1)} = \frac{3}{2}C$

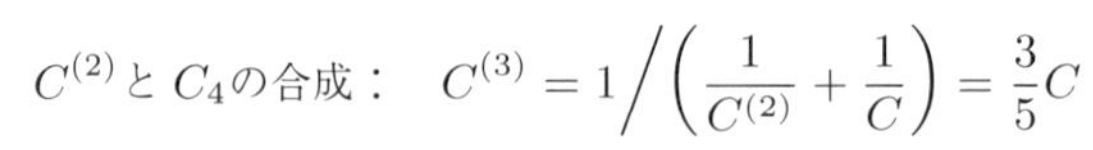

$C^{(2)}$ と C_4 の合成：　$C^{(3)} = 1\Big/\left(\frac{1}{C^{(2)}} + \frac{1}{C}\right) = \frac{3}{5}C$

$C^{(3)}$ と C_5 の合成：　$C^{(4)} = C^{(3)} + C_5 = \frac{8}{5}C$

$C^{(4)}$ と C_6 の合成：　$C^{(5)} = 1\Big/\left(\frac{1}{C^{(4)}} + \frac{1}{C}\right) = \frac{8}{13}C$

ゆえに合成容量は $\frac{8}{13}C$

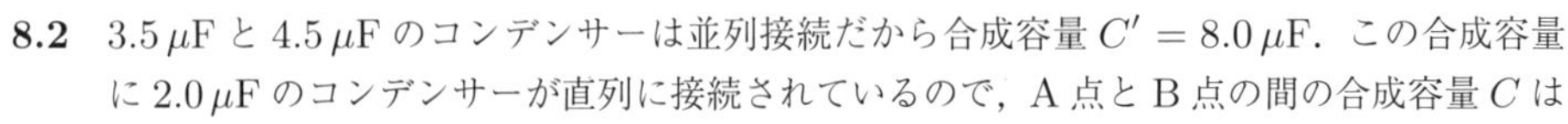

8.2 3.5 μF と 4.5 μF のコンデンサーは並列接続だから合成容量 $C' = 8.0\,\mu\text{F}$．この合成容量に 2.0 μF のコンデンサーが直列に接続されているので，A 点と B 点の間の合成容量 C は

$$\frac{1}{C} = \frac{1}{8.0} + \frac{1}{2.0} \qquad \therefore\ C = 1.6\,\mu\text{F}$$

A 点と P 点の間および P 点と B 点との間に蓄えられる電荷を Q', Q''，電位差を V_{AP}, V_{PB} とすれば

$$Q' = 2.0 \times 10^{-6} V_{AP}, \quad Q'' = 8.0 \times 10^{-6} V_{PB}$$

いま，$Q' = Q''$ だから上式の辺々を Q'' で割ると

$$1 = \frac{2V_{AP}}{8V_{PB}} \qquad \therefore\ V_{AP} = 4V_{PB}$$

$V_{AP} + V_{PB} = 300\,\text{V}$ だから　$\therefore V_{AP} = 240\,\text{V},\ V_{PB} = 60\,\text{V}$

また，$Q' = 4.8 \times 10^{-4}$ C であり，3.5 μF のコンデンサーと 4.5 μF のコンデンサーに蓄えられる電気量は，電位差が等しいので容量に比例して蓄えられる．よって

$$3.5\,\mu\text{F}：\ \frac{3.5}{3.5+4.5} \times 4.8 \times 10^{-4} = 2.1 \times 10^{-4}\,\text{C}$$

$$4.5\,\mu\text{F}：\ 4.8 \times 10^{-4} - 2.1 \times 10^{-4} = 2.7 \times 10^{-4}\,\text{C}$$

8.3 いま，1μF のコンデンサーに蓄えられている電気量を Q_1，4 μF の方に蓄えられている電気量を Q_2 とすれば，$Q_1 = 1 \times 10^{-6} \times 100 = 1 \times 10^{-4}$ C，$Q_2 = 4 \times 10^{-6} \times 50 = 2 \times 10^{-4}$ C である．

(a)　二つのコンデンサーの接続は並列であるので，合成容量 C は

$$C = 1 \times 10^{-6} + 4 \times 10^{-6} = 5\,\mu\text{F}$$

電荷の総量は $Q = Q_1 + Q_2 = 3 \times 10^{-4}$ C

$$\therefore\quad V = \frac{Q}{C} = \frac{3 \times 10^{-4}}{5 \times 10^{-6}} = 60\,\text{V}$$

(b)　この場合も接続は並列であるが，電荷の総量 Q は，$Q = Q_2 - Q_1 = 1 \times 10^{-4}$ C

$$V = \frac{Q}{C} = \frac{1 \times 10^{-4}}{5 \times 10^{-6}} = 20\,\text{V}$$

9.1 (a)　右図に等価な回路を示す．まず，P_2 点と P_3 点において直列接続の部分の合成容量 C' は

$$\frac{1}{C'} = \frac{1}{1} + \frac{1}{1} = 2 \qquad \therefore\quad C' = \frac{1}{2}\,\mu\text{F}$$

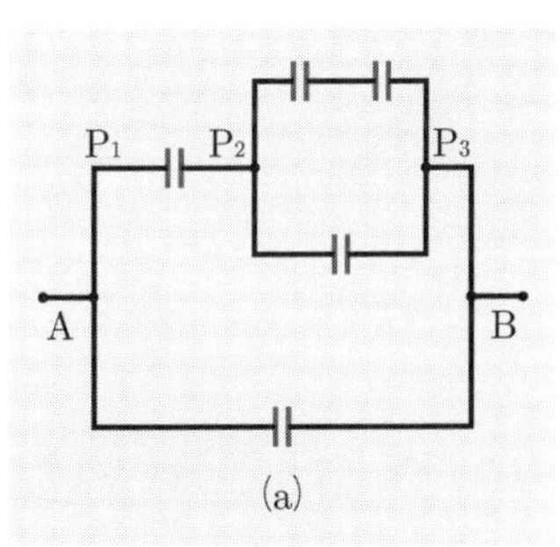

(a)

ゆえに，P_2 点と P_3 点間の合成容量

$$C'' = 1 + \frac{1}{2} = \frac{3}{2}\,\mu\text{F}$$

P_1 点と P_3 点の合成容量 C''' は直列接続の公式より

$$\frac{1}{C'''} = \frac{1}{1} + \frac{1}{\frac{3}{2}} = \frac{5}{3} \qquad \therefore\quad C''' = \frac{3}{5}\,\mu\text{F}$$

ゆえに，A 点と B 点間の合成容量 C は

$$C = \frac{3}{5} + 1 = \frac{8}{5}\,\mu\text{F}$$

(b)　AB 間の電位差 V（単位はボルト）に対し，図のように電荷が蓄えられたとする．電荷の単位を μC で表わすと，次式が成立する．

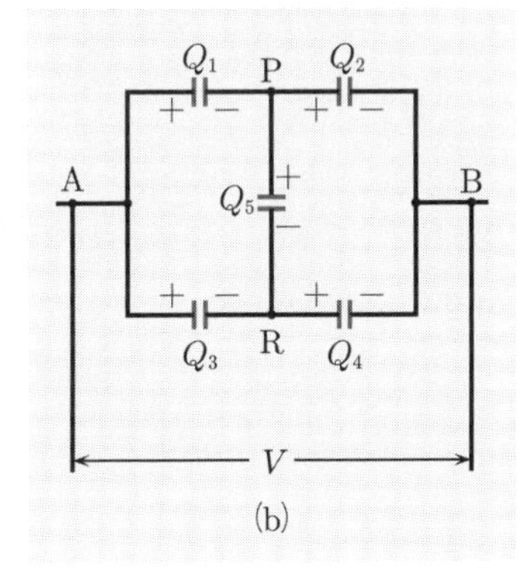

(b)

P 点まわりの電荷：　$Q_1 = Q_2 + Q_5$　(1)

R 点まわりの電荷：　$Q_4 = Q_3 + Q_5$　(2)

BPA での電位差：　$V = Q_1 + Q_2$　(3)

BRA での電位差：　$V = Q_3 + \dfrac{Q_4}{2}$　(4)

ARPAでの電位差： $\dfrac{Q_5}{2} + Q_1 = Q_3$ (5)

$Q_1 \sim Q_5$ の5つの変数に対して5つの方程式を導出できたので，解が求められる．結果は

$$Q_1 = \frac{9}{16}V, \quad Q_2 = \frac{7}{16}V, \quad Q_3 = \frac{5}{8}V, \quad Q_4 = \frac{3}{4}V, \quad Q_5 = \frac{1}{8}V$$

ここで(1)と(2)より $Q_1 + Q_3 = Q_2 + Q_4$ の結果が得られる．この式からA側の電荷は $Q_1 + Q_3$，B側の電荷は $-(Q_2 + Q_4) = -(Q_1 + Q_3)$ となることが容易に分かる．以上より，合成容量 C は

$$C = \frac{Q_1 + Q_3}{V} = \frac{19}{16}\,\mu\text{F}$$

(c) 図のように各コンデンサーに番号をつけておく．すなわち，$C_1 = 1\,\mu$F, $C_2 = 1\,\mu$F, $C_3 = 2\,\mu$F, $C_4 = 2\,\mu$F, $C_5 = 1\,\mu$F. C_2 と C_3，C_4 と C_5 はそれぞれ直列接続だから，その合成容量はそれぞれ

$$C' = 1\bigg/\left(\frac{1}{1} + \frac{1}{2}\right) = \frac{2}{3}\,\mu\text{F}$$

ゆえに，C_2, C_3, C_4, C_5 の合成容量は

$$C'' = \frac{2}{3} + \frac{2}{3} = \frac{4}{3}\,\mu\text{F}$$

C'' と C_1 は直列接続になっているので全合成容量 C は

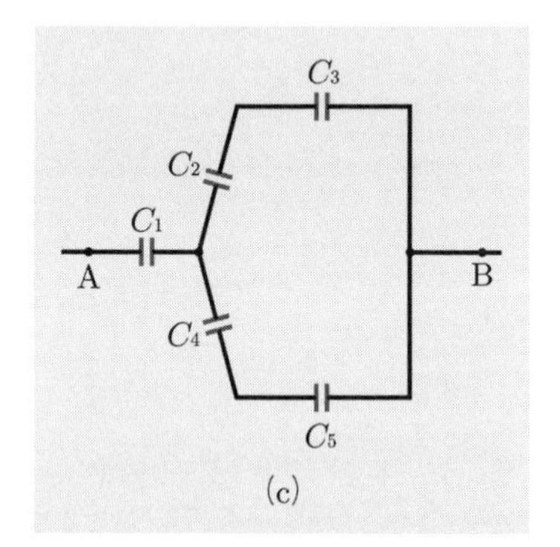

(c)

$$C = 1\bigg/\left(\frac{1}{C_1} + \frac{1}{C''}\right) = 1\bigg/\left(\frac{1}{1} + \frac{3}{4}\right) = \frac{4}{7}\,\mu\text{F}$$

10.1 $1\,\mu$Fのコンデンサーに蓄えられた電気量 Q は，$Q = 1 \times 10^{-6} \times 3 \times 10^4 = 3 \times 10^{-2}$ C
2個のコンデンサーの接続は並列だから全体の容量は $3\,\mu$F である．そのときの電位差を V とすれば

$$V = \frac{3 \times 10^{-2}}{3 \times 10^{-6}} = 10^4\,\text{V}$$

$$\text{失われたエネルギー} = \frac{1}{2}(1 \times 10^{-6}) \times (3 \times 10^4)^2 - \frac{1}{2}(3 \times 10^{-6}) \times (10^4)^2 = 3 \times 10^2\,\text{J}$$

10.2 (a) 直列に接続した場合：電気容量 $C_1 = 0.1\,\mu$F, $C_2 = 0.2\,\mu$F のコンデンサーを直列に接続したときの合成容量 C は

$$\frac{1}{C} = \frac{1}{0.1} + \frac{1}{0.2} = \cdots = 15\,\mu\text{F}^{-1} \qquad \therefore \quad C = \frac{1}{15} \times 10^{-6}\,\text{F}$$

ゆえに，$Q = CV = \dfrac{1}{15} \times 10^{-6} \times 300 = 2 \times 10^{-5}$ C

$$C_1 に蓄えられている静電エネルギー：\quad U_1 = \frac{1}{2}\frac{Q^2}{C_1} = 2 \times 10^{-3}\,\mathrm{J}$$

$$C_2 に蓄えられている静電エネルギー：\quad U_2 = \frac{1}{2}\frac{Q^2}{C_2} = 1 \times 10^{-3}\,\mathrm{J}$$

(b) 並列の場合：$U = (1/2)CV^2$ より

$$C_1 に蓄えられている静電エネルギー：\quad U_1 = \frac{1}{2} \times 0.1 \times 10^{-6} \times (300)^2 = 4.5 \times 10^{-3}\,\mathrm{J}$$

$$C_2 に蓄えられている静電エネルギー：\quad U_2 = \frac{1}{2} \times 0.2 \times 10^{-6} \times (300)^2 = 9 \times 10^{-3}\,\mathrm{J}$$

10.3 接続前に半径 a の導体球の電位 V は，この導体球の電気容量が $C = 4\pi\varepsilon_0 a$ だから $V = Q/4\pi\varepsilon_0 a$．また蓄えられている静電エネルギー U は

$$U = \frac{1}{2}\frac{Q^2}{C} = \frac{1}{2}\frac{Q^2}{4\pi\varepsilon_0 a} = \frac{Q^2}{8\pi\varepsilon_0 a}$$

接続後の電荷の量を Q', Q''，電位を V' とすると

$$V' = \frac{Q'}{4\pi\varepsilon_0 a} = \frac{Q''}{4\pi\varepsilon_0 b}$$

$Q' + Q'' = Q$ より $Q' = \dfrac{a}{a+b}Q,\ Q'' = \dfrac{b}{a+b}Q$

$$\therefore \quad V' = \frac{Q}{4\pi\varepsilon_0(a+b)}$$

また，半径 a, b の導体球に蓄えられている静電エネルギーを U', U'' とすると

$$U' = \frac{1}{2}\frac{Q'^2}{4\pi\varepsilon_0 a} = \frac{1}{8\pi\varepsilon_0 a}\left(\frac{aQ}{a+b}\right)^2 = \frac{aQ^2}{8\pi\varepsilon_0(a+b)^2}$$

$$U'' = \frac{1}{2}\frac{Q''^2}{4\pi\varepsilon_0 b} = \frac{1}{8\pi\varepsilon_0 b}\left(\frac{bQ}{a+b}\right)^2 = \frac{bQ^2}{8\pi\varepsilon_0(a+b)^2}$$

失われた静電エネルギー $\varDelta U$ は

$$\varDelta U = U - (U' + U'') = \frac{Q^2}{8\pi\varepsilon_0 a} - \frac{Q^2}{8\pi\varepsilon_0}\left\{\frac{a+b}{(a+b)^2}\right\} = \frac{bQ^2}{8\pi\varepsilon_0 a(a+b)}$$

10.4 (a) 最初の導体球 A の電位 V は，電気容量が $C = 4\pi\varepsilon_0 a$ だから

$$V = \frac{Q}{4\pi\varepsilon_0 a}$$

導体球 A, B の接触後の電位を V'，電荷を Q', Q'' とする．総電荷保存より

$$V' = \frac{Q'}{4\pi\varepsilon_0 a} = \frac{Q''}{4\pi\varepsilon_0 a} \qquad \therefore \quad Q' = Q'' = \frac{Q}{2}$$

さらに導体球 A と C を接触させる．同様に等量の電荷が分配されるため，共に $Q/4$ の電荷を保持する．

$$\therefore \quad \mathrm{A, B, C}\ の導体球に蓄えられている電荷の量は\ \frac{Q}{4}, \frac{Q}{2}, \frac{Q}{4}$$

(b) おのおのの導体球に蓄えられている静電エネルギーをそれぞれ $U_{\mathrm{A}}, U_{\mathrm{B}}, U_{\mathrm{C}}$ とすると

$$U_{\mathrm{A}} = \frac{1}{2}\frac{(Q/4)^2}{4\pi\varepsilon_0 a} = \frac{Q^2}{128\pi\varepsilon_0 a}, \quad U_{\mathrm{B}} = \frac{1}{2}\frac{(Q/2)^2}{4\pi\varepsilon_0 a} = \frac{Q^2}{32\pi\varepsilon_0 a}, \quad U_{\mathrm{C}} = \frac{Q^2}{128\pi\varepsilon_0 a}$$

(c) 失われたエネルギー $\mathit{\Delta} U$ は

$$\mathit{\Delta} U = \frac{1}{2}\frac{Q^2}{4\pi\varepsilon_0 a} - \frac{Q^2}{128\pi\varepsilon_0 a} - \frac{Q^2}{32\pi\varepsilon_0 a} - \frac{Q^2}{128\pi\varepsilon_0 a}$$
$$= \frac{10Q^2}{128\pi\varepsilon_0 a} = \frac{5Q^2}{64\pi\varepsilon_0 a}$$

3章

10.5 直列接続の場合の合成容量 C は

$$\frac{1}{C} = \frac{1}{0.2} + \frac{1}{0.2} + \frac{1}{0.5} = 12\,\mu\mathrm{F}^{-1} \qquad \therefore \quad C = \frac{1}{12} \times 10^{-6}\,\mathrm{F}$$

ゆえに蓄えられている電荷の量，および静電エネルギーは

$$Q = CV = \frac{1}{12} \times 10^{-6} \times 1200 = 1 \times 10^{-4}\,\mathrm{C}$$

$$U = \frac{1}{2}\frac{Q^2}{C} = \frac{1}{2}\frac{(1 \times 10^{-4})^2}{(1/12) \times 10^{-6}} = 6 \times 10^{-2}\,\mathrm{J}$$

並列接続にした場合の合成容量 C' は $C' = 0.2 + 0.2 + 0.5 = 0.9\,\mu\mathrm{F}$，全電荷量は $3 \times 1 \times 10^{-4}\,\mathrm{C} = 3 \times 10^{-4}\,\mathrm{C}$ だから，静電エネルギー U' は

$$U' = \frac{1}{2}\frac{(3 \times 10^{-4})^2}{0.9 \times 10^{-6}} = 5 \times 10^{-2}\,\mathrm{J}$$

ゆえに失われた静電エネルギー $\mathit{\Delta} U$ は

$$\mathit{\Delta} U = U - U' = 1 \times 10^{-2}\,\mathrm{J}$$

11.1 第1の導体に Q，第2の導体に $-Q$ を与えたとし，そのときの電位を V_1, V_2，題意の電気容量を C とする．定義より

$$V_1 = d_{11}Q - d_{12}Q, \quad V_2 = d_{21}Q - d_{22}Q$$

$$\therefore \quad V_1 - V_2 = (d_{11} + d_{22} - 2d_{12})Q, \quad C = \frac{Q}{V_1 - V_2} = \frac{1}{d_{11} + d_{22} - 2d_{12}}$$

容量・誘導係数の定義を用いると

$$Q = c_{11}V_1 + c_{12}V_2, \quad -Q = c_{21}V_1 + c_{22}V_2$$

V_1，V_2 について上式を解くと

$$V_1 = \frac{c_{12} + c_{22}}{c_{11}c_{22} - c_{12}^2}Q, \quad V_2 = -\frac{c_{11} + c_{12}}{c_{11}c_{22} - c_{12}^2}Q$$

$$\therefore \quad V_1 - V_2 = \frac{c_{11} + c_{22} + 2c_{12}}{c_{11}c_{22} - c_{12}^2}Q, \quad C = \frac{Q}{V_1 - V_2} = \frac{c_{11}c_{22} - c_{12}^2}{c_{11} + c_{22} + 2c_{12}}$$

11.2 電位係数は，系の幾何学的配置によってのみ決定される．細い導線で結ぶ意味は等電位にする働きを意味するだけである．いま，その等電位を V とし，各導体系の電荷を $Q_1, Q_2, \cdots, Q_n$ とすると

$$Q_1 = (c_{11} + c_{12} + c_{13} + \cdots + c_{1n})V$$
$$Q_2 = (c_{21} + c_{22} + c_{23} + \cdots + c_{2n})V$$
$$\vdots$$
$$Q_n = (c_{n1} + c_{n2} + c_{n3} + \cdots + c_{nn})V$$

導体系の全電荷 Q は，$Q = Q_1 + Q_2 + Q_3 + \cdots + Q_n$

$$\therefore \quad C = \frac{Q}{V} = \sum_k \sum_l c_{kl} = \sum_k c_{kk} + 2\sum_{k>l} c_{kl}$$

11.3 半径 a の導体球を導体1，外部の球殻を導体2とする．両導体に Q_1, Q_2 を与えたときの電位を V_1, V_2 とすると

$$V_1 = d_{11}Q_1 + d_{12}Q_2, \quad V_2 = d_{21}Q_1 + d_{22}Q_2$$

電位係数は，系の幾何学条件によってのみ決まる．いま，$Q_1 = 1$, $Q_2 = 0$ のとき，導体1の球の外の任意の点を通る同心球を考えて，ガウスの法則を適用すると

$$\varepsilon_0 E \times 4\pi r^2 = 1 \qquad \therefore \quad E = \frac{1}{4\pi\varepsilon_0 r^2}$$

電位 V_2, V_1 を求め，電位係数の定義と対応させると

$$V_2 = -\int_\infty^c \frac{1}{4\pi\varepsilon_0 r^2} dr = \frac{1}{4\pi\varepsilon_0 c} = d_{21} \times 1 + d_{22} \times 0$$

$$V_1 = -\int_\infty^c \frac{1}{4\pi\varepsilon_0 r^2} dr - \int_b^a \frac{1}{4\pi\varepsilon_0 r^2} dr = \frac{1}{4\pi\varepsilon_0}\left(\frac{1}{c} - \frac{1}{b} + \frac{1}{a}\right) = d_{11} \times 1 + d_{12} \times 0$$

次に $Q_1 = 0$, $Q_2 = 1$ の場合を考える．内部球には電荷がないので $V_2 = V_1$ である．

$$V_1 = \frac{1}{4\pi\varepsilon_0 c} = d_{11} \times 0 + d_{12} \times 1$$

$$V_2 = \frac{1}{4\pi\varepsilon_0 c} = d_{21} \times 0 + d_{22} \times 1$$

$$\therefore \quad d_{11} = \frac{1}{4\pi\varepsilon_0}\left(\frac{1}{c} - \frac{1}{b} + \frac{1}{a}\right), \quad d_{12} = d_{21} = d_{22} = \frac{1}{4\pi\varepsilon_0 c}$$

11.4 例題11より，互いに d だけ離れた半径 a，半径 b をもつ二つの導体球A，Bの系における電位係数は

$$D = \frac{1}{4\pi\varepsilon_0}\begin{bmatrix} \dfrac{1}{a} & \dfrac{1}{d} \\ \dfrac{1}{d} & \dfrac{1}{b} \end{bmatrix}$$

いま，誘導された電荷を Q' とすると，導体球Aは接地されているので

$$0 = \frac{1}{4\pi\varepsilon_0}\frac{Q'}{a} + \frac{1}{4\pi\varepsilon_0}\frac{Q}{d} \qquad \therefore \quad Q' = -\frac{a}{d}Q$$

12.1 導体極板と誘電体にまたがる断面積S'の直円筒を考え，ガウスの法則を適用する．端の

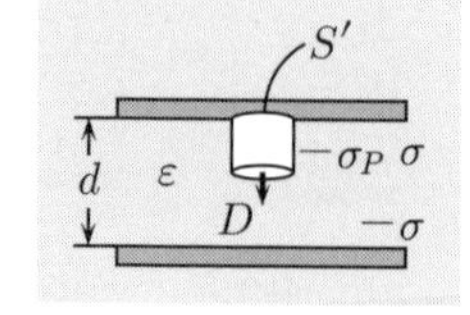

影響を無視すれば，電束線は極板に垂直で方向は鉛直下方である．誘電体中の電束密度を D，真電荷の面密度を σ とすると例題の場合と同様に

$$DS' = \sigma S' \quad \text{より} \quad D = \sigma$$

電場 E は

$$\therefore \quad E = \frac{\sigma}{\varepsilon}$$

E は一定だから，電位差 V は $V = Ed = \dfrac{\sigma}{\varepsilon}d$

$$\therefore \quad C = \frac{Q}{V} = \frac{\sigma S}{(\sigma d/\varepsilon)} = \frac{\varepsilon S}{d}$$

誘電体に現われる分極電荷の表面密度を σ_P とすれば (3.18) より

$$\varepsilon_0 ES' = \sigma S' - \sigma_P S' \qquad \therefore \quad \sigma_P = \sigma - \varepsilon_0 E = \sigma - \varepsilon_0 \frac{\sigma}{\varepsilon} = \sigma\left(1 - \frac{\varepsilon_0}{\varepsilon}\right)$$

12.2 金属球の中心から r の距離にある P 点を通る同心球についてガウスの法則を用いると，いま電荷 $Q = 5.0 \times 10^{-5}$ C，$\varepsilon = 2.2\varepsilon_0$

$$D \times 4\pi r^2 = Q \qquad \therefore \quad D = \frac{Q}{4\pi r^2}, \quad E = \frac{Q}{4\pi\varepsilon r^2}$$

容器は十分大きいので，金属球の電位は $a = 0.02$ として

$$V = -\int_{\infty}^{a} \frac{Q}{4\pi\varepsilon r^2}dr = \frac{Q}{4\pi\varepsilon a}$$

$$\therefore \quad C = \frac{Q}{V} = 4\pi\varepsilon a = 4\pi \times 2.2 \times \varepsilon_0 \times 0.02 = 4.9 \times 10^{-12} = 4.9\,\mathrm{pF}$$

金属球表面にできた分極電荷を $+Q'$ とすると，金属表面の近傍のパラフィン中に同心球をとりガウスの法則を用いると

$$\varepsilon_0 E \times 4\pi a^2 = Q + Q'$$

いま，$E = Q/4\pi\varepsilon a^2$ だから

$$\frac{\varepsilon_0}{\varepsilon}Q = Q + Q'$$

$$\therefore \quad Q' = Q\left(1 - \frac{\varepsilon_0}{\varepsilon}\right) = 5.0 \times 10^{-5} \times \left(1 - \frac{1}{2.2}\right) = 2.7 \times 10^{-5}\,\mathrm{C}$$

12.3 誘電体の表面に生ずる分極電荷の表面密度を図に示すように $\pm\sigma'$ とし，空間を I, II, III の領域に分けて考える．第 1 章の例題 9 より明らかなように，分極により生じた電荷 $\pm\sigma'$ は領域 I, III においては互いに打ち消し合うので，領域 I, III における電場は外部電場 $\boldsymbol{E}_0$ に等しい．

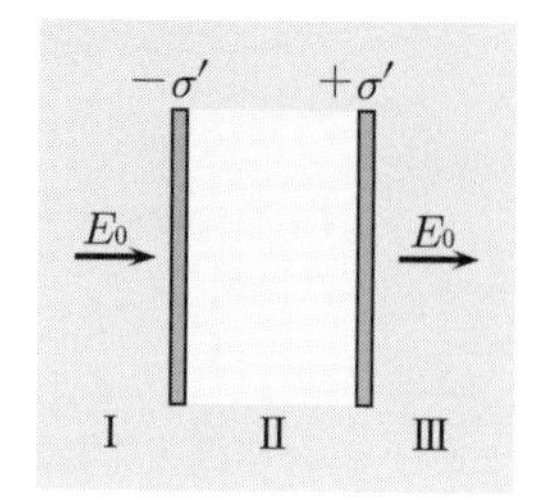

領域 II（誘電体中）の電場を E とすると，(3.25) より D の法線方向は連続であるので

$$D = \varepsilon_0 E_0 = \varepsilon E \qquad \therefore \quad E = \frac{\varepsilon_0}{\varepsilon} E_0 \quad (\text{領域 II})$$

第 1 章の例題 9 より，$-\sigma'$, $+\sigma'$ の電荷のみによる領域 II の電場は，外部電場の方向と逆で，その大きさは σ'/ε_0 である．ゆえに

$$\therefore \quad E = E_0 - \frac{\sigma'}{\varepsilon_0} \qquad \therefore \quad \sigma' = \varepsilon_0(E_0 - E) = \frac{\varepsilon_0}{\varepsilon}(\varepsilon - \varepsilon_0)E_0$$

12.4 誘電体の境界面において，電束密度の法線方向は連続である．いま，誘電体中の電場の強さを E とすると

$$\varepsilon E \cos\theta = \varepsilon_0 E_0 \cos\theta_0 \tag{1}$$

また，電場の強さの接線成分も等しいので

$$E \sin\theta = E_0 \sin\theta_0 \tag{2}$$

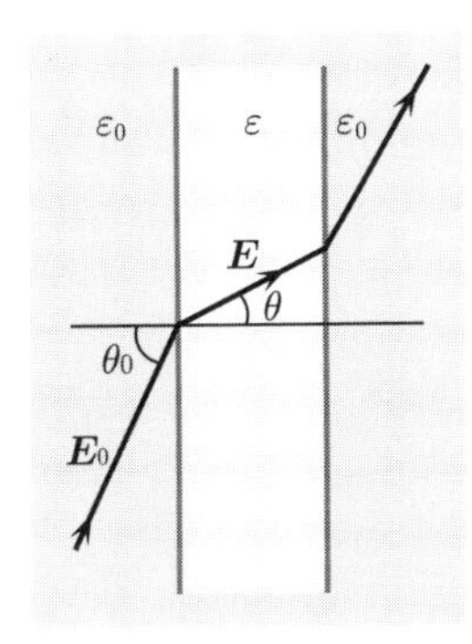

(1)，(2) より

$$E^2\cos^2\theta + E^2\sin^2\theta = \left(\frac{\varepsilon_0}{\varepsilon}\right)^2 E_0^2\cos^2\theta + E_0^2\sin^2\theta$$

$$\therefore \quad E = E_0\sqrt{\sin^2\theta_0 + \left(\frac{\varepsilon_0}{\varepsilon}\right)^2\cos^2\theta_0}$$

(1)，(2) の辺々を相除して

$$\frac{1}{\varepsilon}\tan\theta = \frac{1}{\varepsilon_0}\tan\theta_0 \qquad \therefore \quad \theta = \tan^{-1}\left(\frac{\varepsilon}{\varepsilon_0}\tan\theta\right)$$

13.1 極板面積 $S = \pi \times (0.2)^2 = 0.126\,\mathrm{m}^2$，間隔 $d = 0.05 \times 10^{-3} = 5.0 \times 10^{-5}\,\mathrm{m}$ を公式に代入すると

$$C = \frac{\varepsilon S}{d} = \frac{2.5 \times 8.9 \times 10^{-12} \times 0.126}{5.0 \times 10^{-5}} = 5.6 \times 10^{-8}\,\mathrm{F} = 0.056\,\mu\mathrm{F}$$

13.2 極板面積を S，間隔を d とし，ガラスが入っている場合の電気容量を C とする．また，ガラスを取り除いた場合の電気容量を C_0 とすると

$$C = \frac{4\varepsilon_0 S}{d} = 4C_0$$

いま，電荷 Q を与えた場合の電位差を V, V_0 とすると（ただし，V_0 は C_0 の電気容量に対する電位差），

$$V = \frac{Q}{C} = \frac{Q}{4C_0} = \frac{1}{4}V_0 \qquad \therefore \quad V_0 = 4V$$

ゆえに，4 倍になる．

13.3 両極板に面密度 $\pm\sigma$ の真電荷を与えたとする．いま，一方の極板と極板間の任意のところまでの直円筒を考えて，ガウスの法則を適用する．極板間の任意の点での電束密度 D は $D = \sigma$ である．ゆえに，空気のところの電場を E_0，ガラスのところの電場を E_1

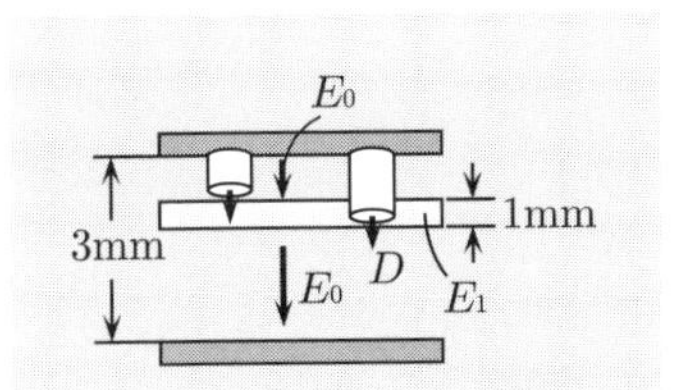

とすれば，例題 13 と同じ考え方で

$$\sigma = D = \varepsilon_0 E_0 = 4\varepsilon_0 E_1$$

$$\therefore \quad E_0 = \frac{\sigma}{\varepsilon_0}, \quad E_1 = \frac{\sigma}{4\varepsilon_0}$$

ゆえに，両極板間の電位差 V を σ と ε_0 で表わせば

$$V = E_0(3 \times 10^{-3} - 1 \times 10^{-3}) + E_1 \times 1 \times 10^{-3}$$

$$= \frac{\sigma}{\varepsilon_0}\left(2 \times 10^{-3} + \frac{1}{4} \times 10^{-3}\right) = \frac{\sigma}{\varepsilon_0} \times \frac{9}{4} \times 10^{-3}$$

ガラスと極板の面積は共に $90\,\mathrm{cm}^2$ だから，C を ε_0 で表わせば

$$C = \frac{Q}{V} = \frac{\sigma \times 9.0 \times 10^{-3}}{\dfrac{\sigma}{\varepsilon_0} \times \dfrac{9}{4} \times 10^{-3}} = 4\varepsilon_0$$

ガラスを入れない場合の電気容量を C_0 とすると，同様にして

$$C_0 = \frac{\varepsilon_0 \times 9.0 \times 10^{-3}}{3 \times 10^{-3}} = 3\varepsilon_0 \qquad \therefore \quad \frac{C}{C_0} = \frac{4}{3}\text{倍}$$

13.4　左半分と右半分がそれぞれ独立なコンデンサーとなり，それらを並列に接続したものに等しい．真空である左半分の電気容量を C_0，右半分の電気容量を C' とすると

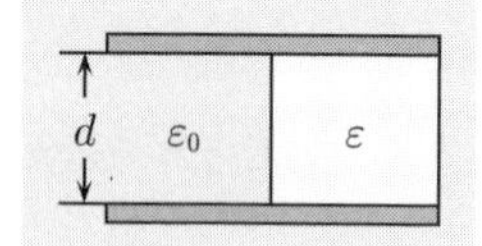

$$C_0 = \frac{\varepsilon_0 S}{2d}, \quad C' = \frac{\varepsilon S}{2d}$$

ゆえに，全容量 C は

$$C = (\varepsilon_0 + \varepsilon)\frac{S}{2d}$$

13.5　両コンデンサーの電気容量を C_1, C_2 とする．20 V で充電した電荷は並列に C_2 のコンデンサーを接続しても保存される．したがって

$$20\,C_1 = 5(C_1 + C_2) \qquad \therefore \quad 3\,C_1 = C_2$$

両コンデンサーは同形・同大であるので，電気容量は誘電率に比例する．

$$\frac{C_1}{C_2} = \frac{\varepsilon_1}{\varepsilon_2} \qquad \therefore \quad \frac{\varepsilon_1}{\varepsilon_2} = \frac{1}{3}$$

13.6　極板の間隔を d，極板面積を S，空気の誘電率を真空の誘電率 ε_0 に等しいとすれば

$$C = \frac{\varepsilon_0 S}{d}$$

また，$V = Ed$，$\varepsilon_0 = 8.9 \times 10^{-12}\,\mathrm{F/m}$ より

$$S = \frac{CV}{\varepsilon_0 E} = \frac{0.12 \times 10^{-6} \times 10}{8.9 \times 10^{-12} \times 3000 \times 10^3} = 0.045\,\mathrm{m}^2$$

14.1　球の中心を O，金属球外の任意の点を P，$\overline{\mathrm{OP}} = r$ として，P を通る同心球についてガウスの法則を適用すると

$$D \times 4\pi r^2 = 1.8 \times 10^{-5} \qquad \therefore \quad D = \frac{1}{4\pi}\frac{1.8 \times 10^{-5}}{r^2}$$

$r = 5.1\,\mathrm{cm}$ はガラスの中だから

$$E = \frac{1}{4\pi}\frac{1.8\times10^{-5}}{4\varepsilon_0(5.1\times10^{-2})^2} \cong 1.55\times10^{7}\,\mathrm{V/m}$$

$r = 10\,\mathrm{cm}$ は真空中だから

$$E = \frac{1}{4\pi}\frac{1.8\times10^{-5}}{\varepsilon_0(1\times10^{-1})^2} \cong 1.62\times10^{7}\,\mathrm{V/m}$$

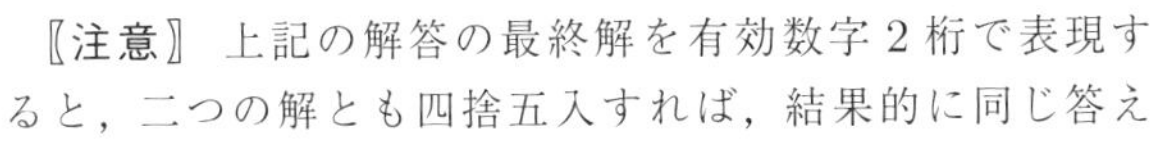

〖注意〗 上記の解答の最終解を有効数字 2 桁で表現すると，二つの解とも四捨五入すれば，結果的に同じ答え

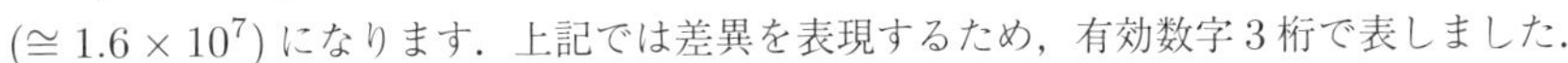

$(\cong 1.6\times10^{7})$ になります．上記では差異を表現するため，有効数字 3 桁で表しました．

14.2 例題 14 において $c = a$, $d = b$ とすればよいので

$$C = 4\pi\varepsilon_0 \Big/ \left\{\frac{b-a}{ab} + \left(\frac{\varepsilon_0}{\varepsilon} - 1\right)\frac{b-a}{ab}\right\} = 4\pi\varepsilon\frac{ab}{b-a}$$

左半分だけに誘電体をつめ，右半分は真空の場合の電気容量は二つのコンデンサーの並列接続に相当する．同心半球コンデンサーの電気容量は，面積が 1/2 だから同心球コンデンサーの 1/2 である．ゆえに電気容量 C' は，各々の半球のコンデンサーの和になって

$$C' = 2\pi\varepsilon_0\frac{ab}{b-a} + 2\pi\varepsilon\frac{ab}{b-a} = 4\pi\frac{ab}{b-a}\left(\frac{\varepsilon_0+\varepsilon}{2}\right)$$

ゆえに，両球間に $(\varepsilon_0+\varepsilon)/2$ なる誘電体をつめた同心球コンデンサーの電気容量に等しい．

14.3 長さが十分長いので単位長さあたりに λ の電荷が内円筒に与えられているとする．電束密度は軸からの距離 r だけの関数である．例題 5 と同様に単位長さの同筒を考えガウスの法則を用いると

$$D\cdot 2\pi r = \lambda \quad \text{より} \quad D = \frac{\lambda}{2\pi r} \qquad \therefore \quad E = \frac{\lambda}{2\pi\varepsilon r}$$

電位差 V は

$$V = -\int_b^a \frac{\lambda}{2\pi\varepsilon}dr = \left[-\frac{\lambda}{2\pi\varepsilon}\log r\right]_b^a = \frac{\lambda}{2\pi\varepsilon}\log\frac{b}{a}$$

ゆえに，電気容量 C は，$l \gg a, b$ より

$$C = \frac{Q}{V} = \frac{\lambda l}{V} = \frac{2\pi\varepsilon l}{\log(b/a)}$$

14.4 前問で得られた公式において $l = 1.0\times10^{3}\,\mathrm{m}$, $\varepsilon = 3.0\varepsilon_0$, $a = 1.5\times10^{-3}\,\mathrm{m}$, $b = 5.0\times10^{-3}\,\mathrm{m}$ を代入すればよい

$$C = \frac{2\times3.14\times1.0\times10^{3}\times3.0\times8.9\times10^{-12}}{\log(5.0/1.5)} = 1.4\times10^{-7}\,\mathrm{F} = 0.14\,\mu\mathrm{F}$$

3 章

4章の解答

1.1 抵抗率の温度変化は，0 °C の抵抗率を ρ_0 とすると $\rho = \rho_0(1+\alpha t)$

$$\therefore \quad 1.6 \times 10^{-8} = \rho_0(1 + 0.0041 \times 20) \qquad \therefore \quad \rho_0 = 1.5 \times 10^{-8}\,\Omega\,\mathrm{m}$$

0°C の抵抗 R は $R = \rho_0 l/S$ より

$$R = 1.5 \times 10^{-8} \times \frac{1}{10^{-6}} = 0.015\,\Omega$$

1.2 フィラメントの抵抗を R とするとオームの法則より $R = 100/1 = 100\,\Omega$

$$\therefore \quad 100 = 8(1 + 0.0055 \times t) \qquad \therefore \quad t = 2091\,^\circ\mathrm{C}$$

1.3 電子の運動方程式は，抵抗力が $-m\boldsymbol{v}/\tau$ であるので，素電荷を e とすれば

$$m\frac{d\boldsymbol{v}}{dt} = e\boldsymbol{E} - m\frac{\boldsymbol{v}}{\tau}$$

定常状態においては $\dfrac{d\boldsymbol{v}}{dt} = 0$ だから，平均速度は

$$\boldsymbol{v} = \frac{e\tau}{m}\boldsymbol{E}$$

自由電子の数密度を n とすれば，(4.3) の定義より

$$\boldsymbol{j} = ne\frac{e\tau}{m}\boldsymbol{E} = \frac{ne^2\tau}{m}\boldsymbol{E}$$

(4.9) のオームの法則より

$$\sigma = \frac{ne^2\tau}{m} \qquad \therefore \quad \rho = \frac{m}{ne^2\tau}$$

〖注意〗 緩和時間の物理的意味は $\boldsymbol{E} = 0$. すなわち，電場が働かない場合の運動方程式を解くと明らかになる．すなわち，x 成分のみを考えると

$$\frac{dv_x}{dt} = \frac{v_x}{\tau} \qquad \therefore \quad v_x = ce^{-t/\tau}$$

いま，$t = 0$ で $v_x = v_{x^0}$ とすると $v_x = v_{x^0}e^{-t/\tau}$，すなわち，時間が τ だけたつと速さは $1/e$ になることを意味している．

1.4 電流密度の定義より

$$j = \frac{i}{S} = \frac{10}{\pi\,(0.5 \times 10^{-3})^2} = 1.27 \times 10^7\,\mathrm{A/m^2}$$

オームの法則 $j = \sigma E = \dfrac{E}{\rho}$ より電場の強さ E は

$$E = \rho j = 1.27 \times 10^7 \times 1.7 \times 10^{-8} = 0.22\,\mathrm{V/m}$$

また，問題 1.3 より $v = e\tau E/m$. したがって

$$v = \frac{1.60 \times 10^{-19} \times 2.4 \times 10^{-14} \times 0.22}{9.11 \times 10^{-31}} = 9.3 \times 10^{-4}\,\mathrm{m/s}$$

2.1 熱起電力係数を α, β とすると

$$0.65 \times 10^{-3} = 100\alpha + \frac{1}{2} \times 10^4 \beta, \quad 5.6 \times 10^{-3} = 500\alpha + \frac{1}{2} \times 500^2 \beta$$

これより $\alpha \cong 5.33 \times 10^{-6}\,\mathrm{V/^\circ C}$, $\beta = 2.35 \times 10^{-8}\,\mathrm{V/^\circ C}$

ゆえに，低温が $15\,^\circ\mathrm{C}$ で高温部が $200\,^\circ\mathrm{C}$ のときの起電力 E は

$$E = 5.33 \times 10^{-6} \times (200 - 15) + \frac{2.35 \times 10^{-8}}{2} \times (200^2 - 15^2) = 1.45\,\mathrm{mV}$$

3.1 例題3より

$$R = \frac{1}{2\pi\sigma l} \log \frac{b}{a}$$

a, b, l, σ に題意の値を代入すれば

$$\therefore \quad R = \frac{1}{2\pi \times 2.9 \times 10^5 \times 10} \log \frac{2}{1} = 3.8 \times 10^{-8}\,\Omega$$

3.2 連続の条件より定常電流の場合 $\mathrm{div}\,\boldsymbol{j} = 0$．オームの法則 $\boldsymbol{j} = \sigma \boldsymbol{E}$ を代入すると σ が定数であるので

$$\sigma\,\mathrm{div}\,\boldsymbol{E} = 0 \qquad \therefore \quad \mathrm{div}\,\boldsymbol{E} = 0$$

一方，$\boldsymbol{E} = -\mathrm{grad}\,V$ より電位差 V は真電荷のない静電場と同じラプラスの方程式 $\nabla^2 V = 0$ を満足する．ゆえに，定常電流が流れている場の電場および電位は真電荷のない静電場の電場・電位に等しい．

3.3 両極板間についていえば，その間には電荷がないので，次の対応がある．

$$\boldsymbol{j} = \sigma \boldsymbol{E} = -\sigma\,\mathrm{grad}\,V$$

$$\boldsymbol{D} = \varepsilon \boldsymbol{E} = -\varepsilon\,\mathrm{grad}\,V$$

ゆえに，電気力線と電流の方向は共に極板に垂直で，互いに平行である．極板面積 S，間隔を d，電荷 $\pm Q$ が与えられた場合を考える．表面電荷密度 $Q/S = D$ であるので

$$C = \frac{Q}{V} = \frac{SD}{V} = \frac{S\varepsilon E}{V} \qquad \therefore \quad V = \frac{S\varepsilon E}{C}$$

一方，$j = \sigma E$ より $i = Sj = \sigma SE$

$$\therefore \quad R = \frac{V}{i} = \frac{S\varepsilon E}{C} \times \frac{1}{\sigma SE} = \frac{\varepsilon}{\sigma C}$$

4.1 二つの電球にかかる電圧を V とする．100 W と 40 W の電球のフィラメントの抵抗を，それぞれ，R_{100}, R_{40} とし，そこに流れる電流を，それぞれ，i_{100}, i_{40} する．$100 = V \times i_{100}$，$40 = V \times i_{40}$ であるので

$$i_{100} = \frac{100}{V}, \quad i_{40} = \frac{40}{V}$$

となる．オームの法則より

$$R_{100} = \frac{V^2}{100}, \quad R_{40} = \frac{V^2}{40}$$

であり，ゆえに，40 W の電球の抵抗の方が大きい．また，抵抗はフィラメントの断面積に逆比例するので，100 W の電球のフィラメントの方が太い．

4.2 $P = V^2/R$ より，もとの電熱器の抵抗 R は

$$R = \frac{(100)^2}{500} = 20\,\Omega$$

抵抗は長さに比例するので $R = 0.90 \times 20 = 18\,\Omega$

$$P = \frac{(100)^2}{18} = 556\,\mathrm{W}$$

4.3 (a) $R = \dfrac{V^2}{P} = \dfrac{(100)^2}{500} = 20\,\Omega$

(b) $P = \dfrac{(80)^2}{20} = 320\,\mathrm{W}$

熱の仕事当量は $J = 4.19\,\mathrm{J/cal}$ だから，$P = 76.4\,\mathrm{cal/s}$

(c) $P = 500\,\mathrm{J/s} = 119\,\mathrm{cal/s}$，1 リットルの水の質量 $m = 1000\,\mathrm{g}$

$$119t \times 0.60 = 1000 \times (100 - 10) \qquad \therefore \quad t = 1260\,\mathrm{s} = 21\,分$$

4.4 このヒューズの抵抗を R とすれば

$$R = \frac{\rho l}{\pi a^2} \qquad \therefore \quad P = \frac{V^2}{R} = \frac{\pi a^2 V^2}{l\rho}$$

t 秒後のヒューズの温度を θ とすると，温度が $d\theta$ だけ上昇するのに必要な熱量は，ヒューズの全質量が $m = \pi a^2 l\rho_0$ だから，$\pi a^2 l\rho_0 c d\theta$．また発熱量は $Pdt/4.19$ だから

$$\therefore \quad \pi a^2 l\rho_0 c d\theta = 0.239 P dt$$

$$\frac{d\theta}{dt} = 0.239 \frac{\pi a^2 V^2}{l\rho} \frac{1}{\pi a^2 l\rho_0 c} = 0.239 \frac{V^2}{l^2 \rho\rho_0 c}$$

より

$$\theta = 0.239 \frac{V^2}{l^2 \rho\rho_0 c} t + C \quad (C：積分定数)$$

$t = 0$ で $\theta = \theta_0$ だから

$$\theta = 0.239 \frac{V^2}{l^2 \rho\rho_0 c} t + \theta_0$$

融けるのに要する時間を t' とすると

$$\theta_m = 0.239 \frac{V^2}{l^2 \rho\rho_0 c} t' + \theta_0 \qquad \therefore \quad t' = 4.19(\theta_m - \theta_0) \frac{l^2 \rho\rho_0 c}{V^2}$$

5.1 回路に流れる電流を i，可変抵抗器の抵抗を R，残りの回路の抵抗を R'，電池の起電力を E とすれば，次の結果が得られる．

$$E = i(R + R')$$

$R = 0\,\Omega$ のとき $i = 2\,\mathrm{A}$ より $E = 2R'$．$R = 100\,\Omega$ のとき $i = 0.4\,\mathrm{A}$ だから $E = 0.4(R' + 100)$．

以上より　$2R' = 0.4R' + 40$．

$$\therefore \quad R' = 25\,\Omega, \quad E = 50\,\mathrm{V}$$

5.2 R_1 と R_2 の合成抵抗を R' とすると

$$\frac{1}{R'} = \frac{1}{3} + \frac{1}{6} = \frac{3}{6} \qquad \therefore \quad R' = 2\,\Omega$$

R' と R_3 の合成抵抗 R'' は $R'' = R' + R_3 = 3\,\Omega$.
ゆえに R'' と R_4 の合成抵抗 R は

$$\frac{1}{R} = \frac{1}{12} + \frac{1}{3} = \frac{5}{12} \qquad \therefore \quad R = 2.4\,\Omega$$

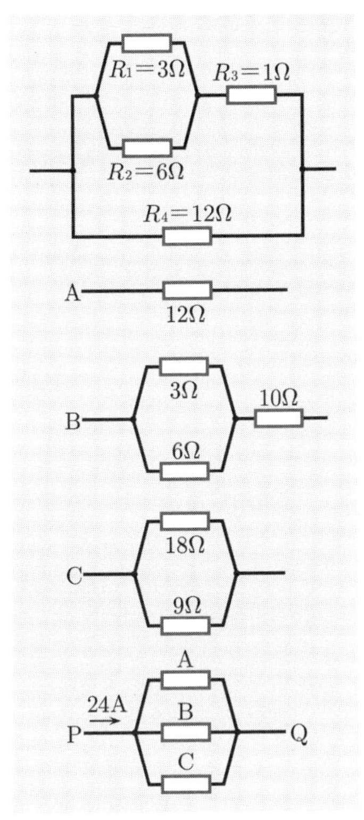

5.3 B の合成抵抗 R_{B} は

$$R_{\mathrm{B}} = 10 + \frac{1}{1/3 + 1/6} = 12\,\Omega$$

C の合成抵抗 R_{C} は

$$R_{\mathrm{C}} = \frac{1}{1/18 + 1/9} = 6\,\Omega$$

いま A, B, C を並列につないだ場合の合成抵抗 R は

$$R = \frac{1}{1/12 + 1/12 + 1/6} = 3\,\Omega$$

24 A の電流が流れているので端子電圧は

$$24 \times 3 = 72\,\mathrm{V}$$

ゆえに B に流れる電流は $72/12 = 6\,\mathrm{A}$，$6\,\Omega$ の抵抗の両端の電位差は

$$72 - 6 \times 10 = 12\,\mathrm{V}$$

であるので，流れる電流は $12/6 = 2\,\mathrm{A}$

6.1 合成抵抗が $R + r$ より，流れる電流 i と R で消費される電力 P は

$$i = \frac{E}{R + r}, \quad P = i^2 R = E^2 \frac{R}{(R + r)^2}$$

また

$$\frac{dP}{dR} = E^2 \frac{r - R}{(R + r)^3}$$

より，$R = r$ のとき $dP/dR = 0$，ならびに

$$0 < R < r \text{ のとき} \frac{dP}{dR} > 0, \quad r < R \text{ のとき} \frac{dP}{dR} < 0$$

の結果が得られる．ゆえに最大電力 P_m は $P_m = E^2/4r$.

6.2 R_1, R_2, R_3 の合成抵抗 R は

$$R = R_1 + \frac{1}{1/R_2 + 1/R_3} = R_1 + \frac{R_2 R_3}{R_2 + R_3}$$

ここにおいて，この問題は問題 6.1 と同型の問題であるので，合成抵抗 R が $R = r$ のとき最大の電力が R_1, R_2, R_3 で消費される．

$$r = R_1 + \frac{R_2 R_3}{R_2 + R_3} \quad \text{より} \quad R_2 = \frac{(r - R_1)R_3}{R_1 + R_3 - r}$$

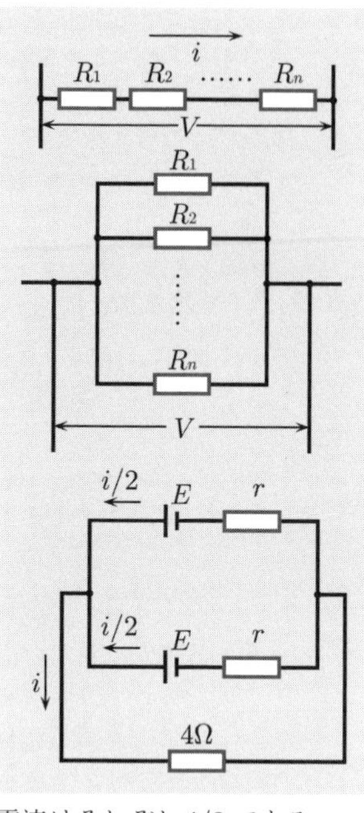

6.3 (a) 直列の場合：合成抵抗 $R = \sum_{k=1}^{n} R_k$，電流 i は $i = V/R$ であり，各々の抵抗で消費される電力は $i^2 R_k$ だから

$$P = \sum_{k=1}^{n} i^2 R_k = i^2 \sum_{k=1}^{n} R_k = i^2 R$$

(b) 並列の場合:各々の抵抗で消費される電力は V^2/R_i だから

$$P = \sum_{k=1}^{n} \frac{V^2}{R_k} = V^2 \sum_{k=1}^{n} \frac{1}{R_k}$$

合成抵抗 R は $1/R = \sum_{k=1}^{n} (1/R_i)$ だから

$$P = \frac{V^2}{R} = \frac{V^2}{R^2} \cdot R = i^2 R$$

7.1 電池の起電力を E，内部抵抗を r とすると

$$(4 + r) \times 0.3 = E, \quad (14 + r) \times 0.1 = E$$

$$\therefore \quad (4 + r) \times 0.3 = (14 + r) \times 0.1$$

$$\therefore \quad r = 1\,\Omega$$

$$\therefore \quad E = 1.5\,\mathrm{V}$$

回路に流れる電流を i とすると，図のように電池に流れる電流はそれぞれ $i/2$ である．

$$\frac{i}{2} \times 1 + i \times 4 = 1.5$$

$$\therefore \quad i = \frac{1}{3}\,\mathrm{A}$$

7.2 電池の起電力を E，内部抵抗を r，未知抵抗を R とすると

$$E = 4(r + R) \qquad \therefore \quad 1.8 = E - 4r$$

$E = 2\,\mathrm{V}$ だから

$$\therefore \quad r = 0.05\,\Omega, \quad R = 0.45\,\Omega$$

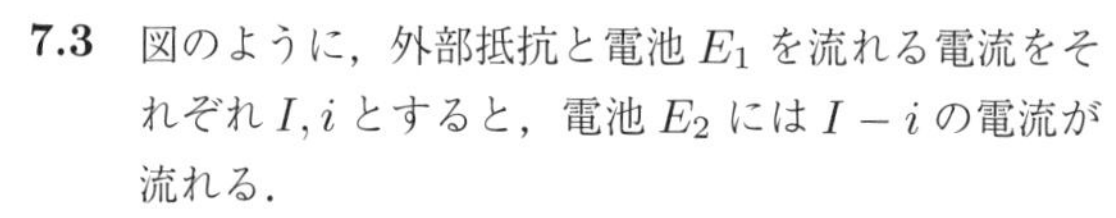

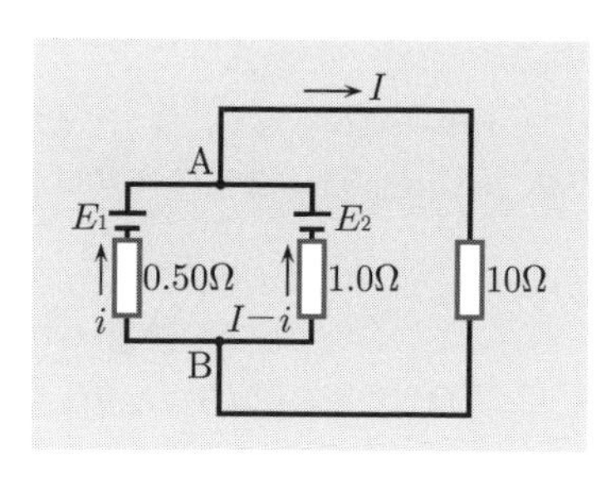

7.3 図のように，外部抵抗と電池 E_1 を流れる電流をそれぞれ I, i とすると，電池 E_2 には $I - i$ の電流が流れる．

$$10I = 1 - 0.5i, \quad 10I = 1.5 - 1 \times (I - i)$$

第 1 式より

$$i = \frac{1 - 10I}{0.5} = 2 - 20I$$

これを第 2 式へ代入する．

$$10I = 1.5 - I + (2 - 20I)$$

$$\therefore \quad I = 0.11\,\mathrm{A}$$

7.4 並列につないだ3個の電池を流れる電流を図のように仮定する．また，両端の電位差を V とすると

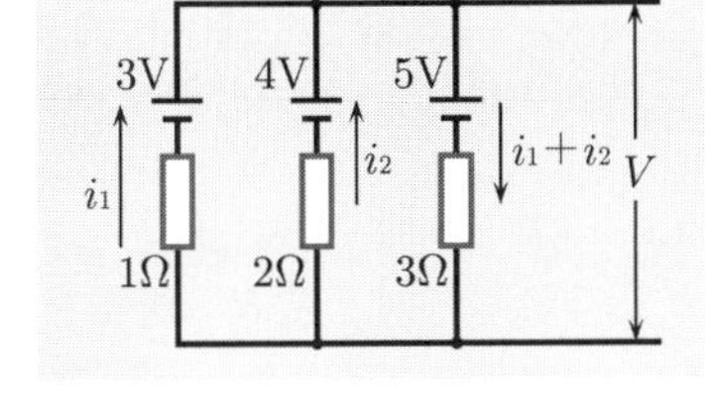

$$V = 3 - i_1$$

$$V = 4 - 2i_2$$

$$V = 5 + 3(i_1 + i_2)$$

はじめの2式より　$1 = 2i_2 - i_1$

うしろの2式より　$1 = -3i_1 - 5i_2$

$$\therefore \quad i_1 = -\frac{7}{11}\,\mathrm{A}, \quad i_2 = \frac{2}{11}\,\mathrm{A}$$

もとの V の式へ代入して

$$V = \frac{40}{11}\,\mathrm{V}$$

8.1 1個の場合：流れる電流を i とすると　$i = E/r$

n 個を直列につないだ場合：起電力は nE で内部抵抗の和は nr だから，流れる電流を I とすると

$$I = \frac{nE}{nr} = \frac{E}{r} \quad \therefore\ I = i$$

8.2 n 個を直列につないだ場合：流れる電流を i_1 とすると

$$i_1 = \frac{nE}{nr + R}$$

n 個を並列につないだ場合：抵抗 R を流れる電流を i_2 とすると，対称性より各電池には i_2/n が流れる．一つの閉回路を考えると

$$\frac{i_2}{n}r + Ri_2 = E \qquad \therefore \quad i_2 = \frac{E}{r/n + R} = \frac{nE}{r + nR}$$

$$i_1 = i_2 \text{より} \quad r + nR = nr + R \quad \therefore\ R = r$$

8.3 k 番目の電池 E_k を流れる電流を i_k とする．各電池と負荷（抵抗 R）との間に一つの閉回路を考え，R を流れる電流を $i = \sum i_k$ とすると

$$Ri = r_1 i_1 + E_1, \quad Ri = r_2 i_2 + E_2, \quad \cdots, \quad Ri = r_n i_n + E_n$$

上式を各々 $r_1, r_2, \cdots, r_n$ で割り，辺々を加えると

$$Ri\sum_k \frac{1}{r_k} = \sum_k i_k + \sum \frac{E_k}{r_k}$$

$1/r = \sum 1/r_k$ だから上式の両辺に r をかけると

$$Ri = ri + r\sum \frac{E_k}{r_k}$$

となり，内部抵抗 r，起電力 $r\sum E_k/r_k$ をもつ1個の電池と等価な式になる．

9.1 (a) 電流計には $20\,\mathrm{mA} = 0.02\,\mathrm{A}$ までしか流せないから，電流計に並列に外部抵抗 R をつないで $(0.2 - 0.02)\,\mathrm{A}$ の電流を流す分流器をつければよい．

$$15 \times 0.02 = R \times 0.18 \qquad \therefore \quad R = 1.67\,\Omega$$

(b) 電流計では $15 \times 0.02 = 0.3\,\mathrm{V}$ までしか計れないので，直列に外部抵抗 R をつなぎ，外部抵抗で $(20 - 0.3)\,\mathrm{V}$ まで電圧を下げればよい．

$$0.02R = 20 - 0.3 \qquad \therefore \quad R = 985\,\Omega$$

9.2 前問と同様に，電圧降下を得るため抵抗 R の外部抵抗を直列につないだとすると

$$R \times 0.05 = 10 - 12 \times 0.05 \qquad \therefore \quad R = 188\,\Omega$$

$188\,\Omega$ より 2 %大きい抵抗は $188 \times 1.02 = 192\,\Omega$ だから，電流計に流れている電流 i' は

$$i' = \frac{10}{12 + 192} = 0.049\,\mathrm{A}$$

$$\text{誤差} \quad \frac{0.05 - 0.049}{0.05} \times 100 = 2.0\,\%$$

9.3 系の合成抵抗を R_t とすると

$$\frac{1}{R_t} = \frac{1}{R_1} + \frac{1}{R_2 + R} \qquad \therefore \quad R_t = \frac{R_1(R + R_2)}{R_1 + R_2 + R}$$

抵抗 R を流れる電流は $V/(R + R_2)$ だから

$$\frac{V}{R + R_2}R = \frac{V}{n} \qquad \therefore \quad nR = R + R_2 \qquad \therefore \quad R_2 = (n-1)R$$

一方，$R_t = R$ より

$$\frac{R_1(R + R_2)}{R_1 + R_2 + R} = R$$

これに $R_2 = (n-1)R$ を代入し，式を変形すると

$$R_1 = \frac{n}{n-1}R$$

を得る．

10.1 (a) 対称性より流れる電流は図 (a) のようになる．AG 間の電位を ABCG に沿って計算すると

$$\frac{i}{3} \times 1 + \frac{i}{6} \times 1 + \frac{i}{3} \times 1 = 15$$

$$\therefore \quad \frac{5}{6}i = 15 \quad \text{以上より} \quad i = 18\,\mathrm{A}$$

AB, AD, AE, HG, FG, CG には $\dfrac{18}{3} = 6\,\mathrm{A}$，その他の辺には $\dfrac{18}{6} = 3\,\mathrm{A}$ が流れる．

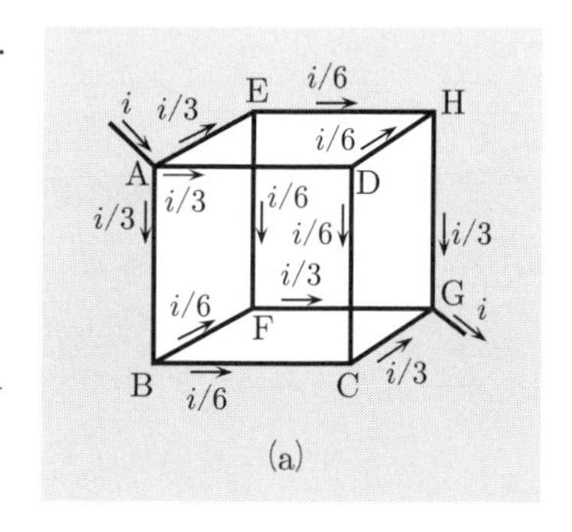

(a)

(b) 対称性より流れる電流を図 (b) のように定義する．

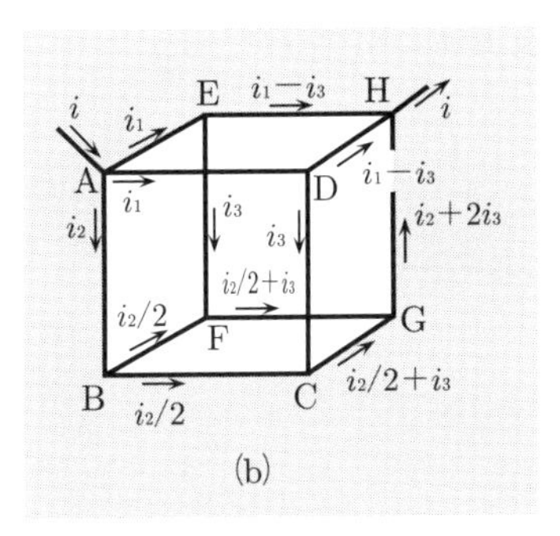

(b)

経路 ADH　　$15 = i_1 + i_1 - i_3$　　(1)

経路 ABCGH　$15 = i_2 + \dfrac{i_2}{2} + \dfrac{i_2}{2} + i_3$

$$+ i_2 + 2i_3$$

$$\therefore \quad 5 = i_2 + i_3 \qquad (2)$$

経路 AEFBA　$0 = i_1 + i_3 - \left(\dfrac{i_2}{2} + i_2\right)$

$$\therefore \quad i_1 + i_3 = \frac{3}{2} i_2 \qquad (3)$$

(1) と (3) より

$$15 = 2\left(\frac{3}{2} i_2 - i_3\right) - i_3$$

$$\therefore \quad 5 = i_2 - i_3$$

上式と (2) を加えると

$$10 = 2i_2 \quad \therefore \ i_2 = 5\,\mathrm{A}$$

(2) より $i_3 = 0\,\mathrm{A}$

(1) より $i_1 = 15/2\,\mathrm{A}$

よって　AD, AE, EH, DH には 15/2 A
　　　　AB, GH には 5 A
　　　　BC, BF, CG, FG には 5/2 A が流れ
　　　　EF, DC には電流が流れない.

(c)　図 (c) のように流れる電流を定義しておく.

(c)

AE に沿って　　$15 = i_1$　　$(1)'$

ADHE に沿って　$15 = i_2 + i_2 + i_6 + i_2 + i_3 - i_5$

$$\therefore \quad 15 = 3i_2 + i_3 - i_5 + i_6 \qquad (2)'$$

ABFE に沿って　$15 = i_3 + i_3 - i_4 + i_5$

$$\therefore \quad 15 = 2i_3 - i_4 + i_5 \qquad (3)'$$

ABCDA に沿って　$i_3 + i_4 + i_6 - i_2 = 0$

$$\therefore \quad i_2 = i_3 + i_4 + i_6 \qquad (4)'$$

DCGHD に沿って　$-i_6 + i_4 - i_6 + i_3 - i_5 - i_6 - (i_2 + i_6) = 0$

$$\therefore \quad i_3 + i_4 = i_2 + i_5 + 4i_6 \qquad (5)'$$

BCGFB に沿って　$i_4 + i_4 - i_6 - (i_3 - i_4 - i_5) - (i_3 - i_4) = 0$

$$\therefore \quad 4i_4 + i_5 = 2i_3 + i_6 \qquad (6)'$$

EFGHE に沿って　$-i_5 + i_3 - i_4 - i_5 + i_3 - i_5 - i_6 + i_2 + i_3 - i_5 = 0$

$$\therefore \quad i_2 + 3i_3 = i_4 + 4i_5 + i_6 \qquad (7)'$$

(4)′を (5)′へ代入　$i_3 + i_4 = 4i_6 + i_3 + i_4 + i_6 + i_5$　$\therefore\ i_6 = -\frac{1}{5}i_5$

(4)′を (7)′へ代入　$i_3 + i_4 + i_6 + 3i_3 = i_4 + 4i_5 + i_6$　$\therefore\ i_3 = i_5$

i_6, i_3を (6)′へ代入　$4i_4 + i_5 = 2i_5 - \frac{1}{5}i_5$　$\therefore\ i_4 = \frac{1}{5}i_5$

これらの値を (3)′へ代入　$15 = 2i_5 - \frac{1}{5}i_5 + i_5$　$\therefore\ i_5 = \frac{75}{14}\,\mathrm{A}$

$$\therefore\ i_3 = \frac{75}{14}\,\mathrm{A},\quad i_4 = \frac{15}{14}\,\mathrm{A},\quad i_6 = -\frac{15}{14}\,\mathrm{A},\quad i_2 = \frac{75}{14}\,\mathrm{A}$$

AB：$\frac{75}{14} = 5.4\,\mathrm{A}$,　BC：$\frac{15}{14} = 1.1\,\mathrm{A}$,

CD：$-\frac{15}{14} = -1.1\,\mathrm{A}$ (D から C の方向に流れる)

AD：$\frac{75}{14} = 5.4\,\mathrm{A}$,　AE：$15\,\mathrm{A}$,　DH：$\frac{60}{14} = 4.3\,\mathrm{A}$,

CG：$\frac{30}{14} = 2.1\,\mathrm{A}$,　BF：$\frac{60}{14} = 4.3\,\mathrm{A}$,　FE：$\frac{75}{14} = 5.4\,\mathrm{A}$,

GH：$\frac{15}{14} = 1.1\,\mathrm{A}$,　HE：$\frac{75}{14} = 5.4\,\mathrm{A}$

(d)　題意より $V = 15\,\mathrm{V}$ とすれば，AG 間の合成抵抗 R_1 は

$$R_1 = \frac{V}{i} = \frac{15}{18} = 0.83\,\Omega$$

AH 間の合成抵抗 R_2 は

$$R_2 = \frac{V}{i} = \frac{15}{2i_1 + i_2} = \frac{15}{15+5} = 0.75\,\Omega$$

AE 間の合成抵抗 R_3 は

$$R_3 = \frac{V}{i} = \frac{15}{i_1 + i_2 + i_3} = \frac{15}{15 + \frac{75}{14} + \frac{75}{14}} = 0.58\,\Omega$$

11.1　(a)　検流計に電流が流れない条件より

$$R_4 = \frac{R_2}{R_1}R_3 = \frac{10}{5} \times 24.5 = 49\,\Omega$$

(b)　4.6 節の図において，A → D → B に流れる電流が少なくなり，R_2 による電圧降下が小さくなる．ゆえに D 点の電位は C 点の電位より高くなり，D → C に電流が流れる．

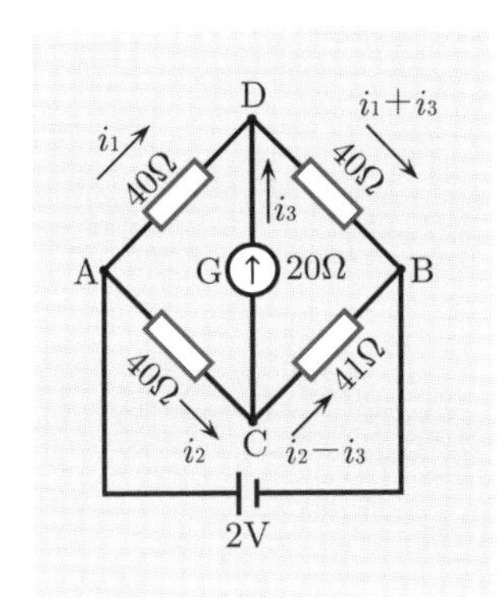

11.2　各抵抗に流れている電流を図のように定義する．

ADB に沿って　$40i_1 + 40(i_1 + i_3) = 2$　(1)

ACB に沿って　$40i_2 + 41(i_2 - i_3) = 2$　(2)

AC 間の電位差　$40i_1 - 20i_3 = 40i_2$

$$\therefore \quad i_1 = i_2 + i_3/2 \qquad (3)$$

(3) を (1) へ代入　$80i_2 + 80i_3 = 2$

$$\therefore \quad 40i_2 + 40i_3 = 1 \qquad (4)$$

(2) を整理して　$81i_2 - 41i_3 = 2$　(5)

(4) と (5) より i_2を消去すれば

$$4880i_3 = 1 \quad \therefore \quad i_3 = 0.20\,\mathrm{mA}$$

11.3　検流計に電流が流れないので検流計の抵抗は寄与しない．ゆえに合成抵抗を R' とすると

$$\frac{1}{R'} = \frac{1}{2R} + \frac{1}{2R} = \frac{1}{R} \qquad \therefore \quad R' = R$$

5章の解答

1.1 $F = 3\,\mathrm{N},\ i = 1.5\,\mathrm{A},\ l = 0.5\,\mathrm{m},\ \theta = \dfrac{\pi}{3}$ より，次の結果を得る．

$$B = \frac{3}{1.5 \times 0.5 \times \sin\dfrac{\pi}{3}} = \frac{8\sqrt{3}}{3} = 4.6\,\mathrm{T} = 46\,\mathrm{kG}$$

1.2 $F = 2 \times 10^{-7}\,\mathrm{N},\ i = 1\,\mathrm{A},\ l = 1\,\mathrm{m},\ \theta = \dfrac{\pi}{2}$ より，次の結果を得る．

$$B = \frac{2 \times 10^{-7}}{1 \times 1 \times \sin\dfrac{\pi}{2}} = 2 \times 10^{-7}\,\mathrm{T}$$

1.3 二辺を A, B，二辺間の π より小さい角度が θ より，平行四辺形の面積 $C = AB\sin\theta$ が容易に得られる．

1.4 ベクトルの外積の定義から，$\boldsymbol{i}$ と $\boldsymbol{B}$ のなす角を θ とすれば，$\boldsymbol{F}$ は $\boldsymbol{i}$（あるいは $\boldsymbol{l}$）と $\boldsymbol{B}$ のつくる面に垂直で，その大きさは問題 1.3 より，$F = ilB\sin\theta$ となる．図示すれば，下図のようになり，$\boldsymbol{i}, \boldsymbol{B}, \boldsymbol{F}$ は右手系を構成する．左手の中指を電流，人差し指を磁束密度にとれば，親指が力の方向となる．以上が**フレミングの左手の法則**である．

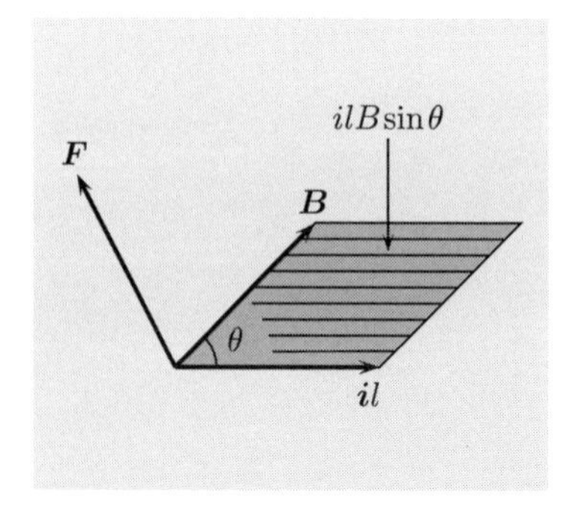

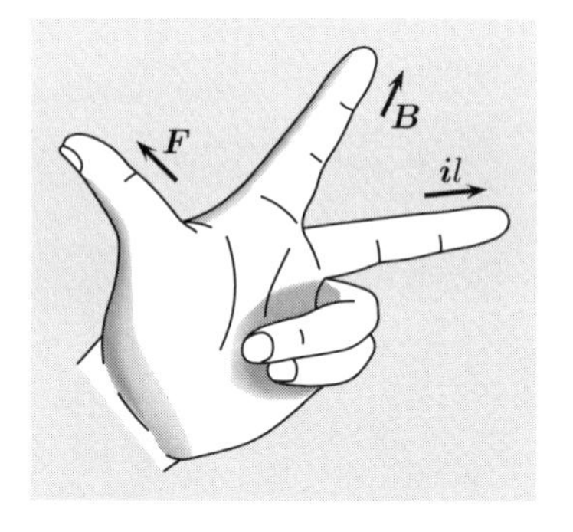

2.1 $B = 4 \times 10^{-6}\,\mathrm{T}$

2.2 磁束密度はコイル面に直交する．問題の図のように座標軸をとれば，磁束 $\boldsymbol{\Phi}$ は

$$\Phi = \frac{\mu_0 i}{2\pi}\int_0^{0.04} dy \int_{0.08}^{0.12} \frac{dx}{x} = 2 \times 10^{-7} \times 2 \times 0.04 \times \Big[\log x\Big]_{0.08}^{0.12}$$

$$= 1.60 \times 10^{-8} \times \log\frac{3}{2} = 6.49 \times 10^{-9}\,\mathrm{Wb}$$

2.3 実際には導線は有限の断面積をもつ．たとえば，問題 6.1 のように導線内の電流密度を一様とみなせば，円形の断面積をもつ導線の内部での磁束密度の大きさは，導線の中心からの距離に比例する有限な値をもち，原点での発散はおこらない．

3.1 (a) 求める磁束密度 $\boldsymbol{B}$ と導線 2 のなす角を θ とすれば，次のようになる．

$$\theta = \tan^{-1}\frac{B_2}{B_1} = \tan^{-1}\frac{s}{d-s}$$

(b) B の s についての導関数を計算し最小値を求めればよい．導関数（各自計算してみよ）は

$$\frac{dB}{ds} = \frac{\mu_0 i}{2\pi}\frac{(2s-d)(s^2-sd+d^2)}{\sqrt{\dfrac{1}{s^2}+\dfrac{1}{(d-s)^2}}\,s^3(d-s)^3}$$

となる．$s^2-sd+d^2=(s-d/2)^2+3d^2/4>0$ であるから，導関数の符号は，$0<s<d$ の範囲内で

$$\frac{dB}{ds}=0\quad\left(s=\frac{d}{2}\right),\quad \frac{dB}{ds}<0\quad\left(0<s<\frac{d}{2}\right),\quad \frac{dB}{ds}>0\quad\left(\frac{d}{2}<s<d\right)$$

となる．$s=d/2$ のとき最小となり，最小値は次のようになる．

$$B_{\min} = \frac{\mu_0 i}{2\pi}\sqrt{\frac{2}{(d/2)^2}} = \frac{\sqrt{2}\mu_0 i}{\pi d}$$

3.2 図のように，2次元極座標 (r,θ) の P 点の A 点および B 点からの極座標を (r_1,θ_1)，(r_2,θ_2) とする．したがって，導線 1, 2 の同方向の電流による P 点の磁束密度 $\boldsymbol{B}_1,\boldsymbol{B}_2$ は，その大きさが

$$B_1 = \frac{\mu_0 i}{2\pi r_1},\quad B_2 = \frac{\mu_0 i}{2\pi r_2}$$

で，向きは電流の方向に右ねじを回転した方向になる．求める磁束密度を $\boldsymbol{B}$ とすれば，$\boldsymbol{B} = \boldsymbol{B}_1+\boldsymbol{B}_2=(B_x,B_y)$ であるから

$$B_x = B_1\cos\left(\frac{\pi}{2}+\theta_1\right)+B_2\cos\left(\frac{\pi}{2}+\theta_2\right)$$

$$= -\frac{\mu_0 i}{2\pi}\left(\frac{\sin\theta_1}{r_1}+\frac{\sin\theta_2}{r_2}\right)$$

$$B_y = B_1\sin\left(\frac{\pi}{2}+\theta_1\right)+B_2\sin\left(\frac{\pi}{2}+\theta_2\right) = \frac{\mu_0 i}{2\pi}\left(\frac{\cos\theta_1}{r_1}+\frac{\cos\theta_2}{r_2}\right)$$

を得る．したがって，求める磁束密度の大きさ B は

$$\cos\theta_1\cos\theta_2+\sin\theta_1\sin\theta_2=\cos(\theta_2-\theta_1)$$

より

$$B=\sqrt{B_x^2+By^2}=\frac{\mu_0 i}{2\pi r_1 r_2}\sqrt{r_1^2+r_2^2+2r_1r_2\cos(\theta_2-\theta_1)}=\frac{\mu_0 i}{2\pi r_1 r_2}|\boldsymbol{r}_1+\boldsymbol{r}_2|$$

となる．図のようにベクトルをとれば，$\boldsymbol{r}_1=\boldsymbol{r}+\boldsymbol{d}/2$, $\boldsymbol{r}_2=\boldsymbol{r}-\boldsymbol{d}/2$ より，B を r と θ で表現すれば，最終的に次の結果を得る．

$$B = \frac{\mu_0 i r}{\pi\sqrt{\left(r^2 + \left(\dfrac{d}{2}\right)^2\right)^2 - r^2 d^2 \cos^2\theta}}$$

3.3 導線 2 の電流が逆向きのときは $\boldsymbol{B}_2$ の方向が逆になるから，前問題の計算結果に対して $\theta_2 \to \theta_2 + \pi$ と置き換えればよい（角度の回転方向を考慮）．$\cos(\theta_2 - \theta_1) \to \cos(\theta_2 + \pi - \theta_1) = -\cos(\theta_2 - \theta_1)$ の置換えにより

$$r_1^2 + r_2^2 - 2r_1 r_2 \cos(\theta_2 - \theta_1) = (\boldsymbol{r}_1 - \boldsymbol{r}_2)^2 = d^2 \quad (\boldsymbol{r}_1 - \boldsymbol{r}_2 = \boldsymbol{d})$$

となるから，求める B は次のようになる．

$$B = \frac{\mu_0 i d}{2\pi\sqrt{\left(r^2 + \left(\dfrac{d}{2}\right)^2\right)^2 - r^2 d^2 \cos^2\theta}}$$

4.1 導線が無限長のとき，$\theta_1 = \theta_2 = 0$ となる．よって

$$B = \frac{\mu_0 i}{4\pi r}(\cos 0 + \cos 0) = \frac{\mu_0 i}{2\pi r}$$

が得られる．この結果は例題 2 に一致する．

4.2 図の DA を流れる電流によって，コイルの中心 O に生じる磁束密度 B_{DA} は，例題 4 より

$$B_{\mathrm{DA}} = \frac{\mu_0 i}{4\pi(l/2)}\left(\cos\frac{\pi}{4} + \cos\frac{\pi}{4}\right) = \frac{\mu_0 i}{\sqrt{2}\,\pi l}$$

となる．他の三辺に流れる電流による磁束密度も，大きさは B_{DA} に等しく，向きはすべて紙面の裏側から表側へ向かう．したがって，求める磁束密度の大きさ B は

$$B = 4B_{\mathrm{DA}} = \frac{2\sqrt{2}\,\mu_0 i}{\pi l}$$

となる．

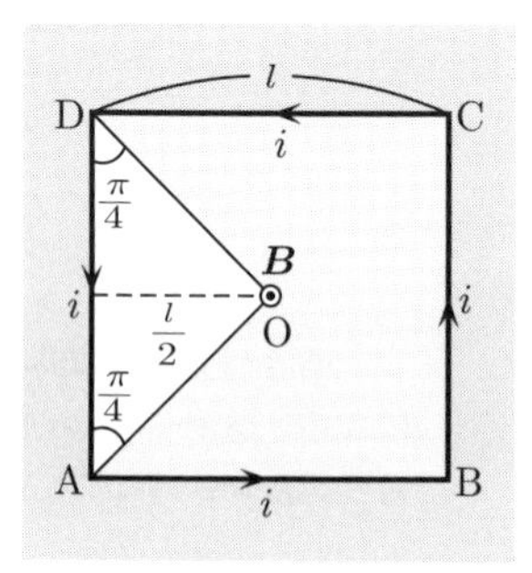

4.3 図のように，内接正 n 角形を n 個の二等辺三角形に分ければ，三角形の一つの角は $2\pi/n$，他の二つの角は

$$\theta_1 = \theta_2 = \frac{\pi}{2} - \frac{\pi}{n}$$

となる．また，中心 O から辺 AB に下ろした垂線の足を P とすると，OP$= a\cos(\pi/n)$ を得る．よって，AB を流れる電流による O 点での磁束密度 B_{AB} は

$$B_{\mathrm{AB}} = \frac{\mu_0 i}{4\pi a \cos\dfrac{\pi}{n}} \times 2\cos\left(\frac{\pi}{2} - \frac{\pi}{n}\right)$$

$$= \frac{\mu_0 i}{2\pi a}\tan\frac{\pi}{n}$$

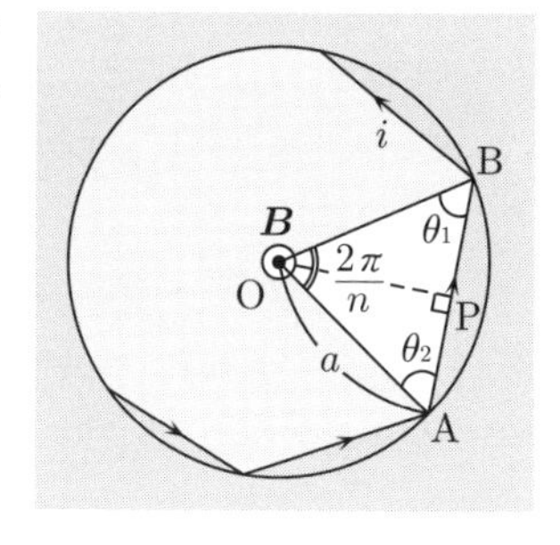

となる．向きは紙面の裏側から表側に向かう．他の辺からの寄与も同様のため，求める磁束密度 B は次のようになる．

$$B = nB_{\mathrm{AB}} = \frac{n\mu_0 i}{2\pi a}\tan\frac{\pi}{n}$$

$n \to \infty$ のとき，$\tan\pi/n \cong \pi/n$ と近似できる．したがって，円電流の中心の磁束密度 B として，次の結果を得る．

$$B \cong \frac{n\mu_0 i}{2\pi a}\frac{\pi}{n} = \frac{\mu_0 i}{2a}$$

5.1 例題5より

$$B = \frac{4\pi \times 10^{-7} \times 2}{2 \times 5 \times 10^{-2}} = 2.51 \times 10^{-5}\,\mathrm{T}$$

5.2 電子の運動は速やかに行われるものとすると，電子の電荷を点電荷ではなく，円周上に一様に分布するものとみなすことができる．このとき，円周に沿う単位長さあたりの電荷は $\lambda_e = e/2\pi a_{\mathrm{B}}$ となり，円電流 i として

$$i = \lambda_e v_{\mathrm{B}} = \frac{ev_{\mathrm{B}}}{2\pi a_{\mathrm{B}}} = \frac{1.60 \times 10^{-19} \times 2.19 \times 10^6}{2\pi \times 0.529 \times 10^{-10}} = 1.05 \times 10^{-3}\,\mathrm{A}$$

が得られる．これより，軌道の中心の磁束密度 B は次のようになる．

$$B = \frac{\mu_0 i}{2a_{\mathrm{B}}} = \frac{4\pi \times 10^{-7} \times 1.05 \times 10^{-3}}{2 \times 0.529 \times 10^{-10}} = 12.5\,\mathrm{T}$$

5.3 図のように，円電流の中心Oから距離 z のP点の磁束密度を求める．対称性によりP点の磁束密度 $\boldsymbol{B}$ は，円の中心軸の方向をとる．円電流上の線素 $\boldsymbol{dl}$ がP点に生じる磁束密度の大きさ dB' は，ビオ・サバールの法則と $\theta = \pi/2$（図を参照）より

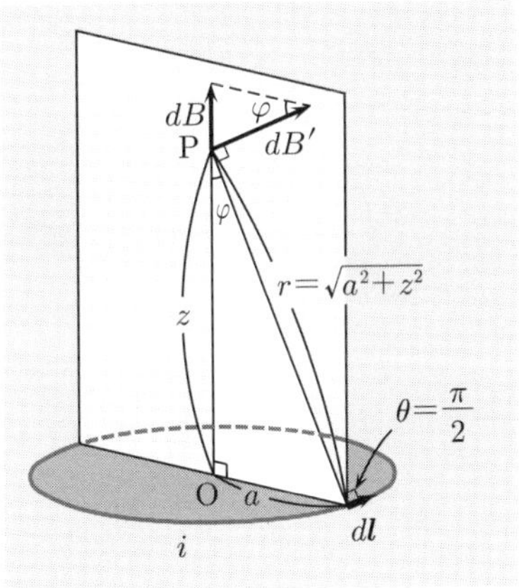

$$dB' = \frac{\mu_0 i}{4\pi}\frac{dl\sin\theta}{r^2} = \frac{\mu_0 i\,dl}{4\pi(a^2+z^2)}$$

となる．容易に証明できるように，図中の長方形面内の二つの三角形は相似である．よって

$$\sin\varphi = \frac{dB}{dB'} = \frac{a}{\sqrt{a^2+z^2}}$$

が得られる．以上より

$$dB = dB'\sin\varphi = \frac{\mu_0 ia}{4\pi(a^2+z^2)^{3/2}}dl$$

となる．$dl = ad\alpha$ より，求める B は次のようになる．

$$B = \frac{\mu_0 ia}{4\pi(a^2+z^2)^{3/2}}\int_0^{2\pi} ad\alpha = \frac{\mu_0 ia^2}{2(a^2+z^2)^{3/2}}$$

5.4 例題5.3より，各コイルの円電流 i によって中心軸上にできる磁束密度の向きは，共に中心軸に沿った右ねじの進む方向になる．図のように，中心軸を z 軸，両コイル間の中心軸

上の中点をO，O点からzの位置にある点をPとする．よって，P点の両コイルからの距離は，それぞれ$b-z$，$b+z$となる．以上より，求める磁束密度をBとすれば

$$B=\frac{\mu_0 ia^2}{2}\left(\frac{1}{(a^2+(b-z)^2)^{3/2}}+\frac{1}{(a^2+(b+z)^2)^{3/2}}\right)$$

を得る．P点をO点の近傍とすると，$z/b \ll 1$より，Bをz/bで展開できる．展開を行うと

$$B\cong\frac{\mu_0 ia^2}{(a^2+b^2)^{3/2}}\left\{1-\frac{3(a^2-4b^2)b^2}{2(a^2+b^2)^2}\left(\frac{z}{b}\right)^2+\cdots\right\}$$

となる．O点の近傍では，Bの変化はzの2次の微小量となり，O点付近のBを近似的に

$$B=\frac{\mu_0 ia^2}{(a^2+b^2)^{3/2}}$$

の一様な磁場とみなすことができる．

6.1 導体の軸に垂直な面内に半径rの円周Cを考え，このCに対してアンペールの法則を適用する．例題6と同様にして，$r \geqq a$のときの磁場の大きさHは

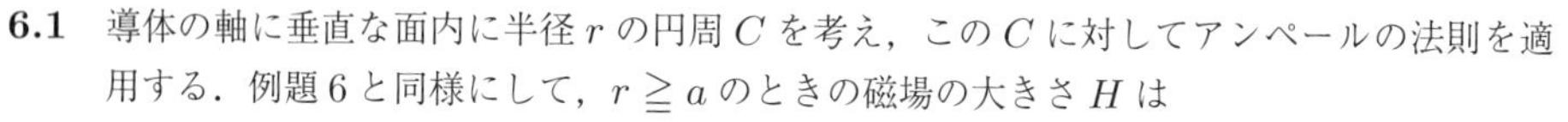

$$H=\frac{i}{2\pi r}\quad(r \geqq a)$$

となる．$r<a$のとき，導体内の電流密度は一様であるから，円周Cの内部を流れる電流をi'とすれば，iとi'の比はそれぞれの円の面積に比例する．したがって

$$i'=\frac{r^2}{a^2}i$$

である．アンペールの法則から

$$\oint_C \boldsymbol{H}\cdot d\boldsymbol{l}=H\times 2\pi r=i'=\frac{r^2}{a^2}i$$

が得られる．よって

$$H=\frac{ir}{2\pi a^2}\quad(r<a)$$

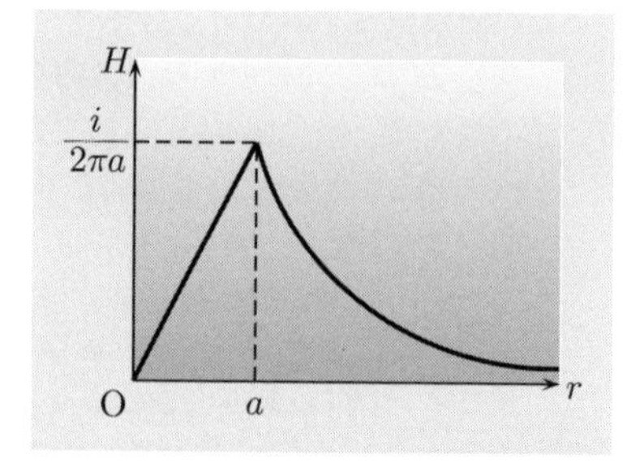

となる．以上の結果を図示すると図のようになる．導体内の磁場の大きさは中心軸からの距離に比例し，また有限の値となる．

6.2 中心軸に垂直な面内に半径rの円周Cを考える．したがって

$$\oint_C \boldsymbol{H}\cdot d\boldsymbol{l}=H\times 2\pi r$$

である．$r \leqq c$の領域では，問題6.1の結果から

$$H=\frac{ir}{2\pi c^2}\quad(r \leqq c)$$

となる．また，$c<r \leqq b$の領域では

$$H=\frac{i}{2\pi r}\quad(c<r \leqq b)$$

となる．$b < r \leqq a$ の領域では，次のように考えればよい．外側の導体の電流密度 j はその断面積が $\pi(a^2 - b^2)$ より

$$j = \frac{i}{\pi(a^2 - b^2)}$$

である．したがって，半径 r の円の内部を貫く電流 i' は

$$i' = i - \pi(r^2 - b^2)j = i - \frac{(r^2 - b^2)}{(a^2 - b^2)}i = \frac{(a^2 - r^2)}{(a^2 - b^2)}i$$

となる．以上より

$$H = \frac{i}{2\pi r}\frac{(a^2 - r^2)}{(a^2 - b^2)} \quad (b < r \leqq a)$$

を得る．$r > a$ の領域では，半径 r の円の内部を貫く電流は全体としてゼロとなるから

$$H = 0 \quad (r > a)$$

である．

6.3 図より，一方の導線からの距離を x とすれば，他方の導線からの距離は $d - x$ となる．導線間で導線を含む面内の P 点に生じる磁束密度 B は

$$B = \frac{\mu_0 i}{2\pi}\left(\frac{1}{x} + \frac{1}{d - x}\right)$$

となる．B の向きは導線間の面に対し紙面の表側から裏側に向かい，面と直交する．したがって，求める磁束を Φ とすれば

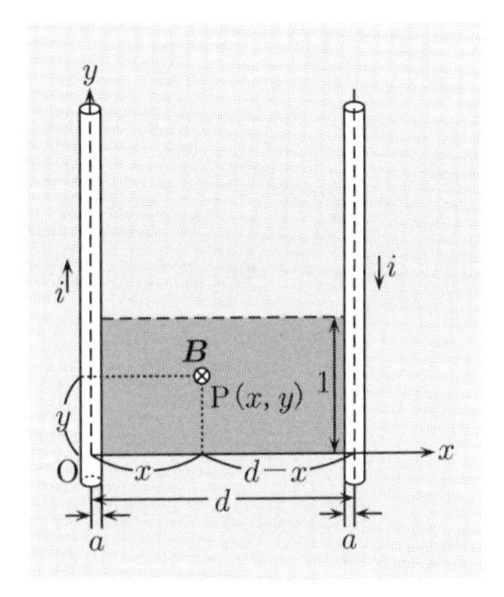

$$\begin{aligned}\Phi &= \frac{\mu_0 i}{2\pi}\int_0^1 dy \int_a^{d-a} dx\left(\frac{1}{x} + \frac{1}{d - x}\right) \\ &= \frac{\mu_0 i}{2\pi}\left[\log\frac{x}{d - x}\right]_a^{d-a} \\ &= \frac{\mu_0 i}{\pi}\log\frac{d - a}{a}\end{aligned}$$

を得る．

7.1 例題 7 では磁場の回転方向は反時計まわりであったが，ここでは時計まわりになる．したがって，$\alpha = \theta + \dfrac{3\pi}{2}$ とすればよい．電流密度を j とすれば

$$H_x = H\cos\alpha = H\cos\left(\theta + \frac{3\pi}{2}\right) = H\sin\theta = \frac{y}{2}j$$

$$H_y = H\sin\alpha = H\sin\left(\theta + \frac{3\pi}{2}\right) = -H\cos\theta = -\frac{x}{2}j$$

となり，例題 7 の結果に対して H_x, H_y の符号が反転する．なお，$\boldsymbol{H}$ をベクトル表示すると

$$\boldsymbol{H} = \frac{j}{2}(y\boldsymbol{e}_x - x\boldsymbol{e}_y)$$

と表現できる．

7.2 題意の図のように，導線の中心軸を原点とする座標系を X-Y 軸，中空の中心軸を原点とする座標系を x-y 軸とする．座標 (X, Y) と座標 (x, y) には

$$X = x + a, \quad Y = y + b$$

の関係が成立する．いま，導線内に中空がなく，一様な電流密度 j が流れている場合に発生する磁場を $\boldsymbol{H}_1$ とすれば，例題 7 の結果より

$$\boldsymbol{H}_1 = \frac{j}{2}(-Y\boldsymbol{e}_x + X\boldsymbol{e}_y) = \frac{j}{2}\Big\{-(y+b)\boldsymbol{e}_x + (x+a)\boldsymbol{e}_y\Big\}$$

を得る．また，中空部に逆向きの一様な電流密度 $-j$ が流れている場合の磁場を $\boldsymbol{H}_2$ とすれば，問題 7.1 の結果から

$$\boldsymbol{H}_2 = \frac{j}{2}(y\boldsymbol{e}_x - x\boldsymbol{e}_y)$$

が得られる．したがって，中空部に生じる磁場 $\boldsymbol{H}$ は

$$\boldsymbol{H} = \boldsymbol{H}_1 + \boldsymbol{H}_2 = \frac{j}{2}(-b\boldsymbol{e}_x + a\boldsymbol{e}_y)$$

となり，一様になる．

8.1 例題 8 と同様にして，$\mathrm{rot}\,\boldsymbol{H} = \boldsymbol{j}$ より

$$\mathrm{div}\,\mathrm{rot}\,\boldsymbol{H} = \mathrm{div}\,\boldsymbol{j} = 0$$

となる．この結果は (4.11) の電荷保存の法則

$$\mathrm{div}\,\boldsymbol{j} + \frac{\partial\rho}{\partial t} = 0$$

と矛盾する．ρ は空間の電荷密度である．$\partial\rho/\partial t = 0$，すなわち ρ の時間変化がないとき，$\mathrm{div}\,\boldsymbol{j} = 0$ がなりたつ．このときの $\boldsymbol{j}$ は定常となる．$\mathrm{div}\,\boldsymbol{D} = \rho$ より，$\boldsymbol{j}_d = \partial\boldsymbol{D}/\partial t$ とすれば，時間と空間の微分演算は交換できるから

$$\mathrm{div}\,\boldsymbol{j} + \frac{\partial\rho}{\partial t} = \mathrm{div}\,\boldsymbol{j} + \frac{\partial}{\partial t}\mathrm{div}\,\boldsymbol{D} = \mathrm{div}\,(\boldsymbol{j} + \boldsymbol{j}_d) = 0$$

が常に成立する．第 9 章「電磁波」で述べるが，$\boldsymbol{j}_d$ をマクスウェルが導入した**電束電流（変位電流）の密度**といい，アンペールの法則の一般形は

$$\mathrm{rot}\,\boldsymbol{H} = \boldsymbol{j} + \boldsymbol{j}_d = \boldsymbol{j} + \frac{\partial\boldsymbol{D}}{\partial t}$$

と書かれる．なお，$\boldsymbol{j}$ を**伝導電流の密度**という．

8.2 $\mathrm{div}\,\boldsymbol{B} = 0$ を積分表示すると，ガウスの法則から

$$\oint_S \boldsymbol{B}\cdot d\boldsymbol{S} = \int_V \mathrm{div}\boldsymbol{B}dv = \int_V \rho_m dv = 0$$

となる．上の式は恒等的に成立するため，$\rho_m = 0$ が常に成立する．これは**磁気単極**がないことを意味する．

8.3 (a) $\mathrm{rot}\,\boldsymbol{A}$ をベクトルの成分で表示すれば

$$\mathrm{rot}\,\boldsymbol{A} = \left(\frac{\partial A_z}{\partial y} - \frac{\partial A_y}{\partial z},\ \frac{\partial A_x}{\partial z} - \frac{\partial A_z}{\partial x},\ \frac{\partial A_y}{\partial x} - \frac{\partial A_x}{\partial y}\right)$$

となる．したがって

$$\begin{aligned}
(\mathrm{rot}\,\mathrm{rot}\,\boldsymbol{A})_x &= \frac{\partial}{\partial y}\left(\frac{\partial A_y}{\partial x} - \frac{\partial A_x}{\partial y}\right) - \frac{\partial}{\partial z}\left(\frac{\partial A_x}{\partial z} - \frac{\partial A_z}{\partial x}\right) \\
&= \frac{\partial^2 A_y}{\partial x \partial y} + \frac{\partial^2 A_z}{\partial x \partial z} - \frac{\partial^2 A_x}{\partial y^2} - \frac{\partial^2 A_x}{\partial z^2} \\
&= \frac{\partial}{\partial x}\left(\frac{\partial A_x}{\partial x} + \frac{\partial A_y}{\partial y} + \frac{\partial A_z}{\partial z}\right) - \frac{\partial^2 A_x}{\partial x^2} - \frac{\partial^2 A_x}{\partial y^2} - \frac{\partial^2 A_x}{\partial z^2} \\
&= (\mathrm{grad}\,\mathrm{div}\boldsymbol{A} - \nabla^2 \boldsymbol{A})_x
\end{aligned}$$

を得る．y 成分，z 成分についても同様な結果が得られるから

$$\mathrm{rot}\,\mathrm{rot}\,\boldsymbol{A} = \mathrm{grad}\,\mathrm{div}\,\boldsymbol{A} - \nabla^2 \boldsymbol{A}$$

が成立する．

(b) $\mathrm{rot}\,(\varphi\boldsymbol{A})$ の x 成分を求めると

$$\begin{aligned}
(\mathrm{rot}\,(\varphi\boldsymbol{A}))_x &= \frac{\partial(\varphi A_z)}{\partial y} - \frac{\partial(\varphi A_y)}{\partial z} = \frac{\partial\varphi}{\partial y}A_z + \varphi\frac{\partial A_z}{\partial y} - \frac{\partial\varphi}{\partial z}A_y - \varphi\frac{\partial A_y}{\partial z} \\
&= \frac{\partial\varphi}{\partial y}A_z - \frac{\partial\varphi}{\partial z}A_y + \varphi\left(\frac{\partial A_z}{\partial y} - \frac{\partial A_y}{\partial z}\right) \\
&= (\mathrm{grad}\,\varphi \times \boldsymbol{A} + \varphi\,\mathrm{rot}\,\boldsymbol{A})_x
\end{aligned}$$

を得る．y 成分，z 成分についても同様な結果が得られるから

$$\mathrm{rot}\,(\varphi\boldsymbol{A}) = \mathrm{grad}\,\varphi \times \boldsymbol{A} + \varphi\,\mathrm{rot}\,\boldsymbol{A}$$

が成立する．

(c) 題意の左辺の x 成分を求めてみる．

$$|\boldsymbol{r} - \boldsymbol{r}'| = [(x - x')^2 + (y - y')^2 + (z - z')^2]^{1/2}$$

であるから

$$\frac{\partial}{\partial x}\left(\frac{1}{|\boldsymbol{r} - \boldsymbol{r}'|}\right) = -\frac{x - x'}{[(x - x')^2 + (y - y')^2 + (z - z')^2]^{3/2}} = -\frac{x - x'}{|\boldsymbol{r} - \boldsymbol{r}'|^3}$$

を得る．y 成分および z 成分も同様にして

$$\frac{\partial}{\partial y}\left(\frac{1}{|\boldsymbol{r} - \boldsymbol{r}'|}\right) = -\frac{y - y'}{|\boldsymbol{r} - \boldsymbol{r}'|^3},\quad \frac{\partial}{\partial z}\left(\frac{1}{|\boldsymbol{r} - \boldsymbol{r}'|}\right) = -\frac{z - z'}{|\boldsymbol{r} - \boldsymbol{r}'|^3}$$

となる．以上より，次の結果が得られる．

$$\mathrm{grad}_{\boldsymbol{r}}\left(\frac{1}{|\boldsymbol{r} - \boldsymbol{r}'|}\right) = -\frac{\boldsymbol{r} - \boldsymbol{r}'}{|\boldsymbol{r} - \boldsymbol{r}'|^3}$$

8.4 問題 8.3 の (a) より

$$\mathrm{rot}\,\mathrm{rot}\,\boldsymbol{A} = \mathrm{grad}\,\mathrm{div}\boldsymbol{A} - \nabla^2 \boldsymbol{A}$$

が成立する．$\boldsymbol{B} = \mathrm{rot}\,\boldsymbol{A}$，$\mathrm{rot}\,\boldsymbol{H} = \boldsymbol{j}$（アンペールの法則），$\boldsymbol{B} = \mu_0 \boldsymbol{H}$，$\mathrm{div}\boldsymbol{A} = 0$ より

$$\mathrm{rot}\,\boldsymbol{B} = \mathrm{rot}\,\mathrm{rot}\,\boldsymbol{A} = -\nabla^2 \boldsymbol{A} = \mu_0 \boldsymbol{j}$$

となる．よって，次の結果を得る．

$$\nabla^2 \boldsymbol{A} = -\mu_0 \boldsymbol{j}$$

8.5 問題 8.4 の結果から，スカラーポテンシャルの場合と同様，ベクトルポテンシャル $\boldsymbol{A}$ も積分形で表わすことができる．すなわち

$$\boldsymbol{A} = \frac{\mu_0}{4\pi} \int_V \frac{\boldsymbol{j}(\boldsymbol{r}')}{|\boldsymbol{r} - \boldsymbol{r}'|} dv'$$

となる．したがって，微分と積分の演算は交換できるから

$$\boldsymbol{B} = \mathrm{rot}_{\boldsymbol{r}} \boldsymbol{A} = \frac{\mu_0}{4\pi} \mathrm{rot}_{\boldsymbol{r}} \int_V \frac{\boldsymbol{j}(\boldsymbol{r}')}{|\boldsymbol{r} - \boldsymbol{r}'|} dv' = \frac{\mu_0}{4\pi} \int_V \mathrm{rot}_{\boldsymbol{r}} \left(\frac{\boldsymbol{j}(\boldsymbol{r}')}{|\boldsymbol{r} - \boldsymbol{r}'|} \right) dv'$$

を得る．ただし，$\mathrm{rot}_{\boldsymbol{r}}$ の微分演算は $\boldsymbol{r}$ にのみ作用する．問題 8.3 の (b) の公式および $\mathrm{rot}_{\boldsymbol{r}} \boldsymbol{j}(\boldsymbol{r}') = 0$ より

$$\mathrm{rot}_{\boldsymbol{r}} \left(\frac{\boldsymbol{j}(\boldsymbol{r}')}{|\boldsymbol{r} - \boldsymbol{r}'|} \right) = \left(\mathrm{grad}_{\boldsymbol{r}} \frac{1}{|\boldsymbol{r} - \boldsymbol{r}'|} \right) \times \boldsymbol{j}(\boldsymbol{r}')$$

となる．問題 8.3 の (c) の結果

$$\mathrm{grad}_{\boldsymbol{r}} \frac{1}{|\boldsymbol{r} - \boldsymbol{r}'|} = -\frac{\boldsymbol{r} - \boldsymbol{r}'}{|\boldsymbol{r} - \boldsymbol{r}'|^3}$$

ならびに，$\boldsymbol{C} \times \boldsymbol{D} = -\boldsymbol{D} \times \boldsymbol{C}$ より

$$\boldsymbol{B}(\boldsymbol{r}) = \frac{\mu_0}{4\pi} \int_V \frac{(-(\boldsymbol{r} - \boldsymbol{r}')) \times \boldsymbol{j}(\boldsymbol{r}')}{|\boldsymbol{r} - \boldsymbol{r}'|^3} dv' = \frac{\mu_0}{4\pi} \int_V \frac{\boldsymbol{j}(\boldsymbol{r}') \times (\boldsymbol{r} - \boldsymbol{r}')}{|\boldsymbol{r} - \boldsymbol{r}'|^3} dv'$$

となるから

$$d\boldsymbol{B}(\boldsymbol{r}) = \frac{\mu_0}{4\pi} \frac{\boldsymbol{j}(\boldsymbol{r}') \times (\boldsymbol{r} - \boldsymbol{r}')}{|\boldsymbol{r} - \boldsymbol{r}'|^3} dv'$$

が得られる．上式中，相対距離は $\boldsymbol{r} - \boldsymbol{r}'$ であるから，$\boldsymbol{r} - \boldsymbol{r}' \to \boldsymbol{r}$, $dv' \to dv$ とあらためて書き直し，関数表示を省略すれば

$$d\boldsymbol{B} = \frac{\mu_0}{4\pi} \frac{\boldsymbol{j} \times \boldsymbol{r}}{r^3} dv$$

となる．この結果は (5.5) に一致する．

9.1 ソレノイドの中心軸上の中点では $\theta_2 = \pi - \theta_1$ より

$$\cos\theta_2 = -\cos\theta_1 = \frac{l}{\sqrt{l^2 + a^2}}$$

となる．よって，例題 9 の結果に代入すれば，次のようになる．

$$B_0 = \frac{\mu_0 N i}{2\sqrt{l^2 + a^2}}$$

ソレノイドの中心軸上の端点では

$$\theta_1 = \frac{\pi}{2}, \quad \cos\theta_2 = \frac{2l}{\sqrt{4l^2 + a^2}} \quad \text{あるいは} \quad \theta_2 = \frac{\pi}{2}, \quad \cos\theta_1 = -\frac{2l}{\sqrt{4l^2 + a^2}}$$

となる．よって

$$B_1 = \frac{\mu_0 Ni}{2\sqrt{4l^2 + a^2}}$$

を得る．

9.2 題意より，$2l \gg a$．よって

$$B_0 \cong \frac{\mu_0 Ni}{2l}, \quad B_1 \cong \frac{\mu_0 Ni}{4l}$$

を得る．したがって，$B_1/B_0 = 1/2$ となる．

9.3 図から

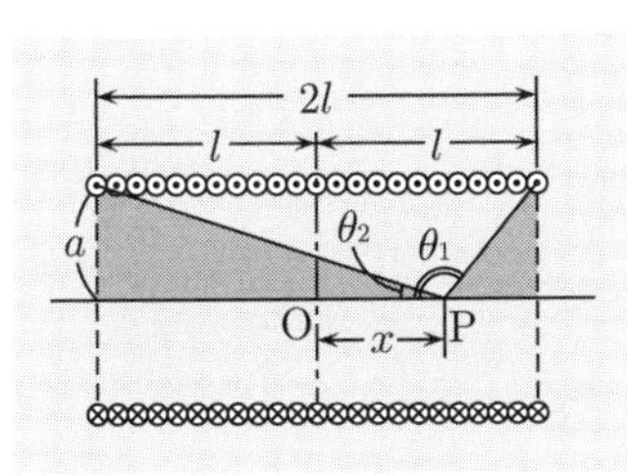

$$\cos\theta_1 = -\frac{l - x}{\sqrt{a^2 + (l - x)^2}}$$

$$\cos\theta_2 = \frac{l + x}{\sqrt{a^2 + (l + x)^2}}$$

となる．よって

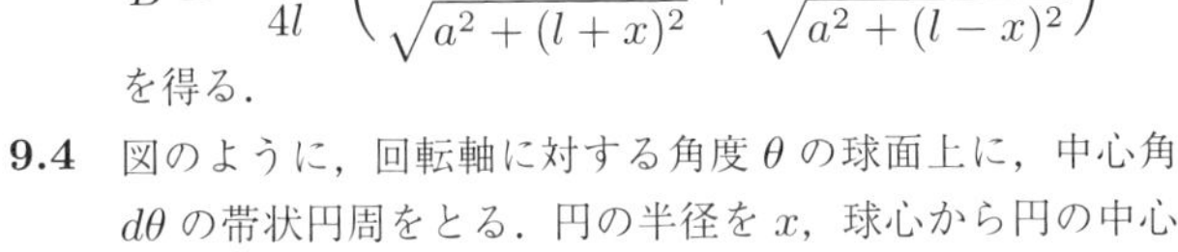

$$B = \frac{\mu_0 Ni}{4l}\left(\frac{l + x}{\sqrt{a^2 + (l + x)^2}} + \frac{l - x}{\sqrt{a^2 + (l - x)^2}}\right)$$

を得る．

9.4 図のように，回転軸に対する角度 θ の球面上に，中心角 $d\theta$ の帯状円周をとる．円の半径を x，球心から円の中心までの距離を z，帯状円周の面積を dS とすれば

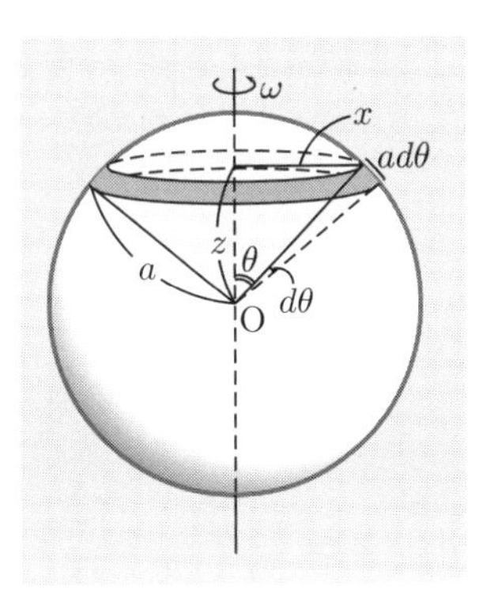

$$x = a\sin\theta, \quad z = a\cos\theta$$

$$dS = ad\theta 2\pi a\sin\theta = 2\pi a^2 \sin\theta d\theta$$

となる．帯状円周の電荷 σdS は角速度 ω で回転しており，周期は $2\pi/\omega$ である．よって，この回転は

$$di = \frac{\sigma\omega dS}{2\pi} = \sigma\omega a^2 \sin\theta d\theta$$

の円電流と等価になる．したがって，この円電流によって球心に生じる磁場 dH は，(5.19) より

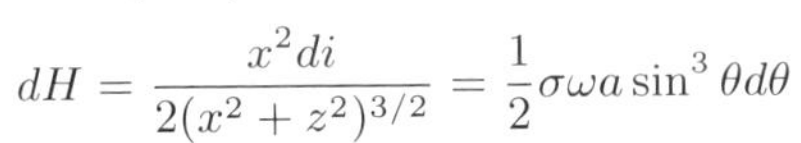

$$dH = \frac{x^2 di}{2(x^2 + z^2)^{3/2}} = \frac{1}{2}\sigma\omega a \sin^3\theta d\theta$$

となる．以上より，θ の積分領域 $[0, \pi]$ を考慮すれば，磁場 H として

$$H = \frac{1}{2}\sigma\omega a \int_0^\pi \sin^3\theta d\theta$$

を得る．ここで，$t = \cos\theta$ の変数変換により

$$H = \frac{1}{2}\sigma\omega a \int_{-1}^{1} (1 - t^2)dt = \sigma\omega a \left[t - \frac{1}{3}t^3\right]_0^1 = \frac{2}{3}\sigma\omega a$$

となる．

10.1　例題 10 より，$\boldsymbol{H}_1, \boldsymbol{H}_2$ は互いに反平行であり，またその絶対値は

$$|\boldsymbol{H}_1| = |\boldsymbol{H}_2| = \frac{j_\sigma}{2}$$

である．右の図に示すように，$\boldsymbol{j}_\sigma$, $\boldsymbol{n}$, $\boldsymbol{H}_1 - \boldsymbol{H}_2$ は右手系の関係にあり，また，$|\boldsymbol{H}_1 - \boldsymbol{H}_2| = j_\sigma$ であるから，以上の三つのベクトル間には

$$\boldsymbol{H}_1 - \boldsymbol{H}_2 = \boldsymbol{j}_\sigma \times \boldsymbol{n}$$

の関係が成立する．このように，表面電流が流れる境界面では磁場の強さは不連続になる．また，その差は面電流密度に等しく，その向きは電流に垂直で境界面に平行になる．こうした関係は，任意の境界面での磁場の接線成分に対してもなりたつ．

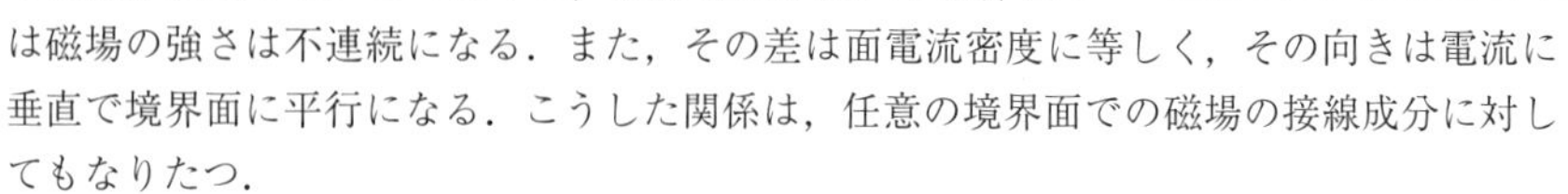

10.2　下図に示す以下のような積分路を考え，アンペールの法則を適用する．系の対称性から電流面に平行な部分の線積分が値をもち，電流面と直交する部分の線積分はゼロとなる．各積分路に関して次のような解析ができる．

①は無限遠方にわたる積分路である．無限遠方では二つの電流面の区別はつかなくなり，また電流 1 と電流 2 は互いに逆向きで打ち消し合う．したがって，磁場を生成する電流をゼロとみなせるため，$\boldsymbol{H}_\infty = \boldsymbol{0}$ となる．

②と③の積分路の場合には，積分路の内部に電流は含まれない．いま，$\boldsymbol{H}_a$ と $\boldsymbol{H}_b$ を図のようにとり，また電流面に平行な積分路の長さを l とすれば，$H_\infty = 0$ から

$$H_\infty l + H_a l = 0 \quad より \quad H_a = 0$$
$$H_\infty l + H_b l = 0 \quad より \quad H_b = 0$$

が得られる．電流面に直交する積分路の長さは任意にとれるので，この結果，ソレノイドの外部での磁場はゼロとなる．

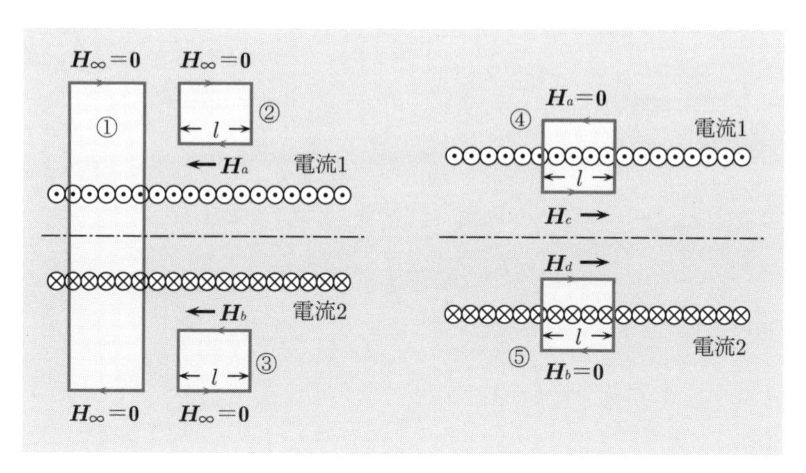

④と⑤の積分路の場合には，積分路の内部に電流が含まれる（積分路の回転方向は，右ねじをまわすとき，ねじの進む方向が電流の向きとなるようにとる）．いま，$\boldsymbol{H}_c$ と $\boldsymbol{H}_d$ を図のようにとり，また電流面に平行な積分路の長さを l とすれば，$\boldsymbol{H}_a = \boldsymbol{H}_b = \boldsymbol{0}$ から

$$H_c l = iN_0 l \quad \text{より} \quad H_c = iN_0$$
$$H_d l = iN_0 l \quad \text{より} \quad H_d = iN_0$$

が得られる．電流面に直交する積分路の長さは任意にとれるので，この結果，ソレノイドの内部では，磁場はソレノイドの中心軸の方向（電流の向きに右ねじを回転した方向）を向き，その大きさは iN_0 で一定となる．

10.3 $H = \dfrac{300 \times 10^{-3} \times 200}{1 \times 10^{-2}} = 6 \times 10^3 \mathrm{A/m}$

11.1 例題11と同様，系の対称性はトロイダルコイルの外部においても同じである．半径 r_1 の円周 C にアンペールの法則を適用すれば，トロイダルコイルの外部 ($r_1 < d-a$, $r_1 > d+a$) では，C の内部を貫く電流はゼロとなる．したがって，トロイダルコイルの外部の磁場はゼロである．

11.2 (a) 求める全磁束を Φ とする．磁束密度は $\boldsymbol{B} = \mu \boldsymbol{H}$，その向きはトロイダルコイルの断面に直交するから

$$\Phi = \int_S \boldsymbol{B} \cdot d\boldsymbol{S} = \int_S B dS = \frac{\mu N i}{2\pi} \int_0^a r dr \int_{-\pi}^{\pi} \frac{d\theta}{d + r\cos\theta}$$

で与えられる．

$$I = \int_{-\pi}^{\pi} \frac{d\theta}{d + r\cos\theta}$$

とする．

$t = \tan\dfrac{\theta}{2}$ とおけば，$\theta = -\pi$ のとき $t = -\infty$，$\theta = \pi$ のとき $t = \infty$

である．また

$$dt = \frac{1}{2}\sec^2\frac{\theta}{2} d\theta = \frac{1}{2}\left(1 + \tan^2\frac{\theta}{2}\right) d\theta = \frac{1}{2}(1 + t^2) d\theta$$

となるから

$$d\theta = \frac{2}{1 + t^2} dt$$

が得られる．さて

$$\cos\theta = \left(\cos^2\frac{\theta}{2} - \sin^2\frac{\theta}{2}\right) \Big/ \left(\cos^2\frac{\theta}{2} + \sin^2\frac{\theta}{2}\right)$$
$$= \left(1 - \tan^2\frac{\theta}{2}\right) \Big/ \left(1 + \tan^2\frac{\theta}{2}\right) = \frac{1 - t^2}{1 + t^2}$$

より，求める積分値 I は次のようになる．

$$I = \int_{-\pi}^{\pi} \frac{d\theta}{d + r\cos\theta} = \int_{-\infty}^{\infty} \frac{2dt}{(1+t^2)\left(d + r\dfrac{1-t^2}{1+t^2}\right)}$$

$$= \frac{4}{d-r}\int_0^{\infty} \frac{dt}{t^2 + A^2} \quad \left(A = \sqrt{\frac{d+r}{d-r}} \quad (d > r)\right)$$

さらに，$t = A\tan\xi$ の変換を行えば　$dt = A\sec^2\xi d\xi$．また，$t = 0$ のとき $\xi = 0$，$t = \infty$ のとき $\xi = \pi/2$ となるから

$$I = \frac{4}{(d-r)A}\int_0^{\frac{\pi}{2}} \frac{\sec^2\xi d\xi}{\tan^2\xi + 1} = \frac{4}{(d-r)A}\int_0^{\frac{\pi}{2}} d\xi = \frac{2\pi}{\sqrt{d^2 - r^2}}$$

の結果が得られる．したがって

$$\Phi = \mu Ni \int_0^a \frac{rdr}{\sqrt{d^2 - r^2}}$$

となる．ここで，$u = -r^2$ の変数変換を行う．

$$du = -2rdr$$

また，

$$r = 0 \text{ ならば } u = 0, \quad r = a \text{ ならば } u = -a^2$$

より

$$\Phi = \frac{\mu Ni}{2}\int_{-a^2}^{0} \frac{du}{\sqrt{u + d^2}} = \mu Ni\left[\sqrt{u + d^2}\right]_{-a^2}^{0} = \mu Ni\left(d - \sqrt{d^2 - a^2}\right)$$

となる．断面での平均の磁束密度 B を求めるには，Φ を断面の面積で割ればよい．したがって，次式を得る．

$$B = \frac{\Phi}{\pi a^2} = \frac{\mu Ni}{\pi a^2}\left(d - \sqrt{d^2 - a^2}\right)$$

(b)　$d \gg a$ であるから

$$d - \sqrt{d^2 - a^2} = d - d\sqrt{1 - \left(\frac{a}{d}\right)^2} \cong d - d\left(1 - \frac{1}{2}\left(\frac{a}{d}\right)^2\right) = \frac{a^2}{2d}$$

を得る．したがって，平均の磁束密度 B は以下の通りとなる．

$$B = \frac{\mu Ni}{2\pi d}$$

11.3　真空の透磁率を μ_0，鉄の透磁率を μ とすれば，$\mu_0 = 4\pi \times 10^{-7}$ H/m，$\mu = \mu_r\mu_0$ である．したがって，題意の平均の磁束密度は，$d \gg a$ より

$$B = \frac{1.3 \times 10^4 \times 4\pi \times 10^{-7} \times 1.5 \times 10^3 \times 0.5}{2\pi \times 5 \times 10^{-2}} = 39\,\text{T}$$

となる．

6 章の解答

1.1 $F = \dfrac{4\pi \times 10^{-7} \times 10 \times 10 \times 1}{2\pi \times 15 \times 10^{-2}} = 1.33 \times 10^{-4}\,\mathrm{N}$

力は引力になる．また，求める仕事 W は次のようになる．

$$W = \frac{4\pi \times 10^{-7} \times 10 \times 10}{2\pi} \int_{0.15}^{0.6} \frac{dx}{x} = 2 \times 10^{-5} \Big[\log x \Big]_{0.15}^{0.6}$$

$$= 2 \times 10^{-5} \times \log 4 = 2.77 \times 10^{-5}\,\mathrm{J}$$

1.2 B を通る電流が，A を通る導線の単位長さあたりにおよぼす力の大きさを F_{AB} とすると

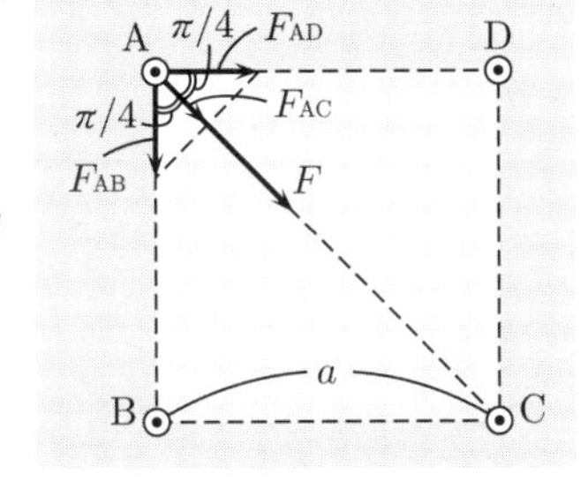

$$F_{\mathrm{AB}} = \frac{\mu_0 i^2}{2\pi a}$$

となる．図のように，向きは辺 AB に沿った方向で引力となる．同様にして，C, D を通る電流による力の大きさを F_{AC}, F_{AD} とすれば

$$F_{\mathrm{AC}} = \frac{\mu_0 i^2}{2\pi\sqrt{2}a} \quad \text{（向きは対角線 AC の方向で引力）}$$

$$F_{\mathrm{AD}} = \frac{\mu_0 i^2}{2\pi a} \quad \text{（向きは辺 AD の方向で引力）}$$

である．したがって，導線 A の単位長さあたりに働く力はこれらの合力で，その大きさ F は

$$F = F_{\mathrm{AB}} \cos\frac{\pi}{4} + F_{\mathrm{AC}} + F_{\mathrm{AD}} \cos\frac{\pi}{4} = \frac{3\sqrt{2}\mu_0 i^2}{4\pi a}$$

となり，向きは対角線 AC の方向で正方形の内部へ向かう．他の導線についても同様である．

1.3 電流素片 $i_2 d\boldsymbol{l}_2$ によって O 点につくられる磁束密度 $d\boldsymbol{B}_{12}$ は，ビオ・サバールの法則より

$$d\boldsymbol{B}_{12} = \frac{\mu_0 i_2}{4\pi} \frac{d\boldsymbol{l}_2 \times \boldsymbol{r}_{12}}{r^3} \quad (\boldsymbol{r}_{12} = \overrightarrow{\mathrm{PO}},\ r = |\boldsymbol{r}_{12}|)$$

となる．ここで，$d\boldsymbol{l}_2$ と $\boldsymbol{r}_{12}$ は反平行より，$d\boldsymbol{B}_{12} = \boldsymbol{0}$ である．よって，電流素片 $i_1 d\boldsymbol{l}_1$ に力は作用しない．

また，電流素片 $i_1 d\boldsymbol{l}_1$ によって P 点につくられる磁束密度 $d\boldsymbol{B}_{21}$ は

$$d\boldsymbol{B}_{21} = \frac{\mu_0 i_1}{4\pi} \frac{d\boldsymbol{l}_1 \times \boldsymbol{r}_{21}}{r^3} \quad (\boldsymbol{r}_{21} = \overrightarrow{\mathrm{OP}},\ r = |\boldsymbol{r}_{21}|)$$

である．$d\boldsymbol{l}_1$ と $\boldsymbol{r}_{21}$ は直交し，$d\boldsymbol{B}_{21}$ は紙面の表から裏へ向かうベクトルとなる．また，大きさ dB_{21} は

$$dB_{21} = \frac{\mu_0 i_1}{4\pi} \frac{dl_1 r \sin\pi/2}{r^3} = \frac{\mu_0 i_1 dl_1}{4\pi r^2}$$

となる．電流素片 $i_2 d\boldsymbol{l}_2$ に作用する力は y 軸の正方向を向き，その大きさ dF_{21} は

$$dF_{21} = \frac{\mu_0 i_1 i_2 dl_1 dl_2}{4\pi r^2}$$

である．したがって，題意の力の間には作用反作用の法則は成立しない．

2.1 $F = \dfrac{4\pi \times 10^{-7} \times 2 \times 2}{2\pi}\left(\sqrt{1+\left(\dfrac{10}{5}\right)^2} - 1\right) = 9.89 \times 10^{-7}\,\mathrm{N}$

2.2 図のように，ローレンツ力 $\boldsymbol{F}_L$ が鉛直上方を向くように電流 i を流せば，重力とのバランスをとることが可能である．$\boldsymbol{i}$，磁束密度 $\boldsymbol{B}$，$\boldsymbol{F}_L$ は右手系をなすから，図に示す方向に電流を流せばよい．導線が静止するためには

$$F_L = iBl = mg$$

がなりたてばよい．よって，電流の大きさは

$$i = \frac{mg}{Bl}$$

である．

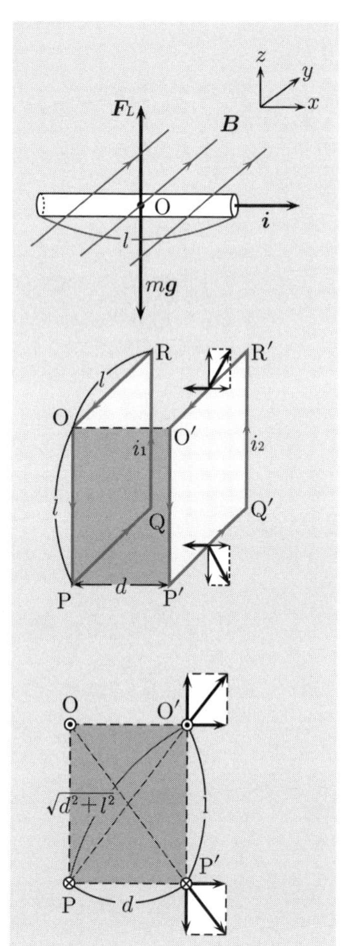

2.3 図のように，互いに平行な対辺（たとえば，OR と O′R′，OP と O′P′ など）の間には引力が働く．四つの対辺の引力の合力は，例題 2 の結果から

$$F_1 = -\frac{2\mu_0 i_1 i_2}{\pi}\left(\sqrt{1+\left(\frac{l}{d}\right)^2} - 1\right)$$

となる．また，互いに逆向きの電流が流れる斜めの対辺（たとえば，OR と P′Q′，OP と Q′R′ など）の間には，斥力が働く．この合力のコイル面に垂直な成分は

$$F_2 = \frac{2\mu_0 i_1 i_2}{\pi}\frac{d}{\sqrt{d^2+l^2}} \times \left(\sqrt{1+\left(\frac{l}{\sqrt{d^2+l^2}}\right)^2} - 1\right)$$

となる．全体の力 F はこれらの和で

$$F = -\frac{2\mu_0 i_1 i_2}{\pi}\left(\frac{2d^2+l^2}{d\sqrt{d^2+l^2}} - \frac{d\sqrt{d^2+2l^2}}{d^2+l^2} - 1\right)$$

であり，引力となる ($F_2 < |F_1|$).

3.1 例題 3 の結果より，$N = 3.75 \times 10^{-6}\,\mathrm{N\cdot m}$

3.2 $N = 0$ となるのは，$\theta = 0$ か π のときである．このときの力の向きは次ページの図のようになる．$\theta = 0$（図 (a)）のときは安定，$\theta = \pi$（図 (b)）のときは不安定になる．

3.3 外側のコイルによって，そのコイルの中心につくられる磁束密度 B は，第 5 章問題 4.2 より，一辺の長さを l_1，流れる電流を i_1 とすると

$$B = \frac{2\sqrt{2}\mu_0 i_1}{\pi l_1}$$

となる．また，その向きはコイル面に対して垂直になる．したがって，小コイルに働く力のモーメント N は，一辺の長さを l_2，流れる電流を i_2 とすると，小コイル面と $\boldsymbol{B}$ は平行となるから

$$N = i_2 l_2^2 B \sin\frac{\pi}{2} = \frac{2\sqrt{2}\mu_0 l_2^2 i_1 i_2}{\pi l_1}$$

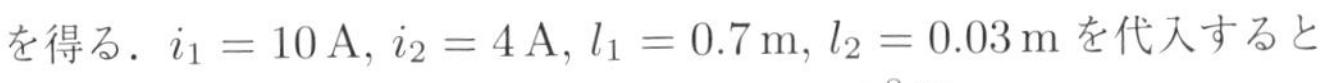

を得る．$i_1 = 10\,\mathrm{A}$, $i_2 = 4\,\mathrm{A}$, $l_1 = 0.7\,\mathrm{m}$, $l_2 = 0.03\,\mathrm{m}$ を代入すると

$$N = 5.82 \times 10^{-8}\,\mathrm{N \cdot m}$$

となる．

3.4 図のように，円電流の中心を原点，磁束密度 $\boldsymbol{B}$ の向きを x 軸とする極座標 (a, θ) を考える．図より，P 点での $\boldsymbol{i}d\boldsymbol{l}$ と $\boldsymbol{B}$ のなす角は $\Theta = \pi/2 + \theta$ となる．P 点が第 1 象限（あるいは第 4 象限）の場合は

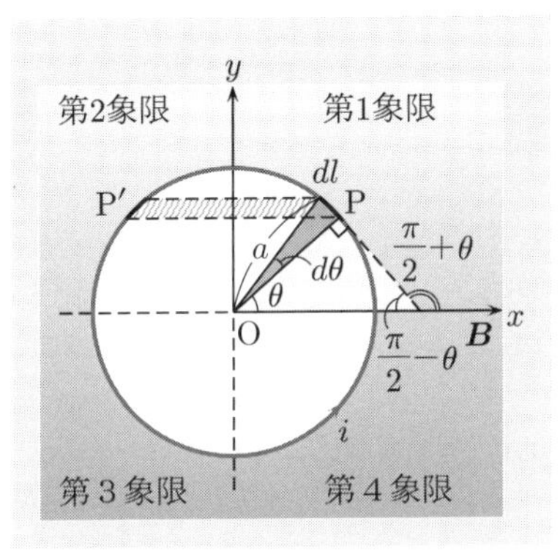

$$0 \leqq \Theta < \pi \quad \left(-\frac{\pi}{2} \leqq \theta < \frac{\pi}{2}\right)$$

であるから，P 点の電流素片 idl には，フレミングの左手の法則より，紙面の表側から裏側に向かう力が働く．したがって，素片 $dl = ad\theta$ より，P 点での力の大きさ dF は

$$dF = iBdl\sin\left(\frac{\pi}{2} + \theta\right) = iBa\cos\theta d\theta$$

となる．P 点と y 軸に関して対称な P′ 点にも同様な考察ができる．P′ 点での力は P 点と大きさが同じで逆向きの力が働く．したがって，P と P′ 点の二つの力は力のモーメントになる．この 2 点間の距離は $2a\cos\theta$ であるから，力のモーメント dN は次のようになる．

$$dN = dF \times 2a\cos\theta = 2iBa^2\cos^2\theta d\theta$$

$$\therefore \quad N = 2iBa^2\int_{-\frac{\pi}{2}}^{\frac{\pi}{2}}\cos^2\theta d\theta = 2iBa^2\int_{-\frac{\pi}{2}}^{\frac{\pi}{2}}\frac{1}{2}(1 + \cos 2\theta)d\theta$$

$$= iBa^2\left[\theta + \frac{1}{2}\sin 2\theta\right]_{-\frac{\pi}{2}}^{\frac{\pi}{2}} = iB\pi a^2 = iSB$$

となる．ここで，$S = \pi a^2$ はコイルの面積を表わす．

3.5 図に示すように，円板上の微小角 $d\theta$ の帯状領域を流れる電流を di とすれば，$i : di = 2\pi : d\theta$ の比例関係から

$$di = \frac{id\theta}{2\pi}$$

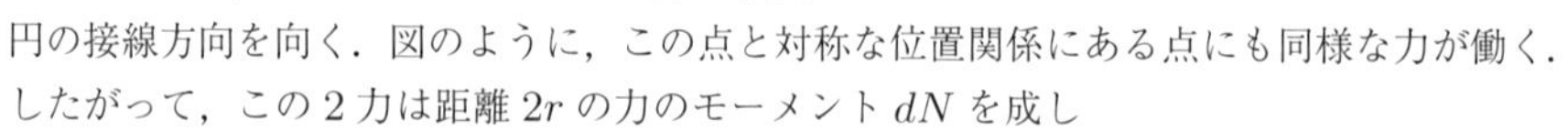

を得る．したがって，円板上の半径 $r\,(r \leqq a)$ の位置での素片 dr に作用する力 dF は，電流素片が $didr$ であるから

$$dF = didrB = \frac{iB}{2\pi}drd\theta$$

となる．また，方向はフレミングの左手の法則から円の接線方向を向く．図のように，この点と対称な位置関係にある点にも同様な力が働く．したがって，この 2 力は距離 $2r$ の力のモーメント dN を成し

$$dN = dF \times 2r = \frac{iBr}{\pi}drd\theta$$

となる．以上より，dN に関する積分を行えば（θ に関する積分は半円に関して行う），求める力のモーメントを N として，次の結果が得られる．

$$N = \frac{iB}{\pi}\int_0^a rdr\int_0^\pi d\theta = iB\left[\frac{r^2}{2}\right]_0^a = \frac{iBa^2}{2}$$

4.1 銅線 1 m あたりの自由電子の数を n とすると

$$n = 8.47 \times 10^{28} \times 0.5 \times 10^{-6} \times 1 = 4.24 \times 10^{22}\ 個$$

となる．また，電流 i は次の値になる．

$$i = nev = 4.24 \times 10^{22} \times 1.60 \times 10^{-19} \times 7.38 \times 10^{-5} = 0.50\,\mathrm{A}$$

5.1 運動方程式は

$$m\dot{\boldsymbol{v}} = Q\boldsymbol{E} + Q(\boldsymbol{v} \times \boldsymbol{B}) \tag{1}$$

である．いま

$$\boldsymbol{v} = \boldsymbol{v}_E + \boldsymbol{v}', \quad \boldsymbol{v}_E = \frac{\boldsymbol{E} \times \boldsymbol{B}}{B^2}$$

とおく（定電磁場中では，$\boldsymbol{v}_E$ は定ベクトル）と

$$\boldsymbol{v} \times \boldsymbol{B} = (\boldsymbol{v}_E + \boldsymbol{v}') \times \boldsymbol{B} = \boldsymbol{v}_E \times \boldsymbol{B} + \boldsymbol{v}' \times \boldsymbol{B} \tag{2}$$

を得る．ベクトル解析の公式 $(\boldsymbol{A} \times \boldsymbol{B}) \times \boldsymbol{C} = (\boldsymbol{A} \cdot \boldsymbol{C})\boldsymbol{B} - (\boldsymbol{B} \cdot \boldsymbol{C})\boldsymbol{A}$ より

$$\boldsymbol{v}_E \times \boldsymbol{B} = \frac{1}{B^2}(\boldsymbol{E} \times \boldsymbol{B}) \times \boldsymbol{B} = \frac{1}{B^2}((\boldsymbol{E} \cdot \boldsymbol{B})\boldsymbol{B} - (\boldsymbol{B} \cdot \boldsymbol{B})\boldsymbol{E}) = \boldsymbol{E}_{/\!/} - \boldsymbol{E} \tag{3}$$

となる．ただし，$\boldsymbol{E}_{/\!/}$ は $\boldsymbol{B}$ に平行な電場の成分を表わし

$$\boldsymbol{E}_{/\!/} = \frac{1}{B^2}(\boldsymbol{E} \cdot \boldsymbol{B})\boldsymbol{B}$$

である．(1)〜(3) ならびに $\dot{\boldsymbol{v}}_E = 0$ より

$$m\dot{\boldsymbol{v}} = m\dot{\boldsymbol{v}}' = Q\boldsymbol{E} + Q(\boldsymbol{E}_{/\!/} - \boldsymbol{E}) + Q(\boldsymbol{v}' \times \boldsymbol{B}) = Q\boldsymbol{E}_{/\!/} + Q(\boldsymbol{v}' \times \boldsymbol{B})$$

が得られる．$\boldsymbol{v}'$ を $\boldsymbol{B}$ に平行な成分 $\boldsymbol{v}'_{/\!/}$ と垂直な成分 $\boldsymbol{v}'_{\perp}$ に分解すると

$$m\dot{\boldsymbol{v}}'_{/\!/} = Q\boldsymbol{E}_{/\!/}, \quad m\dot{\boldsymbol{v}}'_{\perp} = Q(\boldsymbol{v}'_{\perp} \times \boldsymbol{B})$$

となり，(6.8) が得られる．$\boldsymbol{v}_E$ の運動を**電場ドリフト**という．

5.2 電子の質量を m，電荷を $-e$ とする．題意より，$E_y = -V/d$, $B_z = -B$ の定電磁場だから，(6.8) の $\boldsymbol{v}_E$ は次式のように x 成分のみをもつ．

$$v_{Ex} = \frac{1}{B^2}\frac{VB}{d} = \frac{V}{dB}$$

磁場に平行な電場成分は存在しないため，運動方程式は

$$m\frac{dv'_x}{dt} = ev_yB \quad (v_x = v_{Ex} + v'_x) \tag{1}$$

$$m\frac{dv_y}{dt} = -ev'_xB \tag{2}$$

となる．(2) を t で微分し，その結果を (1) に代入すれば

$$\frac{d^2v_y}{dt^2} = -\frac{e^2B^2}{m^2}v_y = -\omega_0^2 v_y \quad \left(\omega_0 = \frac{eB}{m}\right)$$

を得る．よって

$$v_y = A_1 \cos\omega_0 t + A_2 \sin\omega_0 t \quad (A_1, A_2：任意定数)$$

となる．初期条件（$t = 0$ で $v_y = 0$）より，$A_1 = 0$ を得る．(2) より

$$v'_x = -\frac{m}{eB}\frac{dv_y}{dt} = -\frac{m\omega_0 A_2}{eB}\cos\omega_0 t$$

である．初期条件（$t = 0$ で $v_x = v_{Ex} + v'_x = 0$）より

$$\frac{V}{dB} - \frac{m\omega_0 A_2}{eB} = 0 \qquad \therefore \quad A_2 = \frac{eV}{m\omega_0 d}$$

を得る．したがって

$$v_x = \frac{eV}{m\omega_0 d}(1 - \cos\omega_0 t), \quad v_y = \frac{eV}{m\omega_0 d}\sin\omega_0 t$$

となる．さらに，初期条件（$t = 0$ で $x = y = 0$）の下で v_x, v_y を t で積分すれば

$$x = \frac{eV}{m\omega_0^2 d}(\omega_0 t - \sin\omega_0 t), \quad y = \frac{eV}{m\omega_0^2 d}(1 - \cos\omega_0 t)$$

が得られる．図のように，電子は**サイクロイド運動**の軌跡を描く．

電子が陽極に達しないための条件は，y の最大値を $y_{\max}$ とすれば，$y_{\max} < d$ が満たされることである．よって

$$y_{\max} = \frac{eV}{m\omega_0^2 d}(1 - \cos\pi)$$

$$= \frac{2eV}{m\omega_0^2 d} = \frac{2mV}{B^2ed} < d$$

より，次の結果を得る．

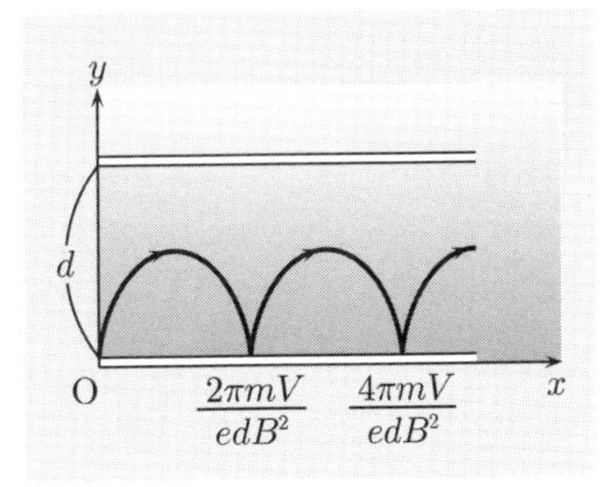

$$B > \frac{1}{d}\sqrt{\frac{2mV}{e}}$$

6.1 二つの振動の分離幅を $\Delta\omega$ とすると，次のようになる．

$$\Delta\omega = \frac{1.60 \times 10^{-19} \times 4 \times 10^{-4}}{9.10 \times 10^{-31}} = 7.03 \times 10^{7}\,\mathrm{rad/s}$$

6.2 例題 6 と同様にして，運動方程式は

$$m\ddot{x} = eax - e\dot{y}B_0$$

$$m\ddot{y} = eay + e\dot{x}B_0$$

$$m\ddot{z} = -2eaz$$

となる．z 成分の運動は

$$\omega_0 = \sqrt{\frac{2ea}{m}}$$

の角周波数での単振動となる．x および y の運動方程式を $u = x + iy$ の複素数で表わすと

$$m\ddot{u} - ieB_0\dot{u} - eau = 0$$

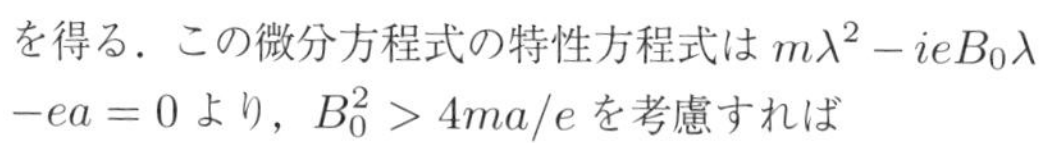

を得る．この微分方程式の特性方程式は $m\lambda^2 - ieB_0\lambda - ea = 0$ より，$B_0^2 > 4ma/e$ を考慮すれば

$$\lambda = i\omega_{\pm}$$

$$\omega_{\pm} = \frac{eB_0 \pm \sqrt{e^2B_0^2 - 4mea}}{2m} \quad (> 0)$$

となる．したがって，解は二つの振動モード ω_+, ω_- によって

$$u = x + iy = A_1 e^{i\omega_+ t} + A_2 e^{i\omega_- t}$$

$$\rightarrow \begin{cases} x = A_1 \cos\omega_+ t + A_2 \cos\omega_- t \\ y = A_1 \sin\omega_+ t + A_2 \sin\omega_- t \end{cases}$$

で表わされる．$A_1 > A_2 > 0$ とするとこの運動の軌跡は，xy-平面内で半径 A_1 の円運動に半径 A_2 の円運動が重なったものであり，図のような円形らせん運動となる．

7.1 (a) $T = \dfrac{2 \times 3.14 \times 9.11 \times 10^{-31}}{1.60 \times 10^{-19} \times 2 \times 10^{-2}} = 1.79 \times 10^{-9}\,\mathrm{s}$

(b) 初速度を v，加速電圧を V とすると

$$\frac{1}{2}mv^2 = eV \qquad \therefore \quad v = \sqrt{\frac{2eV}{m}}$$

となる．したがって，上式ならびに例題 7 の結果より，次の結果を得る．

$$v = \sqrt{\frac{2 \times 1.60 \times 10^{-19} \times 10^{3}}{9.11 \times 10^{-31}}} = 1.87 \times 10^{7}\,\mathrm{m/s}$$

$$r = \frac{9.11 \times 10^{-31} \times 1.87 \times 10^{7}}{1.60 \times 10^{-19} \times 2 \times 10^{-2}} = 5.32 \times 10^{-3}\,\mathrm{m}$$

7.2 (a) サイクロトロン周波数に等しい周期の交流電圧をかければよい．よって，求める周期を T，周波数を f とすると，次のようになる．

$$T = \frac{2 \times 3.14 \times 1.67 \times 10^{-27}}{1.60 \times 10^{-19} \times 0.5} = 1.31 \times 10^{-7}\text{s}$$

$$\therefore \quad f = \frac{1}{T} = 7.63 \times 10^{6}\,\text{Hz}$$

(b) $v = \dfrac{1.60 \times 10^{-19} \times 0.5 \times 0.6}{1.67 \times 10^{-27}} = 2.87 \times 10^{7}\,\text{m/s}$

よって，陽子の質量を m_p とすれば，陽子のエネルギーは次のようになる．

$$\frac{1}{2}m_p v^2 = \frac{1.67 \times 10^{-27} \times (2.87)^2 \times 10^{14}}{2 \times 1.60 \times 10^{-19}} = 4.30 \times 10^{6}\,\text{eV}$$

8.1 $\theta \ll 1$ より，次の近似がなりたつ．

$$v_{/\!/} = v_0 \cos\theta \cong v_0\left(1 - \frac{\theta^2}{2}\right), \quad v_{\perp} = v_0 \sin\theta \cong v_0\theta$$

$\boldsymbol{B}$ に対し垂直な方向の円運動の周期は，$v_{\perp}$ によらず一定で，例題 8 より

$$T = \frac{2\pi m}{eB}$$

である．したがって，1 周期の間に電子が進む距離 λ は

$$\lambda = v_{/\!/}T \cong \frac{2\pi m v_0}{eB}\left(1 - \frac{\theta^2}{2}\right)$$

となる．$\theta \ll 1$ のとき，θ は λ に対し 2 次の微小量となる．よって，十分小さな θ に対して，λ をほぼ一定値として扱うことができる．この依存性を応用したものが**磁気レンズ**である．

9.1 静止している荷電粒子には，磁場によるローレンツ力は作用しない．物理現象は慣性系では同等である．したがって，金属棒が静止する系では，荷電粒子に作用する力は電場によるものとなる．よって，この系では

$$\boldsymbol{E}_i = \boldsymbol{v} \times \boldsymbol{B} \quad \rightarrow \quad E_i = vB$$

に相当する電場が作用すると解釈できる．金属棒の両端に発生する起電力を V_i とすると

$$V_i = vBl$$

となり，これによって電流が流れる．こうした起電力を**誘導起電力**という．

9.2 単位長さあたりの荷電粒子の個数を n とすれば，電流 $\boldsymbol{i}$ は

$$\boldsymbol{i} = nQ\boldsymbol{v}$$

となる．長さ dl の電流素片に対するビオ・サバールの法則は，(5.3) より

$$d\boldsymbol{B} = \frac{\mu_0}{4\pi}\frac{i d\boldsymbol{l} \times \boldsymbol{r}}{r^3} = \frac{\mu_0}{4\pi}\frac{dl(\boldsymbol{i} \times \boldsymbol{r})}{r^3}$$

であるから

$$d\boldsymbol{B} = ndl\frac{\mu_0}{4\pi}\frac{Q(\boldsymbol{v} \times \boldsymbol{r})}{r^3}$$

が得られる．ここで，ndl は長さ dl 中に含まれる荷電粒子の個数を表わすから，$d\boldsymbol{B}$ を個々の荷電粒子による磁束密度 $\boldsymbol{B}_Q$ の合成とみなせば

$$\boldsymbol{B}_Q = \frac{\mu_0}{4\pi}\frac{Q(\boldsymbol{v}\times\boldsymbol{r})}{r^3}$$

となる．θ を $\boldsymbol{v}$ と $\boldsymbol{r}$ のなす角とすると，$\boldsymbol{B}_Q$ の大きさ B_Q は

$$B_Q = \frac{\mu_0}{4\pi}\frac{Qv\sin\theta}{r^2}$$

である．

9.3 (a) $j = nev$ より $v = \dfrac{j}{ne}$ となる．

(b) 電子に作用するローレンツ力は $f = -e(\boldsymbol{v}\times\boldsymbol{B})$ となる．この力は y 軸の負の方向を向くから，この結果 P 面に電子が帯電する．

(c) $-eE_{\mathrm{H}} + (-e)vB = 0$ より

$$E_{\mathrm{H}} = -vB = -\frac{jB}{ne}$$

が得られる．

(d) $E_{\mathrm{H}} = R_{\mathrm{H}}jB$ より，$R_{\mathrm{H}} = -\dfrac{1}{ne} < 0$ となる．

7章の解答

1.1 磁気モーメントの大きさを m とすれば

$$m = 3.14 \times (2 \times 10^{-2})^2 \times 300 \times 10^{-3} = 3.77 \times 10^{-4}\,\mathrm{A \cdot m^2}$$

となる.

1.2 第5章問題5.2の計算結果より，求める磁気モーメント m は

$$m = \pi a_{\mathrm{B}}^2 i = 3.14 \times (0.529 \times 10^{-10})^2 \times 1.05 \times 10^{-3} = 9.23 \times 10^{-24}\,\mathrm{A \cdot m^2}$$

となる.

1.3 導体球表面の電荷の面密度を σ とすると

$$\sigma = \frac{Q}{4\pi a^2}$$

である．中心軸を z 軸とし，中心軸と θ の角をなす帯状円電流 di を考えれば，例題1と同様な方法によって

$$di = \frac{\omega}{2\pi}\sigma \cdot 2\pi a \sin\theta a d\theta = \frac{Q\omega}{4\pi}\sin\theta d\theta$$

が得られる．帯状電流による磁気モーメント dm は

$$dm = \pi\,(a\sin\theta)^2 di = \frac{1}{4}a^2 Q\omega \sin^3\theta d\theta$$

より，求める磁気モーメント m は

$$m = \frac{1}{4}a^2 Q\omega \int_0^\pi \sin^3\theta d\theta = \frac{1}{4}a^2 Q\omega \int_0^\pi (1-\cos^2\theta)\sin\theta d\theta$$

のようになる．$t = \cos\theta$ の変数変換を行えば，$dt = -\sin\theta d\theta$，$\theta = 0$ のとき $t = 1$，$\theta = \pi$ のとき $t = -1$ より，次の結果を得る.

$$m = \frac{1}{4}a^2 Q\omega \int_{-1}^1 (1-t^2)dt = \frac{1}{2}a^2 Q\omega \left[t - \frac{t^3}{3}\right]_0^1 = \frac{1}{3}a^2 Q\omega$$

2.1 鉄の透磁率を μ とすると

$$\mu = 320\mu_0 = 320 \times 4\pi \times 10^{-7} = 4.02 \times 10^{-4}\,\mathrm{H/m}$$

となる．磁場，磁化，磁束密度の各大きさを H，M，B とすれば

$$H = \frac{500}{1 + (320-1) \times 4.20 \times 10^{-3}} = 2.14 \times 10^2\,\mathrm{A/m}$$

$$M = \frac{319 \times 500}{1 + (320-1) \times 4.20 \times 10^{-3}} = 6.82 \times 10^4\,\mathrm{A/m}$$

$$B = \mu H = 4.02 \times 10^{-4} \times 2.14 \times 10^2 = 8.60 \times 10^{-2}\,\mathrm{T}$$

を得る.

2.2 外部磁場を H_0，鉄の棒内部の磁場を H とすると，例題2の(3)より反磁場係数 A_d は

$$A_d = \frac{H_0/H - 1}{\mu/\mu_0 - 1}$$

となる．磁化率を χ_m とすれば，$\chi_m = \mu_r - 1 = \mu/\mu_0 - 1$．よって，$A_d$ の値は

$$A_d = \frac{500/200 - 1}{250} = 6.00 \times 10^{-3}$$

である．

2.3 磁化 $\boldsymbol{M}$ は

$$\boldsymbol{H} = \frac{3}{\mu_r + 2}\boldsymbol{H}_0 \quad \text{より} \quad \boldsymbol{M} = (\mu_r - 1)\boldsymbol{H} = \frac{3(\mu_r - 1)}{\mu_r + 2}\boldsymbol{H}_0$$

となる．また，反磁場 $\boldsymbol{H}_d$ は

$$\boldsymbol{H}_d = \boldsymbol{H} - \boldsymbol{H}_0 = \left(\frac{3}{\mu_r + 2} - 1\right)\boldsymbol{H}_0 = -\frac{\mu_r - 1}{\mu_r + 2}\boldsymbol{H}_0$$

のようになる．$\boldsymbol{H}_d = -A_d\boldsymbol{M}$ より

$$\boldsymbol{H}_d + A_d\boldsymbol{M} = \left(-\frac{\mu_r - 1}{\mu_r + 2} + A_d\frac{3(\mu_r - 1)}{\mu_r + 2}\right)\boldsymbol{H}_0 = \frac{\mu_r - 1}{\mu_r + 2}(3A_d - 1)\boldsymbol{H}_0 = \boldsymbol{0}$$

となり，したがって

$$A_d = \frac{1}{3}$$

である．

3.1 $\boldsymbol{F}$ を成分で表示すると

$$\boldsymbol{F} = (F_x,\ F_y,\ F_z) = \left(\frac{\partial\varphi}{\partial x},\ \frac{\partial\varphi}{\partial y},\ \frac{\partial\varphi}{\partial z}\right)$$

である．$\mathrm{rot}\,\boldsymbol{F}$ の x 成分を計算すると

$$(\mathrm{rot}\,\boldsymbol{F})_x = \frac{\partial F_z}{\partial y} - \frac{\partial F_y}{\partial z} = \frac{\partial^2\varphi}{\partial y\partial z} - \frac{\partial\varphi}{\partial z\partial y} = 0$$

を得る．同様にして，$(\mathrm{rot}\,\boldsymbol{F})_y = (\mathrm{rot}\,\boldsymbol{F})_z = 0$ となる．以上より，$\boldsymbol{F} = \mathrm{grad}\,\varphi$ ならば

$$\mathrm{rot}\,\boldsymbol{F} = 0$$

である．

3.2 $\boldsymbol{B} = \mathrm{rot}\,\boldsymbol{A}$ に対し，$\boldsymbol{A}$ とは異なる任意のベクトル $\boldsymbol{A}' = \boldsymbol{A} + \mathrm{grad}\,\varphi$（$\varphi$：任意のスカラー）を考える．問題 3.1 の結果（$\mathrm{rot}\,\mathrm{grad}\,\varphi = 0$）より

$$\mathrm{rot}\,\boldsymbol{A}' = \mathrm{rot}\,\boldsymbol{A} + \mathrm{rot}\,\mathrm{grad}\,\varphi = \mathrm{rot}\,\boldsymbol{A}$$

を得る．以上より

$$\boldsymbol{B} = \mathrm{rot}\,\boldsymbol{A} = \mathrm{rot}\,\boldsymbol{A}'$$

となり，同一の $\boldsymbol{B}$ を与える $\boldsymbol{A}$ は一意的には決まらない．

3.3
$$\begin{aligned}\mathrm{div}\,(\boldsymbol{F} \times \boldsymbol{G}) &= \frac{\partial}{\partial x}(\boldsymbol{F} \times \boldsymbol{G})_x + \frac{\partial}{\partial y}(\boldsymbol{F} \times \boldsymbol{G})_y + \frac{\partial}{\partial z}(\boldsymbol{F} \times \boldsymbol{G})_z \\ &= \frac{\partial}{\partial x}(F_yG_z - F_zG_y) + \frac{\partial}{\partial y}(F_zG_x - F_xG_z) + \frac{\partial}{\partial z}(F_xG_y - F_yG_x) \qquad (1)\end{aligned}$$

である．関数の積の微分を実行し式を整理すれば，次の結果を得る．

$$(1) = -F_x\left(\frac{\partial G_z}{\partial y} - \frac{\partial G_y}{\partial z}\right) - F_y\left(\frac{\partial G_x}{\partial z} - \frac{\partial G_z}{\partial x}\right) - F_z\left(\frac{\partial G_y}{\partial x} - \frac{\partial G_x}{\partial y}\right)$$

$$+G_x\left(\frac{\partial F_z}{\partial y}-\frac{\partial F_y}{\partial z}\right)+G_y\left(\frac{\partial F_x}{\partial z}-\frac{\partial F_z}{\partial x}\right)+G_z\left(\frac{\partial F_y}{\partial x}-\frac{\partial F_x}{\partial y}\right)$$
$$=-\boldsymbol{F}\cdot\mathrm{rot}\,\boldsymbol{G}+\boldsymbol{G}\cdot\mathrm{rot}\,\boldsymbol{F}$$

3.4 ガウスの定理より，題意の体積積分は

$$\int_V \mathrm{div}\,\boldsymbol{A}dv=\oint_S \boldsymbol{A}\cdot d\boldsymbol{S}$$

のように面積分に変換できる．積分領域は全空間に渡るから，面積分も十分遠方の距離 $r\to\infty$ に対するものになる．$\boldsymbol{A}$, S の $r\to\infty$ での漸近形は

$$\boldsymbol{A}\propto\frac{1}{r^3},\quad S\propto r^2$$

であるから，当該面積分は $1/r$ の依存性をもち，$r\to\infty$ でゼロとなる．

3.5 磁場のエネルギー U_m は

$$U_m=\frac{1}{2}\int_V \boldsymbol{H}\cdot\boldsymbol{B}\,dv=\frac{1}{2}\int_V \boldsymbol{H}\cdot\mathrm{rot}\,\boldsymbol{A}\,dv$$

である．問題 3.3 の結果

$$\boldsymbol{H}\cdot\mathrm{rot}\,\boldsymbol{A}=\boldsymbol{A}\cdot\mathrm{rot}\,\boldsymbol{H}+\mathrm{div}\,(\boldsymbol{A}\times\boldsymbol{H})$$

を代入すれば

$$U_m=\frac{1}{2}\int_V \boldsymbol{A}\cdot\mathrm{rot}\,\boldsymbol{H}dv+\frac{1}{2}\int_V \mathrm{div}\,(\boldsymbol{A}\times\boldsymbol{H})dv$$

を得る．上の右辺第 2 項は，ガウスの定理より，以下の面積分に変換できる．

$$\int_V \mathrm{div}\,(\boldsymbol{A}\times\boldsymbol{H})dv=\oint_S(\boldsymbol{A}\times\boldsymbol{H})\cdot d\boldsymbol{S}$$

問題 3.4 と同様の考察より，$\boldsymbol{A},\boldsymbol{H},S$ の $r\to\infty$ での漸近形（(7.11)，第 5 章問題 8.5 を参照）は

$$\boldsymbol{A}\propto\frac{1}{r},\quad \boldsymbol{H}\propto\frac{1}{r^2},\quad S\propto r^2$$

であるから，当該面積分は $1/r$ の依存性をもち，$r\to\infty$ でゼロとなる．よって，アンペールの法則 $\mathrm{rot}\,\boldsymbol{H}=\boldsymbol{j}$ を考慮すれば

$$U_m=\frac{1}{2}\int_V \boldsymbol{A}\cdot\boldsymbol{j}dv$$

となる．

3.6 電流密度を $\boldsymbol{j}$，体積素を dv，閉回路 C 上の線素を $d\boldsymbol{l}$ とすれば，$\boldsymbol{j}dv=id\boldsymbol{l}$．よって

$$U_m=\frac{1}{2}\int_V \boldsymbol{A}\cdot\boldsymbol{j}dv=\frac{1}{2}i\oint_C \boldsymbol{A}\cdot d\boldsymbol{l}$$

となる．例題 3 より，右辺の線積分は閉回路 C を横切る磁束 Φ である．よって

$$U_m=\frac{1}{2}i\Phi=\frac{1}{2}iN\phi\quad(\Phi=N\phi)$$

を得る．

4.1 題意の関数を z で微分すると

$$\frac{d\,(\log|z+\sqrt{z^2+a^2}|)}{dz}=\frac{1}{z+\sqrt{z^2+a^2}}\times\left(1+\frac{z}{\sqrt{z^2+a^2}}\right)=\frac{1}{\sqrt{z^2+a^2}}$$

となる．よって，題意の関係式が得られる．

4.2 例題 4 と同様にして円筒座標を考え，$\boldsymbol{B}=(B_r,B_\theta,B_z)$ とする．例題 4 より，$A_r=A_\theta=0$，A_z は r のみに依存するから

$$B_r=\frac{1}{r}\frac{\partial A_z}{\partial\theta}-\frac{\partial A_\theta}{\partial z}=0,\quad B_z=\frac{1}{r}\left(\frac{\partial}{\partial r}(rA_\theta)-\frac{\partial A_r}{\partial\theta}\right)=0$$

である．例題 4 の結果より，B_θ は次のようになる．

$$B_\theta=\frac{\partial A_r}{\partial z}-\frac{\partial A_z}{\partial r}=-\frac{\partial A_z}{\partial r}=-\frac{\mu_0 i}{2\pi}\frac{\partial}{\partial r}\left[\log\left\{\frac{l}{r}\left(1+\sqrt{1+\left(\frac{r}{l}\right)^2}\right)\right\}\right]$$

$$=\frac{\mu_0 i}{2\pi}\left(\frac{1}{r}-\frac{r}{(l+\sqrt{r^2+l^2})\sqrt{r^2+l^2}}\right)=\frac{\mu_0 i}{2\pi r\sqrt{1+(r/l)^2}}$$

4.3 $l\to\infty$ のとき

$$B_\theta\to\frac{\mu_0 i}{2\pi r}$$

となる．この結果は第 5 章 (5.16) に一致する．

4.4 中心軸を z 軸とする円筒座標を考え，ベクトルポテンシャルを $\boldsymbol{A}=(A_r,A_\varphi,A_z)$ とする．(7.11) と系の対称性から $A_r=A_z=0$ であり，A_φ のみ値をもつ．図 (a)，(b) のように半径 a，b の二つの円を考える．半径 a の円電流上の点を P，この円電流の中心からの高さが z で中心軸からの距離が b の点を Q とすれば，図より PQ= $|\boldsymbol{r}-\boldsymbol{r}'|$ であるから

$$\mathrm{PQ}=\sqrt{a^2+b^2-2ab\cos(\varphi-\theta)+z^2}$$

である．$a\gg b$ より，b/a の一次近似までを考慮すれば

$$\frac{1}{|\boldsymbol{r}-\boldsymbol{r}'|}=\frac{1}{\sqrt{a^2+b^2-2ab\cos(\varphi-\theta)+z^2}}$$

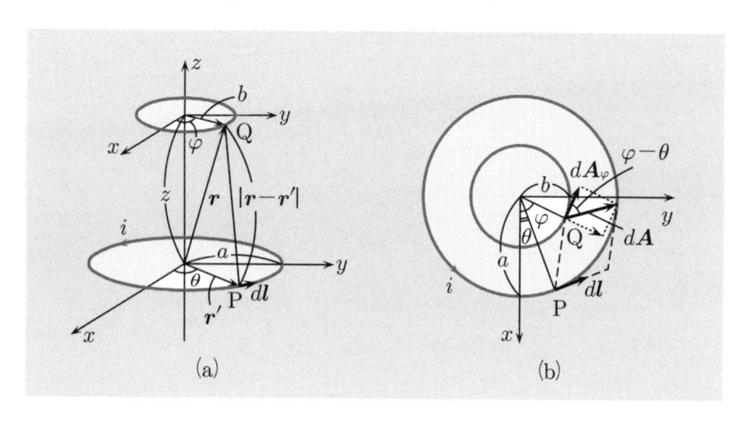

$$\cong \frac{1}{\sqrt{a^2+z^2}}\left(1+\frac{ab}{a^2+z^2}\cos(\varphi-\theta)+\cdots\right)$$

を得る．また，図 (b) より，円電流上の電流素片 $id\boldsymbol{l}$ による Q 点でのベクトルポテンシャルのうち，内側の円の法線成分は系の対称性から相殺し，接線成分 dA_φ のみが寄与する．したがって

$$dA_\varphi = \frac{\mu_0 i}{4\pi}\frac{ad\theta}{|\boldsymbol{r}-\boldsymbol{r}'|}\cos(\varphi-\theta)$$

となる．以上より，A_φ として次の結果を得る．

$$A_\varphi \cong \frac{\mu_0 i}{4\pi}\frac{a}{\sqrt{a^2+z^2}}\int_0^{2\pi}\left(1+\frac{ab}{a^2+z^2}\cos(\varphi-\theta)\right)\cos(\varphi-\theta)d\theta$$
$$= \frac{\mu_0 i}{4\pi}\frac{a^2 b}{(a^2+z^2)^{3/2}}\int_0^{2\pi}\cos^2(\varphi-\theta)d\theta = \cdots = \frac{\mu_0 i}{4}\frac{a^2 b}{(a^2+z^2)^{3/2}}$$

5.1 磁束密度の法線成分と磁場の接線成分が境界面において連続になることを考慮すればよい．よって図より，

$$B_0\cos\theta_0 = B\cos\theta \quad\to\quad \mu H_0\cos\theta_0 = \mu_0 H\cos\theta \tag{1}$$
$$H_0\sin\theta_0 = H\sin\theta \tag{2}$$

である．(1) の 2 乗と $\mu_0\times(2)$ の 2 乗の和をとると

$$\mu_0^2 H^2 = \mu^2 H_0^2\left\{\cos^2\theta_0 + \left(\frac{\mu_0}{\mu}\right)^2\sin^2\theta_0\right\}$$

得る．よって，$B_0=\mu H_0$，$B=\mu_0 H$ より

$$B = B_0\sqrt{\cos^2\theta_0+\left(\frac{\mu_0}{\mu}\right)^2\sin^2\theta_0},$$
$$H = \frac{B_0}{\mu_0}\sqrt{\cos^2\theta_0+\left(\frac{\mu_0}{\mu}\right)^2\sin^2\theta_0}$$

となる．また，$\tan\theta/\mu_0=\tan\theta_0/\mu$ より，次の結果を得る．

$$\theta = \tan^{-1}\left(\frac{\mu_0}{\mu}\tan\theta_0\right)$$

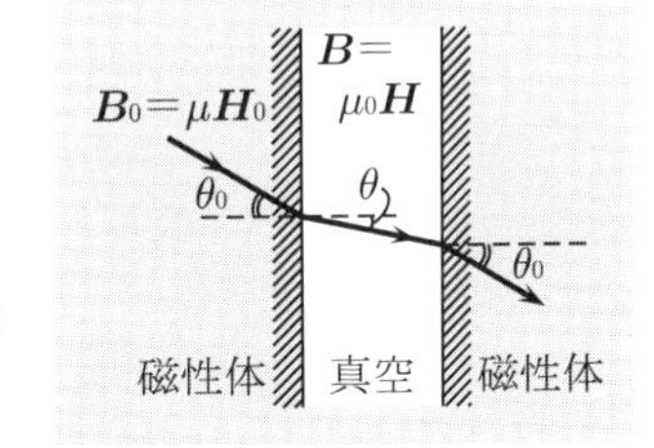

5.2 磁性体の境界面では，角度 $\theta_a,\theta_b,\theta_c$ に対して

$$\frac{\tan\theta_a}{\mu} = \frac{\tan\theta_b}{2\mu} = \frac{\tan\theta_c}{\mu/2}$$

が成立する．また，問題の図より，d_1,d_2,l_1,l_2 に対して

$$\tan\theta_a = \frac{l_1+l_2}{d_1+d_2},\quad \tan\theta_b = \frac{l_1}{d_1},\quad \tan\theta_c = \frac{l_2}{d_2}$$

となる．以上より，次の結果が得られる．

$$\frac{\tan\theta_a}{\tan\theta_b} = \frac{1}{2} = \frac{(l_1+l_2)d_1}{(d_1+d_2)l_1} \quad (1), \qquad \frac{\tan\theta_a}{\tan\theta_c} = 2 = \frac{(l_1+l_2)d_2}{(d_1+d_2)l_2} \tag{2}$$

(2)÷(1) より，次の l_1 と l_2 の関係式が得られる．

$$4 = \frac{l_1 d_2}{d_1 l_2} \qquad \therefore \quad l_2 = \frac{l_1 d_2}{4 d_1}$$

l_2 を (1) に代入して，式を整頓すると

$$\frac{1}{2} = \frac{1 + \dfrac{d_2}{4d_1}}{1 + \dfrac{d_2}{d_1}} \quad \text{より} \quad \frac{d_2}{d_1} = 2$$

を得る．d_2 は d_1 の 2 倍になる．

5.3 図のように，中心軸を中心とする半径 r の円を考える．この円周上での磁場 $\boldsymbol{H}$ の大きさは等しく，向きは右ねじの回転方向となる．したがって，円周に沿う $\boldsymbol{H}$ の線積分は次のようになる．

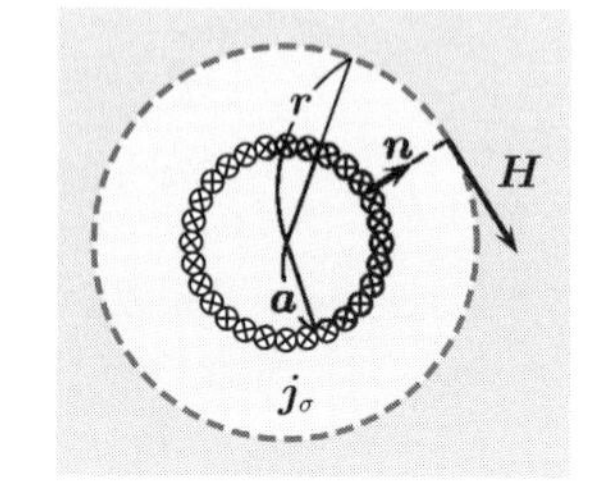

$$\oint_C \boldsymbol{H} \cdot d\boldsymbol{l} = H \times 2\pi r$$

(a)　$r < a$（導体内部）のとき：半径 a の円の内部を通る電流はゼロであるから，アンペールの法則より $H = 0$

(b)　$r \geqq a$（導体表面および外部）のとき：アンペールの法則より

$$H = \frac{i}{2\pi r}$$

を得る．導体表面では，H は $i/2\pi a$ だけ不連続になる．これは面電流密度 j_σ（電流を円周で割ったもの）に等しい．面の外向き法線方向の単位ベクトル $\boldsymbol{n}$ は，図のようになるから，$\boldsymbol{j}_\sigma, \boldsymbol{n}, \boldsymbol{H}$ の方向関係は右手系を成す．よって，次の結果を得る．

$$\boldsymbol{H} = \boldsymbol{j}_\sigma \times \boldsymbol{n}$$

6.1 環状電流から充分離れ，環状電流の拡がりが無視できるような領域では，任意の閉経路 C に対し C を貫く電流はゼロとなる．よって，アンペールの法則より，$\mathrm{rot}\,\boldsymbol{H} = 0$ を得る．この結果は，電場と電位の関係でも学習したように，磁場 $\boldsymbol{H}$ がスカラーポテンシャル V_m で表わせることを意味する．V_m を**磁位**という．環状電流の場合の V_m は，電気双極子による電位と対応付けられ，磁気モーメントを $\boldsymbol{m}$ とすれば，

$$V_m = \frac{\boldsymbol{m} \cdot \boldsymbol{r}}{4\pi r^3} [\mathrm{A}]$$

となる†．

6.2 円電流の中心軸を z 軸，磁気モーメント $\boldsymbol{m}$ の向きを z の正方向にとる．第 5 章問題 5.3 の磁場 H の解は，$m = i\pi a^2$ より，$|z| \gg a$ の領域では

† 当該領域での $\boldsymbol{H} = -\mathrm{grad}\, V_m$ の関係を，ベクトルポテンシャルを用いて正確に導くことができるが，計算は大変複雑になる．解法に興味のある者は，たとえば北川盈雄著「アンペールの法則」（共立出版）を参照せよ．

$$H = \frac{ia^2}{2(z^2+a^2)^{3/2}} = \frac{m}{2\pi(z^2+a^2)^{3/2}} \cong \frac{m}{2\pi|z|^3}$$

となる．また，$\boldsymbol{H}$ の向きは z の正方向であるから，$\boldsymbol{H}$ と $\boldsymbol{m}$ は平行になる．

他方，例題6の解で，$\boldsymbol{m}$ の向きを z の正方向にとる場合，円電流の中心軸上では $\boldsymbol{r} = (0,0,z)$ より，$\boldsymbol{r}$ と $\boldsymbol{m}$ は平行 $(z>0)$，あるいは反平行 $(z<0)$ となる．よって，題意の解は次式のように

$$\boldsymbol{H} = -\frac{1}{4\pi}\left(\frac{\boldsymbol{m}}{|z|^3} - \frac{3\boldsymbol{m}}{|z|^3}\right) = \frac{\boldsymbol{m}}{2\pi|z|^3}$$

となり，第5章問題5.3の解から導かれる結果に一致する．

6.3 $\boldsymbol{r}$ と $\boldsymbol{m}$ の間の角を θ とすれば，例題6の結果より

$$\boldsymbol{H} = -\frac{1}{4\pi}\left(\frac{\boldsymbol{m}}{r^3} - \frac{3\boldsymbol{r}(\boldsymbol{m}\cdot\boldsymbol{r})}{r^5}\right) = -\frac{1}{4\pi}\left(\frac{\boldsymbol{m}}{r^3} - \boldsymbol{e}_r\frac{3m\cos\theta}{r^3}\right)$$

となる．いま，図のように $\boldsymbol{m}$ を r 成分と θ 成分に分解すると，ベクトルの θ 成分は反時計回りを正とするから

$$\boldsymbol{m} = \boldsymbol{e}_r m\cos\theta - \boldsymbol{e}_\theta m\sin\theta$$

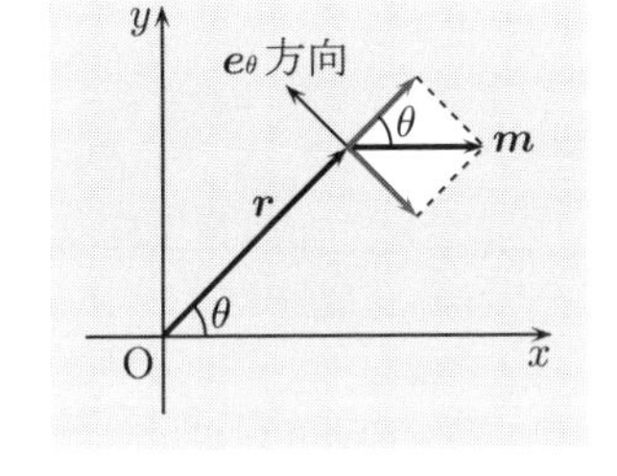

である．したがって

$$\boldsymbol{H} = \frac{1}{4\pi}\left(\boldsymbol{e}_r\frac{2m\cos\theta}{r^3} + \boldsymbol{e}_\theta\frac{m\sin\theta}{r^3}\right)$$

となり，(7.27)，(7.28) に一致する次の結果が得られる．

$$H_r = \frac{m}{2\pi r^3}\cos\theta$$

$$H_\theta = \frac{m}{4\pi r^3}\sin\theta$$

7.1 $\boldsymbol{F}_1, \boldsymbol{F}_2$ の $\boldsymbol{m}$ 方向の成分は打ち消し合い，$\boldsymbol{m}$ に垂直な成分は等しくなる．例題7と同様な計算により，ABが受ける力 F は

$$F = 2\left(\frac{\mu_0 Q_m^2}{4\pi r^2} - \frac{\mu_0 Q_m^2 r}{4\pi(r^2+l^2)^{3/2}}\right)$$

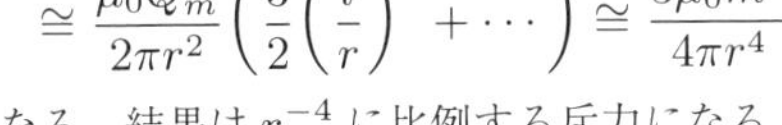

$$\cong \frac{\mu_0 Q_m^2}{2\pi r^2}\left(\frac{3}{2}\left(\frac{l}{r}\right)^2 + \cdots\right) \cong \frac{3\mu_0 m^2}{4\pi r^4}$$

となる．結果は r^{-4} に比例する斥力になる．

7.2 点 $\mathrm{P}(r,\theta)$ での磁場 H の x 成分を H_x とする．p.95の図より

$$H_x = H_r\cos\theta + H_\theta\cos\left(\frac{\pi}{2}+\theta\right) = H_r\cos\theta - H_\theta\sin\theta$$

を得る．磁気双極子による磁場の H_r, H_θ は (7.27)，(7.28) より

$$H_r = \frac{m\cos\theta}{2\pi r^3}, \quad H_\theta = \frac{m\sin\theta}{4\pi r^3}$$

となる．したがって

$$H_x = \frac{m}{4\pi r^3}(2\cos^2\theta - \sin^2\theta) = \frac{m}{4\pi r^3}(3\cos^2\theta - 1) = 0$$

より，次の結果を得る．

$$\cos\theta = \pm\frac{1}{\sqrt{3}} \qquad \therefore \quad \theta = \cos^{-1}\left(\pm\frac{1}{\sqrt{3}}\right)$$

7.3 図より，回転軸のまわりの力のモーメントのつり合いは

$$Q_m B_h l\cos\theta + Q_m B_v l\sin\theta - \frac{l}{2}Mg\sin\theta = 0$$

となる．よって

$$Q_m = \frac{Mg\sin\theta}{2(B_h\cos\theta + B_v\sin\theta)}$$

を得る．以上より，磁気モーメント m は

$$m = Q_m l = \frac{Mgl\sin\theta}{2(B_h\cos\theta + B_v\sin\theta)}$$

となる．

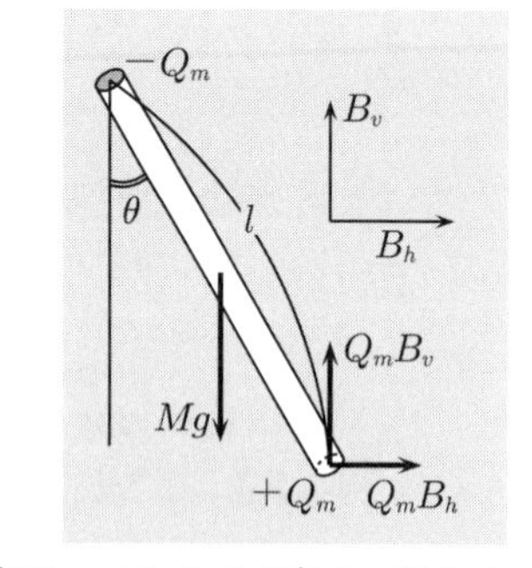

8.1 図のように，球の中心を含む断面を考え，この面内での磁気モーメントの方向を x 軸とする2次元極座標を考える．図 (a) のように球外の磁場は，外部磁場 $\boldsymbol{H}_0$ と球の中心の磁気モーメント $\boldsymbol{m}_1$ の磁気双極子によって生じるとする．また，図 (b) のように磁性体部の磁場は，一様な磁場 $\boldsymbol{H}_1$ と球の中心の磁気モーメント $\boldsymbol{m}_2$ の磁気双極子によって生じるとし，中空部の磁場 $\boldsymbol{H}_2$ は一様とする．例題8と同様にして，境界面の境界条件より

$$H_0 - \frac{m_1}{4\pi b^3} = H_1 - \frac{m_2}{4\pi b^3} \tag{1}$$

$$\mu_0 H_0 + \frac{\mu_0 m_1}{2\pi b^3} = \mu H_1 + \frac{\mu m_2}{2\pi b^3} \tag{2}$$

$$H_1 - \frac{m_2}{4\pi a^3} = H_2 \tag{3}$$

$$\mu H_1 + \frac{\mu m_2}{2\pi a^3} = \mu_0 H_2 \tag{4}$$

が得られる．ただし，$\mu = \mu_r\mu_0$ である．上の (3) と (4) から

$$H_2 = \frac{3\mu_r}{1+2\mu_r}H_1, \quad m_2 = 4\pi a^3\frac{1-\mu_r}{1+2\mu_r}H_1$$

が導かれる．m_2 を (1)，(2) に代入しまとめると

$$H_0 - \frac{m_1}{4\pi b^3} = \left(1 - \left(\frac{a}{b}\right)^3\frac{1-\mu_r}{1+2\mu_r}\right)H_1$$

$$\mu_0 H_0 + \frac{\mu_0 m_1}{2\pi b^3} = \mu\left(1 + \left(\frac{a}{b}\right)^3\frac{2(1-\mu_r)}{1+2\mu_r}\right)H_1$$

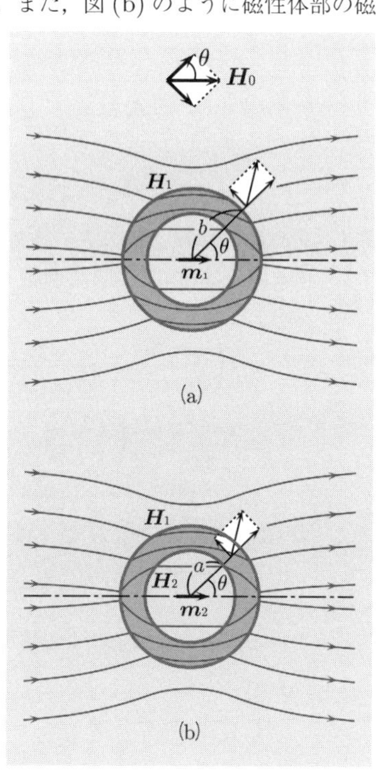

を得る．この2式から m_1 を消去すれば，H_0 と H_1 の関係式が求められる．最終結果を整理して表わせば

$$H_1 = \frac{3H_0}{2 + \mu_r - \dfrac{2(\mu_r - 1)^2}{1 + 2\mu_r}\left(\dfrac{a}{b}\right)^3}$$

となる．同様にして

$$H_2 = \frac{H_0}{1 + \dfrac{2(\mu_r - 1)^2}{9\mu_r}\left(1 - \left(\dfrac{a}{b}\right)^3\right)}$$

を得る．上の式の導出に際し，$(1 + 2\mu_r)(2 + \mu_r) = 2(\mu_r - 1)^2 + 9\mu_r$ の関係を用いた．$\mu_r \gg 1$ より

$$H_2 \cong \frac{H_0}{1 + \dfrac{2}{9}\mu_r\left(1 - \left(\dfrac{a}{b}\right)^3\right)}$$

となり，さらに $a/b \ll 1$ のときには，H_2 は H_0 に比べて十分小さくすることができる．

9.1 スピン磁気モーメント $\boldsymbol{m}_\beta$ と $\boldsymbol{B}$ が平行のとき

$$U_1 = -m_\beta B = -0.928 \times 10^{-23} \times 0.5 = -4.64 \times 10^{-24}\,\mathrm{J}$$

エネルギーの単位を eV に変換すると

$$U_1 = -\frac{4.64 \times 10^{-24}}{1.60 \times 10^{-19}} = -2.90 \times 10^{-5}\,\mathrm{eV}$$

を得る．スピン磁気モーメント $\boldsymbol{m}_\beta$ と $\boldsymbol{B}$ が反平行のときは

$$U_2 = m_\beta B = 2.90 \times 10^{-5}\,\mathrm{eV}$$

となる．よって，エネルギー差は以下の通り．

$$U_2 - U_1 = 5.80 \times 10^{-5}\,\mathrm{eV}$$

10.1 SI単位系では，1 A・m の磁荷に 1 N の力が働くとき，磁束密度は 1 T となる．例題10より，この力は 10 emu 単位の磁荷に 10^5 dyn の力が働くことと等価である．したがって，$1\,\mathrm{T} = 10^5/10 = 10^4\,\mathrm{G}$ である．

10.2 $\boldsymbol{E} - \boldsymbol{H}$ 対応では，磁荷，磁気モーメント，磁化は，それぞれ次のように定義される．

$\boldsymbol{F} = Q_m \boldsymbol{H}$ （$\boldsymbol{F}$：力，Q_m：磁荷，$\boldsymbol{H}$：磁場）

$\boldsymbol{N} = \boldsymbol{m} \times \boldsymbol{H}$ （$\boldsymbol{N}$：力のモーメント，$\boldsymbol{m}$：磁気モーメント）

$\boldsymbol{B} = \mu_0 \boldsymbol{H} + \boldsymbol{M}$ （$\boldsymbol{B}$：磁束密度，$\boldsymbol{M}$：磁化）

よって

磁荷 Q_m の単位は [N・m/A] = [Wb]

磁気モーメント $\boldsymbol{m}$ の単位は [N・m^2/A] = [Wb・m]

磁化 $\boldsymbol{M}$ の単位は [T]

である．

8章の解答

1.1 回路 OPQR の面積 S は，$t = 0$ で OP と RQ が同位置にあるとすれば

$$S = dvt$$

となる．したがって，時刻 t で回路 OPQR を横切る全磁束 $\varPhi$ は，磁束密度が一様であるから

$$\varPhi = Bdvt$$

である．回路に発生する誘導起電力 e は

$$e = -\frac{d\varPhi}{dt} = -Bdv$$

となり，例題 1 と同じ結果が得られる．

1.2 例題 1 の結果より，電流は $\mathrm{R} \to \mathrm{Q}$ の方向に流れる．この電流が一様な磁束密度 $\boldsymbol{B}$ から受ける力は，フレミングの左手の法則より，棒 QR の運動を妨げる方向に働く．

1.3 回路 OPQR の面積 S は，$t = 0$ で P と Q が同位置にあるとすれば

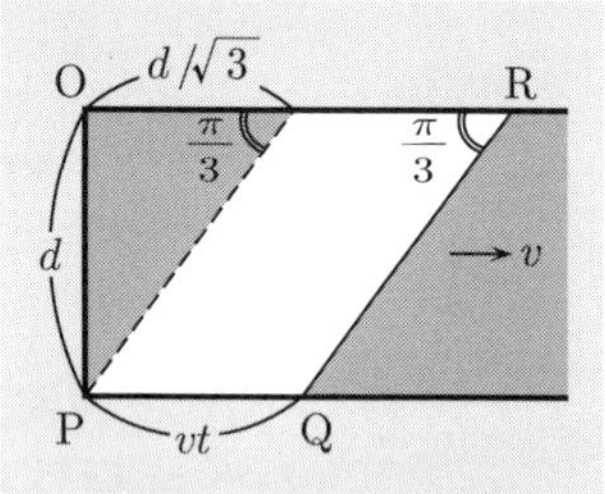

$$S = \frac{d^2}{2\sqrt{3}} + dvt$$

となる．したがって，時刻 t で回路 OPQR を横切る全磁束 $\varPhi$ は

$$\varPhi = BS = B\left(\frac{d^2}{2\sqrt{3}} + dvt\right)$$

である．よって，回路に発生する誘導起電力 e は

$$e = -\frac{d\varPhi}{dt} = -Bdv$$

となり，例題 1 と同じ結果になる．誘導起電力は銅線の U 字路に対する傾きによらない．

1.4 円筒の側面上の辺 PQ の速度を v とすれば，$v = a\omega$ となる．また，PQ の両端に誘導される誘導起電力 V_0 は，$\boldsymbol{B}, \boldsymbol{v}, \boldsymbol{l}$ が互いに直交するから

$$V_0 = vBl = a\omega Bl$$

となり，向きは $\overrightarrow{\mathrm{PQ}}$ の方向である．

2.1 (a) 題意の条件の下で，誘導起電力の振幅を最大にするには，面積 ab を最大にすればよい．$a + b = l$（一定）より

$$ab = a(l - a) = -\left(a - \frac{l}{2}\right)^2 + \frac{l^2}{4}$$

が得られる．よって，$a = b = l/2$ とすればよい．

(b) コイルに流れる電流を i，$S = ab$ とすれば，

$$i = \frac{e}{R} = \frac{NBS}{R}\omega \sin \omega t$$

となる．移動する電気量 Q は

$$Q = \int_{t_1}^{t_2} idt = \frac{NBS}{R}\omega \int_{t_1}^{t_2} \sin\omega t dt = -\frac{NBS}{R}\Big[\cos\omega t\Big]_{t_1}^{t_2}$$

$$= -\frac{NBS}{R}(\cos\omega t_2 - \cos\omega t_1) = \frac{NBS}{R}(\cos\theta_1 - \cos\theta_2)$$

となり，θ_1，θ_2 を一定値に定めれば ω によらない．

(c)　$B = 0.5\,\mathrm{T}$，$R = 2\,\Omega$，$ab = 6\,\mathrm{cm}^2$，$N = 1$，$\theta_1 = 0$，$\theta_2 = \pi$ とすれば

$$Q = \frac{1 \times 0.5 \times 6 \times 10^{-4}}{2}(\cos 0 - \cos\pi) = 3 \times 10^{-4}\mathrm{C}$$

を得る．

2.2　コイルが円形の場合も，コイル内部を横切る磁束はコイルの面積のみに関係するから，例題2と同じ考え方ができる．したがって，$S = \pi a^2$，$N = 1$ より，誘導起電力 e は

$$e = NBS\omega\sin\omega t = \pi a^2 B\omega\sin\omega t$$

となる．

2.3　ソレノイドを十分長いと考えることができるから，ソレノイド内部の磁束密度 $\boldsymbol{B}$ は一様とみなせ，その大きさは第5章 (5.22) より

$$B \cong \mu_0 N_0 i$$

と表わせる．小さな内部コイルの面の法線が $\boldsymbol{B}$ と $\theta\,(= \omega t)$ の角をなすとき，内部コイルを横切る磁束 $\varPhi$ は

$$\varPhi = N_1 B\pi b^2 \cos\omega t = \mu_0 N_0 N_1 i\pi b^2 \cos\omega t$$

となる．したがって，求める誘導起電力 e は次のようになる．

$$e = -\frac{d\varPhi}{dt} = \mu_0 N_0 N_1 i\pi b^2 \omega\sin\omega t$$

3.1　例題3から，求める閉回路を貫く磁束 $\varPhi$ は，$B = B_0\cos\omega_0 t$ より

$$\varPhi = B_0\cos\omega_0 t\left(bc + \frac{\pi a^2}{2}\cos\omega t\right)$$

となる．三角関数の積を和に直す公式を使えば

$$\varPhi = B_0 bc\cos\omega_0 t + \frac{B_0\pi a^2}{4}\{\cos(\omega_0 + \omega)t + \cos(\omega_0 - \omega)t\}$$

を得る．よって，題意の誘導起電力 e は

$$e = -\frac{d\varPhi}{dt} = B_0\omega_0 bc\sin\omega_0 t$$

$$+ \frac{B_0\pi a^2}{4}\{(\omega_0 + \omega)\sin(\omega_0 + \omega)t + (\omega_0 - \omega)\sin(\omega_0 - \omega)t\}$$

となる．もし，$\omega = \omega_0$ ならば

$$e = B_0\omega_0\left(bc\sin\omega_0 t + \frac{\pi a^2}{2}\sin 2\omega_0 t\right)$$

が得られ，e は角速度が ω_0 と $2\omega_0$ の交流の合成となることが分かる．

3.2 求める磁束を Φ，誘導起電力を e とする．下図より理解できるように，次のような時間帯に分けて計算するとよい．各時間帯における直角三角形のコイルを貫く磁束 Φ は容易に求められる．結果は次のようになる．

(a) $0 < t < \dfrac{b}{v}$ $\quad \Phi = \dfrac{B(vt)^2}{2}, \quad e = -v^2 Bt$

(b) $\dfrac{b}{v} < t < \dfrac{a}{v}$ $\quad \Phi = \dfrac{Bb^2}{2}, \quad e = 0$

(c) $\dfrac{a}{v} < t < \dfrac{a+b}{v}$ $\quad \Phi = \dfrac{B(b^2 - (vt-a)^2)}{2}, \quad e = B(vt-a)v$

(d) $\dfrac{a+b}{v} < t$ $\quad \Phi = 0, \quad e = 0$

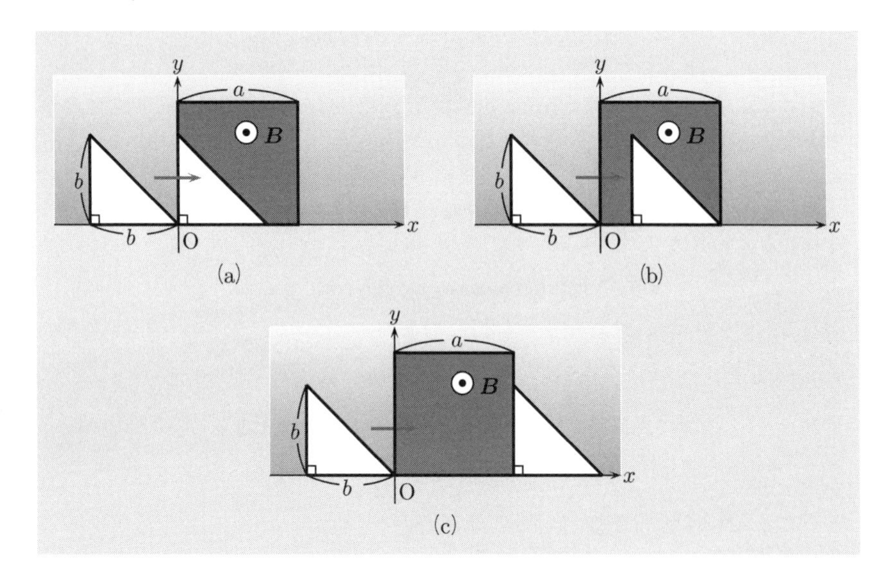

4.1 誘導起電力 e は

$$e = \frac{1}{2} \times 2.5 \times 10^{-2} \times 20\pi \times (0.1)^2 = 7.85 \times 10^{-3}\,\mathrm{V}$$

である．したがって，抵抗に流れる電流 i は

$$i = \frac{e}{R} = \frac{7.85 \times 10^{-3}}{5} = 1.57 \times 10^{-3} = 1.57\,\mathrm{mA}$$

となる．

5.1 例題 5 の結果より

$$E_i = -\frac{1}{2\pi r}\frac{d\Phi}{dt} = -r\frac{dB}{dt}$$

を得る．したがって，E_i は r および dB/dt に比例する．

8章

6.1 $M = \dfrac{4\pi \times 10^{-7} \times 3 \times 10^{3} \times 5 \times 10^{-1} \times 10^{-4}}{\sqrt{2}} = 1.33 \times 10^{-7}\,\mathrm{H}$

6.2 図のように，円の中心を原点とする2次元極座標を考える．直線状導線に電流 i を流すとき，円形コイルの内部の点 $\mathrm{Q}\,(r,\theta)$ 上に生じる磁束密度 $\boldsymbol{B}$ の大きさは

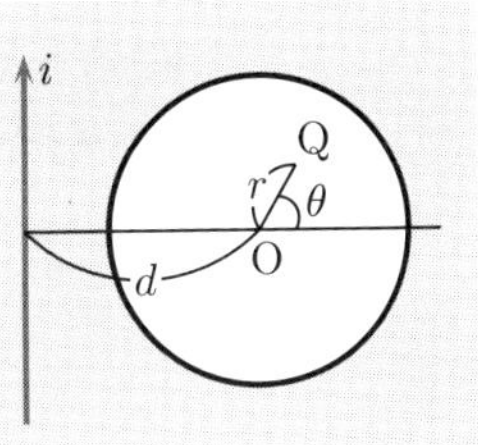

$$B = \frac{\mu_0 i}{2\pi(d + r\cos\theta)}$$

となる．また，$\boldsymbol{B}$ の向きはコイル面に垂直である．Q点における微小面素 $rdrd\theta$ を横切る磁束 $d\Phi$ は

$$d\Phi = Brdrd\theta = \frac{\mu_0 irdrd\theta}{2\pi(d + r\cos\theta)}$$

より

$$\Phi = \frac{\mu_0 i}{2\pi}\int_0^a rdr \int_{-\pi}^{\pi} \frac{d\theta}{d + r\cos\theta}$$

となる．第5章問題11.2と同様の計算により

$$\int_{-\pi}^{\pi} \frac{d\theta}{d + r\cos\theta} = \frac{2\pi}{\sqrt{d^2 - r^2}}$$

$$\therefore \quad \Phi = \frac{\mu_0 i}{2\pi}\int_0^a \frac{2\pi rdr}{\sqrt{d^2 - r^2}} = \mu_0\Big(d - \sqrt{d^2 - a^2}\Big)i$$

を得る．したがって，相互インダクタンス M は

$$M = \mu_0\Big(d - \sqrt{d^2 - a^2}\Big)$$

となる．

6.3 図のように座標軸をとる．いま，各導線上に線素片 dx_1, dx_2 をとると，電流が同方向に流れるときの相互インダクタンス M は

$$M = \frac{\mu_0}{4\pi}\int_0^l dx_2 \int_0^l \frac{dx_1}{\sqrt{(x_2 - x_1)^2 + d^2}} \tag{1}$$

となる．ここで

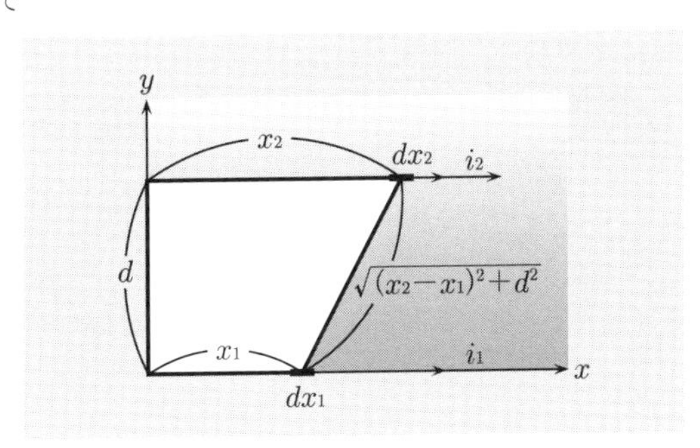

$$\int_0^l \frac{dx_1}{\sqrt{(x_2-x_1)^2+d^2}} = -\Big[\log\Big(x_2-x_1+\sqrt{(x_2-x_1)^2+d^2}\Big)\Big]_{x_1=0}^{x_1=l}$$

$$= \log\Big(x_2+\sqrt{x_2^2+d^2}\Big) - \log\Big(x_2-l+\sqrt{(x_2-l)^2+d^2}\Big)$$

である．したがって

$$M = \frac{\mu_0}{4\pi}\bigg(\int_0^l dx_2 \log\Big(x_2+\sqrt{x_2^2+d^2}\Big) - \int_0^l dx_2 \log\Big(x_2-l+\sqrt{(x_2-l)^2+d^2}\Big)\bigg)$$

を得る．上の積分の第 1 項と第 2 項はそれぞれ

$$\int_0^l dx_2 \log\Big(x_2+\sqrt{x_2^2+d^2}\Big) = \Big[x_2 \log\Big(x_2+\sqrt{x_2^2+d^2}\Big) - \sqrt{x_2^2+d^2}\Big]_0^l$$

$$= l\log\Big(l+\sqrt{l^2+d^2}\Big) - \sqrt{l^2+d^2} + d$$

$$\int_0^l dx_2 \log\Big(x_2-l+\sqrt{(x_2-l)^2+d^2}\Big)$$

$$= l\log\Big(-l+\sqrt{l^2+d^2}\Big) + \sqrt{l^2+d^2} - d$$

となることより

$$M = \frac{\mu_0}{4\pi}\bigg(l\log\frac{\sqrt{l^2+d^2}+l}{\sqrt{l^2+d^2}-l} - 2\Big(\sqrt{l^2+d^2}-d\Big)\bigg)$$

$$= \frac{\mu_0}{2\pi}\bigg(l\log\frac{\sqrt{l^2+d^2}+l}{d} - \sqrt{l^2+d^2}+d\bigg)$$

を得る．また，$l \gg d$ ならば次の結果になる．

$$M \cong \frac{\mu_0 l}{2\pi}\bigg(\log\frac{2l}{d} - 1\bigg)$$

電流が逆方向のときは，(1) に負符号を付けたものになるから，M も上述の結果に負符号を付けたものになる．

6.4 $d = 8\,\mathrm{mm}$, $l = 1\,\mathrm{m}$ より，$l \gg d$ であるから

$$M \cong \frac{4\pi\times10^{-7}\times1}{2\pi}\bigg(\log\frac{2}{8\times10^{-3}} - 1\bigg) = 9.04\times10^{-7}\,\mathrm{H}$$

となる．

7.1 $L = \dfrac{4\pi\times10^{-7}}{2\pi}\log\dfrac{9.5}{2.6} = 2.59\times10^{-7}\,\mathrm{H}$

7.2 半径を a，間隔を d とする．第 5 章問題 6.3 より，平行導線間の単位長さの部分を貫く磁束 Φ は

$$\Phi = \frac{\mu_0 i}{\pi}\log\frac{d-a}{a}$$

である．よって，題意の自己インダクタンス L は

$$L = \frac{\Phi}{i} = \frac{\mu_0}{\pi} \log \frac{d-a}{a}$$

となる．$a = 0.3\,\mathrm{mm}$，$d = 8\,\mathrm{mm}$ より，$L = 1.30 \times 10^{-6}\,\mathrm{H}$ を得る．

7.3 真空の透磁率を μ_0，ソレノイドに流れる電流を i とする．第5章問題10.2の結果より，題意のソレノイド内部の磁束密度 B は $B \cong \mu_0 N_0 i$ と近似できる．このソレノイドを貫く磁束を Φ，自己インダクタンスを L とすれば

$$\Phi \cong N_0 b\pi a^2 B \cong \mu_0 \pi a^2 N_0^2 bi \text{ より} \quad L = \frac{\Phi}{i} \cong \mu_0 \pi a^2 N_0^2 b$$

となる．

7.4 このソレノイドに電流 i が流れたとき，ソレノイドの軸上で中心からの距離 x の点に生じる磁束密度は (5.23′) より

$$B = \frac{\mu_0 i N_0}{2}\left(\frac{l+x}{\sqrt{a^2+(l+x)^2}} + \frac{l-x}{\sqrt{a^2+(l-x)^2}}\right) \quad \left(N_0 = \frac{N}{2l}\right)$$

となる．いま，軸に垂直な断面内での磁束密度は一様をみなせるから，巻数 $N_0 dx$ の部分での磁束 $d\Phi$ は

$$d\Phi = \pi a^2 B N_0 dx$$

である．したがって

$$\begin{aligned}
\Phi &= \frac{\mu_0 \pi a^2 N_0^2 i}{2} \int_{-l}^{l} \left(\frac{l+x}{\sqrt{a^2+(l+x)^2}} + \frac{l-x}{\sqrt{a^2+(l-x)^2}}\right) dx \\
&= \frac{\mu_0 \pi a^2 N_0^2 i}{2} \left(\left[\sqrt{a^2+(l+x)^2}\right]_{-l}^{l} - \left[\sqrt{a^2+(l-x)^2}\right]_{-l}^{l} \right) \\
&= \mu_0 \pi a^2 N_0^2 i \left(\sqrt{a^2+4l^2} - a\right)
\end{aligned}$$

を得る．よって

$$L = \frac{\Phi}{i} = \mu_0 \pi a^2 N_0^2 \left(\sqrt{a^2+4l^2} - a\right) \cong \mu_0 \pi a^2 N_0^2 L_0 \quad (L_0 = 2l)$$

となる．

7.5 $N_0 = 2000$，$2l = 20\,\mathrm{cm}$，$a = 1\,\mathrm{cm}$ より

$$L \cong 4\pi \times 10^{-7} \times \pi \times 0.01^2 \times 2000^2 \times 0.20 = 3.16 \times 10^{-4}\,\mathrm{H}$$

となる．

8.1 $L = 0.2\,\mathrm{H}$，$i = 300\,\mathrm{mA}$ より

$$U_m = \frac{1}{2} \times 0.2 \times (300 \times 10^{-3})^2 = 9 \times 10^{-3}\,\mathrm{J}$$

を得る．

8.2 (7.15) より，求めるエネルギー U_m は，系の電流密度を $\boldsymbol{j}$，ベクトルポテンシャルを $\boldsymbol{A}$ とすると

8章

$$U_m = \frac{1}{2}\int_V \boldsymbol{A}\cdot\boldsymbol{j}dv$$

である．各コイルの線素片を $\boldsymbol{dl}_n\ (n=1,2)$ とすると，$\boldsymbol{j}dv = \sum_{n=1}^{2} i_n \boldsymbol{dl}_n$ より

$$U_m = \frac{1}{2}\sum_{n=1}^{2} i_n \int_{C_n} \boldsymbol{A}\cdot\boldsymbol{dl}_n = \frac{1}{2}\sum_{n=1}^{2} i_n \varPhi_n = \frac{1}{2}(i_1\varPhi_1 + i_2\varPhi_2)$$

を得る．ここで

$$\varPhi_1 = L_1 i_1 + M i_2,\quad \varPhi_2 = M i_1 + L_2 i_2$$

より

$$U_m = \frac{1}{2}(L_1 i_1^2 + L_2 i_2^2 + 2M i_1 i_2)$$

となる．

9.1　U_m の式を次のように変形する．

$$U_m = \frac{1}{2}(L_1 i_1^2 + L_2 i_2^2 + 2M i_1 i_2) = \frac{i_2^2}{2}\left\{L_1\left(\frac{i_1}{i_2}\right)^2 + 2M\frac{i_1}{i_2} + L_2\right\}$$

{　　} 内の式を i_1/i_2 の 2 次方程式と見なし，その判別式 D が

$$D = M^2 - L_1 L_2 \leqq 0 \qquad \therefore\quad L_1 L_2 \geqq M^2$$

を満たすならば，この 2 次方程式，よって U_m はすべての i_1, i_2 に対して恒等的に $\geqq 0$ となる．

10.1　$T = 1/50 = 0.02\,\mathrm{s}$，$v_0 = 100 \times \sqrt{2} = 141\,\mathrm{V}$

10.2　$v = v_0 \sin\omega t$，$i = i_0 \sin(\omega t - \varphi)$ より

$$P = \frac{1}{T}\int_0^T vi dt = \frac{v_0 i_0}{T}\int_0^T \sin\omega t \sin(\omega t - \varphi)dt$$

を得る．ここで

$$\sin\omega t \sin(\omega t - \varphi) = \frac{1}{2}(\cos\varphi - \cos(2\omega t - \varphi))$$

より

$$\int_0^T \sin\omega t \sin(\omega t - \varphi)dt = \frac{T}{2}\cos\varphi - \frac{1}{2}\int_0^T \cos(2\omega t - \varphi)dt$$

$$= \frac{T}{2}\cos\varphi - \frac{1}{2}\left[\frac{\sin(2\omega t - \varphi)}{2\omega}\right]_0^T = \cdots = \frac{T}{2}\cos\varphi$$

となる．よって，電圧，電流の実効値を $V = v_0/\sqrt{2}$，$I = i_0/\sqrt{2}$ とすれば

$$P = \frac{1}{2}v_0 i_0 \cos\varphi = VI\cos\varphi$$

を得る．

11.1　抵抗 R に流れる電流 $i_R(t)$ は

$$i_R(t) = \frac{v(t)}{R} = \frac{v_0}{R}\sin\omega t$$

となり，電流と電圧の位相は同相になる．コンデンサーの極板に蓄えられる電気量 $Q(t)$ は

$$Q(t) = Cv(t) = Cv_0 \sin\omega t$$

である．よって，コンデンサーに流れる電流 $i_C(t)$ は

$$i_C(t) = \frac{dQ(t)}{dt} = C\omega v_0 \cos\omega t = C\omega v_0 \sin\left(\omega t + \frac{\pi}{2}\right)$$

となり，電流の位相は電圧の位相に対し $\pi/2$ だけ進む．$1/\omega C$ は抵抗の次元をもつ量（インピーダンス）で，低周波ほど大きくなる．コンデンサーでは低周波電流ほど流れにくい．

11.2 交流電圧を $v(t) = v_0 \sin\omega t$ すれば，回路の微分方程式は

$$L\frac{di}{dt} + Ri = v_0 \sin\omega t$$

となる．回路に流れる電流を $i(t) = i_0 \sin(\omega t - \varphi)$ とし，上の式に代入すると，三角関数の加法定理より

$$(\omega L \cos(\omega t - \varphi) + R\sin(\omega t - \varphi))i_0 = Zi_0 \sin(\omega t - \varphi + \phi) = v_0 \sin\omega t$$

を得る．ただし，$Z = \sqrt{R^2 + \omega^2 L^2}$，$\tan\phi = \omega L/R$ である．両辺が t に対し恒等的に成立することを考慮すれば

$$\varphi = \phi, \quad Zi_0 = v_0$$

となる．$R = 10\,\Omega$，$L = 10\,\mathrm{H}$，$v_0 = 100\sqrt{2}\,\mathrm{V}$，$\omega = 2\pi \times 50\,\mathrm{rad/s}$ より

位相差 $\varphi = \tan^{-1}\dfrac{\omega L}{R} = 89.8^\circ$，電流の実効値 $I = \dfrac{1}{\sqrt{2}}\dfrac{v_0}{\sqrt{R^2 + \omega^2 L^2}} = 31.8\,\mathrm{mA}$

電力の平均値 $P = VI\cos\varphi = 11.1\,\mathrm{mW}$（$V$：電圧の実効値）を得る．

12.1 $\tau = L/R = 200 \times 10^{-3}/5 = 4 \times 10^{-2}\,\mathrm{s}$

12.2 例題 12 において，$E = 0$ としたときの微分方程式

$$\frac{di}{dt} = -\frac{R}{L}i$$

を解けばよい．解は

$$i(t) = C_0 e^{-\frac{t}{\tau}} \quad \left(\tau = \frac{L}{R},\quad C_0：任意定数\right)$$

である．初期条件（$t = 0$ で $i = I_0 = E/R$）より，$C_0 = I_0$ となる．以上より

$$i(t) = I_0 e^{-\frac{t}{\tau}}$$

を得る．電流が初期値 I_0 に対して $1/e$ になるまでの時間 t_1 は，以下の通り．

$$t_1 = \tau = \frac{L}{R}$$

12.3 抵抗 R に発生する熱エネルギーは

$$\int_0^\infty Ri^2(t)dt = RI_0^2 \int_0^\infty e^{-\frac{2R}{L}t}dt = -\frac{1}{2}LI_0^2\left[e^{-\frac{2R}{L}t}\right]_0^\infty = \frac{1}{2}LI_0^2$$

となる．これはコイルに蓄えられていた磁場のエネルギーに等しい（(8.19) を参照）．

12.4　時刻 t でのコンデンサーに蓄えられる電荷を Q とすれば，回路の微分方程式は

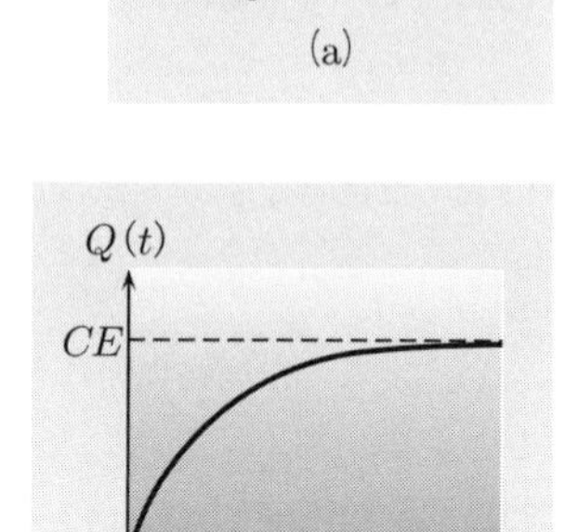

(a)

(b)

$$R\frac{dQ}{dt} + \frac{Q}{C} = E$$

となる．この式を変数分離形に変形すれば

$$\frac{dQ}{Q - CE} = -\frac{dt}{RC}$$

を得る．これを解けば

$$\log|Q - CE| = -\frac{t}{RC} + C_0 \quad (C_0：任意定数)$$

となる．初期条件（$t = 0$ のとき $Q = 0$）を考慮すれば

$$Q = CE\left(1 - e^{-\frac{t}{\tau}}\right) \quad (\tau = RC)$$

を得る．Q の時間変化は図 (b) のようになる．また，τ を時定数という．

13.1　例題 13 より，オイラーの公式を使えば

$$\dot{V}_{Ro} = \frac{\dot{V}_i}{1 - i\dfrac{\omega_0}{\omega}} = A\dot{V}_i e^{i\varphi} \quad \left(A = \frac{1}{\sqrt{1 + (\omega_0/\omega)^2}}\right)$$

$$\varphi = \tan^{-1}\left(\frac{\omega_0}{\omega}\right) = \begin{cases} \pi/2 - \omega/\omega_0 + \cdots \ (\cong \pi/2) & (\omega \ll \omega_0) \\ \pi/4 & (\omega = \omega_0) \\ \omega_0/\omega + \ldots \ (\ll 1) & (\omega \gg \omega_0) \end{cases}$$

となる．入力電圧に対する出力電圧の位相は，$\omega \ll \omega_0$ の領域ではほぼ $\pi/2$ 進み，$\omega = \omega_0$ のときは $\pi/4$ 進む．また，$\omega \gg \omega_0$ の領域ではほぼ同相になる．なお，φ の角周波数特性の $\omega \ll \omega_0$ の場合の展開については，各自試みてみよ．

13.2　例題 13，問題 13.1 と同様な方法によって解けば，次の結果を得る．

$$\dot{V}_{Co} = -i\frac{1}{\omega C}\cdot\frac{\dot{V}_i}{\dot{Z}} = \cdots = \frac{\dot{V}_i}{1 + i\dfrac{\omega}{\omega_0}} = A\dot{V}_i e^{-i\varphi} \quad \left(\omega_0 = \frac{1}{RC}\right)$$

$$A = \frac{1}{\sqrt{1 + (\omega/\omega_0)^2}} = \begin{cases} 1 - \omega^2/(2\omega_0^2) + \cdots \ (\cong 1) & (\omega \ll \omega_0) \\ 1/\sqrt{2} & (\omega = \omega_0) \\ \omega_0/\omega + \cdots \ (\ll 1) & (\omega \gg \omega_0) \end{cases}$$

$$\varphi = \tan^{-1}\left(\frac{\omega}{\omega_0}\right) = \begin{cases} \omega/\omega_0 + \cdots \ (\ll 1) & (\omega \ll \omega_0) \\ \pi/4 & (\omega = \omega_0) \\ \pi/2 - \omega_0/\omega + \cdots \ (\cong \pi/2) & (\omega \gg \omega_0) \end{cases}$$

$\omega \ll \omega_0$ の領域では $A \cong 1$，$\omega = \omega_0$ のときは $A = 1/\sqrt{2}$，$\omega \gg \omega_0$ の領域では $A \ll 1$ となる．また，入力電圧に対する出力電圧の位相は，$\omega \ll \omega_0$ の領域ではほぼ同相，$\omega = \omega_0$ のときは $\pi/4$ 遅れ，$\omega \gg \omega_0$ の領域ではほぼ $\pi/2$ 遅れる．この積分回路の特性を**低域通過フィルター**（**ロウパスフィルター**）という．

14.1

f [Hz]	100	300	500	800	1000	1500	2500
Z [kΩ]	7.65	1.72	0.201	1.53	2.35	4.19	7.54

14.2 電流 i の記号との混乱を避けるため，虚数単位を j で表わす．$v(t) = \dot{V}e^{j\omega t}$，$i(t) = \dot{I}e^{j\omega t}$ を例題 14 の i に関する微分方程式，あるいは (8.37) に代入すると

$$\dot{V} = \dot{Z}\dot{I}, \quad \dot{Z} = R + j\left(\omega L - \frac{1}{\omega C}\right)$$

となる．複素インピーダンス $\dot{Z}$ の大きさを Z，位相を φ とすれば

$$\dot{Z} = Ze^{j\varphi}, \quad Z = \sqrt{R^2 + \left(\omega L - \frac{1}{\omega C}\right)^2}, \quad \varphi = \tan^{-1}\frac{\omega L - \dfrac{1}{\omega C}}{R}$$

である．いま，$\dot{V} = v_0$ とすると，オイラーの公式（付録 (A.37) を参照）より

$$v(t) = v_0 e^{j\omega t} = v_0(\cos\omega t + j\sin\omega t)$$

$$i(t) = \frac{\dot{V}}{\dot{Z}}e^{j\omega t} = \frac{v_0}{Z}e^{j(\omega t - \varphi)} = \frac{v_0}{Z}(\cos(\omega t - \varphi) + j\sin(\omega t - \varphi))$$

を得る．例題 14 の解は上式中の虚数部から得られる解に該当し

$$\Im(v(t)) = v_0\sin\omega t, \quad \Im(i(t)) = \frac{v_0}{Z}\sin(\omega t - \varphi)$$

となる．

14.3 (a) 電流の実効値 I は

$$I = \frac{1}{\sqrt{2}} \times \frac{v_0}{\sqrt{R^2 + \left(\omega L - \dfrac{1}{\omega C}\right)^2}}$$

となる．上の式から容易に理解できるように，I の極大値は

$$\omega_0 L - \frac{1}{\omega_0 C} = 0 \qquad \therefore\ \omega_0 = \frac{1}{\sqrt{LC}}$$

のとき得られる．以上より，共振周波数 f_0 は

$$f_0 = \frac{1}{2\pi\sqrt{LC}}$$

となる．

(b) 共振周波数 $f_0 = \omega_0/2\pi$ のときは

$$\omega_0 L - \frac{1}{\omega_0 C} = 0 \qquad \therefore \quad \varphi = \tan^{-1}\frac{\omega_0 L - \dfrac{1}{\omega_0 C}}{R} = \tan^{-1} 0 = 0$$

を得る．以上より，電流-電圧間の位相差はゼロになる．

(c) (a) の結果から，電流の実効値の最大値 $I_{\max}$ は

$$I_{\max} = \frac{v_0}{\sqrt{2}R}$$

となる．よって，求める f_1, f_2 は

$$I = \frac{1}{\sqrt{2}} \times \frac{v_0}{\sqrt{R^2 + \left(\omega L - \dfrac{1}{\omega C}\right)^2}} = \frac{v_0}{2R} \quad (\omega = 2\pi f)$$

の解として得られる．この式を変形すると

$$\left(\omega L - \frac{1}{\omega C}\right)^2 = R^2 \qquad \therefore \quad \omega L - \frac{1}{\omega C} = \pm R$$

となり，さらに変形すると

$$\omega^2 \mp \frac{R}{L}\omega - \frac{1}{LC} = 0$$

の ω に関する 2 次方程式を得る．この方程式の解の内，$\omega > 0$ を満たす解は

$$\omega = \left(\pm \frac{R}{L} + \sqrt{\left(\frac{R}{L}\right)^2 + \frac{4}{LC}} \right) \Big/ 2$$

である．二つの解に対し $\omega_2 > \omega_1\ (> 0)$ とすると，求める Q は

$$Q = \frac{f_0}{f_2 - f_1} = \frac{\omega_0}{\omega_2 - \omega_1} = \frac{1}{\sqrt{LC}} \times \frac{L}{R} = \frac{1}{R}\sqrt{\frac{L}{C}}$$

となる．

14.4

$$\frac{d^2 y}{dx^2} + a\frac{dy}{dx} + by = \left(\frac{d}{dx} - m_1\right)\left(\frac{d}{dx} - m_2\right)y = 0 \quad (a, b：定数) \tag{1}$$

ここで，$a = -(m_1 + m_2)$，$b = m_1 m_2$ である．(1) において

$$y' = \left(\frac{d}{dx} - m_2\right)y \tag{2}$$

とおけば

$$\left(\frac{d}{dx} - m_1\right)y' = \frac{dy'}{dx} - m_1 y' = 0 \quad より \quad y' = C_0 e^{m_1 x} \quad (C_0：任意定数)$$

が得られる．(2) より

$$\left(\frac{d}{dx} - m_2\right)y = \frac{dy}{dx} - m_2 y = C_0 e^{m_1 x}$$

となる．今，$y = e^{m_2 x}Y$ とおけば

$$\frac{dy}{dx} - m_2 y = \cdots = e^{m_2 x}\frac{dY}{dx} = C_0 e^{m_1 x} \longrightarrow \frac{dY}{dx} = C_0 e^{(m_1-m_2)x} \tag{3}$$

を得る．(3) の最終結果は積分が容易である．

$m_1 \neq m_2$ のとき

$$Y = \frac{C_0}{m_1 - m_2}e^{(m_1-m_2)x} + C_1$$

より，最終的に定数を整頓し y を求めれば

$$y = C_0' e^{m_1 x} + C_1 e^{m_2 x} \quad \left(C_0' = \frac{C_0}{m_1 - m_2}\right) \tag{4}$$

(4) から，$m_1 = \alpha + i\beta$, $m_2 = \alpha - i\beta$ の場合は，オイラーの公式より

$$y = Ae^{\alpha x}\cos\beta x + Be^{\alpha x}\sin\beta x$$

となることは容易に導ける．

$m_1 = m_2 = m$ のとき

$$\frac{dY}{dx} = C_0 \qquad \therefore\ \ Y = C_0 x + C_1$$

以上より

$$y = Ye^{mx} = e^{mx}(C_0 x + C_1)$$

となる．

14.5 微分方程式

$$L\frac{d^2 i}{dt^2} + R\frac{di}{dt} + \frac{1}{C}i = 0 \tag{1}$$

の解は，次の特性方程式

$$Lm^2 + Rm + \frac{1}{C} = 0$$

の解

$$m_\pm = \frac{-R \pm \sqrt{R^2 - 4L/C}}{2L}$$

により，次の三つの場合に分類される（問題 14.4，あるいは付録 A.4 を参照）

(a)　$R^2 - 4L/C > 0$ のとき：$m_\pm$ は共に負の異なる二つの実数解となる．(1) の一般解は

$$i(t) = Ae^{m_+ t} + Be^{m_- t} \quad (A, B：任意定数)$$

となり，$i(\infty) \to 0$ である．この現象を**過減衰**という．

(b)　$R^2 - 4L/C = 0$ のとき：$m = m_\pm = -R/2L$ の重複解となる．(1) の一般解は

$$i(t) = e^{-\frac{R}{2L}t}(At + B) \quad (A, B：任意定数)$$

となり，$i(\infty) \to 0$ である．この現象を**臨界減衰**という．

(c)　$R^2 - 4L/C < 0$ のとき：$m_\pm$ は共役複素数

$$m_\pm = -\alpha \pm i\beta \quad \left(\alpha = \frac{R}{2L},\ \beta = \frac{\sqrt{4L/C - R^2}}{2L}\right)$$

となる．(1) の一般解は

$$i(t) = e^{-\alpha t}(A\cos\beta t + B\sin\beta t) \quad (A, B：任意定数)$$

となり，$i(\infty) \to 0$ である．この現象を**減衰振動**という．

14.6 複素表示

$$v(t) = v_0 e^{i\omega t}\ (\dot{V} = v_0 とする),\quad i_1(t) = \dot{I}_1 e^{i\omega t},\quad i_2(t) = \dot{I}_2 e^{i\omega t} \tag{1}$$

によって問題を解き，結果の虚数部（題意の交流電圧 $v(t) = v_0 \sin\omega t$ がこれに該当する）から，最終結果を導く．この回路の微分方程式は次のとおり．

$$L_1 \frac{di_1}{dt} + M\frac{di_2}{dt} = v_0 e^{i\omega t} \tag{2}$$

$$M\frac{di_1}{dt} + Ri_2 + L_2\frac{di_2}{dt} = 0 \tag{3}$$

(1) を (2)，(3) に代入して，代数連立方程式としてまとめると

$$i\omega L_1 \dot{I}_1 + i\omega M \dot{I}_2 = v_0 \tag{4}$$

$$i\omega M \dot{I}_1 + (R + i\omega L_2)\dot{I}_2 = 0 \tag{5}$$

となる．(4)，(5) から $\dot{I}_1, \dot{I}_2$ を導くと

$$\dot{I}_1 = I_{10} e^{i(\varphi_1 - \varphi_2)} \qquad \left(I_{10} = \frac{\sqrt{R^2 + \omega^2 L_2^2}\, v_0}{\sqrt{\omega^2 L_1^2 R^2 + \omega^4 (L_1 L_2 - M^2)^2}}\right)$$

$$\dot{I}_2 = I_{20} e^{-i(\varphi_2 + \pi/2)} \qquad \left(I_{20} = \frac{M v_0}{\sqrt{L_1^2 R^2 + \omega^2 (L_1 L_2 - M^2)^2}}\right)$$

の結果が得られる．ただし

$$\varphi_1 = \tan^{-1}\frac{\omega L_2}{R},\quad \varphi_2 = \tan^{-1}\frac{RL_1}{\omega(M^2 - L_1 L_2)}$$

である．以上より

$$i_1(t) = I_{10} e^{i(\omega t + \varphi_1 - \varphi_2)}$$

$$i_2(t) = I_{20} e^{i(\omega t - \varphi_2 - \pi/2)}$$

となる．題意の解はこれらの式の虚数部である．あらためて i_1, i_2 の記号を使用すれば

$$i_1(t) = I_{10} \sin(\omega t + \varphi_1 - \varphi_2)$$

$$i_2(t) = I_{20} \sin\left(\omega t - \varphi_2 - \frac{\pi}{2}\right)$$

を得る．$i_1(t)$ と $i_2(t)$ の位相差 $\Delta\varphi$ は

$$\Delta\varphi = \varphi_1 - \varphi_2 - \left(-\varphi_2 - \frac{\pi}{2}\right) = \varphi_1 + \frac{\pi}{2}$$

となる．$R \to 0$ のとき

$$\varphi_1 = \tan^{-1}\frac{\omega L_2}{R} \to \frac{\pi}{2}$$

より，$\Delta\varphi \to \pi$ となり，$i_1(t)$ と $i_2(t)$ の位相は**反転**する．

15.1　例題 15 の結果から，電流の実効値は

$$I = V\sqrt{\frac{1}{R^2} + \left(\omega C - \frac{1}{\omega L}\right)^2}$$

となる．容易に理解できるように，I の極小値は $(\quad)^2$ の項がゼロのときである．したがって

$$\omega_0 C - \frac{1}{\omega_0 L} = 0 \qquad \therefore\ \text{共振角周波数}\ \omega_0 = \frac{1}{\sqrt{LC}}$$

を得る．

15.2　回路の合成アドミッタンスを $\dot{Y}$ とすると

$$\dot{Y} = \frac{1}{R + i\omega L} + i\omega C \tag{1}$$

となる．よって，合成インピーダンス $\dot{Z}$ の大きさ Z は，$\dot{Z} = 1/\dot{Y}$ より

$$Z = \sqrt{\frac{R^2 + \omega^2 L^2}{(1 - \omega^2 LC)^2 + \omega^2 R^2 C^2}}$$

を得る．したがって，電流の実効値 I は，電圧の実効値を V とすれば

$$I = \frac{V}{Z} = V\sqrt{\frac{(1 - \omega^2 LC)^2 + \omega^2 R^2 C^2}{R^2 + \omega^2 L^2}}$$

となる．また，(1) より $\dot{Y}$ の虚数部 $\Im(\dot{Y})$ は

$$\Im(\dot{Y}) = \omega\left(C - \frac{L}{R^2 + \omega^2 L^2}\right)$$

であることより，$\Im(\dot{Y}) = 0$ を与えるゼロ以外の共振角周波数 ω_C は

$$C = \frac{L}{R^2 + \omega_C^2 L^2} \quad \to \quad \omega_C = \frac{1}{\sqrt{LC}}\left(\sqrt{1 - \frac{R^2 C}{L}}\right)$$

となる．

15.3　問題 15.2 の結果より，電流の実効値は

$$I = \frac{V}{Z} = V\sqrt{\frac{(1 - \omega^2 LC)^2 + \omega^2 R^2 C^2}{R^2 + \omega^2 L^2}}$$

となる．いま，$\sqrt{\ }$ の中の関数 F を $x = \omega^2\ (> 0)$ の関数とみなせば

$$F(x) = \frac{(1 - LCx)^2 + R^2 C^2 x}{R^2 + L^2 x}$$

を得る．$F(x)$ を x で微分すると

$$\frac{dF}{dx} = \frac{L^4 C^2 x^2 + 2R^2 L^2 C^2 x + R^4 C^2 - L^2 - 2R^2 LC}{(R^2 + L^2 x)^2}$$

となる．$dF/dx = 0$ のとき極値となるから

$$L^4C^2x^2 + 2R^2L^2C^2x + R^4C^2 - L^2 - 2R^2LC = 0$$

を得る．以上より，2 次方程式の解の公式から，式を整頓すれば

$$x_\pm = -\frac{1}{LC}\left(\frac{R^2C}{L} \mp \sqrt{1 + 2\frac{R^2C}{L}}\right)$$

となる．$x > 0$ の条件より

$$x_+ = \frac{1}{LC}\left(\sqrt{1 + 2\frac{R^2C}{L}} - \frac{R^2C}{L}\right)$$

の解が意味をもつ．$x_+ > 0$ となる条件は

$$\sqrt{1 + 2\frac{R^2C}{L}} > \frac{R^2C}{L} \quad \text{これより} \quad 0 < \frac{R^2C}{L} < 1 + \sqrt{2}$$

を導くことができる．dF/dx の分母は常に正，分子は x に関する下に凸の 2 次方程式，$x_+ > x_-$ の諸条件から，$x < x_+$ で $dF/dx < 0$，$x_+ < x$ で $dF/dx > 0$ となることが分かる．したがって，$x = x_+$ のとき，$F(x)$ あるいは I は極小値となる．以上より，求める共振角周波数 ω_0 は

$$\omega_0 = \sqrt{\frac{1}{LC}\left(\sqrt{1 + 2\frac{R^2C}{L}} - \frac{R^2C}{L}\right)}$$

となる．$R^2C/L \ll 1$ のときは，次の結果になる．

$$\omega_0 \cong \frac{1}{\sqrt{LC}}$$

16.1 (a) 三角波：題意から，$f(\theta)$ は偶関数．よって，$b_n = 0$ である．

$$a_n = \frac{1}{\pi}\int_{-\pi}^{\pi} f(\theta)\cos n\theta d\theta = \frac{2}{\pi}\int_0^{\pi}\left(1 - \frac{2\theta}{\pi}\right)\cos n\theta d\theta$$

$$= \frac{2}{\pi}\int_0^{\pi}\cos n\theta d\theta - \frac{4}{\pi^2}\int_0^{\pi}\theta\cos n\theta d\theta$$

(1) $n \neq 0$ のとき

$$\int_0^{\pi}\cos n\theta d\theta = \left[\frac{\sin n\theta}{n}\right]_0^{\pi} = 0$$

$$\int_0^{\pi}\theta\cos n\theta d\theta = \int_0^{\pi}\theta\left(\frac{\sin n\theta}{n}\right)' d\theta = \frac{1}{n}\left(\left[\theta\sin n\theta\right]_0^{\pi} - \int_0^{\pi}\sin n\theta d\theta\right)$$

$$= \cdots = \frac{1}{n^2}(\cos n\pi - 1) = \frac{1}{n^2}((-1)^n - 1)$$

よって，a_n は次のようになる．

$$a_n = \frac{4}{n^2\pi^2}(1 - (-1)^n) \quad \Rightarrow \quad \text{偶数項はゼロ}$$

(2) $n = 0$ のとき

$$a_0 = \frac{2}{\pi}\int_0^{\pi}\left(1 - \frac{2\theta}{\pi}\right)d\theta = \frac{2}{\pi}\int_0^{\pi}d\theta - \frac{4}{\pi^2}\int_0^{\pi}\theta d\theta = \cdots = 0$$

以上より，次の結果を得る．

$$f(\theta)=\frac{8}{\pi^2}\left(\cos\theta+\frac{1}{9}\cos 3\theta+\frac{1}{25}\cos 5\theta+\cdots\right)$$

(b)　のこぎり波：題意から，$f(\theta)$ は奇関数．よって，$a_n=0$ である．

$$b_n=\frac{1}{\pi}\int_{-\pi}^{\pi}f(\theta)\sin n\theta d\theta=\frac{2}{\pi^2}\int_0^{\pi}\theta\sin n\theta d\theta$$

$$\int_0^{\pi}\theta\sin n\theta d\theta=\int_0^{\pi}\theta\left(-\frac{\cos n\theta}{n}\right)'d\theta=-\frac{1}{n}\left(\Big[\theta\cos n\theta\Big]_0^{\pi}-\int_0^{\pi}\cos n\theta d\theta\right)$$

$$=\cdots=-\frac{\pi}{n}\cos n\pi=\frac{\pi}{n}(-1)^{n+1}\qquad\therefore\quad b_n=\frac{2}{n\pi}(-1)^{n+1}$$

以上より，次の結果を得る．

$$f(\theta)=\frac{2}{\pi}\left(\sin\theta-\frac{1}{2}\sin 2\theta+\frac{1}{3}\sin 3\theta+\cdots\right)$$

16.2　(a)　a_n について：$\sin\theta\cos n\theta=\frac{1}{2}(\sin(n+1)\theta-\sin(n-1)\theta)$ より

$$a_n=\frac{1}{\pi}\int_0^{\pi}\sin\theta\cos n\theta d\theta=\frac{1}{2\pi}\int_0^{\pi}(\sin(n+1)\theta-\sin(n-1)\theta)d\theta$$

$n=1$ のとき

$$a_1=\frac{1}{2\pi}\int_0^{\pi}(\sin 2\theta-0)d\theta=\frac{1}{2\pi}\left[-\frac{\cos 2\theta}{2}\right]_0^{\pi}=\cdots=0$$

となる．また，$n\neq 1$ のときは次式の解を得る．

$$a_n=\cdots=\frac{1}{2\pi}\left[-\frac{\cos(n+1)\theta}{n+1}+\frac{\cos(n-1)\theta}{n-1}\right]_0^{\pi}=\cdots$$

$$=\frac{1}{2\pi}\left(\frac{1}{n+1}-\frac{1}{n-1}\right)((-1)^n+1)=-\frac{1}{\pi(n^2-1)}((-1)^n+1)$$

この a_n の結果から n が奇数（$=3,\,5,\,\cdots$）の項は，$n=1$ の場合と同様にゼロになることが分かる．また，n がゼロまたは偶数の項は次のようになる．

$$a_{2m}=-\frac{2}{\pi}\frac{1}{(2m)^2-1}\quad(n=2m:m=0,\,1,\,2,\,\cdots)$$

(b)　b_n について：$\sin\theta\sin n\theta=\frac{1}{2}(\cos(n-1)\theta-\cos(n+1)\theta)$ より

$$b_n=\frac{1}{\pi}\int_0^{\pi}\sin\theta\sin n\theta d\theta=\frac{1}{2\pi}\int_0^{\pi}(\cos(n-1)\theta-\cos(n+1)\theta)d\theta$$

上式の積分は，$n=1$ のとき

$$b_1=\frac{1}{2\pi}\left(\int_0^{\pi}(1-\cos 2\theta)d\theta\right)=\frac{1}{2\pi}\left[\theta-\frac{\sin 2\theta}{2}\right]_0^{\pi}=\cdots=\frac{1}{2}$$

$n \neq 1$ のとき

$$b_n = \frac{1}{2\pi}\left[\frac{\sin(n-1)\theta}{n-1} - \frac{\sin(n+1)\theta}{n+1}\right]_0^{\pi} = \cdots = 0$$

以上より，次の結果が得られる．

$$f(\theta) = \frac{1}{2}\sin\theta + \frac{1}{\pi} - \frac{2}{\pi}\sum_{m=1}^{\infty}\frac{1}{(2m)^2-1}\cos 2m\theta$$
$$= \frac{1}{2}\sin\theta + \frac{1}{\pi} - \frac{2}{\pi}\left(\frac{1}{3}\cos 2\theta + \frac{1}{15}\cos 4\theta + \cdots\right)$$

16.3 付録のフーリエ級数の θ–表示 (A.46) と題意の $\theta = \omega t$ より，容易に

$$f(t) = \frac{a_0}{2} + \sum_{n=1}^{\infty}(a_n \cos n\omega t + b_n \sin n\omega t)$$

が得られる．周波数を F，周期を T とすれば，$\omega = 2\pi F = 2\pi/T$．よって，$\theta = 2\pi t/T$ となる．これより，$\theta = \pm\pi$ のとき $t = \pm T/2$ を得る．また，$d\theta = \omega dt = 2\pi dt/T$ と付録の (A.47) から

$$a_n = \frac{1}{\pi}\int_{-\pi}^{\pi} f(\theta)\cos n\theta\, d\theta = \frac{1}{\pi}\int_{-T/2}^{T/2} f(t)\cos n\omega t\,\frac{2\pi}{T}dt$$
$$= \frac{2}{T}\int_{-T/2}^{T/2} f(t)\cos n\omega t\, dt \quad (n = 0, 1, \cdots)$$

が導かれる．また，(A.48) の b_n も同様の計算によって導かれ，次式を得る．

$$b_n = \frac{2}{T}\int_{-T/2}^{T/2} f(t)\sin n\omega t\, dt \quad (n = 1, 2, \cdots)$$

9 章の解答

1.1 交流電圧の実効値が 100 V であるから，最大値 v_0 は

$$v_0 = 100 \times \sqrt{2} = 141\,\mathrm{V}$$

となる．したがって，電束電流の密度の最大値 $j_{\max}$ は，例題 1 の結果より

$$j_{\max} = \frac{\omega C v_0}{S} = \frac{2\pi \times 50 \times 0.48 \times 10^{-6} \times 141}{1 \times 10^{-4}} = 2.13 \times 10^2\,\mathrm{A/m^2}$$

である．

1.2 電束電流の密度が $j_d = \omega C v_0 \cos\omega t / S$ であることから，電束電流 i_d は

$$i_d = j_d S = \omega C v_0 \cos\omega t$$

となる．また，伝導電流 i は，$Q = C v_0 \sin\omega t$ であるから

$$i = \frac{dQ}{dt} = \omega C v_0 \cos\omega t$$

である．したがって，$i = i_d$ となる．

2.1 例題 2 の結果より，j と j_d の振幅の比は

$$\frac{\overline{j_d}}{\overline{j}} = \frac{\varepsilon\omega E_0}{\sigma E_0} = \frac{\varepsilon\omega}{\sigma}$$

となる．$\overline{j_d} \ll \overline{j}$ のとき，媒体を導体とみなすことができるから

$$\frac{\varepsilon\omega}{\sigma} \ll 1$$

の関係が成立する．

2.2 交流電流の周波数を f とすると，$\omega = 2\pi f$ より

(a) アルミニウム：

$$f \ll \frac{\sigma}{2\pi\varepsilon} = \frac{3.5 \times 10^7}{2 \times 3.14 \times 8.85 \times 10^{-12}} = 6.29 \times 10^{17}\,\mathrm{Hz}$$

したがって，10^{17} Hz 程度の高周波以下の領域で導体とみなし得る．ただし，このような高周波では，σ や ε を一様とみなせなくなる（ω に依存した量となる．これを**分散**という）から，こうした効果を考慮しなければならない．

(b) 海水：

$$f \ll \frac{\sigma}{2\pi\varepsilon} = \frac{2}{2 \times 3.14 \times 81 \times 8.85 \times 10^{-12}} = 4.44 \times 10^8 = 444\,\mathrm{MHz}$$

したがって，444 MHz に比べて十分小さい周波数領域で導体とみなせる．

(c) 雲母：

$$f \ll \frac{\sigma}{2\pi\varepsilon} = \frac{10^{-12}}{2 \times 3.14 \times 4 \times 8.85 \times 10^{-12}} = 4.50 \times 10^{-3}\,\mathrm{Hz}$$

雲母のような絶縁体では，導体とみなすことはほぼできない．

3.1 $a = 0.5\,\mathrm{mm}$，$l = 5\,\mathrm{cm}$，$R = 3\,\Omega$，$v = 4\,\mathrm{V}$ より

$$E = \frac{4}{5 \times 10^{-2}} = 80\,\mathrm{V/m}, \quad H = \frac{4}{2 \times 3.14 \times 0.5 \times 10^{-3} \times 3} = 4.25 \times 10^2\,\mathrm{A/m}.$$

したがって，ポインティングベクトルの大きさ S と円柱内へ流れ込む S の総量は

$$S = EH = 80 \times 4.25 \times 10^2 = 3.40 \times 10^4\,\mathrm{J/m^2 \cdot s}$$

$$S \times 2\pi la = 3.40 \times 10^4 \times 2 \times 3.14 \times 5 \times 10^{-2} \times 0.5 \times 10^{-3} = 5.33\,\mathrm{J/s}$$

となる．

3.2 (9.8) の左辺を U とすれば

$$\begin{aligned} U &= -\frac{\partial}{\partial t}\int_V \frac{1}{2}(\boldsymbol{D}\cdot\boldsymbol{E} + \boldsymbol{B}\cdot\boldsymbol{H})dv \\ &= -\frac{1}{2}\int_V \left(\frac{\partial \boldsymbol{D}}{\partial t}\cdot\boldsymbol{E} + \boldsymbol{D}\cdot\frac{\partial \boldsymbol{E}}{\partial t} + \frac{\partial \boldsymbol{B}}{\partial t}\cdot\boldsymbol{H} + \boldsymbol{B}\cdot\frac{\partial \boldsymbol{H}}{\partial t}\right)dv \end{aligned}$$

となる．(9.6) から，上式の被積分関数の第一項と第二項，第三項と第四項は等しい．このため

$$U = -\int_V \left(\boldsymbol{E}\cdot\frac{\partial \boldsymbol{D}}{\partial t} + \boldsymbol{H}\cdot\frac{\partial \boldsymbol{B}}{\partial t}\right)dv$$

を得る．マクスウェル方程式をこの式に代入すると

$$U = \int_V \boldsymbol{j}\cdot\boldsymbol{E}dv + \int_V (-\boldsymbol{E}\cdot\mathrm{rot}\,\boldsymbol{H} + \boldsymbol{H}\cdot\mathrm{rot}\,\boldsymbol{E})dv$$

となる．$\mathrm{div}\,(\boldsymbol{E}\times\boldsymbol{H}) = -\boldsymbol{E}\cdot\mathrm{rot}\,\boldsymbol{H} + \boldsymbol{H}\cdot\mathrm{rot}\,\boldsymbol{E}$ およびガウスの定理から

$$\begin{aligned} U &= \int_V \boldsymbol{j}\cdot\boldsymbol{E}dv + \int_V \mathrm{div}\,(\boldsymbol{E}\times\boldsymbol{H})dv \\ &= \int_V \boldsymbol{j}\cdot\boldsymbol{E}dv + \oint_S (\boldsymbol{E}\times\boldsymbol{H})\cdot d\boldsymbol{S} \end{aligned}$$

が得られる．$d\boldsymbol{S}$ は体積 V を囲む閉曲面の外向き面素ベクトルである．

3.3 ガウスの定理より

$$\oint_S \boldsymbol{D}\cdot d\boldsymbol{S} = \int_V \mathrm{div}\boldsymbol{D} = \int_V \rho dv \quad \longrightarrow \quad \mathrm{div}\boldsymbol{D} = \rho$$

$$\oint_S \boldsymbol{B}\cdot d\boldsymbol{S} = \int_V \mathrm{div}\boldsymbol{B} = 0 \quad \longrightarrow \quad \mathrm{div}\boldsymbol{B} = 0$$

ストークスの定理より

$$\oint_C \boldsymbol{E}\cdot d\boldsymbol{l} = \int_S \mathrm{rot}\,\boldsymbol{E}\cdot d\boldsymbol{S} = -\int_S \frac{\partial \boldsymbol{B}}{\partial t}\cdot d\boldsymbol{S} \quad \longrightarrow \quad \mathrm{rot}\,\boldsymbol{E} = -\frac{\partial \boldsymbol{B}}{\partial t}$$

$$\oint_C \boldsymbol{H}\cdot d\boldsymbol{l} = \int_S \mathrm{rot}\,\boldsymbol{H}\cdot d\boldsymbol{S} = \int_S \left(\boldsymbol{j} + \frac{\partial \boldsymbol{D}}{\partial t}\right)\cdot d\boldsymbol{S} \quad \longrightarrow \quad \mathrm{rot}\,\boldsymbol{H} = \boldsymbol{j} + \frac{\partial \boldsymbol{D}}{\partial t}$$

が得られる．

3.4 媒質の誘電率を ε，透磁率を μ とすれば，マクスウェルの方程式より

$$\boldsymbol{j} = \mathrm{rot}\,\boldsymbol{H} - \frac{\partial \boldsymbol{D}}{\partial t} = \frac{1}{\mu}\mathrm{rot}\,\boldsymbol{B} - \varepsilon\frac{\partial \boldsymbol{E}}{\partial t}, \quad \mathrm{rot}\,\boldsymbol{E} = -\frac{\partial \boldsymbol{B}}{\partial t}$$

となる．したがって，rot $\boldsymbol{j}$ を計算すれば

$$\begin{aligned}\mathrm{rot}\,\boldsymbol{j} &= \frac{1}{\mu}\,\mathrm{rot}\,\mathrm{rot}\,\boldsymbol{B} - \varepsilon\frac{\partial}{\partial t}\,\mathrm{rot}\,\boldsymbol{E} \\ &= \frac{1}{\mu}\,\mathrm{rot}\,\mathrm{rot}\,\boldsymbol{B} + \varepsilon\frac{\partial^2 \boldsymbol{B}}{\partial t^2} = -\frac{ne^2}{m}\boldsymbol{B}\end{aligned}$$

を得る．ここで，$\mathrm{rot}\,\mathrm{rot}\,\boldsymbol{B} = \mathrm{grad}\,\mathrm{div}\boldsymbol{B} - \nabla^2\boldsymbol{B}$ および $\mathrm{div}\boldsymbol{B} = 0$ より

$$\nabla^2\boldsymbol{B} = \varepsilon\mu\frac{\partial^2\boldsymbol{B}}{\partial t^2} + \frac{\mu ne^2}{m}\boldsymbol{B}$$

となる．

4.1 $\sigma \neq 0$ の場合，rot $\boldsymbol{B}$ は (9.6) とマクスウェルの方程式より

$$\mathrm{rot}\,\boldsymbol{B} = \varepsilon\mu\frac{\partial\boldsymbol{E}}{\partial t} + \sigma\mu\boldsymbol{E}$$

となる．div $\boldsymbol{E}$，div $\boldsymbol{B}$，rot $\boldsymbol{E}$ は (9.10)，(9.11) と同じになる．例題 4 と同様にして

$$\mathrm{rot}\,\mathrm{rot}\,\boldsymbol{E} = -\frac{\partial}{\partial t}\,\mathrm{rot}\,\boldsymbol{B} = -\varepsilon\mu\frac{\partial^2\boldsymbol{E}}{\partial t^2} - \sigma\mu\frac{\partial\boldsymbol{E}}{\partial t}$$

が得られる．$\mathrm{rot}\,\mathrm{rot}\,\boldsymbol{E} = \mathrm{grad}\,\mathrm{div}\boldsymbol{E} - \nabla^2\boldsymbol{E} = -\nabla^2\boldsymbol{E}$ ($\mathrm{div}\boldsymbol{E} = 0$) より

$$\nabla^2\boldsymbol{E} = \varepsilon\mu\frac{\partial^2\boldsymbol{E}}{\partial t^2} + \sigma\mu\frac{\partial\boldsymbol{E}}{\partial t}$$

となる．$\boldsymbol{B}$ についても，同様の計算によって

$$\nabla^2\boldsymbol{B} = \varepsilon\mu\frac{\partial^2\boldsymbol{B}}{\partial t^2} + \sigma\mu\frac{\partial\boldsymbol{B}}{\partial t}$$

を得る．

5.1 例題 5 より，波動方程式 $\partial^2 E_i/\partial z^2 = (1/c^2)\partial^2 E_i/\partial t^2$ $(i = x, y)$ の一般解は

$$E_i = g_i(z - ct) + h_i(z + ct) \quad (i = x, y)$$

のように表される．したがって，(9.16) ならびに，例題 5 と同様な方法によって z の微分を t の微分に変換すれば

$$\begin{aligned}\frac{\partial B_y}{\partial t} &= -\frac{\partial E_x}{\partial z} = -\frac{\partial g_x(z - ct)}{\partial z} - \frac{\partial h_x(z + ct)}{\partial z} \\ &= \frac{1}{c}\frac{\partial g_x(z - ct)}{\partial t} - \frac{1}{c}\frac{\partial h_x(z + ct)}{\partial t}\end{aligned}$$

となる．よって，積分定数項は電磁波に寄与しないことを考慮すれば

$$B_y = \frac{1}{c}\Big\{g_x(z - ct) - h_x(z + ct)\Big\}$$

が得られる．同様にして

$$\begin{aligned}\frac{\partial B_x}{\partial t} &= \frac{\partial E_y}{\partial z} = \frac{\partial g_y(z - ct)}{\partial z} + \frac{\partial h_y(z + ct)}{\partial z} \\ &= -\frac{1}{c}\frac{\partial g_y(z - ct)}{\partial t} + \frac{1}{c}\frac{\partial h_y(z + ct)}{\partial t}\end{aligned}$$

より，次の結果を得る．

$$B_x = \frac{1}{c}\Big\{ - g_y(z-ct) + h_y(z+ct)\Big\}$$

6.1 $\boldsymbol{E} = \boldsymbol{E}_0 e^{i(\boldsymbol{k}\cdot\boldsymbol{r}-\omega t)}$ ($\boldsymbol{E}_0 = (E_{0x}, E_{0y}, E_{0z})$：定ベクトル) より

$$\mathrm{div}\boldsymbol{E} = \frac{\partial E_x}{\partial x} + \frac{\partial E_y}{\partial y} + \frac{\partial E_z}{\partial z} = i(k_x E_{0x} + k_y E_{0y} + k_z E_{0z})e^{i(\boldsymbol{k}\cdot\boldsymbol{r}-\omega t)}$$

$$= i(k_x E_x + k_y E_y + k_z E_z) = i\boldsymbol{k}\cdot\boldsymbol{E} = 0$$

となり，$\boldsymbol{k}$ と $\boldsymbol{E}$ は直交する．$\boldsymbol{k}$ の向きは電磁波の伝播方向に一致するから，上の結果は $\boldsymbol{E}$ が横波であることを示す．

7.1 z 軸の正方向へ伝播する平面電磁波の電場 $\boldsymbol{E} = (E_x, E_y, 0)$，磁束密度 $\boldsymbol{B} = (B_x, B_y, 0)$ の成分の間には

$$B_x = -E_y/c, \quad B_y = E_x/c$$

の関係が成立する．したがって，$E = \sqrt{E_x^2 + E_y^2}$ と $B = \sqrt{B_x^2 + B_y^2}$ の比は

$$\frac{E}{B} = \frac{\sqrt{E_x^2 + E_y^2}}{\sqrt{B_x^2 + B_y^2}} = \frac{\sqrt{E_x^2 + E_y^2}}{\sqrt{E_x^2 + E_y^2}/c} = c$$

となる．また，$B = \mu H$ であるから，E と H の比は，$c = 1/\sqrt{\varepsilon\mu}$ より

$$\frac{E}{H} = \frac{\mu E}{B} = c\mu = \frac{\mu}{\sqrt{\varepsilon\mu}} = \sqrt{\frac{\mu}{\varepsilon}}$$

を得る．

7.2 平面電磁波の電場 $\boldsymbol{E}$ と磁束密度 $\boldsymbol{B}$ の振幅を E_0，B_0 とすれば，(9.25) より $E_0/B_0 = c$ となる．$E_0 = 10\,\mathrm{V/m}$ より

$$B_0 = E_0/c = 10/(3.0\times 10^8) = 3.33\times 10^{-8}\,\mathrm{T}$$

となる．ポインティングベクトルの平均値 $\overline{S}$ は，$\boldsymbol{E}$ と $\boldsymbol{B}$ の実効値 $E_0/\sqrt{2}$，$B_0/\sqrt{2}$ によって表わすことができる．以上より

$$\overline{S} = \frac{E_0}{\sqrt{2}} \times \frac{B_0}{\mu_0\sqrt{2}} = \frac{10\times 3.33\times 10^{-8}}{4\times 3.14\times 10^{-7}\times 2} = 1.33\times 10^{-1}\,\mathrm{J/m^2\cdot s}$$

が得られる．

8.1 $c = f\lambda$，あるいは $\omega = kc$ から，波長 λ，波数 k は

$$\lambda = \frac{c}{f}, \quad k = \frac{2\pi}{\lambda}$$

と表わされる．$c = 3.00\times 10^8\,\mathrm{m/s}$ より

(a) $\lambda = \dfrac{3.00\times 10^8}{590\times 10^3} = 5.08\times 10^2\,\mathrm{m}, \quad k = 1.24\times 10^{-2}\,\mathrm{m^{-1}}$

(b) $\lambda = \dfrac{3.00\times 10^8}{80\times 10^6} = 3.75\,\mathrm{m}, \quad k = 1.68\,\mathrm{m^{-1}}$

(c) $\lambda = \dfrac{3.00\times 10^8}{2\times 10^9} = 1.50\times 10^{-1}\,\mathrm{m}, \quad k = 4.19\times 10^1\,\mathrm{m^{-1}}$

(d)　$\lambda = \dfrac{3.00 \times 10^8}{4 \times 10^{14}} = 7.50 \times 10^{-7}\,\mathrm{m} = 7500\,\text{Å},\quad k = 8.38 \times 10^{-4}\,\text{Å}^{-1}$

(e)　$\lambda = \dfrac{3.00 \times 10^8}{10^{18}} = 3.00 \times 10^{-10}\,\mathrm{m} = 3\,\text{Å},\quad k = 2.09\,\text{Å}^{-1}$

8.2　例題 7 と例題 8 の結果から

(a)　電場のエネルギー密度を u_e，磁場のエネルギー密度を u_m とすれば

$$u_e = \frac{1}{2}\varepsilon_0 E^2 = \frac{1}{2}\varepsilon_0 E_0^2 \sin^2(kz - \omega t)$$

$$u_m = \frac{1}{2\mu_0}B^2 = \frac{1}{2\mu_0} \times \left\{\sqrt{\varepsilon_0\mu_0}E_0 \sin(kz - \omega t)\right\}^2$$

$$= \frac{1}{2}\varepsilon_0 E_0^2 \sin^2(kz - \omega t) = u_e$$

を得る．したがって，電磁波のエネルギー密度 u と比 u_e/u_m は

$$u = u_e + u_m = \varepsilon_0 E_0^2 \sin^2(kz - \omega t),\quad \frac{u_e}{u_m} = 1$$

となる．

(b)　ポインティングベクトル $\boldsymbol{S} = \boldsymbol{E} \times \boldsymbol{H}$ は，図のように $\boldsymbol{E}, \boldsymbol{H}, \boldsymbol{S}$ の順で右手系をなす．また，$\boldsymbol{S}$ の方向は電磁波の伝わる方向に一致している．$\boldsymbol{E}$ と $\boldsymbol{H}$ は直交しているから，$\boldsymbol{S}$ の大きさは

$$S = EH \sin\frac{\pi}{2} = E_x H_y = \frac{1}{\mu_0}E_x B_y$$

$$= c\varepsilon_0 E_0^2 \sin^2(kz - \omega t)$$

となる．

8.3　例題 8 において，$c \to -c$ として解いたものが，z 軸の負の方向へ伝わる波の解である．したがって

$$E_x = E_0 \sin(k(z + ct))$$

$$B_y = -\frac{1}{c}E_0 \sin(k(z + ct))$$

となり，E_x と $B_y (= \mu_0 H_y)$ の位相は反転する．ポインティングベクトル $\boldsymbol{S}$ の方向は $\boldsymbol{E}, \boldsymbol{H}, \boldsymbol{S}$ の右手系の関係から図のようになり，電磁波の進行方向と一致する．

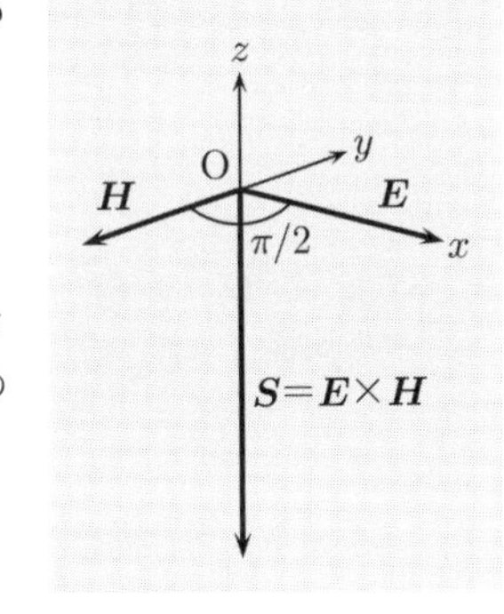

9.1　例題 9 と同様な方法によって

$$E_y = E_{0x} \cos(kz - \omega t \pm \pi/2)$$

$$= \mp E_{0x} \sin(kz - \omega t)$$

を得る．$E_x = E_{0x} \cos(kz - \omega t)$ より

$$E_x^2 + E_y^2$$
$$= E_{0x}^2(\cos^2(kz-\omega t) + \sin^2(kz-\omega t))$$
$$= E_{0x}^2 = 一定 > 0$$

となる．この結果は電場 $\boldsymbol{E}$ の先端の軌跡が円を描く**円偏光**となることを意味する．同様に，磁場 $\boldsymbol{H}$ に対しても，例題 9 の (1) の関係式より

$$H_x^2 + H_y^2 = \left(\frac{E_{0x}}{Z_0}\right)^2 = 一定 > 0$$

となり，円偏光の結果を得る．さて，$z=0$ の位置での $\boldsymbol{E}$ の先端の位置を時間的に追えば

$$E_y = E_{0x}\cos\left(-\omega t - \frac{\pi}{2}\right) = -E_{0x}\sin\omega t$$

のときは，図 (a) のように，進行方向に対して**左回り**の円偏光となる．また，

$$E_y = E_{0x}\cos\left(-\omega t + \frac{\pi}{2}\right) = E_{0x}\sin\omega t$$

のときは，同様にして，進行方向に対して**右回り**の円偏光となる．また，例題 9 の (1) より，$\boldsymbol{E}$ に直交する $\boldsymbol{H}$ の作図ができる．

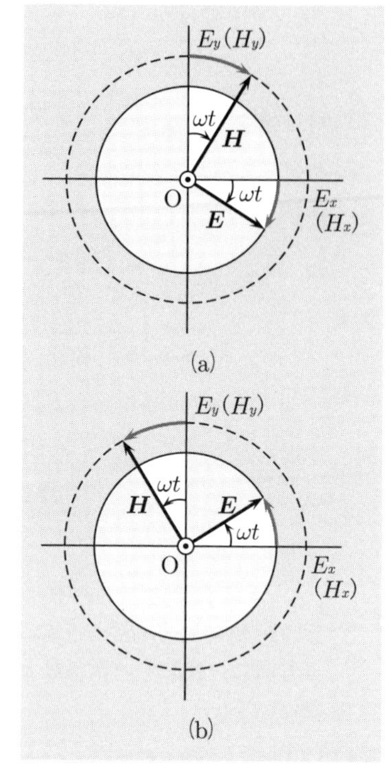

なお，概略図 (a)，(b) は円偏光の応答領域を考慮し，$\boldsymbol{E}$ [V/m]，$\boldsymbol{H}$ [mA/m]，Z_0 [kΩ] の単位系によって作図した．任意課題ではあるが，上記の単位系の中で $\boldsymbol{H}$ [A/m]，Z_0 [Ω] とした場合の作図も行ない，両図の違いの物理的意味を考察してみよ．

9.2　例題 9 と同様な方法によって，次式が得られる．

$$E_x = E_{0x}\cos(kz-\omega t), \quad E_y = \mp E_{0y}\sin(kz-\omega t)$$

以上より

$$\frac{E_x^2}{E_{0x}^2} + \frac{E_y^2}{E_{0y}^2} = \cos^2(kz-\omega t) + \sin^2(kz-\omega t) = 1$$

となり，$E_{0x} \neq E_{0y}$ より，電場ベクトルの先端の軌跡が楕円を描く**楕円偏光**となる．例題 9 と同様にして，磁場ベクトルに関しても

$$\frac{\mu_0}{\varepsilon_0}\left(\frac{H_x^2}{E_{0y}^2} + \frac{H_y^2}{E_{0x}^2}\right) = 1$$

の結果を得る．同様に磁場ベクトルの先端の軌跡は楕円を描くが，電場および磁場ベクトルの描く楕円は，互いに長軸（あるいは短軸）が直交する関係になる．$E_{0x} = E_{0y}$ のときには，問題 9.1 の円偏光になる．また，E_x と E_y の位相差と左回りあるいは右回りの楕円偏光との関係は，問題 9.1 と同様に考えればよい．

10.1 P_1 と P_2 の偏光方向は直交しているが，間に P_3 を入れた場合の透過光 I の変化の様子を調べる問題である．図のように P_1 を通る電場が E_0，P_3 を通る電場が $E_0 \cos\theta$ より，電場 $E_0 \cos\theta \cos(90° - \theta) = E_0 \cos\theta \sin\theta$ が P_2 を通過する．題意より P_2 を通る光の強度 $I(\theta)$ は

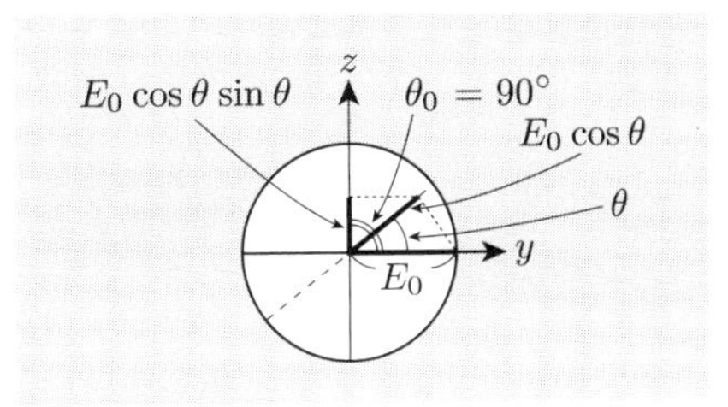

$$I(\theta) = I_0 \cos^2\theta \sin^2\theta = \frac{I_0}{4} \sin^2 2\theta$$

となる．$I(\theta)$ の θ 依存性を調べるため，$I(\theta)$ を θ で微分すると

$$I'(\theta) = \frac{I_0}{2} \sin 4\theta$$

を得る．$I(\theta)$ の増減表は表のようになる．

$I(\theta)$ の増減表

θ	$0°$		$45°$		$90°$		$135°$		$180°$
$I'(\theta)$	0	+	0	−	0	+	0	−	0
		↗		↘		↗		↘	
$I(\theta)$	0		$I_0/4$		0		$I_0/4$		0

また，概略図は右図の通りである．P_1 と P_2 のみの場合は透過光は現れないが，P_3 を間に入れることによって透過光を生成することができる．

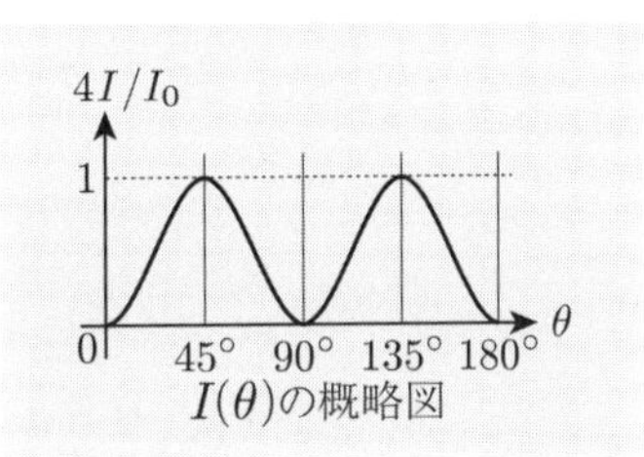

$I(\theta)$の概略図

10.2 問題 10.1 と同じ手順で解けば，P_2 を通る電場は $E_0 \cos\theta \cos(\theta_0 - \theta)$ となる（図参照）．したがって，P_2 を通る光の強度 $I(\theta)$ は

$$I(\theta) = I_0 \cos^2\theta \cos^2(\theta_0 - \theta)$$

である．$I(\theta)$ を θ で微分するが，その計算の一例を示す．sin，cos の偶奇性を考慮すれば

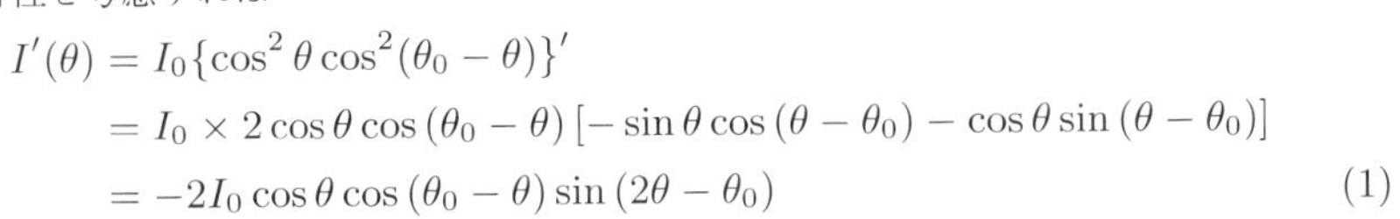

$$\begin{aligned} I'(\theta) &= I_0\{\cos^2\theta \cos^2(\theta_0 - \theta)\}' \\ &= I_0 \times 2\cos\theta\cos(\theta_0 - \theta)\,[-\sin\theta\cos(\theta - \theta_0) - \cos\theta\sin(\theta - \theta_0)] \\ &= -2I_0 \cos\theta \cos(\theta_0 - \theta)\sin(2\theta - \theta_0) \qquad (1) \end{aligned}$$

を得る．$0 \leqq \theta \leqq \pi$，$0 \leqq \theta_0 < \pi/2$ より，(1) は以下の場合にゼロとなる．

$$\cos\theta = 0 \text{ のとき } \quad \theta = \pi/2$$
$$\cos(\theta_0 - \theta) = 0 \text{ のとき } \quad \theta_0 - \theta = -\pi/2 \qquad \therefore \quad \theta = \theta_0 + \pi/2$$
$$\sin(2\theta - \theta_0) = 0 \text{ のとき } \quad 2\theta - \theta_0 = 0 \qquad \therefore \quad \theta = \theta_0/2,$$
$$\text{あるいは } \quad 2\theta - \theta_0 = \pi \qquad \therefore \quad \theta = \pi/2 + \theta_0/2$$

この結果をもとに，たとえば，(1) の $\cos\theta$，$\cos(\theta_0 - \theta)$，$\sin(2\theta - \theta_0)$ の多少複雑なグラフによる符号解析を行えば，$I'(\theta)$ の符号が判定でき，よって下記の $I(\theta)$ の増減表が得られる．極小値がゼロになることは容易に求められる．

$I(\theta)$ の増減表

θ	0		$\theta_0/2$		$\pi/2$		$\theta_0/2 + \pi/2$		$\theta_0 + \pi/2$		π
$I'(\theta)$		$+$	0	$-$	0	$+$	0	$-$	0	$+$	
		↗		↘		↗		↘		↗	
$I(\theta)$					0				0		

極大値は次のようになる．$\theta = \theta_0/2$ のとき，結果を $\cos\theta_0$ で表わせば

$$I\left(\frac{\theta_0}{2}\right) = I_0 \cos^4\left(\frac{\theta_0}{2}\right) = \frac{I_0}{4}(1 + \cos\theta_0)^2$$

を得る．同様にして，$\theta = \theta_0/2 + \pi/2$ のとき

$$\begin{aligned} I\left(\frac{\theta_0}{2} + \frac{\pi}{2}\right) &= I_0 \cos^2\left(\frac{\theta_0}{2} + \frac{\pi}{2}\right)\cos^2\left(\frac{\theta_0}{2} - \frac{\pi}{2}\right) \\ &= I_0 \sin^4\left(\frac{\theta_0}{2}\right) \\ &= \frac{I_0}{4}(1 - \cos\theta_0)^2 \end{aligned}$$

となる．二つの極大値の高さは等しくならない．$\theta_0 = 85^\circ\ (= 17\pi/36)$ のときの概略図を右図に示す．

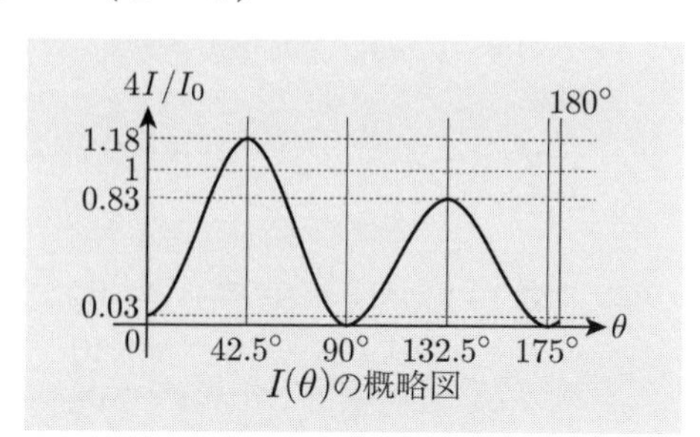

$I(\theta)$の概略図

11.1 $\delta = \sqrt{\dfrac{2}{\omega\mu\sigma}}$ より

(a) $\delta = \sqrt{\dfrac{2}{2 \times 3.14 \times 1 \times 10^3 \times 4 \times 3.14 \times 10^{-7} \times 3.5 \times 10^7}} = 2.69 \times 10^{-3}\,\text{m}$
$= 2.69\,\text{mm}$

(b) $\delta = 3.81 \times 10^{-5}\,\text{m} = 0.0381\,\text{mm}$

(c) $\delta = 1.90 \times 10^{-6}\,\text{m} = 1.90\,\mu\text{m}$

(d) $\delta = 2.69 \times 10^{-9}\,\text{m} = 26.9\,\text{Å}$

11.2 電場 E_x の実効値 $\bar{E}_x$ は $\bar{E}_x = \dfrac{1}{\sqrt{2}} E_0 e^{-z/\delta}$

同様にして，磁束密度 B_y の実効値 $\bar{B}_y$ は $\bar{B}_y = \dfrac{1}{\sqrt{2}}\sqrt{\dfrac{\mu\sigma}{\omega}} E_0 e^{-z/\delta}$

電場のエネルギー密度の平均値 $\overline{u}_e$ は $\overline{u}_e = \dfrac{\varepsilon}{2}\bar{E}_x^2 = \dfrac{\varepsilon}{4}E_0^2 e^{-2z/\delta}$

磁場のエネルギー密度の平均値 $\overline{u}_m$ は $\overline{u}_m = \dfrac{1}{2\mu}\bar{B}_y^2 = \dfrac{\sigma}{4\omega}E_0^2 e^{-2z/\delta}$

となる．したがって，次の結果を得る．

$$\frac{\overline{u}_m}{\overline{u}_e} = \frac{\sigma}{\varepsilon\omega}$$

11.3 例題 11 と同様にして，$E_x(z,t) = E_0 e^{i(kz-\omega t)}$ とする．これを

$$\frac{\partial^2 E_x}{\partial z^2} = \varepsilon\mu\frac{\partial^2 E_x}{\partial t^2} + \sigma\mu\frac{\partial E_x}{\partial t}$$

に代入すれば

$$k^2 = \varepsilon\mu\omega^2 + i\omega\sigma\mu \tag{1}$$

を得る．いま，$k = k_r + ik_i$（k_r, k_i：実数）とし，(1) に代入すると

$$k_r^2 - k_i^2 = \varepsilon\mu\omega^2 \quad (2), \qquad 2k_r k_i = \omega\sigma\mu \quad (3)$$

となる．(3) を (2) に代入して k_i を消去すると

$$4k_r^4 - 4\varepsilon\mu\omega^2 k_r^2 - \omega^2\sigma^2\mu^2 = 0$$

が得られる．したがって

$$k_r^2 = \frac{\omega^2\varepsilon\mu \pm \omega\mu\sqrt{\omega^2\varepsilon^2 + \sigma^2}}{2} = \frac{\omega^2\varepsilon\mu}{2}\left(1 \pm \sqrt{1 + \left(\frac{\sigma}{\omega\varepsilon}\right)^2}\right) \tag{4}$$

となる．(4) の解の中で $k_r^2 > 0$ が意味をもつ．また，例題 11 での考察と同様にして，$k_i < 0$ となる解は $z \to \infty$ で発散してしまう．したがって，(3)，(4) より

$$k_r = \omega\sqrt{\frac{\varepsilon\mu}{2}\left(\sqrt{1 + \left(\frac{\sigma}{\omega\varepsilon}\right)^2} + 1\right)} \quad (> 0)$$

$$k_i = \frac{\omega\sigma\mu}{2k_r} = \omega\sqrt{\frac{\varepsilon\mu}{2}\left(\sqrt{1 + \left(\frac{\sigma}{\omega\varepsilon}\right)^2} - 1\right)} \quad (> 0)$$

が得られる．よって，例題 11 と同様に，E_x, B_y の複素解，実数解は

$$\left.\begin{aligned} E_x &= E_0 e^{-z/\delta} e^{i(k_r z - \omega t)} \\ B_y &= \frac{k_r + ik_i}{\omega}E_x = \sqrt{\varepsilon\mu\sqrt{1 + \left(\frac{\sigma}{\omega\varepsilon}\right)^2}}\, E_0 e^{-z/\delta} e^{i(k_r z - \omega t + \phi)} \end{aligned}\right\} \text{（複素解）}$$

$$\left.\begin{aligned} E_x &= E_0 e^{-z/\delta}\cos(k_r z - \omega t), \\ B_y &= \sqrt{\varepsilon\mu\sqrt{1+\left(\frac{\sigma}{\omega\varepsilon}\right)^2}}\, E_0 e^{-z/\delta}\cos(k_r z - \omega t + \phi) \end{aligned}\right\}\text{（実数解）}$$

となる．ただし

$$\delta = \frac{1}{k_i} = \frac{1}{\omega}\left(\frac{\varepsilon\mu}{2}\left(\sqrt{1+\left(\frac{\sigma}{\omega\varepsilon}\right)^2}-1\right)\right)^{-1/2}, \quad \phi = \tan^{-1}\frac{k_i}{k_r}$$

であり，また，δ は表皮効果の深さである．

11.4 $\sigma/\omega\varepsilon \ll 1$ のとき

$$k_r \cong \omega\sqrt{\varepsilon\mu}, \quad k_i = \frac{1}{\delta} \cong \frac{\sigma}{2}\sqrt{\frac{\mu}{\varepsilon}}, \quad \phi \cong \tan^{-1}\left(\frac{\sigma}{2\omega\varepsilon}\right) \cong \frac{\sigma}{2\omega\varepsilon} \ll 1$$

となる．したがって

$$E_x \cong E_0 e^{-(\sigma/2)(\sqrt{\mu/\varepsilon})z}\cos(\omega(\sqrt{\varepsilon\mu}z - t))$$

$$B_y \cong \sqrt{\varepsilon\mu}E_0 e^{-(\sigma/2)(\sqrt{\mu/\varepsilon})z}\cos(\omega(\sqrt{\varepsilon\mu}z - t) + \phi)$$

を得る．E_x と B_y はほぼ同相になる．

11.5 問題3.4より，$\boldsymbol{B}$ に関する微分方程式は

$$\nabla^2\boldsymbol{B} = \varepsilon\mu\frac{\partial^2\boldsymbol{B}}{\partial t^2} + \frac{\mu n e^2}{m}\boldsymbol{B}$$

となる．上式中の右辺の第一項は，電束電流 $\partial\boldsymbol{D}/\partial t$ より得られる項であるから，準定常電流の近似の範囲内では無視できる．したがって，近似式

$$\nabla^2\boldsymbol{B} = \frac{\mu n e^2}{m}\boldsymbol{B} = \frac{1}{\delta^2}\boldsymbol{B} \quad \left(\delta = \sqrt{\frac{m}{\mu n e^2}}\right)$$

を得る．いま，理解を容易にするため，$z \geqq 0$ の領域にある超伝導体を考え，例題11と同様な方法により，B_x についての解を求めれば

$$\frac{\partial^2 B_x}{\partial z^2} = \frac{1}{\delta^2}B_x \quad \text{から} \quad B_x(z) = B_1 e^{-z/\delta} + B_2 e^{z/\delta}$$

の型の解が得られる．$z \to \infty$ で B_x が発散しないことより，$B_2 = 0$ となる．したがって

$$B_x(z) = B_1 e^{-z/\delta}$$

が解となり，B_x は δ の程度しか侵入できない．こうした効果を**マイスナー効果**という．

12.1 屈折角を θ とすると

$$\frac{\sin 45^\circ}{\sin\theta} = 1.55$$

となる．したがって

$$\sin\theta = \frac{\sin 45^\circ}{1.55} = \frac{\sqrt{2}}{2\times 1.55} = 0.456$$

を得る．以上より，次の結果となる．

$$\theta = \sin^{-1} 0.456 \cong 27^\circ$$

13.1 水の空気に対する屈折率は1.33であるから，空気の水に対する屈折率は，$1/1.33 = 0.752$ となる．したがって，全反射は水中から空気中へ入射するときに起こり，臨界角 θ_C は

$$\theta_C = \sin^{-1} 0.752 \cong 49^\circ$$

となる．

13.2 ガラスの空気に対する屈折率は1.55であるから，空気中からガラス表面へ入射するとき，偏光を得るためのブリュースターの角 θ_{B} は

$$\theta_{\mathrm{B}} = \tan^{-1} 1.55 \cong 57^\circ$$

である．

14.1 入射波と反射波の電場の位相が反転するときは，境界条件は図のようになり

$$E_0 - E_1 = E_2, \quad H_0 + H_1 = H_2$$

がなりたつ．例題13と同様な方法により

$$E_1 = \frac{\sqrt{\varepsilon_1/\mu_1} - \sqrt{\varepsilon_0/\mu_0}}{\sqrt{\varepsilon_1/\mu_1} + \sqrt{\varepsilon_0/\mu_0}} E_0$$

$$E_2 = \frac{2\sqrt{\varepsilon_0/\mu_0}}{\sqrt{\varepsilon_1/\mu_1} + \sqrt{\varepsilon_0/\mu_0}} E_0$$

$$H_1 = \frac{\sqrt{\varepsilon_1/\mu_1} - \sqrt{\varepsilon_0/\mu_0}}{\sqrt{\varepsilon_1/\mu_1} + \sqrt{\varepsilon_0/\mu_0}} H_0$$

$$H_2 = \frac{2\sqrt{\varepsilon_1/\mu_1}}{\sqrt{\varepsilon_1/\mu_1} + \sqrt{\varepsilon_0/\mu_0}} H_0$$

が得られる．こうした反射は $\sqrt{\varepsilon_1/\mu_1} > \sqrt{\varepsilon_0/\mu_0}$ のときおこる．

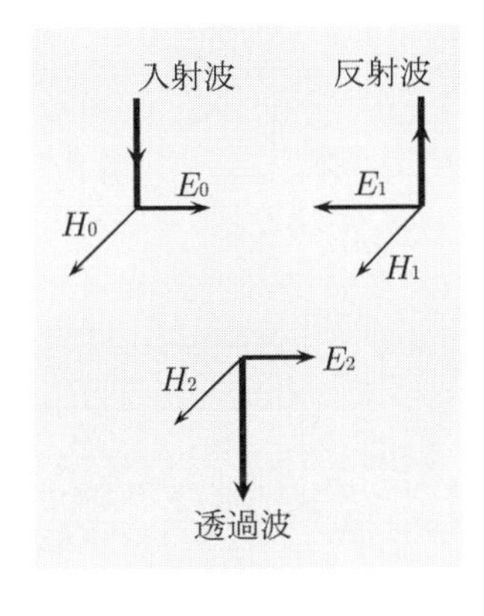

14.2 図のように，入射点を原点，境界面を xz–平面，その法線方向を y 軸とする．入射角，反射角，屈折角を $\theta_0, \theta_1, \theta_2$，入射波，反射波，屈折波の電場および角周波数を $\boldsymbol{E}_0, \boldsymbol{E}_1, \boldsymbol{E}_2, \omega_0, \omega_1, \omega_2$ とし，媒質I, IIでの電磁波の伝播速度を

$$c_1 = \frac{1}{\sqrt{\varepsilon_1 \mu_1}}, \quad c_2 = \frac{1}{\sqrt{\varepsilon_2 \mu_2}}$$

とする．いま，入射波，反射波，屈折波の波数ベクトルを $\boldsymbol{k}_0, \boldsymbol{k}_1, \boldsymbol{k}_2$ とし，$\boldsymbol{k}_0$ の方向を xy–面内にとれば

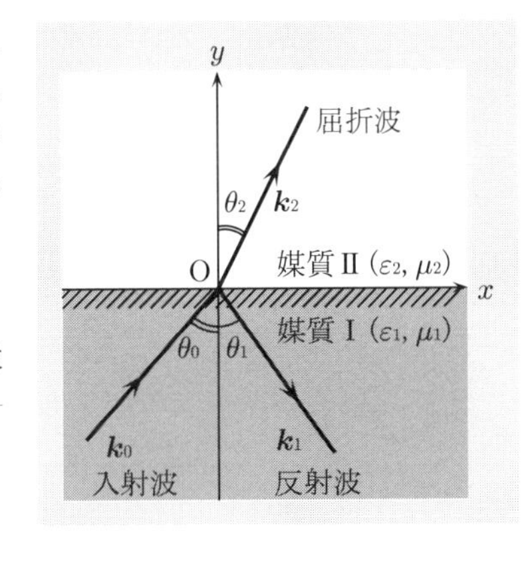

$$\boldsymbol{k}_0 = (k_{0x}, k_{0y}, 0) \qquad \left(k_0 = |\boldsymbol{k}_0| = \frac{\omega_0}{c_1}\right)$$

$$\boldsymbol{k}_1 = (k_{1x}, k_{1y}, k_{1z}) \quad \left(k_1 = |\boldsymbol{k}_1| = \frac{\omega_1}{c_1}\right)$$

$$\boldsymbol{k}_2 = (k_{2x}, k_{2y}, k_{2z}) \quad \left(k_2 = |\boldsymbol{k}_2| = \frac{\omega_2}{c_2}\right)$$

と表わすことができる．ここで複素表示の方法を用いると便利である．入射波，反射波，屈折波の電場を複素表示すれば

$$\boldsymbol{E}_l = \boldsymbol{E}_l^c e^{i(\boldsymbol{k}_l \cdot \boldsymbol{r} - \omega_l t)} = \boldsymbol{E}_l^c e^{i((k_{lx}x + k_{ly}y + k_{lz}z) - \omega_l t)} \quad (l = 0, 1, 2)$$

となる．上式において，反射波，屈折波の入射波に対する位相のずれは，(複素) 振幅 ($\boldsymbol{E}_l^c$) の中に含ませることができる．境界面 $y = 0$ での境界条件は，任意の時刻 t，境界面上のすべての位置座標 $\boldsymbol{r} = (x, 0, z)$ での $\boldsymbol{E}_l$ の時空空間での変化が等しいということである，したがって，$y = 0$ での各電場の位相因子は，電場，磁場の境界条件によらず，常に等しくなり

(a) $\omega_0 = \omega_1 = \omega_2$ （角周波数は反射，屈折で変化しない）

$$\rightarrow \quad k_1 = \frac{\omega_1}{c_1} = \frac{\omega_0}{c_1} = k_0 \quad \text{（入射波数と反射波数の大きさは等しい）}$$

(b) $k_{1z} = k_{2z} = 0$ （反射波，屈折波は入射面内にある）

(c) $k_{0x} = k_{1x} = k_{2x} \rightarrow k_0 \sin\theta_0 = k_0 \sin\theta_1 = k_2 \sin\theta_2$

となる．よって，

$$\theta_0 = \theta_1 \quad \text{（入射角と屈折角は等しい）}$$

$$\frac{\sin\theta_0}{\sin\theta_2} = \frac{k_2}{k_0} = \frac{c_1}{c_2} = \sqrt{\frac{\varepsilon_2\mu_2}{\varepsilon_1\mu_1}} = n_{12} \quad \text{（スネルの法則）}$$

が得られる．

14.3 一般に，入射方向に対する電場（あるいは磁場）ベクトルの方向を，次の二つの場合に分類できる．

(a) 電場ベクトルの方向が入射面に垂直（磁場ベクトルの方向が入射面に平行）(図 (a))

(b) 電場ベクトルの方向が入射面に平行（磁場ベクトルの方向が入射面に垂直）(図 (b))

入射波，反射波，屈折波の電場および磁場ベクトルを指標 $l = 0, 1, 2$ で区分けし，また各ベクトルの成分を入射面に対して平行 (//)，あるいは垂直 (⊥) な成分に分解すれば

$$\boldsymbol{E}_l = (E_l^{/\!/}, E_l^{\perp}), \quad \boldsymbol{H}_l = (H_l^{/\!/}, H_l^{\perp})$$

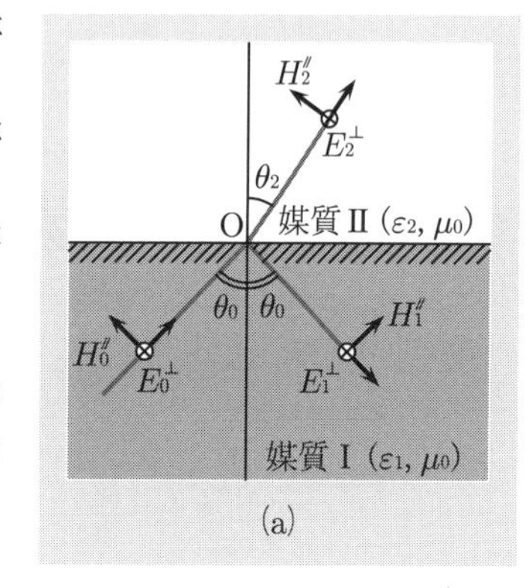

(a)

と表記できる．前ページと現ページの図中の $\otimes, \odot$ は，ベクトルの向きがそれぞれ紙面の表側から裏側，裏側から表側を意味する．

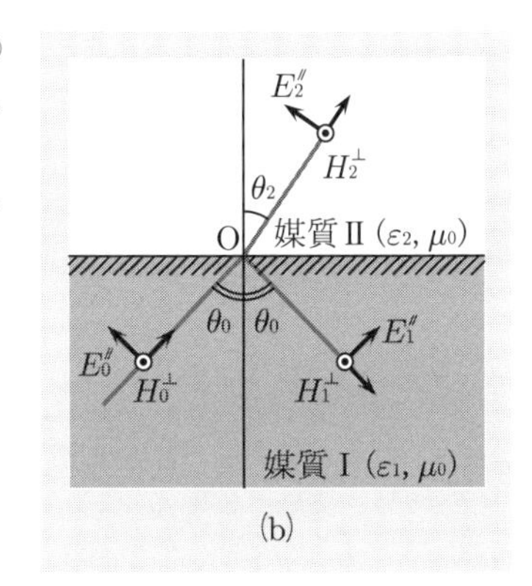

(b)

(a) の場合：電場および磁場の接線成分の連続性から

$$E_0^{\perp} + E_1^{\perp} = E_2^{\perp} \tag{1}$$

$$(H_0^{/\!/} - H_1^{/\!/})\cos\theta_0 = H_2^{/\!/}\cos\theta_2$$

$$\to \sqrt{\frac{\varepsilon_1}{\mu_0}}(E_0^{\perp} - E_1^{\perp})\cos\theta_0$$

$$= \sqrt{\frac{\varepsilon_2}{\mu_0}}E_2^{\perp}\cos\theta_2$$

を得る．上の連立方程式から $E_2^{\perp}$ を消去すれば

$$E_1^{\perp} = \frac{\sqrt{\varepsilon_1}\cos\theta_0 - \sqrt{\varepsilon_2}\cos\theta_2}{\sqrt{\varepsilon_1}\cos\theta_0 + \sqrt{\varepsilon_2}\cos\theta_2}E_0^{\perp} = \frac{\cos\theta_0 - \sqrt{\varepsilon_2/\varepsilon_1}\cos\theta_2}{\cos\theta_0 + \sqrt{\varepsilon_2/\varepsilon_1}\cos\theta_2}E_0^{\perp}$$

となる．ここで，スネルの法則

$$\sqrt{\frac{\varepsilon_2}{\varepsilon_1}} = \frac{\sin\theta_0}{\sin\theta_2}$$

より

$$E_1^{\perp} = -\frac{\sin\theta_0\cos\theta_2 - \sin\theta_2\cos\theta_0}{\sin\theta_0\cos\theta_2 + \sin\theta_2\cos\theta_0}E_0^{\perp} = -\frac{\sin(\theta_0 - \theta_2)}{\sin(\theta_0 + \theta_2)}E_0^{\perp}$$

を得る．これを (1) に代入し $E_2^{\perp}$ を求めれば

$$E_2^{\perp} = \frac{2\sin\theta_2\cos\theta_0}{\sin(\theta_0 + \theta_2)}E_0^{\perp}$$

となる．

(b) の場合：同様にして

$$(E_0^{/\!/} - E_1^{/\!/})\cos\theta_0 = E_2^{/\!/}\cos\theta_2 \tag{2}$$

$$H_0^{\perp} + H_1^{\perp} = H_2^{\perp} \to \sqrt{\frac{\varepsilon_1}{\mu_0}}(E_0^{/\!/} + E_1^{/\!/}) = \sqrt{\frac{\varepsilon_2}{\mu_0}}E_2^{/\!/} \tag{3}$$

となる．(3) より

$$E_2^{/\!/} = \frac{\sin\theta_2}{\sin\theta_0}(E_0^{/\!/} + E_1^{/\!/}) \quad \left(\because \quad \sqrt{\frac{\varepsilon_1}{\varepsilon_2}} = \frac{\sin\theta_2}{\sin\theta_0}\right) \tag{4}$$

が得られる．これを (2) に代入し

$$\sin(\alpha + \beta)\cos(\alpha - \beta) = \sin\alpha\cos\alpha + \sin\beta\cos\beta$$

の三角関数の公式を使えば

$$E_1^{/\!/} = \frac{\sin\theta_0\cos\theta_0 - \sin\theta_2\cos\theta_2}{\sin\theta_0\cos\theta_0 + \sin\theta_2\cos\theta_2}E_0^{/\!/}$$

$$= \frac{\sin(\theta_0-\theta_2)\cos(\theta_0+\theta_2)}{\sin(\theta_0+\theta_2)\cos(\theta_0-\theta_2)}E_0^{/\!/} = \frac{\tan(\theta_0-\theta_2)}{\tan(\theta_0+\theta_2)}E_0^{/\!/}$$

となる．さらに (4) より

$$E_2^{/\!/} = \frac{2\sin\theta_2\cos\theta_0}{\sin(\theta_0+\theta_2)\cos(\theta_0-\theta_2)}E_0^{/\!/}$$

を得る．

14.4 高周波電磁波の電場を $\boldsymbol{E} = \boldsymbol{E}_0\cos\omega t$ とする．ローレンツ力が無視できるとすれば，電子の運動方程式は

$$m\frac{d\boldsymbol{v}}{dt} = -e\boldsymbol{E} = -e\boldsymbol{E}_0\cos\omega t$$

となる．したがって

$$\boldsymbol{v} = -\frac{e}{m\omega}\boldsymbol{E}_0\sin\omega t$$

が得られる．伝導電流の密度を $\boldsymbol{j}_e$，電束電流の密度を $\boldsymbol{j}_d$ とすると

$$\boldsymbol{j}_e = -ne\boldsymbol{v} = \frac{ne^2}{m\omega}\boldsymbol{E}_0\sin\omega t$$

$$\boldsymbol{j}_d = \frac{\partial\boldsymbol{D}}{\partial t} = -\varepsilon_0\boldsymbol{E}_0\omega\sin\omega t$$

となる．全電流密度を $\boldsymbol{j}$ とすれば

$$\boldsymbol{j} = \boldsymbol{j}_e + \boldsymbol{j}_d = -\boldsymbol{E}_0\omega\varepsilon_0\left(1 - \frac{ne^2}{\varepsilon_0 m\omega^2}\right)\sin\omega t$$

を得る．また

$$\varepsilon = \varepsilon_0\left(1 - \frac{ne^2}{\varepsilon_0 m\omega^2}\right)$$

は電離層の誘電率を表わしており，透磁率を $\mu \cong \mu_0$ とすれば，みかけの屈折率 n_a は

$$n_a \equiv \sqrt{\frac{\mu\varepsilon}{\mu_0\varepsilon_0}} \cong \sqrt{\frac{\varepsilon}{\varepsilon_0}} = \sqrt{1 - \frac{ne^2}{\varepsilon_0 m\omega^2}}$$

となる．

15.1 完全反射の場合：$p = 2gc = 1.77\times10^{-7}\,\mathrm{N/m^2} = 1.77\times10^{-7}\,\mathrm{Pa}$

完全吸収の場合：$p = gc = 8.85\times10^{-8}\,\mathrm{N/m^2} = 8.85\times10^{-8}\,\mathrm{Pa}$

16.1 全電磁運動量を G とする．運動方向 $\boldsymbol{v}$ に対して垂直な方向の電磁運動量密度 $\boldsymbol{g}$ の成分は互いに打ち消し合うから

$$G = \int g\sin\theta dv = \frac{Q^2v}{16\pi^2c^2\varepsilon_0}\int_a^\infty\frac{dr}{r^2}\int_0^\pi\sin^3\theta d\theta\int_0^{2\pi}d\varphi = \frac{\mu_0Q^2v}{6\pi a}$$

となる．したがって，全電磁質量 M_d は

9
章

$$M_d = \frac{G}{c} = \frac{\mu_0 Q^2 v}{6\pi a c}$$

である．

17.1 $\dfrac{\partial v}{\partial x} = -L\dfrac{\partial i}{\partial t},\ \dfrac{\partial i}{\partial x} = -C\dfrac{\partial v}{\partial t}$ より

$$\frac{\partial^2 v}{\partial x^2} = -L\frac{\partial}{\partial x}\left(\frac{\partial i}{\partial t}\right) = -L\frac{\partial}{\partial t}\left(\frac{\partial i}{\partial x}\right) = LC\frac{\partial^2 v}{\partial t^2}$$

を得る．同様にして

$$\frac{\partial^2 i}{\partial x^2} = -C\frac{\partial}{\partial x}\left(\frac{\partial v}{\partial t}\right) = -C\frac{\partial}{\partial t}\left(\frac{\partial v}{\partial x}\right) = LC\frac{\partial^2 i}{\partial t^2}$$

となる．

18.1 $a = 2.6\,\mathrm{mm},\ b = 9.5\,\mathrm{mm}$ とする．第 3 章例題 5，第 8 章例題 7，同軸ケーブルの中空部分にある誘電体の誘電率が $\varepsilon = 3\varepsilon_0$ より

$$C = \frac{2\pi \cdot 3\varepsilon_0}{\log(b/a)}, \quad L = \frac{\mu_0}{2\pi}\log\frac{b}{a}$$

となる．したがって，伝播速度 c，特性インピーダンス Z_0 は

$$c = \frac{1}{\sqrt{LC}} = \frac{1}{\sqrt{3\varepsilon_0\mu_0}} = \frac{1}{\sqrt{3}} \times 3 \times 10^8 = 1.732 \times 10^8\ \mathrm{m/s}$$

$$Z_0 = \sqrt{\frac{L}{C}} = \frac{1}{2\pi}\log\left(\frac{b}{a}\right)\frac{1}{\sqrt{3}}\sqrt{\frac{\mu_0}{\varepsilon_0}} = \frac{1}{2\pi}\log\left(\frac{9.5}{2.6}\right) \times \frac{376}{\sqrt{3}} = 44.8\,\Omega$$

となる．

19.1 H 波の磁場の z 成分を $H_z = H_z(x,y)e^{i(\beta z - \omega t)}$ と表すと，例題 19 と同様にして

$$\frac{\partial^2 H_z}{\partial x^2} + \frac{\partial^2 H_z}{\partial y^2} + k^2 H_z = 0 \quad (k^2 = \omega^2\varepsilon_0\mu_0 - \beta^2) \tag{1}$$

が得られる．変数分離形の解

$$H_z(x,y) = X(x)Y(y)$$

を求めれば，(1) より定数を C_x, C_y として

$$\left.\begin{aligned} \frac{\partial^2 X}{\partial x^2} &= -C_x X \\ \frac{\partial^2 Y}{\partial y^2} &= -C_y Y \quad (C_y = k^2 - C_x) \end{aligned}\right\} \tag{2}$$

を得る．境界条件 $\partial H_z/\partial n = 0$ は，図のように座標軸をとれば

$$\left.\begin{aligned} x = 0,\ x = a \text{ の面で } \quad \frac{\partial H_z}{\partial x} = 0 \quad \text{より} \quad \frac{\partial X}{\partial x} = 0 \\ y = 0,\ y = b \text{ の面で } \quad \frac{\partial H_z}{\partial y} = 0 \quad \text{より} \quad \frac{\partial Y}{\partial y} = 0 \end{aligned}\right\} \tag{3}$$

と表わすことができる．(2) で C_x, C_y のどちらかが負となる解の場合には，指数関数型の解が現われるため，(3) の境界条件を満たさない．$C_x > 0$ かつ $C_y > 0$ の場合，(2) の解は

$$X(x) = A\sin\sqrt{C_x}x + B\cos\sqrt{C_x}x$$
$$Y(y) = C\sin\sqrt{C_y}y + D\cos\sqrt{C_y}y$$

となる．したがって

$$\left.\frac{\partial X}{\partial x}\right|_{x=0} = \left.\frac{\partial Y}{\partial y}\right|_{y=0} = 0 \quad \text{より} \quad A = C = 0$$

$$\left.\frac{\partial X}{\partial x}\right|_{x=a} = \left.\frac{\partial Y}{\partial y}\right|_{y=b} = 0 \quad \text{より}$$

$$\sqrt{C_x}a = m\pi, \quad \sqrt{C_y}b = n\pi \quad (m, n = 0, 1, 2, \cdots)$$

となる．以上より，$H_0 = BD$ とすれば

$$H_z(x, y) = H_0 \cos\frac{m\pi x}{a}\cos\frac{n\pi y}{b}, \quad k^2 \equiv k_{mn}^2 = \left(\frac{m\pi}{a}\right)^2 + \left(\frac{n\pi}{b}\right)^2$$

が得られる．ただし，m, n は共に 0 を取り得るが，$m = n = 0$ の解は定磁場に該当するため，題意の解からは除かれる．

20.1 $c = 3.00 \times 10^8\,\mathrm{m/s}$，$a = 22.9\,\mathrm{mm}$，$b = 10.2\,\mathrm{mm}$ であり，E 波，H 波の各モードの遮断周波数 f_c は

$$f_c = \frac{k_{mn}c}{2\pi} \quad \left(k_{mn} = \sqrt{\left(\frac{m}{a}\right)^2 + \left(\frac{n}{b}\right)^2}\,\pi\right)$$

となる．ただし，m, n のとり得る値については，(9.40) あるいは (9.45) を参照せよ．$f > f_c$ を満たす電磁波が導波管中を伝播する．いま，$f = 10\,\mathrm{GHz}$ より $f_c < 10\,\mathrm{GHz}$ のモードが伝播し得る．例題 20 より，E 波の最も小さい遮断周波数は E_{11} モードで 16.1 GHz であるから，E 波は伝播しない．また，H 波の H_{01} モードの遮断周波数 f_c は

$$f_c = \frac{k_{01}c}{2\pi} = \frac{3 \times 10^8}{2 \times 10.2 \times 10^{-3}} = \cdots = 14.7\,\mathrm{GHz}$$

となり，このモードも伝播し得ない．10 GHz より小さい遮断周波数を H 波の各モードに対し求めれば，H_{10} モード（遮断周波数 $f_c = 6.55\,\mathrm{GHz}$）のみが該当する解となる．

20.2 $\lambda = c/f$，$\lambda_c = c/f_c$，$\lambda_g = c/\sqrt{f^2 - f_c^2}$ より

$$\frac{1}{\lambda_g^2} = \frac{f^2 - f_c^2}{c^2} = \frac{1}{\lambda^2} - \frac{1}{\lambda_c^2}$$

を得る．

20.3 電磁波の導波管内での伝播を図示すると，右図のように表わすことができる．電磁波の伝播方向と導波管の面との角度を θ とする．位相速度 v_p は同位相面の z 方向の速度を表わす．c を光速度とすると，図より

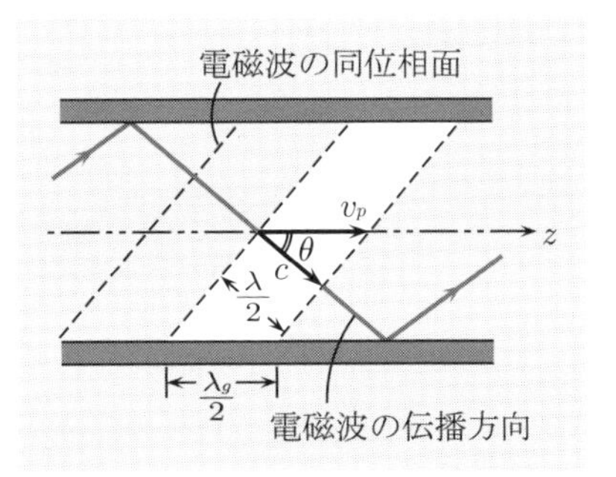

$$v_p \cos\theta = c$$

となる．電磁波の波長 λ と管内波長 λ_g の関係は

$$\lambda_g \cos\theta = \lambda$$

であるから，(9.42) より

$$\cos\theta = \frac{\lambda}{\lambda_g} = \frac{c}{f}\frac{\sqrt{f^2 - f_c^2}}{c} = \sqrt{1 - \left(\frac{f_c}{f}\right)^2} = \sqrt{1 - \left(\frac{\omega_c}{\omega}\right)^2}$$

を得る．したがって

$$v_p = \frac{c}{\cos\theta} = \frac{c}{\sqrt{1 - \left(\omega_c/\omega\right)^2}}$$

となり，v_p は光速度より速くなる．

付　　録

A.1 電磁気的諸量の SI 単位系† （$\boldsymbol{E}-\boldsymbol{B}$ 対応）

物理量	記号	単位	物理量	記号	単位
電荷，電気量	Q	C（クーロン）	アドミッタンス	Y	S（ジーメンス）
電位，電位差	V	V（ボルト）	コンダクタンス	G	S
電圧，起電力	e	V	サセプタンス	B	S
電場の強さ	$\boldsymbol{E}$	V/m	電気伝導率	σ	S/m
電束	ψ	C	磁束	$\boldsymbol{\Phi}$	Wb（ウェーバー）
電束密度	$\boldsymbol{D}$	C/m^2	磁束密度	$\boldsymbol{B}$	T（テスラ）
分極ベクトル	$\boldsymbol{P}$	C/m^2	磁場の強さ	$\boldsymbol{H}$	A/m
電気双極子モーメント	$\boldsymbol{p}$	C・m	磁化	$\boldsymbol{M}$	A/m
			インダクタンス	L	H（ヘンリー）
電気容量，静電容量	C	F（ファラッド）		M	H
			透磁率	μ	H/m
電力	P	W（ワット）	ベクトルポテンシャル	$\boldsymbol{A}$	Wb/m
誘電率	ε	F/m			
電流	$\boldsymbol{i}$	A（アンペア）	磁気モーメント	$\boldsymbol{m}$	A・m^2
電流密度	$\boldsymbol{j}$	A/m^2	磁荷，磁気量	Q_m	A・m
電気抵抗	R	Ω（オーム）	磁位，磁位差	V_m	A
インピーダンス	Z	Ω	周波数	f	Hz（ヘルツ）
リアクタンス	X	Ω	角周波数	ω	rad/s
抵抗率，比抵抗	ρ	Ω・m	波数	$\boldsymbol{k}$	m^{-1}

A.2 ベクトル

以下の表記は，3 次元直角座標の x-y-z 軸を例とし，単位ベクトルは $\boldsymbol{e}_x$，$\boldsymbol{e}_y$，$\boldsymbol{e}_z$ とする．ベクトル $\boldsymbol{A}$ に対し，その大きさ，および成分表示は

$$\boldsymbol{A}\text{の大きさ} = |\boldsymbol{A}| = A \tag{A.1}$$

$$\boldsymbol{A} = \boldsymbol{e}_x A_x + \boldsymbol{e}_y A_y + \boldsymbol{e}_z A_z = (A_x, A_y, A_z) \tag{A.2}$$

のように表わす．

† Système International d'Unités（国際単位系）の略

◆　ベクトルの内積（スカラー積）

二つのベクトル $\boldsymbol{A}$, $\boldsymbol{B}$ のなす角を θ とすれば，内積は

$$\boldsymbol{A}\cdot\boldsymbol{B} = \boldsymbol{AB} = AB\cos\theta = A_xB_x + A_yB_y + A_zB_z \tag{A.3}$$

$$\boldsymbol{B}\cdot\boldsymbol{A} = \boldsymbol{A}\cdot\boldsymbol{B}, \quad \boldsymbol{A}\cdot\boldsymbol{B} = 0 \quad (\boldsymbol{A}\text{と}\boldsymbol{B}\text{が直交}) \tag{A.4}$$

◆　ベクトルの外積（ベクトル積）

二つのベクトル $\boldsymbol{A}, \boldsymbol{B}$ のなす角を θ とすれば，外積 $\boldsymbol{A}\times\boldsymbol{B}$ は次のベクトルとなる．

① $\boldsymbol{A}\times\boldsymbol{B}$ の向きは，$\boldsymbol{A}$ を π より小さな角度で $\boldsymbol{B}$ の側へ回転したときの右ねじの進む方向となる．$\boldsymbol{A}\times\boldsymbol{B}$ は，$\boldsymbol{A}, \boldsymbol{B}$ のいずれにも直交し，また右図のように，$\boldsymbol{A}, \boldsymbol{B}, \boldsymbol{A}\times\boldsymbol{B}$ は右手系をなす．

② $\boldsymbol{A}\times\boldsymbol{B}$ の大きさは，(A.5) のように，A と B を二辺とする平行四辺形の面積となる．

$$|\boldsymbol{A}\times\boldsymbol{B}| = AB\sin\theta \tag{A.5}$$

ベクトルの外積についての公式を以下に示す．

$$\boldsymbol{A}\times\boldsymbol{B} = \begin{vmatrix} \boldsymbol{e}_x & \boldsymbol{e}_y & \boldsymbol{e}_z \\ A_x & A_y & A_z \\ B_x & B_y & B_z \end{vmatrix}$$

$$= \boldsymbol{e}_x(A_yB_z - A_zB_y) + \boldsymbol{e}_y(A_zB_x - A_xB_z) + \boldsymbol{e}_z(A_xB_y - A_yB_x) \tag{A.6}$$

$$\boldsymbol{B}\times\boldsymbol{A} = -\boldsymbol{A}\times\boldsymbol{B} \tag{A.7}$$

$$|\boldsymbol{A}\times\boldsymbol{B}| = AB \quad (\boldsymbol{A}\text{と}\boldsymbol{B}\text{が直交}), \quad \boldsymbol{A}\times\boldsymbol{B} = \boldsymbol{0} \quad (\boldsymbol{A}\text{と}\boldsymbol{B}\text{が(反)平行}) \tag{A.8}$$

◆　ベクトルの 3 重積

$$\boldsymbol{A}\cdot(\boldsymbol{B}\times\boldsymbol{C}) = \boldsymbol{B}\cdot(\boldsymbol{C}\times\boldsymbol{A}) = \boldsymbol{C}\cdot(\boldsymbol{A}\times\boldsymbol{B}) \tag{A.9}$$

$$(\boldsymbol{A}\times\boldsymbol{B})\times\boldsymbol{C} = (\boldsymbol{A}\cdot\boldsymbol{C})\boldsymbol{B} - (\boldsymbol{B}\cdot\boldsymbol{C})\boldsymbol{A} \tag{A.10}$$

◆　ベクトルの微分†

(a)　勾配（グレイディエント）

$$\mathrm{grad}\,\varphi = \nabla\varphi = \boldsymbol{e}_x\frac{\partial\varphi}{\partial x} + \boldsymbol{e}_y\frac{\partial\varphi}{\partial y} + \boldsymbol{e}_z\frac{\partial\varphi}{\partial z} \tag{A.11}$$

(b)　発散（ダイバージェンス）

$$\mathrm{div}\,\boldsymbol{A} = \nabla\cdot\boldsymbol{A} = \nabla\boldsymbol{A} = \frac{\partial A_x}{\partial x} + \frac{\partial A_y}{\partial y} + \frac{\partial A_z}{\partial z} \tag{A.12}$$

---

† 円筒座標，3 次元極座標（球座標）でのベクトルの微分は複雑になる．これらの座標系でのベクトルの微分については，A.3 を参照せよ．

(c)　回転（ローテイション）†

$$\mathrm{rot}\,\boldsymbol{A} = \mathrm{curl}\,\boldsymbol{A} = \nabla \times \boldsymbol{A} = \begin{vmatrix} \boldsymbol{e}_x & \boldsymbol{e}_y & \boldsymbol{e}_z \\ \dfrac{\partial}{\partial x} & \dfrac{\partial}{\partial y} & \dfrac{\partial}{\partial z} \\ A_x & A_y & A_z \end{vmatrix}$$

$$= \boldsymbol{e}_x\left(\frac{\partial A_z}{\partial y} - \frac{\partial A_y}{\partial z}\right) + \boldsymbol{e}_y\left(\frac{\partial A_x}{\partial z} - \frac{\partial A_z}{\partial x}\right) + \boldsymbol{e}_z\left(\frac{\partial A_y}{\partial x} - \frac{\partial A_x}{\partial y}\right) \tag{A.13}$$

(d)　ラプラシアン

$$\Delta\varphi = \nabla^2\varphi = \mathrm{div}\,\mathrm{grad}\,\varphi = \frac{\partial^2\varphi}{\partial x^2} + \frac{\partial^2\varphi}{\partial y^2} + \frac{\partial^2\varphi}{\partial z^2} \tag{A.14}$$

なお,

$$\nabla = \boldsymbol{e}_x\frac{\partial}{\partial x} + \boldsymbol{e}_y\frac{\partial}{\partial y} + \boldsymbol{e}_z\frac{\partial}{\partial z} \tag{A.15}$$

をナブラ演算子（ハミルトン演算子）という.

◆　**勾配，発散，回転の諸公式**

(a)　**1 次の微係数**

$$\mathrm{grad}\,(\varphi\psi) = \psi\,\mathrm{grad}\,\varphi + \varphi\,\mathrm{grad}\,\psi \tag{A.16}$$

$$\mathrm{div}\,(\varphi\boldsymbol{A}) = \mathrm{grad}\,\varphi\cdot\boldsymbol{A} + \varphi\,\mathrm{div}\,\boldsymbol{A} \tag{A.17}$$

$$\mathrm{rot}\,(\varphi\boldsymbol{A}) = \mathrm{grad}\,\varphi\times\boldsymbol{A} + \varphi\,\mathrm{rot}\,\boldsymbol{A} \tag{A.18}$$

$$\mathrm{div}\,(\boldsymbol{A}\times\boldsymbol{B}) = \boldsymbol{B}\cdot\mathrm{rot}\,\boldsymbol{A} - \boldsymbol{A}\cdot\mathrm{rot}\,\boldsymbol{B} \tag{A.19}$$

(b)　**2 次の微係数**

$$\mathrm{rot}\,\mathrm{grad}\,\varphi = \boldsymbol{0} \tag{A.20}$$

$$\mathrm{div}\,\mathrm{rot}\,\boldsymbol{A} = 0 \tag{A.21}$$

$$\mathrm{rot}\,\mathrm{rot}\,\boldsymbol{A} = \mathrm{grad}\,\mathrm{div}\boldsymbol{A} - \nabla^2\boldsymbol{A} \tag{A.22}$$

◆　**ベクトル場の定理**

ガウスの定理†† は，ベクトル場の発散の体積積分とそのベクトル場の表面積分間の積分変換，**ストークスの定理**は，ベクトル場の回転の面積分とそのベクトル場の閉じた線積分間の積分変換を表わす重要な定理である.

(a)　**ガウスの定理**

体積 V を囲む閉曲面 S に対して，次の積分変換が成立する.

$$\int_V \mathrm{div}\boldsymbol{A}\,dv = \oint_S \boldsymbol{A}\cdot d\boldsymbol{S} \quad (d\boldsymbol{S} = \boldsymbol{n}dS) \tag{A.23}$$

ただし，$d\boldsymbol{S}$ は面素ベクトル，$\boldsymbol{n}$ は閉曲面 S 上の外向き法線の単位ベクトルを表わす.

---

†　米，英では curl，独，仏，露では rot が使われることが多い.

††　**ガウスの発散定理**ともいう.

(b)　ストークスの定理

曲面 S を囲む閉曲線 C に対して，次の積分変換が成立する．

$$\int_S \mathrm{rot}\,\boldsymbol{A}\cdot d\boldsymbol{S} = \oint_C \boldsymbol{A}\cdot d\boldsymbol{l} \quad (d\boldsymbol{S} = \boldsymbol{n}dS,\ d\boldsymbol{l} = \boldsymbol{t}dl) \tag{A.24}$$

ただし，$\boldsymbol{n}$ は面素 dS の法線方向の単位ベクトル，$\boldsymbol{t}$ は閉曲線 C 上の接線方向の単位ベクトルを表わし，閉曲線 C に沿う積分路に対して右ねじの方向をもつ．

A.3 円筒座標と 3 次元極座標

◆ 円筒座標

座標 (ρ, ϕ, z)，ベクトル $\boldsymbol{A} = (A_\rho,\ A_\phi,\ A_z)$，各座標軸の単位ベクトルを $\boldsymbol{e}_\rho,\ \boldsymbol{e}_\phi,\ \boldsymbol{e}_z$ とする．

$$\text{線素}\quad d\boldsymbol{r} = (d\rho, \rho d\phi, dz), \qquad \text{体積素}\quad \rho d\rho d\phi dz \tag{A.25}$$

$$\mathrm{grad}\,\varphi = \boldsymbol{e}_\rho \frac{\partial \varphi}{\partial \rho} + \boldsymbol{e}_\phi \frac{1}{\rho}\frac{\partial \varphi}{\partial \phi} + \boldsymbol{e}_z \frac{\partial \varphi}{\partial z} \tag{A.26}$$

$$\mathrm{div}\,\boldsymbol{A} = \frac{1}{\rho}\frac{\partial}{\partial \rho}(\rho A_\rho) + \frac{1}{\rho}\frac{\partial A_\phi}{\partial \phi} + \frac{\partial A_z}{\partial z} \tag{A.27}$$

$$\mathrm{rot}\,\boldsymbol{A} = \boldsymbol{e}_\rho\left(\frac{1}{\rho}\frac{\partial A_z}{\partial \phi} - \frac{\partial A_\phi}{\partial z}\right) + \boldsymbol{e}_\phi\left(\frac{\partial A_\rho}{\partial z} - \frac{\partial A_z}{\partial \rho}\right) + \boldsymbol{e}_z\frac{1}{\rho}\left(\frac{\partial}{\partial \rho}(\rho A_\phi) - \frac{\partial A_\rho}{\partial \phi}\right) \tag{A.28}$$

$$\nabla^2\varphi = \frac{1}{\rho}\frac{\partial}{\partial \rho}\left(\rho\frac{\partial \varphi}{\partial \rho}\right) + \frac{1}{\rho^2}\frac{\partial^2 \varphi}{\partial \phi^2} + \frac{\partial^2 \varphi}{\partial z^2} \tag{A.29}$$

◆ 3 次元極座標（球座標）

座標 (r, θ, ϕ)，ベクトル $\boldsymbol{A} = (A_r,\ A_\theta,\ A_\phi)$，各座標軸の単位ベクトルを $\boldsymbol{e}_r,\ \boldsymbol{e}_\theta,\ \boldsymbol{e}_\phi$ とする．

$$\text{線素}\quad d\boldsymbol{r} = (dr,\ rd\theta,\ r\sin\theta d\phi), \qquad \text{体積素}\quad r^2 dr\sin\theta d\theta d\phi \tag{A.30}$$

$$\mathrm{grad}\,\varphi = \boldsymbol{e}_r \frac{\partial \varphi}{\partial r} + \boldsymbol{e}_\theta \frac{1}{r}\frac{\partial \varphi}{\partial \theta} + \boldsymbol{e}_\phi \frac{1}{r\sin\theta}\frac{\partial \varphi}{\partial \phi} \tag{A.31}$$

$$\mathrm{div}\,\boldsymbol{A} = \frac{1}{r^2}\frac{\partial}{\partial r}(r^2 A_r) + \frac{1}{r\sin\theta}\frac{\partial}{\partial \theta}(A_\theta\sin\theta) + \frac{1}{r\sin\theta}\frac{\partial A_\phi}{\partial \phi} \tag{A.32}$$

$$\begin{aligned}\mathrm{rot}\,\boldsymbol{A} = {} & \boldsymbol{e}_r\frac{1}{r\sin\theta}\left(\frac{\partial}{\partial \theta}(A_\phi\sin\theta) - \frac{\partial A_\theta}{\partial \phi}\right) \\ & + \boldsymbol{e}_\theta\frac{1}{r}\left(\frac{1}{\sin\theta}\frac{\partial A_r}{\partial \phi} - \frac{\partial}{\partial r}(rA_\phi)\right) + \boldsymbol{e}_\phi\frac{1}{r}\left(\frac{\partial}{\partial r}(rA_\theta) - \frac{\partial A_r}{\partial \theta}\right)\end{aligned} \tag{A.33}$$

$$\nabla^2\varphi = \frac{1}{r^2}\frac{\partial}{\partial r}\left(r^2\frac{\partial\varphi}{\partial r}\right) + \frac{1}{r^2\sin\theta}\frac{\partial}{\partial\theta}\left(\sin\theta\frac{\partial\varphi}{\partial\theta}\right) + \frac{1}{r^2\sin^2\theta}\frac{\partial^2\varphi}{\partial\phi^2} \tag{A.34}$$

$$\left(\text{ただし，}\ \frac{1}{r^2}\frac{\partial}{\partial r}\left(r^2\frac{\partial\varphi}{\partial r}\right) = \frac{1}{r}\frac{\partial^2}{\partial r^2}(r\varphi)\ \text{である}\right)$$

A.4 微分方程式

◆ **1 階線形微分方程式**

$y' + ay = 0$（a：定数）の一般解

$$y = Ce^{-ax}\ （C：任意定数） \tag{A.35}$$

◆ **2 階線形微分方程式**

$y'' + ay' + by = 0$（a, b：定数）の一般解

$$y = C_1y_1 + C_2y_2\quad （C_1, C_2：任意定数） \tag{A.36}$$

ただし，y_1, y_2 は**特性方程式（固有方程式）** $m^2 + am + b = 0$ の二つの解 m_1, m_2 に対して，次の式で与えられる．

(a)　異なる二つの実数解のとき　$y_1 = e^{m_1x}$，$y_2 = e^{m_2x}$

(b)　重複解（$m = m_1 = m_2$）のとき　$y_1 = e^{mx}$，$y_2 = xe^{mx}$

(c)　$m_1 = \alpha + i\beta$，$m_2 = \alpha - i\beta$ のとき　$y_1 = e^{\alpha x}\cos\beta x$，$y_2 = e^{\alpha x}\sin\beta x$

A.5 数学諸公式

◆ **オイラーの公式**

$$e^{ix} = \cos x + i\sin x \tag{A.37}$$

$$\cos x = \frac{e^{ix} + e^{-ix}}{2},\quad \sin x = \frac{e^{ix} - e^{-ix}}{2i} \tag{A.38}$$

◆ **テイラー展開とマクローリン展開**

(a)　**テイラー展開**　$f^{(n)}(a)$ は $f(x)$ を x で n 回微分し，その結果に $x = a$ を代入したもの．

$$f(x) = \sum_{n=0}^{\infty}\frac{f^{(n)}(a)}{n!}(x-a)^n \tag{A.39}$$

(b)　**マクローリン展開**　(a) の場合で $a = 0$ としたもの．

$$f(x) = \sum_{n=0}^{\infty}\frac{f^{(n)}(0)}{n!}x^n \tag{A.40}$$

マクローリン展開の例

$$e^x = 1 + x + \frac{x^2}{2!} + \frac{x^3}{3!} + \frac{x^4}{4!} + \frac{x^5}{5!} + \frac{x^6}{6!} + \cdots \tag{A.41}$$

$$\sin x = x - \frac{x^3}{3!} + \frac{x^5}{5!} - \frac{x^7}{7!} + \frac{x^9}{9!} - \frac{x^{11}}{11!} + \cdots \tag{A.42}$$

$$\cos x = 1 - \frac{x^2}{2!} + \frac{x^4}{4!} - \frac{x^6}{6!} + \frac{x^8}{8!} - \frac{x^{10}}{10!} + \cdots \tag{A.43}$$

$$(1+x)^n = 1 + nx + \frac{n(n-1)}{2!}x^2 + \frac{n(n-1)(n-2)}{3!}x^3 + \cdots \tag{A.44}$$

◆　全微分と偏微分

$u = f(x, y, z)$, $d\boldsymbol{r} = (dx, dy, dz)$ のとき

$$du = \frac{\partial u}{\partial x}dx + \frac{\partial u}{\partial y}dy + \frac{\partial u}{\partial z}dz = \mathrm{grad}\, u \cdot d\boldsymbol{r} \tag{A.45}$$

の関係が成立する．このときの du を**全微分**という．

◆　フーリエ級数

位相空間（角度 θ で表現）での周期関数 $f(\theta)$（周期：2π）のフーリエ級数

$$f(\theta) = \frac{a_0}{2} + \sum_{n=1}^{\infty}(a_n \cos n\theta + b_n \sin n\theta) \tag{A.46}$$

$$a_n = \frac{1}{\pi}\int_{-\pi}^{\pi} f(\theta)\cos n\theta d\theta \quad (n = 0, 1, 2, \cdots) \tag{A.47}$$

$$b_n = \frac{1}{\pi}\int_{-\pi}^{\pi} f(\theta)\sin n\theta d\theta \quad (n = 1, 2, 3, \cdots) \tag{A.48}$$

A.6 物理定数と単位の換算，SI 接頭語，ギリシャ文字

◆　物理定数と単位の換算

物　理　量	値
電気素量	$e = 1.6022 \times 10^{-19}$ C
電子の質量	$m_e = 9.1094 \times 10^{-31}$ kg
電子の比電荷	$e/m_e = 1.7588 \times 10^{11}$ C/kg
陽子の質量	$m_p = 1.6722 \times 10^{-27}$ kg
真空の誘電率	$\varepsilon_0 = 8.8542 \times 10^{-12}$ F/m
真空の透磁率	$\mu_0 = 1.2566 \times 10^{-6}$ H/m
光速度	$c = 1/\sqrt{\varepsilon_0\mu_0} = 2.9979 \times 10^8$ m/s
真空の固有インピーダンス	$Z_0 = \sqrt{\mu_0/\varepsilon_0} = 376.72\,\Omega$
電子のスピン磁気モーメント	$m_\beta = 9.2848 \times 10^{-24}$ A·m^2
単　位　の　換　算	
1 cal = 4.1855J	1eV = 1.6022×10^{-19}J
1 dyn = 10^{-5} N	1Å = 10^{-10}m
1 G = 10^{-4} T	

◆ **SI 接頭語**

倍 数	接 頭 語	記号	倍 数	接 頭 語	記号
10^{24}	ヨ ッ タ (yotta)	Y	10^{-1}	デ シ (deci)	d
10^{21}	ゼ ッ タ (zetta)	Z	10^{-2}	セ ン チ (centi)	c
10^{18}	エ ク サ (exa)	E	10^{-3}	ミ リ (milli)	m
10^{15}	ペ タ (peta)	P	10^{-6}	マイクロ (micro)	μ
10^{12}	テ ラ (tera)	T	10^{-9}	ナ ノ (nano)	n
10^{9}	ギ ガ (giga)	G	10^{-12}	ピ コ (pico)	p
10^{6}	メ ガ (mega)	M	10^{-15}	フェムト (femto)	f
10^{3}	キ ロ (kilo)	k	10^{-18}	ア ト (atto)	a
10^{2}	ヘ ク ト (hecto)	h	10^{-21}	ゼ プ ト (zepto)	z
10^{1}	デ カ (deca)	da	10^{-24}	ヨ プ ト (yopto)	y

◆ **ギリシャ文字**

大文字	小文字	読 み 方
A	α	アルファ (alpha)
B	β	ベータ (beta)
Γ	γ	ガンマ (gamma)
Δ	δ	デルタ (delta)
E	ε, ϵ	エプシロン (epsilon)
Z	ζ	ゼータ，ツェータ (zeta)
H	η	エータ (eta)
Θ	θ, ϑ	テータ (theta)
I	ι	イオータ (iota)
K	κ	カッパ (kappa)
Λ	λ	ラムダ (lambda)
M	μ	ミュー (mu)
N	ν	ニュー (nu)
Ξ	ξ	クシー (xi)
O	o	オミクロン (omicron)
Π	π, ϖ	パイ，ピー (pi)
P	ρ, ϱ	ロー (rho)
Σ	σ, ς	シグマ (sigma)
T	τ	タウ (tau)
Υ	υ	ユープシロン (upsilon)
Φ	φ, ϕ	ファイ，フィー (phi)
X	χ	カイ，クヒー (chi)
Ψ	ψ	プサイ，プシー (psi)
Ω	ω	オメガ (omega)

参考文献

(1) W.K.H. Panofsky & M. Phillips：Classical Electricity and Magnetism (Addison-Wesley, 1961)
(2) J.D. Jackson：Classical Electrodynamics 3rd edition (Jhon Wiley & Sons, 1998)
(3) 高橋秀敏：電磁気学，裳華房 (1959)
(4) 砂川重信：理論電磁気学，紀伊国屋書店 (1973)，電磁気学，培風館 (1988)
(5) 大槻義彦：理工基礎電磁気学，サイエンス社 (1984)
(6) 小出昭一郎：物理学（三訂版），裳華房 (1997)
(7) 北川盈雄：アンペールの法則，共立出版 (1997)
(8) 後藤憲一，山崎修一郎：電磁気学演習，共立出版 (1970)
(9) 小出昭一郎，水橋誠二，荻原照男：電磁気学演習，裳華房 (1981)
(10) 安達忠次：ベクトル解析，培風館 (1961)
(11) 物理学辞典，培風館 (1984)
(12) 寺澤寛一：数学概論（増訂版），岩波書店 (1971)

索　引

た　行

な　行

は　行

ま　行

や　行

ら　行

欧　字

著者略歴

山村泰道（やまむら やすのり）

1971年　大阪大学大学院博士課程修了
2004年　逝去
　　　　元岡山理科大学教授
　　　　工学博士

主要著書
工学のための応用数学（共著）

北川盈雄（きたがわ みつお）

1975年　早稲田大学大学院博士課程修了
2017年夏　古稀を迎える.
現　在　前湘北短期大学教授, 前早稲田大学非常勤講師, 理学博士
　　　　研究分野ではBrandt-Kitagawa Model（術語）など.

主要著書
徹底研究ハードウェア（サイエンス社）
アンペールの法則（共立出版）

理工基礎　物理学演習ライブラリ＝3
電磁気学演習［第3版］

1985年 7月25日 ©　初版発行
2004年 1月10日 ©　新訂版発行
2019年11月10日 ©　第3版発行
2025年 4月25日　第3版第6刷発行

著　者　山村泰道　　発行者　森平敏孝
　　　　北川盈雄　　印刷者　大道成則

発行所　**株式会社　サイエンス社**

〒151-0051　東京都渋谷区千駄ヶ谷1丁目3番25号
営業　☎(03)5474-8500(代)　振替　00170-7-2387
編集　☎(03)5474-8600(代)　FAX　(03)5474-8900

印刷・製本　太洋社
《検印省略》

ISBN978-4-7819-1446-6

PRINTED IN JAPAN

サイエンス社のホームページのご案内
http://www.saiensu.co.jp
ご意見・ご要望は
rikei@saiensu.co.jp　まで